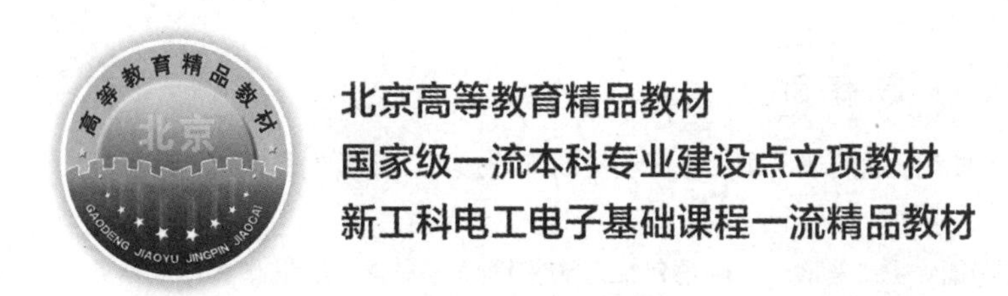

北京高等教育精品教材
国家级一流本科专业建设点立项教材
新工科电工电子基础课程一流精品教材

电工电子实验教程

（第4版）

◎ 陈福彬　付晓辉　魏 英　李 芳　编著

電子工業出版社
Publishing House of Electronics Industry
北京 · BEIJING

内 容 简 介

本书为“北京高等教育精品教材”，全书系统地阐述了电工电子实验的基础知识、测量仪器仪表及测试技术、电工电子实验以及实验设计案例。

本书分为三篇：基础篇、实验篇和案例篇。共 13 章。基础篇包括：实验管理与安全、电量测量与数据处理、常用仪器仪表的使用、常用电子元器件等；实验篇包括：电路电工实验、模拟电子技术实验、数字电子技术实验、EDA 技术实验、Multisim 软件的使用和 Quartus II 软件的使用等；案例篇包括：多级放大电路设计、跑马灯电路设计、可控增益放大器设计等。本书提供配套电子课件、仿真程序代码、实验参考结果等。

本书可作为高等学校电子、电气、集成电路、自动化、通信、计算机等专业相关课程的实验教材，也可作为高职本科、高职高专相关课程的教材，还可供电气信息领域的工程技术人员学习参考。

图书在版编目（CIP）数据

电工电子实验教程 / 陈福彬等编著. -- 4 版.
北京 ： 电子工业出版社， 2025. 1. -- ISBN 978-7-121
-49527-4

Ⅰ. TM-33； TN-33

中国国家版本馆 CIP 数据核字第 2025E1440F 号

责任编辑：王羽佳
印　　刷：天津千鹤文化传播有限公司
装　　订：天津千鹤文化传播有限公司
出版发行：电子工业出版社
　　　　　北京市海淀区万寿路 173 信箱　邮编：100036
开　　本：787×1 092　1/16　印张：15　字数：443.5 千字
版　　次：2009 年 9 月第 1 版
　　　　　2025 年 1 月第 4 版
印　　次：2025 年 1 月第 1 次印刷
定　　价：49.90 元

凡所购买电子工业出版社图书有缺损问题，请向购买书店调换。若书店售缺，请与本社发行部联系，联系及邮购电话：（010）88254888，88258888。

质量投诉请发邮件至 zlts@phei.com.cn，盗版侵权举报请发邮件至 dbqq@phei.com.cn。

本书咨询联系方式：（010）88254535，wyj@phei.com.cn。

前　言

本书自第 1 版出版至今已十余年，受到广大读者的欢迎，被评为“北京高等教育精品教材”。第 4 版根据高等学校电子信息与电气工程类专业培养目标和要求，在前 3 版教材的基础上修订而成。本书结合现代先进的仿真软件和实验教学方法，按照当前实验教学改革的要求，对内容进行了重新编排，使其更有利于高素质应用型和创新型人才的培养。

本书系统地阐述了电工电子实验的基础知识、测量仪器仪表及测试技术、电工电子实验及实验设计案例。实验项目内容丰富，既有验证性实验，又有设计性、综合性实验。教材内容贯穿仪器仪表使用、电工电子电路的设计与测试、EDA 工具软件的使用、测试数据的处理等，旨在培养学生的实践能力、综合应用能力、创新能力。本教材课程既可独立于理论教学，也可与理论教学并行。本教材可用于随堂实验或独立设置实验课程等形式的实验教学。

本书分为三篇：基础篇、实验篇和案例篇，共 13 章。基础篇包括 1～4 章：第 1 章实验管理与安全、第 2 章电量测量与数据处理、第 3 章常用仪器仪表的使用、第 4 章常用电子元器件；实验篇包括 5～10 章：第 5 章电路电工实验、第 6 章模拟电子技术实验、第 7 章数字电子技术实验、第 8 章 EDA 技术实验、第 9 章 Multisim 软件的使用和第 10 章 Quartus II 软件的使用；案例篇包括 11～13 章：第 11 章多级放大电路设计、第 12 章跑马灯电路设计、第 13 章可控增益放大器设计。附录 A 为常用半导体器件引脚图及部分功能表。附录 B 为本科课程实验教学内容安排，请扫描下列二维码在线学习参考。

附录 B　本科课程实验教学内容安排

本书与第 3 版内容相比，重新优化了章节，突出独立实验内容，做了如下修订：

（1）增加第 1 章。

（2）重新编写第 2 章。

（3）重新编写第 3 章，删减过时仪器，突出仪器的使用方法。

（4）重新编写第 4 章，增加了晶闸管、场效应管半导体器件，增加了开关、显示等常用元器件。

（5）重新编写实验篇第 5～8 章：每个实验独立作为一节，层次清晰。

（6）增加第 9、10 章，独立成章，方便使用。

（7）增加案例篇，添加设计性、综合性实验的具体设计案例。

本书可作为高等学校电子信息与电气工程类专业、计算机和通信等专业的实验课程的教材。教学中，可以根据教学对象和学时等具体情况对书中的实验内容进行选择和组合。本书也可供从事电气信息领域工作的工程技术人员学习参考。

本书提供配套电子课件、仿真程序代码、实验参考结果等，请登录华信教育资源网免费注册下载。

本书第 3、7、8、10、13 章由陈福彬编写，第 1、2、5、11、12 章由付晓辉编写，第 6 章及附录 B 由魏英编写，第 4、9 章及附录 A 由李芳编写。全书由陈福彬统稿。本书的编写参考了大量近年来出版的相关技术资料，吸取了许多专家和同仁的宝贵经验，在此向他们深表谢意。电子工业出版社的王羽佳编辑为本书的出版做了大量工作。在此一并表示感谢！

由于作者编写水平有限，书中难有不妥之处，敬请读者批评指正。

编　者

2024 年 7 月

目　录

基础篇

第 1 章　实验管理与安全……1
1.1　实验管理……1
1.1.1　实验纪律要求……1
1.1.2　实验教学过程……1
1.1.3　实验成绩考核……2
1.2　实验安全……2
1.2.1　电工电子实验安全操作规范……2
1.2.2　实验室用电安全管理……3
1.2.3　实验室消防安全管理……6
1.2.4　实验室防盗安全管理……6
第 2 章　电量测量与数据处理……8
2.1　常用电量的测量……8
2.1.1　电压的测量……8
2.1.2　电流的测量……8
2.1.3　功率的测量……9
2.1.4　时间的测量……9
2.1.5　频率的测量……10
2.1.6　相位差的测量……10
2.2　实验误差分析……11
2.2.1　误差的相关概念……11
2.2.2　误差的分类……12
2.2.3　误差的表示方法……14
2.2.4　误差的估计与消除方法……16
2.3　实验数据处理……23
2.3.1　有效数字的表示……23
2.3.2　有效数字的运算……24
2.3.3　有效数字的舍入……25
2.3.4　测量数据的等精度处理……25
2.3.5　测量数据的图解分析……27
第 3 章　常用仪器仪表的使用……29
3.1　示波器……29
3.1.1　数字示波器的基本原理及技术指标……29
3.1.2　DS1000 系列数字示波器……30
3.1.3　示波器的安全使用方法……35
3.2　信号发生器……36
3.2.1　信号发生器的基本原理……36
3.2.2　DG1000 系列信号发生器……37
3.2.3　信号发生器的安全使用方法……40
3.3　直流稳压电源……40
3.3.1　稳压电源的基本原理及技术指标……40
3.3.2　SK33231 直流稳压电源的使用……41
3.3.3　稳压电源的使用注意事项……43
3.4　万用表……43
3.4.1　万用表的基本原理……43
3.4.2　典型数字式万用表的使用……43
3.4.3　万用表的使用注意事项……44
3.5　交流毫伏表……44
3.5.1　交流毫伏表的基本原理及技术指标……44
3.5.2　UT621 型交流毫伏表的使用……45
3.6　交流功率表……46
第 4 章　常用电子元器件……48
4.1　基本元器件……48
4.1.1　电阻器……48
4.1.2　电位器……50
4.1.3　电容器……52
4.1.4　电感器……56
4.1.5　变压器……59
4.2　半导体元器件……61
4.2.1　二极管……61
4.2.2　三极管……63
4.2.3　晶闸管……65
4.2.4　场效应管……67
4.2.5　集成电路……68
4.3　其他常用元器件……73
4.3.1　开关元器件……73
4.3.2　电声元器件……74
4.3.3　显示元器件……75

实验篇

第5章 电路电工实验……77
5.1 常用电子仪器仪表的使用……77
5.2 常用电工仪器仪表的使用……80
5.3 基尔霍夫定律的验证……83
5.4 叠加定理的验证……85
5.5 戴维南定理的研究与应用……87
5.6 一阶电路的研究……89
5.7 二阶电路响应的仿真……92
5.8 RLC串联谐振电路的研究……94
5.9 RLC元器件阻抗特性的测定……96
5.10 交流参数的测定……98
5.11 功率因数的提高和无功功率补偿的研究……100
5.12 三相交流电路的研究……102
5.13 电机的继电接触控制……104
5.14 非正弦周期电流电路的仿真……105
第6章 模拟电子技术实验……109
6.1 仪器仪表使用及二极管、三极管的测试……109
6.2 基本放大电路……112
6.3 多级放大电路……115
6.4 直流差动放大电路……118
6.5 负反馈放大电路……121
6.6 基本运算放大电路……125
6.7 RC正弦波振荡电路……129
6.8 有源滤波电路……130
6.9 功率放大电路……132
6.10 直流稳压电源……135
第7章 数字电子技术实验……141
7.1 集成门电路参数的测试……141
7.2 门电路逻辑功能测试……143
7.3 组合逻辑电路的设计……145
7.4 触发器的应用设计……146
7.5 计数、译码、显示电路的设计……148
7.6 基于FPGA的分频器设计……150
7.7 基于FPGA的跑马灯电路设计……153
7.8 555定时器电路设计……155
7.9 倒计时计数器设计……156
7.10 交通信号控制电路设计……158
第8章 EDA技术实验……160
8.1 基础实验……160
8.1.1 组合逻辑电路设计……160
8.1.2 分频电路设计……160
8.1.3 动态显示模块设计……161
8.1.4 阵列键盘扫描模块设计……163
8.1.5 状态机电路设计……164
8.2 综合设计应用实验……164
8.2.1 计时秒表设计……164
8.2.2 数字频率计设计……165
8.2.3 交通灯控制器设计……165
8.2.4 自动打铃系统设计……166
8.2.5 数控脉宽脉冲信号发生器设计……167
8.2.6 呼吸灯控制电路设计……168
第9章 Multisim软件的使用……170
9.1 Multisim电路仿真软件简介……170
9.1.1 基本操作界面……170
9.1.2 元器件库……173
9.1.3 虚拟仪器……174
9.2 Multisim电路仿真软件使用……177
9.2.1 原理图绘制及仿真……177
9.2.2 基本分析方法……178
9.3 Multisim电路仿真示例……184
9.3.1 Multisim仪器仪表的使用实验……184
9.3.2 流水灯仿真电路示例……188
9.3.3 波形发生仿真电路示例……188
第10章 Quartus II软件的使用……190
10.1 Quartus II软件……190
10.1.1 Quartus II软件简介……190
10.1.2 Quartus II软件的安装……190
10.1.3 Quartus II界面功能和操作……191
10.2 Quartus II的设计实例……192
10.2.1 设计流程……193
10.2.2 Quartus II使用常见问题……201

案例篇

第 11 章　多级放大电路设计 202
11.1　设计指标要求 202
11.2　设计要求分析 202
11.3　电路结构设计 203
11.4　元器件参数计算 204
11.5　电路仿真验证 209
第 12 章　跑马灯电路设计 211
12.1　设计指标要求 211
12.2　设计要求分析 211
12.3　电路单元分析 212
12.4　电路单元设计 213
12.5　电路实验验证 215
第 13 章　可控增益放大器设计 217
13.1　设计指标要求 217
13.2　设计要求分析 217
13.3　电路设计思路 218
13.4　电路仿真验证 219

附录 A　常用半导体元器件引脚图及部分功能表 220
参考文献 232

第 1 章　实验管理与安全

1.1　实验管理

1.1.1　实验纪律要求

“没有规矩，不成方圆。”实验纪律是完成实验教学目标、达到实验教学效果和保持实验室秩序的必要保证。学生在进行实验的过程中，应遵守实验室的以下纪律要求。

（1）实验前必须认真预习实验内容，理解实验目的、原理和方法。

（2）根据课表安排，按时到实验室上课。通常应提前 5 分钟进入实验室，做好上课准备。

（3）上课时注意听讲，操作时细致认真。

（4）禁止擅自移动或调换实验室中的仪器设备和实验装置，禁止随意插拔设备电缆；非本次实验所用仪器设备，未经指导教师允许不得随意动用；未经允许，不得将实验室物品带出实验室；如果发现实验器材存在问题，应向指导教师咨询解决。

（5）爱护仪器设备和实验装置，确保仪器设备和实验装置的使用安全。实验过程中如果有仪器设备或元器件损坏必须立即报告指导教师，责任事故要酌情赔偿。

（6）实验过程中应保持安静，不得喧哗，禁止在实验室中吃东西、玩游戏和吸烟。

（7）实验时应做到独立操作实验设备，认真观察实验现象，真实记录实验数据及波形，不得抄袭或编造实验数据。

（8）完成实验任务后，应整理本人实验台秩序，包括以下几项。

① 将计算机正常关机，关闭实验装置、仪器设备的电源，最后关闭实验台总电源。

② 将设备、电缆和导线放回原位，摆放整齐，椅子收到实验台下面。

③ 打扫实验台卫生，收拾干净实验过程中产生的线头、纸屑等废弃物，保持实验台面干净整洁，带走个人物品，不要在实验台上和抽屉中遗留垃圾。

（9）按照安排，完成实验室值日工作。

（10）按时提交实验报告。

1.1.2　实验教学过程

实验教学过程包括实验预习、实验签到、实验操作和实验报告 4 个环节。其中，实验预习应在实验课程开始前完成，实验签到和实验操作在课内完成，实验报告在课后完成。

1．实验预习

通过实验预习，可以明确实验的目的、原理和步骤，有助于熟悉实验电路，了解使用的电路元器件和仪器仪表，理解实验方法和过程，做到心中有数，减少盲目性，提高实验效率，改善实验效果。

在上课前，应根据实验指导书提出的预习要求完成预习工作。对于验证型实验，应计算实验电路的参数理论值，并写出计算过程；对于设计型实验，应查询相关实验元器件的数据手册，了解其电气功能、性能参数、外形结构及引脚排列，完成实验电路设计，写明设计过程，画出原理电路，标明元器件型号和引脚编号。

预习时还应根据需要，准备好实验数据记录表格和波形记录坐标图纸。

2. 实验签到

实验签到是实验成绩考核的依据之一。学生应在实验课上课之前进入实验室并完成签到，不得迟到。如果有特殊原因无法上课，应由本人或委托他人申请病事假，并应于后续时间补做实验。

3. 实验操作

在实验开始前，应做到熟悉实验电路原理图，能读图并能按图连接实验电路。

在实验操作过程中，应按照实验指导书中的步骤要求，检查实验元器件，连接实验电路，使用仪器仪表完成测试测量。在测量过程中，应及时对数据做初步分析，并与预习内容进行对比，以验证实验过程是否正确，及时发现问题，采取相应措施，保证实验的正确性、完整性和数据质量。

在完成实验后，不要忙于拆除实验电路，应先关闭电源，本人检查实验数据符合要求后将实验记录数据交由指导教师检查，评价实验操作效果，验证实验数据没有遗漏和明显错误后，再进行实验整理工作。

4. 实验报告

实验报告是对实验的总结，是对实验数据、实验波形和实验现象进行的理论分析，从中得出有价值的实验结论，实现对理论知识的验证。

在实验课后，应按照实验指导书的要求，根据实验操作内容和实验记录数据，撰写实验报告。报告的内容及格式要求如下。

首先，实验报告应添加封面页，写明课程名称、实验项目，学生的学院、专业、班级、学号、姓名以及实验日期等内容。

其次，实验报告应附加实验指导书中的实验记录数据，包括实验记录表格及波形曲线等，并完成实验数据处理和实验结果分析，实验数据、波形的误差分析，以及故障分析与故障排除的描述等。

再次，实验报告应附加实验指导书中指定的思考题和问答题。

最后，实验报告应对实验内容进行总结，对重要的实验数据和实验现象应加以讨论，对实验中的异常现象，应做分析说明，通过测量值与理论值的误差比较来学习分析问题和解决问题的方法，根据科学的分析和理论与实践相结合的研究得出相应的实验结论。

以上4项内容装订在一起即为实验报告，报告内容应完整准确，简明扼要，文理通顺，字迹工整，图表清晰，分析合理，讨论深入，结论正确。每次上课时提交前一次实验课的实验报告，报告应按时提交，避免遗漏。

1.1.3 实验成绩考核

实验成绩作为课程成绩的一部分，通常占比为20%，但实验成绩不及格则不得参加课程期末考试。

实验预习、实验签到、实验操作和实验报告4个环节均作为实验成绩考核的内容。

1.2 实验安全

1.2.1 电工电子实验安全操作规范

安全是实验中需要始终关注的首要问题。为了确保人身安全和设备安全，保证电工电子实验顺利进行，要求进入实验室的教师和学生必须高度重视实验安全问题，在进行电工电子实验时，必须严格遵守下列安全操作规范。

（1）进入实验室之前必须提前预习实验内容，明确实验目的、任务，了解实验的基本原理，熟悉实验中要使用的仪器仪表和实验装置的性能、操作方法以及安全使用要求，实验中所用仪器仪表应注意种类、规格、量程，必须按规定条件进行使用。在不了解的情况下，不得乱接乱用，防止损坏实验装置和仪器仪表。

（2）每次实验前，指导教师应先讲解该实验的原理、步骤、要求和安全注意事项，再由学生进行实验。

（3）必须按照“先接线后通电，先断电再拆线”的原则进行接线、改接和拆线，不允许在带电状态下接线或拆线，防止在接线或拆线过程中，造成电源或实验电路短路而损坏设备及元器件。

（4）在连接实验电路时，应使用不同颜色导线连接不同性质的电路节点，以减少错误，便于检查，不得混用各色导线，如正电源通常使用红色导线、负电源通常使用蓝色导线、地线使用黑色导线、三相火线使用规定的3种颜色导线、零线使用黑色导线。

（5）在接线过程中，应注意将连接不同电路节点的导线和测试电缆的金属接头之间拉开距离，防止触碰短路。

（6）在接线完成后，应先自行认真检查，确认连接无误后方可接通电源进行实验，有危险性的实验须经指导教师检查通过方可接通电源。

（7）电工实验高压电路应使用带护套导线，确保没有裸露的带电金属部位，实验中严禁使用破损的导线；在电路通电情况下，不要随意搬动仪器设备，严禁人体接触电路中不绝缘的金属导线或连接点等带电部位。在测量过程中，要握住表笔或探头的绝缘部分，不得接触裸露的金属部位，以免造成触电或影响测试结果。如果遇到触电事故，应立即切断电源，进行必要的处理。

（8）在进行实验时，应集中精力，特别是设备刚投入运行时，要注意观察设备的运行情况，如果发现有超量程、发热、异味、异响、冒烟、火花等情况，应立即断电，保持现场，并报告指导教师。认真检查实验线路和元器件，在排除故障后并经指导教师同意才能重新通电继续进行实验。在查出和纠正错误之前严禁盲目重复实验。

（9）保持实验台整洁有序，在进行电机等存在机械运动的实验时，防止导线、头发、衣物等物品卷入。

（10）实验完成后，应先切断电源再拆线，并将仪器、仪表的所有旋钮、按键、开关、挡位等都按有关要求恢复原位。

1.2.2 实验室用电安全管理

实验室用电安全是实验中始终需要注意的重要问题，这是由电工电子实验的特点决定的。在电工电子实验室中，有各种高、低压，交、直流实验电源，实验台和各种测量仪器等用电设备，以及在实验过程中使用的开关、元器件、连线、测试点等都具有潜在的漏电、触电危险，稍有不慎就可能造成电气事故，危及人身安全和设备安全。如果处置不当，就可能导致人身伤亡和电气设备损坏，甚至引发火灾等严重后果。因此，要求进入实验室的学生必须高度重视安全用电问题，听从指导教师的指挥，严格按规章制度进行操作，保证用电安全。

1．增强安全用电意识

由于电气线路通常需要借助专用仪器或辅助工具才能判断带电状态，因此电气危险常常不易被人察觉。在电工电子实验室中，虽然室内布线、设备安装和实验装置设计都是按照相关标准完成的，但为了满足不同实验内容的要求，有些带电的实验部件、连接电缆、测试点等需要暴露在外，如果学生不了解或不遵守安全操作规范，贸然接触或接近高压带电物体，就容易受到电击伤害。大量电气事故实例表明，很多本不应该发生的电气事故，都是由思想上不重视安全用电造成的。因此，在进行实验的过程中，必须增强安全用电意识。指导教师在教授学生认识电的本质和规律的同时，要培养学生尊重科学规律和规章制度，养成科学用电、规范用电的好习惯，并在生活和工作中严格遵守。在不具备安全用电条件的情况下，不蛮干，不胡来，不违章用电，积极想办法，创造条件排除用电隐患，保证安全用电。

2. 熟悉安全用电知识

要做到安全用电，必须从科学上认识人体的电学特征和电击伤害的原因，掌握电的规律，熟悉安全用电知识。只有按照电的规律规范用电，才能做到安全用电，保护自身安全。

（1）人体阻抗。人体阻抗是指人体皮肤、血液、肌肉、细胞组织等对电流的等效阻抗。通常分为皮肤阻抗和体内阻抗两部分。皮肤阻抗在人体阻抗中占有较大的比例；体内阻抗是除去表皮之后的人体阻抗。由于人体电容很小，在工频条件下可以忽略不计，因此人体阻抗主要由人体电阻决定。

人体电阻经常在变化，同一个人的身体不同部位的电阻不相同，同一个人的身体同一部位在不同情况下（干燥时或潮湿时），电阻也有很大的变化。在一般情况下，人体电阻在1～2kΩ范围变化，随着皮肤状态、接触面积、接触压力等多种因素的变化很大。实验表明，人体阻抗还与人的性别、年龄和生理状态有关。通常女性的人体阻抗比男性小，儿童的人体阻抗比成人小，遭受突然的生理刺激时，人体阻抗可能明显降低。

（2）电击伤害。电击伤害是指过量的电流通过人体时，会对人体造成的伤害。当人体通过1～5mA的电流时，触电部位会有麻痛的感觉。一般来说，人体通过10mA以下的工频电流或50mA以下的直流电流时，触电部位的肌肉会发生痉挛，触电者可以依靠自己的力量摆脱触电。当通过人体的工频电流增大到20～50mA或直流电流增大到80mA时，触电部位的肌肉痉挛将迅速加剧，使触电者无力摆脱电流的继续作用，最终由于中枢神经系统的麻痹，使触电者呼吸停止或心脏停跳，以致死亡。

电流伤害人的程度不仅取决于通过人体的电流大小，还与电流通过人体的途径、时间的长短、电流频率的高低以及人体各部位的性质等因素有关。根据有关部门的统计，通过人体的工频电流超过50mA时，可以导致死亡。通过心脏和呼吸系统的电流最危险。同样的电压，交流比直流更危险。50Hz的工频交流电比高频电流、冲击电流和静电电荷更危险。

（3）安全电压。通过人体的电流大小由外加电压和人体阻抗决定。对处于特定环境中的一个人来说，电压越高，通过人体的电流越大，对人体的危害程度就越大。那么，相对人体能够保证安全的电压范围是多少呢？目前世界各国没有统一标准，而是根据本国实际情况规定一个由特定电源供电的电压系列，以防止触电事故。我国规定安全电压额定值的等级为42V、36V、24V、12V和6V，分别适用于不同的用电环境，当电气设备采用的电压超过安全电压时，必须按规定采取防止直接或间接接触带电部件的保护措施。在潮湿的场所中，容易触电而又无防护措施时，其供电电压不应超过36V。但如果作业地点狭窄，特别潮湿，且工作者能够接触有良好接地的大块金属时，则供电电压不应超过12V。

（4）供电方式与用电安全。在电工实验室中，交流电源采用三相五线制（三根相线A、B、C，一根零线N和一根地线PE）供电，相线与零线之间的电压为220V，相线之间的电压为380V。在使用单相负载时，用一根相线和零线向负载供电；在使用三相负载时，可使用三根相线A、B、C和零线N对Y形三相负载供电。当使用△形三相负载时，可使用三根相线A、B、C对其供电。

无论是单相用电还是三相用电，地线PE都要连接负载的外壳。在负载正常工作的情况下，地线PE中没有电流；当负载内部绝缘损坏时，负载外壳可能带电，经地线PE引入大地，以保护操作人员的安全。在实验中要特别注意区分零线和地线。地线的对地电位为零，它与用电设备的外壳相连；零线的对地电位不一定为零，零线的最近接地点是在变电所或供电的变压器处，它与用电设备的外壳是绝缘的。所以不能把零线当作地线使用，也不能把零线和地线接在一起；否则会带来极大危险。

（5）人体触电的两种情况。根据低压电网的输电方式和用电方式，尽管人体触电的具体原因可能千差万别，最终都可以归纳为以下两种情况。

第一种情况是人体不慎与带电部分接触。如果人体与三根相线中的一根接触，称为单线触电，如图 1.2.1 所示。电流通过人体和大地而形成通路，人体承受相电压的作用。如果人体同时触及两根相线，称为双线触电，如图 1.2.2 所示。人体除承受相电压的作用之外，还要承受线电压的作用。所以，双线触电比单线触电更为危险。

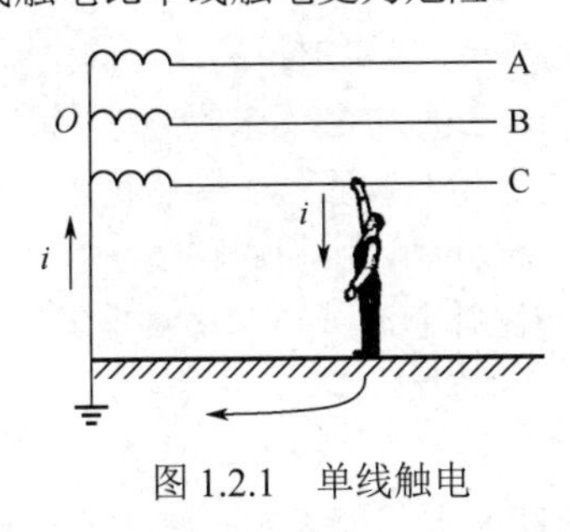

图 1.2.1　单线触电

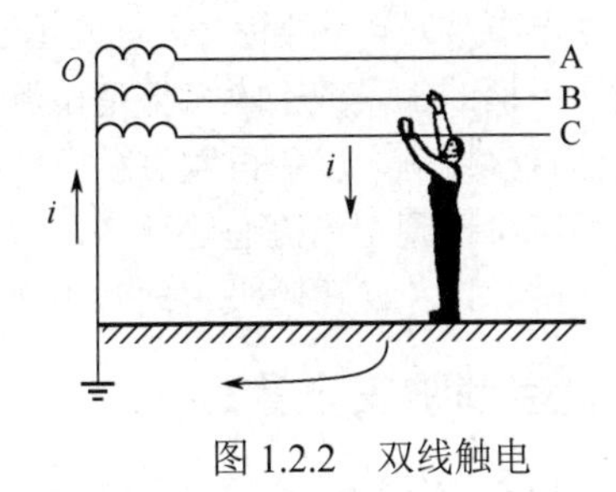

图 1.2.2　双线触电

第二种情况是正常不带电部件因故障带电。例如，电机的外壳正常时是不带电的，如果电机内部绝缘损坏，那么外壳可能带电，这时如果操作人员触及带电的电机外壳，而电机外壳未接地或接地不良，就有触电危险。

3．采取安全用电措施

通过上述分析可以看到，触电伤害的基本原因是：过量电流流过人体。针对人体触电的两种情况，可以从技术上采取相应措施，防止或减小流过人体的电流，从而排除或减轻触电对人体的伤害，保证安全用电。

（1）直接接触的防护方法。

① 防止电流由人体的任何部位通过，可以使用有绝缘手柄的工具、戴绝缘手套、穿绝缘靴或穿防电衣等。

② 限制可能流经人体的电流，使之小于电击电流，可以用分流或限流的方法，使流过人体的电流小于电击电流。

（2）间接接触的防护方法。

① 防止电流经由人体的任何部位通过，可以采用双重绝缘结构、电气隔离和保护接地等方法。

② 限制可能流经人体的电流，使之小于电击电流，可用保护接地法或对不接地的局部采用等电位连接法。

③ 在故障情况下触及外露的可导电部分时，流经人体的电流可能会等于或大于电击电流，必须在规定时间内切断电流。可安装漏电自动开关，当设备漏电、短路、过载或发生触电时，自动切断电源，对设备和人员起保护作用。

必须指出的是，上述各种防触电的技术措施，有些是在产品设计、生产环节中实施的，如提高导线的绝缘强度、采用双绝缘结构等；有些是在用电环境建设和设备安装时实施的，如电气隔离、保护接地、安装漏电保护开关等；有些是在用电过程中需要采取的，如使用有绝缘柄的工具、戴绝缘手套等。由此可见，安全用电不是一个人、一个单位的事，而是各个行业、整个社会所有人的事，每个人都要采取安全用电措施，在保障自己安全用电的同时，主动为他人、为社会的安全用电尽自己的责任和义务。

4．建立安全用电制度

制定合理的法律法规和规章制度，规范电气设备的设计开发、生产制造、用电环境建设和使用者的行为，强制推行正确的用电方法，是保证用电安全的有效途径。

例如，由国家技术监督局发布的《用电安全导则》，就是针对交流额定电压 1kV 及以下、直流 1500V 及以下的各类电气装置的操作、使用、检查和维护的国家标准。其中规定了用电安全的基本原则，用电安全的基本要求以及电气装置的检查和维护安全要求等内容，并提出各类设备、产品、场所的安全要求和措施应依据该标准做出具体规定。

前述的《电工电子实验安全操作规范》就是根据电工电子实验室的实际情况，对国家《用电安全导则》标准的延伸和细化。为了更好地完成电工电子实验，指导教师和学生必须熟悉《电工电子实验安全操作规范》的具体内容。

5．掌握安全用电救护

当发生触电事故时，不要惊慌，首先迅速使触电者脱离电源。尽快把距离最近的电源开关断开，可以用有绝缘手柄的工具或干燥木棒把电源导线割断或拉开。在触电者尚未脱离电源前，施救者切不可与其肢体直接接触，以免再发生触电。当触电者脱离电源后，若已处于昏迷状态，则应立即打开门窗或将触电者抬到空气流通的地方，解开衣服，让其平直仰卧，用软衣物垫在其身下，使头部比肩部略低一些，以免妨碍呼吸。同时用电话呼叫120寻求医疗急救或迅速将触电者送往医院。

1.2.3 实验室消防安全管理

消防安全也是电工电子实验室需要特别重视的安全管理内容，很多实验室之所以发生火灾事故，是因为实验室人员消防安全意识淡薄，进行违规操作，以及缺乏消防安全常识而导致的。参加实验的指导教师和学生应增强消防意识，在日常教学工作生活中切实做到积极预防，防患于未然，认真落实各种消防措施，力求保证消防安全。在实验室日常管理和进行实验过程中，必须遵守以下实验室消防安全管理规范。

（1）每个实验室应有专人负责消防安全管理工作，在实验室内上课的教师按照“谁在岗、谁负责”的原则，负责本岗位的消防安全工作。

（2）实验室应定期组织消防检查，进行消防安全教育，落实消防制度，按规定配置消防器材，并且需放置在方便取用的醒目位置，指定专人管理，并且定期检查更换。实验室管理人员必须熟悉消防器材的使用方法。

（3）实验室中存放的易燃、易爆物品必须和火源、电源保持一定距离，不能随意摆放。使用和储存易燃、易爆等物品的实验室，必须严禁烟火。易燃液体的废液，必须存放于专门容器收集，防止造成爆炸事故。

（4）实验室配电线路、装置（开关、插座、保险等）必须布局合理，完整无损，电气设施应经常检查，保持完好状态，符合安全用电要求。电源接触点不能松动，导体不外露。发现线路陈旧、发热、绝缘破损、老化等安全隐患应及时维修更换。实验室中不得乱接电线，禁止用金属丝代替保险丝。电源配电箱内不得堆放物品。

（5）使用电烙铁，必须放在非燃隔热的支架上，周围不应堆放可燃物，用后立即拔下电源插头。使用电加热器、焊接机等设备时必须有人在场，离开前须提前关闭电源，电热器周围不得放置易燃易爆物品。

（6）实验室内未经允许，不得使用大功率电器，避免超出用电负荷。

（7）在实验过程中实验室内禁止吸烟，禁止使用明火，禁止携带易燃易爆物品。

（8）实验室内上课教师下班前必须对用电情况进行检查，切断用电设备电源，消除火灾隐患，确保安全。在节假日前，实验室应进行消防安全检查。

（9）保持实验室环境整洁卫生，过道畅通，设备器材摆放整齐，排列有序。禁止在实验室出口、过道、走廊上堆放杂物，保持安全疏散通道畅通，注明出口标志。

（10）一旦发生火警火灾，除拨打119火警电话之外，有关管理人员、指导教师和学生在保证自身生命财产安全的前提下，根据火灾具体情况，有义务科学地采取相应措施，减少公共财产损失。

1.2.4 实验室防盗安全管理

电工电子实验室内仪器设备众多，人员流动性大，教师对学生熟悉程度有限，防盗安全也是需要特别重视的安全管理内容。在实验室日常管理和进行实验过程中，必须遵守以下实验室防盗安全管理规范。

（1）实验室管理人员应对本实验室防盗安全负责，发现安全隐患应及时处理并向上级汇报。

（2）实验室钥匙应加强管理，防止丢失，钥匙移交、借用应做好登记。实验室钥匙不得随意借给学生使用。

（3）实验室内上课教师下课离开前应收集和整理好实验器材，锁好门窗。

（4）严禁无关人员擅自进入实验室。未经管理人员许可，外单位人员不得随意进入实验室。进行设备维修维护的外来人员须经主管部门批准，并进行维修登记，在设备维修维护过程中，必须有实验室管理人员在现场。

（5）节假日前须对实验室进行全面安全检查，并贴好封条。

（6）贵重材料及仪器设备须置于保险柜中存放。

（7）有条件的实验室可以安装防盗监控设施，加强安全管理。

（8）实验室在进行实习、课程设计等课时较长的实践课时，应提醒学生保管好个人物品，不要携带贵重物品，并根据需要安排学生干部参与实验室管理和安全管理工作。

（9）当发生盗窃事故时，应立即报警并采取必要措施，及时向上级报告。

第2章 电量测量与数据处理

2.1 常用电量的测量

2.1.1 电压的测量

电压是电工电子实验中需要经常测量的基本参数之一，电流、功率、增益、频率特性等物理量都可以通过测量电压来间接得到，许多电子仪器也采用电压作为指示，因此电压测量是许多电参数测量的基础。

1．直流电压测量

采用数字式万用表的直流电压挡可以测量直流电压，并可以直接显示被测直流电压的数值和极性。测量时应选择合适的量程，尽可能使电压挡的量程与被测的电压接近，以增加测量数据的有效数字位数，提高测量精度。一般数字式万用表直流电压挡的输入电阻可达 10MΩ 以上，因此对被测电路的影响较小。

使用直流电压表时需注意分辨极性，将被测直流电压参考方向的正极接电压表的“+”接线端，被测直流电压参考方向的负极接电压表的“-”接线端。

使用示波器也可以测量直流电压。首先将示波器输入耦合方式设置为 GND；然后调整示波器的垂直偏转位置，使扫描时基线与屏幕上的某条刻度线重合作为参考零电压值；最后将示波器输入耦合方式设置为 DC 输入，在输入直流电压信号后，扫描线会发生上移或下移，根据偏移值及偏移方向即可算出被测直流电压的数值和极性。

$$直流电压值=偏移值(div)\times 垂直灵敏度(V/div) \tag{2.1.1}$$

2．交流电压测量

万用表通常都具有交流电压挡，但受工作频带的限制，通常只适用于测量工频（50Hz）交流电压。数字式万用表的交流电压挡输入阻抗较高，对被测电路影响小；指针式（模拟式）万用表的交流电压挡内阻较低，且各量程挡位的内阻不同，测量时要注意仪表内阻对被测电路的影响。

交流毫伏表是实验室中常用的一种电子式电压表，它是将被测交流信号放大、检测变成直流电压后，再由模拟微安表头或数字电压表头指示出被测电压的大小。交流毫伏表输入阻抗高、量程范围广、频率范围宽，通常用于测量频率 1MHz 以下的交流信号电压。

用示波器也可以测量交流电压，测量速度较快，并且能测量各种波形的电压瞬时值，但误差较大，一般为 5%～10%。测量方法为：将示波器输入耦合方式设置为 AC 输入，将待测信号连至输入端，根据屏幕上显示的波形可计算出被测电压的幅值。

$$交流电压的幅值=时基线到波形最大值的垂直距离(div)\times 垂直灵敏度(V/div) \tag{2.1.2}$$

2.1.2 电流的测量

测量电流应使用电流表。选择电流表时要考虑的是：测直流还是交流、量程范围和精度。为使电路的工作状态不因接入电流表而受影响，电流表的内阻应尽可能小。

电流表与流过待测电流的负载直接串联，切不可将电流表并联在被测电路中，以免烧毁电流表。

使用直流电流表时还需注意分辨极性，保证电流从电流表的“+”接线端流入，从“-”接线端流出。

2.1.3　功率的测量

1．功率表

测量电功率通常使用功率表。功率表有电动式和数字式两种，其测量方法是相同的。电动式功率表有电流和电压两组线圈，共 4 个接线端，其中电流线圈与负载串联，电压线圈与负载并联，两个线圈标有“*”的端子称为同名端，它们应接在一起并连接至待测电源。功率表的组成结构与电路符号如图 2.1.1 所示。

2．直流功率的测量

直流功率的测量可以采用间接测量法，即用直流电流表和直流电压表的测量值，根据公式 $P = UI$ 计算得到，也可以使用功率表直接测出直流功率值。

3．交流有功功率的测量

在交流电路中，通常用功率表测量有功功率，并且应根据交流电路的类型（单相或三相），采用不同的连接方式。

（1）单相交流电功率的测量。在单相交流电路中，使用单相功率表测量功率，接线图如图 2.1.2 所示。

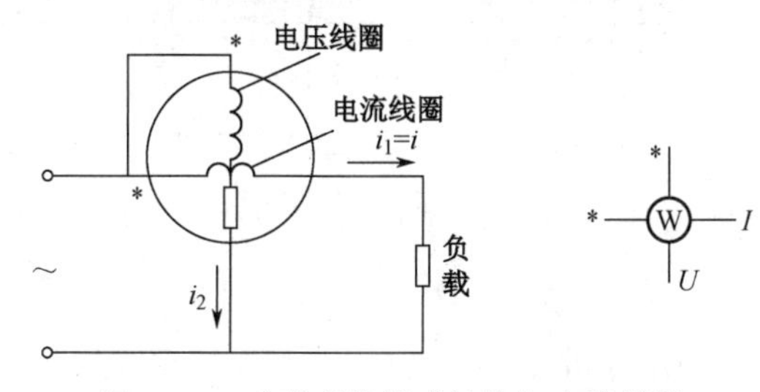

图 2.1.1　功率表的组成结构与电路符号

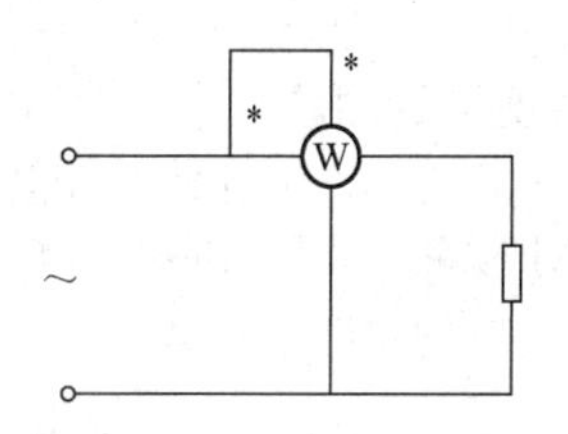

图 2.1.2　单相交流电路的接线图

（2）三相交流电功率的测量。在三相四线制交流电路中，利用 3 只单相功率表测出每相吸收的功率 P_U、P_V、P_W，三相负载吸收的总功率为 3 个单相功率之和，即 $P = P_U + P_V + P_W$，这种测量方法称为三表法，其接线图如图 2.1.3 所示。

在三相三线制电路中，常采用二表法来测量有功功率，两只功率表读数的代数和即为三相负载的总功率。其接线图如图 2.1.4 所示。

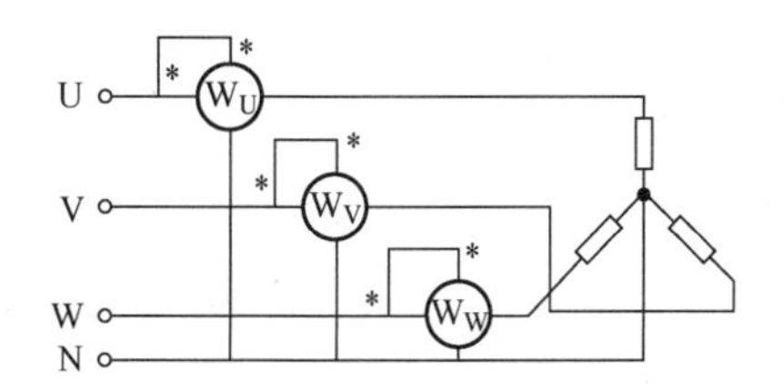

图 2.1.3　三相四线制交流电路的接线图

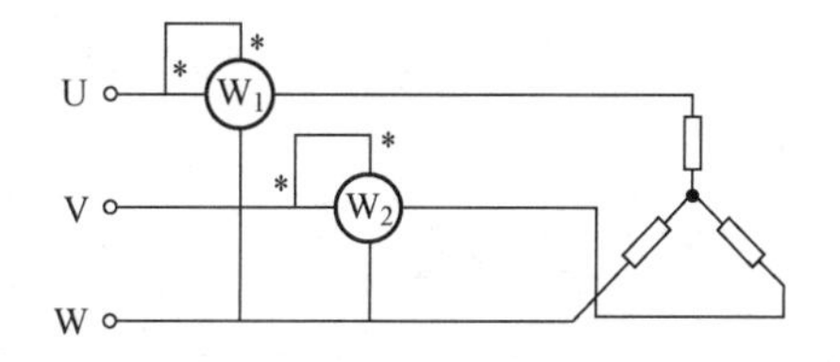

图 2.1.4　三相三线制交流电路的接线图

2.1.4　时间的测量

时间的测量通常使用示波器来完成。

1．周期的测量

示波器输入被测信号后，将信号波形移至屏幕中央，调节水平灵敏度，使波形幅度和显示的周期完整且易于观察读出，然后在稳定的波形上选择可以划分周期的两点，如图 2.1.5（a）和图 2.1.5（b）所示，读取两点之间的格数 n，则周期 T 为

$$T = n(\text{div}) \times 水平灵敏度(\text{V/div}) \qquad (2.1.3)$$

为了提高准确度，也可以采用多周期法进行测量，即读出多个周期的时间间隔，然后除以周期

数，如图 2.1.5（c）所示。

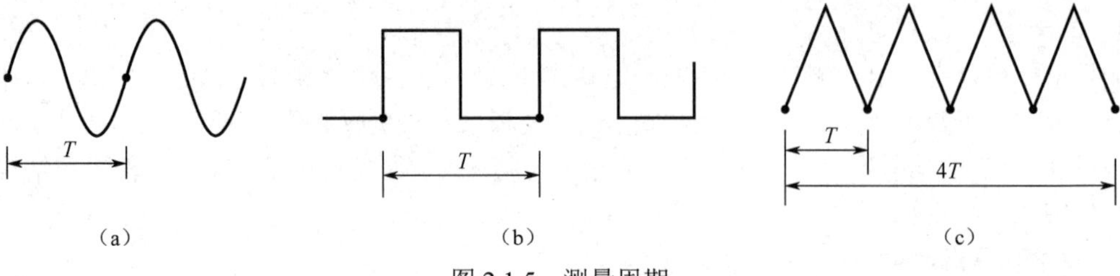

图 2.1.5　测量周期

2. 脉冲上升时间和下降时间的测量

调节垂直灵敏度，使脉冲的全部幅度在屏幕上展开到最大程度，再调节水平灵敏度，使脉冲的上升沿和下降沿展开。如图 2.1.6 所示，以脉冲最大幅度 U_m 的 10%与 90%两个位置为测试点，得到水平方向的间隔格数，结合水平灵敏度，即可计算出脉冲波形的上升时间 t_r 和下降时间 t_f。

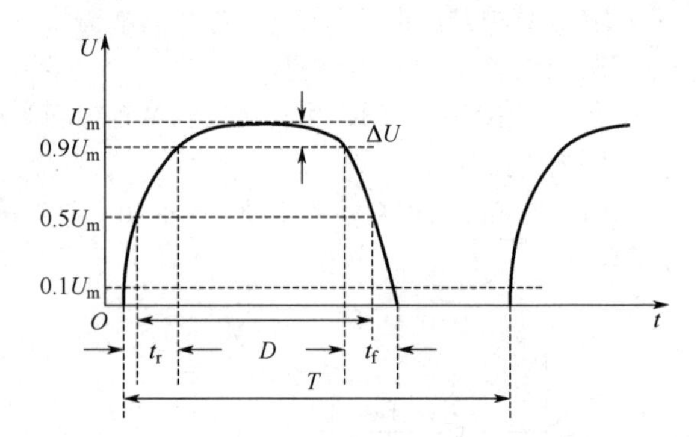

图 2.1.6　测量脉冲上升时间和下降时间

3. 脉冲宽度的测量

如图 2.1.6 所示，由脉冲上升沿和下降沿的 $0.5U_m$ 处所对应的水平方向的距离 D，即可计算出被测脉冲波形的宽度 t_m，即

$$t_m = D(\text{div}) \times \text{横轴灵敏度}(t/\text{div}) \tag{2.1.4}$$

2.1.5　频率的测量

频率是指电信号每秒重复变化的次数，可采用示波器或数字频率计进行测量。

1. 用示波器测量频率

信号的频率与周期是倒数关系，因此可先用示波器测量信号的周期，再求倒数得到频率。该方法简便，但精度不太高，通常用于粗略测量。

2. 用数字频率计测量频率

数字频率计的原理是在某个已知标准时间间隔 T 内，测出被测信号重复出现的次数 N，即可得到信号频率为 $f = N/T$。

2.1.6　相位差的测量

相位差通常使用示波器进行测量，测量方法有双踪示波法和李沙育图形法两种。

1. 双踪示波法

利用双踪示波器的两个输入通道，分别接入需要比较的两个同频率不同相位的测试信号，对屏幕上显示的两个波形进行比较，即可求得相位差。

测量时应调节有关旋钮，使屏幕上显示两个大小适中的稳定波形，如图 2.1.7 所示。读出一个周期在水平方向所占格数 N 和两个波形上对应点（如过零点）在 X 轴方向的距离 D(div)，由下式可求出两个同频率信号的相位差 θ。

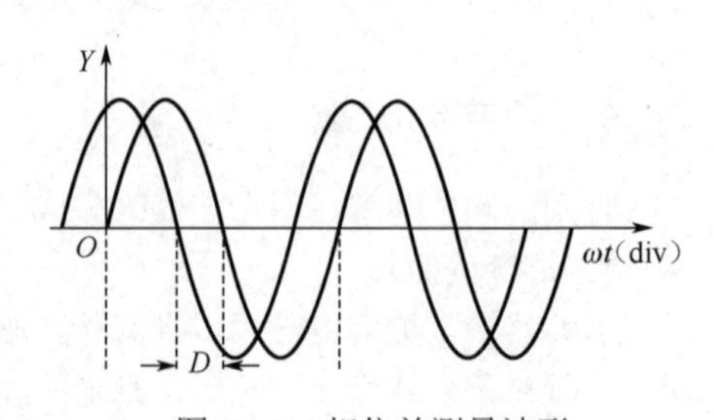

图 2.1.7　相位差测量波形

$$\theta = D(\text{div}) \times 360° / N(\text{div}) \tag{2.1.5}$$

2．李沙育图形法

测量相位时将两个信号分别接到示波器的垂直通道和水平通道，示波器设置为 X-Y 工作方式。当两个信号的频率相同而初相位不同时，李沙育图形可能为一条直线、一个圆或椭圆，由图形可粗略判断两个信号的相位差。李沙育图形的一些特殊情况如图2.1.8所示。

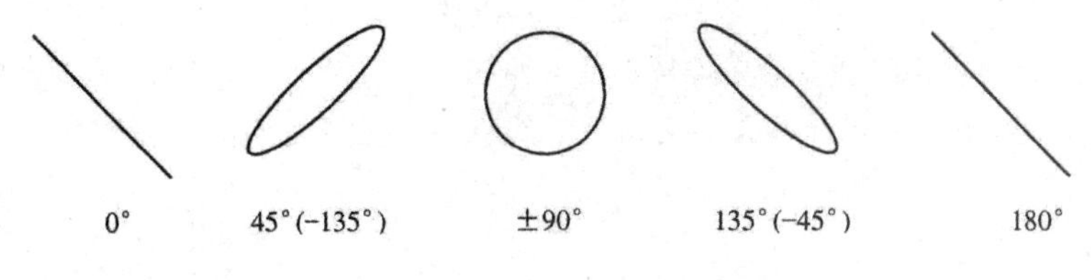

图2.1.8　李沙育图形的一些特殊情况

2.2　实验误差分析

做实验就需要测量，有测量就会有误差。对实验测量结果的误差分析与数据处理是准确认识事物客观规律、得到正确实验结论的前提条件，是理工科学生必须掌握的基本技能。

实验误差是指用测量仪器对实验数据进行测量时，所得到的测量值与被测量的实际值之差，它是受诸多因素影响的结果。

2.2.1　误差的相关概念

1．量值

量值是指数值与计量单位的乘积，表示量的大小。例如，6mV、8A等。

2．被测量

被测量是指被测量的量，它可以是待测量的量，也可以是已测量的量。

3．干扰量

干扰量不是被测量，但影响被测量的量值或计量器具示值的量。例如，环境温度、被测电压信号的频率、电磁干扰等。

4．量的真值

量的真值可理解为没有误差的量值，它是一个理想的情况，实际上是不可确知的，只能随着科学技术的发展和测量水平的提高，使其测量值逼近真值。在国家（国际）保存的基准，按定义规定，在特定条件下的值可视为真值。

鉴于量的真值是一个理想的概念，已不再使用它，而用“量的值”或“被测量的值”。

5．约定真值

约定真值是指根据约定目的而取的可以代替真值的量值。一般来说，约定真值与真值的差值可以忽略不计，故在实际测量中，约定真值可以代替真值。

6．准值

准值为一个明确规定的值，以它为基准定义准值误差。例如，该值可以是被测值、测量范围上限、仪器刻度盘范围、某一预调值或其他明确规定的值。

7．示值

对于测量仪器，示值是指示值或记录值；对于标准器具，示值是标称值或名义值；对于供给量仪器，示值是设置值或标称值。

8．额定值

额定值是由制造者为设备或仪器在规定工作条件下指定的量值。

9. 读数

读数是指在仪器刻度盘或显示器上直接读到的数字。例如，以100分度表示50mA的电流表，当指针指在25处时，读数是25，而示值为12.5mA。有时为了避免差错和便于查对，在记录测量的示值时应同时记下读数。

10. 实际值

实际值是指满足规定精度的、用来代替真值的量值。实际值可以理解为由实验获得的在一定程度上接近真值的量值。在计量检定中，通常将上一级计量标准所复现的量值称为下一级计量器具的实际值。

11. 测量值

测量值是指测量得出的量值。它可能是从计量器具直接得出的量值，也可能是通过必要的换算（如系数换算、借助于相应的图表或曲线等）所得出的量值。

2.2.2 误差的分类

1. 按误差来源分类

（1）仪器误差。仪器误差是指仪器本身及其附件的电气、机械等特性不理想造成的误差。例如，电桥中的标准电阻、天平的砝码、示波器的探头线等都含有误差。仪器、仪表的零位偏移，刻度不准确，以及非线性等引起的误差均属于此类。

（2）环境误差。环境误差是指各种环境因素与要求的条件不一致所造成的误差，也称为影响误差。例如，测量时，由于温度、湿度、电源电压、电磁场、大气压强、振动、重力加速度等影响因素所引起的误差。

（3）理论误差与方法误差。理论误差是指由于测量时所依据的理论不严密或使用了不适当的简化，用近似公式或近似值计算测量结果所引起的误差。例如，用普通万用表测量高内阻回路的电压，由万用表内阻引起的误差。方法误差是指由测量方法不合理所造成的误差。

（4）人为误差。人为误差是指由于测量者的分辨能力、视觉疲劳、反应速度等生理因素的影响，以及习惯、责任心等固有和精神上的因素而产生的一时疏忽等心理因素的影响而引起的误差。例如，读错刻度或数据、使用或操作不当所造成的误差。

2. 按误差性质分类

（1）系统误差。系统误差是指在相同的条件下，多次测量同一个量值时，误差的绝对值和符号保持不变或在条件改变时，按一定规律变化的误差。产生这种误差的原因有以下几点。

① 测量仪器设计原理及制作上的缺陷。例如，刻度的误差、刻度盘或指针安装偏心、使用时零点偏移、安放位置不当等。

② 测量时的实际温度、湿度及电源电压等环境条件与仪器要求的条件不一致等。

③ 采用近似的测量方法或近似的计算公式等。

④ 测量人员估计读数时，因习惯偏于某一方向或滞后倾向等。

系统误差的特点是测量条件一经确定，误差就是确定的数值。用多次测量取平均值的方法，并不能改变误差的大小。系统误差产生的原因是多方面的，但总是有规律的。因此，应掌握其规律，采用一定的技术措施（如引入修正值法）以减少它的影响。

（2）随机误差。随机误差是指在相同的条件下，多次测量同一个测量值时，误差的绝对值和符号均以不可预测的方式变化的误差，也称为偶然误差。产生这种误差的原因有以下几点。

① 测量仪器中零部件配合的不稳定或有摩擦，以及其内部元器件产生噪声等。

② 温度及电源电压的频繁波动、电磁场干扰、地基振动等。

③ 测量人员感觉器官的无规则变化，读数不稳定等。

随机误差的特点是在多次测量中，误差的绝对值的波动有一定的界限，即具有有界性；正负误差出现的机会相同，即具有对称性；当测量次数足够多时，随机误差的算术平均值趋近于零，即具有抵偿性。随机误差的特点如图 2.2.1 所示。图中 A_0 为假设无系统误差时的实际值。

根据随机误差的特点，可以通过对多次测量的值取算术平均值的方法来降低随机误差对测量结果的影响。因此，可以用数理统计的方法来处理随机误差。

（3）疏忽误差。疏忽误差是指在一定的测量条件下，测量值明显偏离实际值所形成的误差，也称为粗大误差。产生这种误差的原因有以下几点。

① 在一般情况下，它不是仪器本身固有的，主要是测量过程中由于疏忽而造成的。例如，测量者身体过于疲劳，缺乏经验，操作不当或工作责任心不强等原因造成读错刻度、记错读数或计算错误。这是产生疏忽误差的主观原因。

② 由于测量条件的突然变化，如电源电压、机械冲击等。因此引起仪器示值的改变。这是产生疏忽误差的客观原因。

在测量及数据处理过程中，当发现某次测量结果对应的误差特别大时，应认真判断该误差是否属于疏忽误差，如果属于疏忽误差，该测量结果（常称为坏值）应舍去不用。

上述 3 种误差同时存在的情况下，可用图 2.2.2 表示。图中 A_0 表示真值，小黑点表示各次测量值 x_i， E_x 表示 x_i 的平均值， δ_i 表示随机误差， ε 表示系统误差， x_k 表示坏值，它远离真值 A_0。

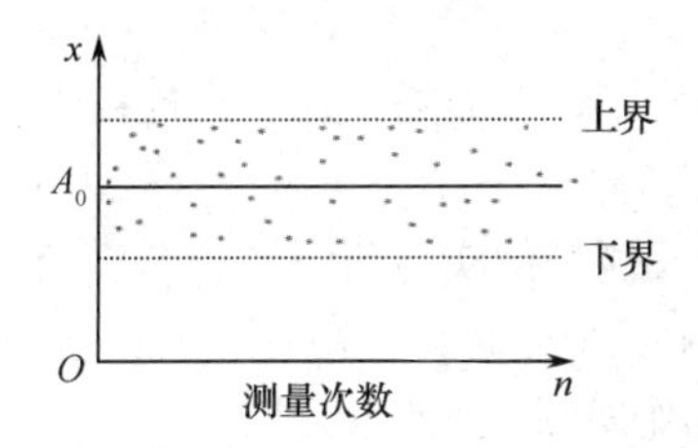

图 2.2.1　随机误差的特点

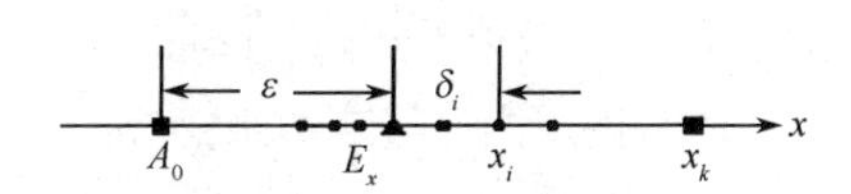

图 2.2.2　3 种误差同时存在的情况

由图可知，有以下结论。

① 由于 x_k 的存在，将严重影响平均值 E_x，使其失去意义。因此，在整理测量数据时，必须首先将其舍去。

② 随机误差 $\delta_i = x_i - E_x$，当舍去 x_k 以后，可以采取多次测量数据取算术平均值的方法，以消除随机误差 δ_i 的影响。

③ 在 δ_i 消除后，系统误差 $\varepsilon = E_x - A_0$ 越小，表示测量越准确。当 $\varepsilon = 0$ 时，平均值即可等于真值 A_0。

上述的划分方法只是相对的，且可以相互转化。较大的系统误差或随机误差也可以视为疏忽误差。系统误差与随机误差之间也不存在严格的界限。例如，当电磁干扰所引起的测量误差比较小时，可以用类似随机误差取平均值的方法来处理；如果其影响有利于掌握规律时，可以按系统误差引入修正值的方法来处理。掌握了误差转化的特点，就可以用数据处理的方法减少误差的影响，这对于测量技术很有意义。

3．按被测量随时间变化分类

（1）静态误差。静态误差是指在测量过程中，被测量随时间变化缓慢或基本不变时的测量误差。

（2）动态误差。动态误差是指被测量随时间变化很快的过程中测量所产生的附加误差。动态误差是由于测量系统（或仪表）的各种惯性对输入信号变化响应的滞后，或者输入信号中的不同频率分量通过测量系统时，受到不同程度的衰减或延时所造成的误差。

4．按使用条件分类

（1）基本误差。基本误差是指测量系统在规定的标准条件下使用时所产生的误差。所谓的标准条件，一般是指测量系统在实验室（或制造厂、计量部门）标定刻度时所保持的工作条件，如电源电压为 220V±5%、温度为（20±5）℃、湿度小于 80%、电源频率为 50Hz 等。测量系统的精确度就是由基本误差决定的。

（2）附加误差。当使用条件偏离规定的标准条件时，除基本误差之外，还会产生附加误差。例如，由于温度超过标准温度引起的温度附加误差、电源波动引起的电源附加误差以及频率变化引起的频率附加误差等。这些附加误差在使用时应叠加到基本误差上。

5．按误差与被测量的关系分类

（1）定值误差。定值误差是指不随被测量变化的误差。这类误差可以是系统误差，如直流测量回路中存在热电动势等；也可以是随机误差，如检测系统中执行电机的启动引起的电压误差等。

（2）累积误差。累积误差在整个检测系统量程内的误差值 Δx 与被测量 x 成比例变化，即

$$\Delta x = \gamma_s x \tag{2.2.1}$$

式中，γ_s 为比例系数。

2.2.3 误差的表示方法

1．绝对误差

绝对误差是测量值（示值）与被测量真值之间的差值。若用 A_0 表示被测量真值，x 表示测量值（示值），则绝对误差 Δx 可表示为

$$\Delta x = x - A_0 \tag{2.2.2}$$

当 $x > A_0$ 时，Δx 是正值；当 $x < A_0$ 时，Δx 是负值。所以，Δx 是具有大小、正负和单位的数值，它的大小和符号分别表示测量值偏离真值的程度和方向。

由于真值 A_0 一般是未知的，因此在实际测量中，常用被测量的实际值 A 来代替真值 A_0。被测量的实际值通常使用高一级或数级的标准仪器或计量器具所测得的数值代替真值。必须说明的是，A 不等于 A_0，一般来说，A 总比 x 更接近于 A_0，则常用的绝对误差表达式为

$$\Delta x = x - A \tag{2.2.3}$$

【例 2.2.1】一个被测电流，其真值 I_0 为 50A，用一块电流表进行测量，其测量值 I 为 50.5A，则绝对误差为

$$\Delta I = I - I_0 = 50.5 - 50 = 0.5\text{A}$$

若用上一级标准仪器测得的值为 50.05A，则绝对误差为

$$\Delta I = 50.5 - 50.05 = 0.45\text{A}$$

修正值是指绝对值与 Δx 相等、符号相反的值，常用 C 表示，即

$$C = -\Delta x = A - x \tag{2.2.4}$$

通过检定，由上一级标准（或基准）仪器以表格、曲线或公式的形式给出受检仪器的修正值。利用修正值可求出被测量的实际值，即

$$A = x + C \tag{2.2.5}$$

在某些自动测试系统中，为了提高测量精度，减少测量误差，通常将修正值预先编制成有关程序存入仪器中，根据测量结果，自动对误差进行修正。

一般规定，绝对误差和修正值的单位必须与测量值一致。

绝对误差虽然可以说明测量值偏离实际值的程度，但不能说明测量的准确程度，应引用相对误差。

【例 2.2.2】测量两个电流，其实际值为 $I_1 = 50\text{A}$、$I_2 = 10\text{A}$；而测量值分别为 50.5A 和 10.5A，则绝对误差为

$$\Delta I_1 = 50.5 - 50 = 0.5\text{A}$$

$$\Delta I_2 = 10.5 - 10 = 0.5\text{A}$$

二者的绝对误差相同，但其影响是不同的，前者比后者测量得准确。

2．相对误差

如上所述，绝对误差的表示方法不能反映测量结果的准确程度，应采用相对误差。相对误差为绝对误差与被测量真值的比值，通常用百分数表示。若用γ_0表示相对误差，则有

$$\gamma_0 = \frac{\Delta x}{A_0} \times 100\,\% \tag{2.2.6}$$

在一般情况下，真值是未知的，可用绝对误差与实际值之比表示相对误差，也称为实际相对误差，用γ_A表示，即

$$\gamma_A = \frac{\Delta x}{A} \times 100\,\% = \frac{x - A}{A} \times 100\,\% \tag{2.2.7}$$

对于例 2.2.2，$\gamma_{A1} = \frac{\Delta I_1}{I_1} \times 100\,\% = \frac{0.5}{50} \times 100\,\% = 1\%$，$\gamma_{A2} = \frac{\Delta I_2}{I_2} \times 100 = \frac{0.5}{10} \times 100\,\% = 5\%$。

由上可见，相对误差可以表征测量的准确度。相对误差只有大小和符号，而无单位。

在误差较小或要求不太严格的情况下，也可用仪器的测量值代替实际值。这时的相对误差称为示值相对误差，用γ_x表示，即

$$\gamma_x = \frac{\Delta x}{x} \times 100\,\% \tag{2.2.8}$$

其中，Δx由所用仪器的准确度等级确定。

由于x中含有误差，因此γ_x值适用于近似测量。对于一般的工程测量，用γ_x来表示测量的准确度比较方便。

3．引用误差

引用误差也称为满度相对误差。引用误差是为了评价测量仪表准确度等级而引入的，因为绝对误差和相对误差均不能客观、正确地反映测量仪表准确度的高低。引用误差定义为绝对误差与测量仪表的量程x_m值之比，用γ_n表示，即

$$\gamma_n = \frac{\Delta x}{x_m} \times 100\% \tag{2.2.9}$$

测量仪器的各指示（刻度）值的绝对误差有正、有负，有大、有小。所以，测量仪器的准确度等级应用最大引用误差，即绝对误差的最大绝对值$|\Delta x|_m$与量程之比，用γ_{mn}表示最大引用误差，则有

$$\gamma_{mn} = \frac{|\Delta x|_m}{x_m} \times 100\% \tag{2.2.10}$$

根据国家标准，电测仪表的准确度等级指数α分为 0.1、0.2、0.5、1.0、1.5、2.5、5.0 这 7 个等级。对应的基本误差（最大引用误差）不能超过仪表准确度等级指数α的百分数，即

$$\gamma_{mn} \leqslant \alpha\% \tag{2.2.11}$$

例如，0.5 级的仪表，就表明其$\gamma_{mn} \leqslant 0.5\%$，其面板上标以 0.5 的符号。

【例 2.2.3】检定一台量程为 100V、1.0 级的电压表，在电压为 40V 处，其绝对误差为 0.9V，问该电压表是否合格？

解：根据题意$U_\mathrm{m} = 100\mathrm{V}$、$\alpha = 1.0$、$U = 40\mathrm{V}$、$\Delta U = 0.9\mathrm{V}$，有

$$\gamma_n = \frac{\Delta U}{U_\mathrm{m}} \times 100\% = 0.9\% < 1.0\%$$

即$\gamma_n < \alpha\%$，说明该电压表合格。

为提高测量准确度，在选择仪表时，应尽量使被测量x靠近满度值x_m，至少$x \approx \frac{2}{3} x_m$。

4．容许误差

容许误差是指测量仪器在使用条件下可能产生的最大误差范围。它是衡量仪器的重要指标，测

量仪器的准确度、稳定度等指标都可用容许误差来表征。

容许误差通常用绝对误差表示，有如下3种表示形式。

$$\Delta x = \pm\left(a\% \cdot x + b\% \cdot x_m\right) \tag{2.2.12}$$

$$\Delta x = \pm\left(a\% \cdot x + n\right) \tag{2.2.13}$$

$$\Delta x = \pm\left(a\% \cdot x + b\% \cdot x_m + n\right) \tag{2.2.14}$$

式中，Δx 为容许误差；a 为误差相对项系数；x 为测量值（示值）；b 为误差固定项系数；x_m 为测量仪表的满度值；$a\% \cdot x$ 为读数误差，与读数成正比；$b\% \cdot x_m$ 为满度误差，不随读数变化，在 x_m 一定时，它是一个固定值；n 为数字测量仪器显示的最后一位。

【例2.2.4】用一台4位数字电压表的5V量程分别测量5V和0.1V电压，已知该仪表的基本误差为$\pm 0.01\% U_x \pm 1$个字，求由该仪表的基本误差引起的测量误差。

解：4位数字5V±1个字相当于±0.001V。

（1）当测量5V电压时，绝对误差为

$$\Delta U_1 = \pm 0.01\% \times 5 \pm 0.001 = \pm 0.0015\text{V}$$

相对误差为

$$\gamma_1 = \frac{\Delta U_1}{U_1} = \frac{\pm 0.0015}{5} \times 100\% = \pm 0.03\%$$

（2）当测量0.1V电压时，绝对误差为

$$\Delta U_2 = \pm 0.01\% \times 0.1 \pm 0.001 = \pm 0.001\text{V}$$

相对误差为

$$\gamma_1 = \frac{\Delta U_2}{U_2} = \frac{\pm 0.001}{0.1} \times 100\% = \pm 1\%$$

由此可知，当测量小电压时，应选择仪表的较小量程，以提高测量精度。

2.2.4 误差的估计与消除方法

1．随机误差的估计及消除方法

对于单次测量，随机误差是没有规律的，需进行多次测量，用统计学方法研究其规律和处理测量数据，以减少其对测量结果的影响，并估计出其最终残留影响的大小。对随机误差的估计是在无系统误差的假设条件下进行的。

（1）算术平均值原理。

假设对某一被测量 x 进行测量次数为 n 的等精密度测量，得到的测量值 x_i（$i=1,2,\cdots,n$）为随机变量。其算术平均值为

$$\overline{x} = \frac{1}{n}\sum_{i=1}^{n} x_i \tag{2.2.15}$$

当测量次数 $n \to \infty$ 时，算术平均值的极限称为测量值的数学期望，也称为总体平均值，用 E_x 表示，即

$$E_x = \lim_{n\to\infty}\left(\frac{1}{n}\sum_{i=1}^{n} x_i\right) \tag{2.2.16}$$

由于随机误差 $\delta_i = x_i - E_x$，若一组测量数据中不含有系统误差和疏忽误差，因此有

$$\Delta x_i = \delta_i = x_i - E_x \tag{2.2.17}$$

由随机误差的抵偿性可知，当测量次数趋于无穷时，$E_x = A_0$，则有

$$\delta_i = x_i - A_0 \tag{2.2.18}$$

随机误差的算术平均值将趋于0，即

$$\overline{\delta} = \lim_{n\to\infty}\left(\frac{1}{n}\sum_{i=1}^{n}\delta_i\right) = 0 \tag{2.2.19}$$

这说明随机误差的数学期望等于 0。

对于有限次测量，当测量次数足够多时，可近似地认为

$$\overline{\delta} = \frac{1}{n}\sum_{i=1}^{n}\delta_i \approx 0 \tag{2.2.20}$$

也有

$$E_x \approx A_0 \tag{2.2.21}$$

由以上分析可知，当无系统误差（$\varepsilon = 0$）和无疏忽误差（$x_k = 0$）时，测量值的数学期望可视为被测量的相对真值。在仅有随机误差的情况下，当测量次数足够多时，测量值的平均值接近于真值。因此，通常把经多次等精密度测量的算术平均值称为真值的最佳估计值，即

$$\hat{A}_0 = \overline{x} = E_x \tag{2.2.22}$$

（2）残差、方差和标准差。

① 残差。残差是指各次测量值与其算术平均值之差，也称为剩余误差，用 v_i 表示，即

$$v_i = x_i - \overline{x} \tag{2.2.23}$$

对于残差求和

$$\sum_{i=1}^{n}v_i = \sum_{i=1}^{n}x_i - n\overline{x}$$

因为

$$\frac{1}{n}\sum_{i=1}^{n}x_i = \overline{x}\text{，}\quad \sum_{i=1}^{n}x_i = n\overline{x}$$

所以

$$\sum_{i=1}^{n}v_i = \sum_{i=1}^{n}x_i - n\overline{x} = 0$$

这说明当 n 足够大时，残差的代数和为 0。利用这个性质可以检验所计算的算术平均值是否正确。

② 方差和标准差。为反映测量数据的离散程度，引入了方差。方差是指当 $n\to\infty$ 时测量值与期望值之差的平方的统计平均值，用 σ^2 表示，即

$$\sigma^2 = \frac{1}{n}\sum_{i=1}^{n}(x_i - E_x)^2 \tag{2.2.24}$$

因为 $\delta_i = x_i - E_x$，所以有

$$\sigma^2 = \frac{1}{n}\sum_{i=1}^{n}\delta_i^2 \tag{2.2.25}$$

对式（2.2.25）开平方，取正平方根，得

$$\sigma = \sqrt{\frac{1}{n}\sum_{i=1}^{n}\delta_i^2} \tag{2.2.26}$$

式中，σ 为测量值数列的标准差或样本标准差，简称标准差。σ 是随机变量的一个重要统计量。

此外，也可用残差来确定标准差，即贝塞尔公式

$$\sigma = \sqrt{\frac{1}{n-1}\sum_{i=1}^{n}v_i^2} \tag{2.2.27}$$

δ_i 取平方的目的是不论 δ_i 是正还是负，其平方都是正的，相加的和不会等于 0，从而可以描述随机误差的分散程度；这样在计算过程中就不必考虑 δ_i 的符号，从而带来方便。求和再平均后，个别较大的误差在式中占的比例也较大，即标准差对较大的误差反应灵敏，所以它是表征精密度的参数。σ 小表示测量值集中，σ 大则分散。

（3）随机误差正态分布。

在大多数情况下，随机误差符合正态分布，其分布密度为

$$\phi(x_i)=\frac{1}{\sigma\sqrt{2\pi}}\mathrm{e}^{\frac{(x_i-E_x)^2}{2\sigma^2}} \tag{2.2.28}$$

$\phi(x_i)$ 与 x_i 的函数曲线如图 2.2.3 所示。由图 2.2.3 可知，测量值对称地分布在数学期望值的两侧。

利用式（2.2.22）和式（2.2.23），由式（2.2.28）可得 v_i 的分布密度 $\phi(v_i)$ 为

$$\phi(v_i)=\frac{1}{\sigma\sqrt{2\pi}}\mathrm{e}^{\frac{v_i^2}{2\sigma^2}} \tag{2.2.29}$$

$\phi(v_i)$ 与 v_i 的函数曲线如图 2.2.4 所示。由图 2.2.4 可知，σ 越小，曲线形状越陡，随机误差的分布越集中，表明测量精度越高；反之，σ 越大，曲线形状越平坦，随机误差分布越分散，测量精度越低。

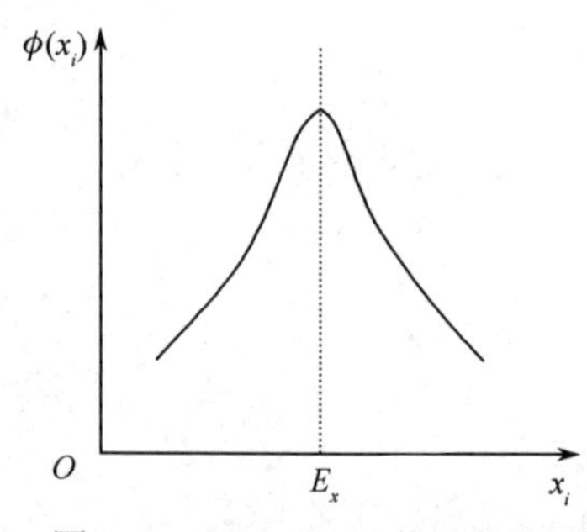

图 2.2.3 $\phi(x_i)$ 与 x_i 的函数曲线

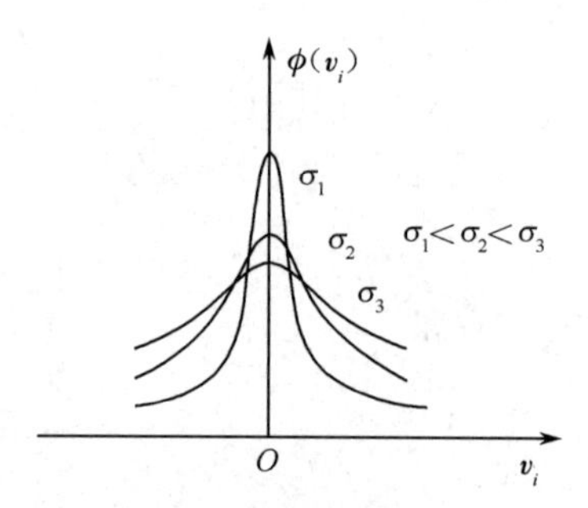

图 2.2.4 $\phi(v_i)$ 与 v_i 的函数曲线

（4）算术平均值的标准差。

在有限次等精度测量中，以算术平均值作为测量结果。如果在相同条件下对同一量值做 m 组划分，每组重复 n 次测量，每组数据都有一个平均值。由于随机误差的存在，这些算术平均值并不相同，围绕真值具有一定的分散性，这说明算术平均值还存在误差。对此，在要求精密度更高时，可用算术平均值的标准差 $\sigma_{\bar{x}}$ 来评价。

由概率统计学可知

$$\sigma_{\bar{x}}^2=\sigma^2\Big(\frac{1}{n}\sum_{i=1}^{n}x_i\Big)=\frac{1}{n^2}\sigma^2\Big(\sum_{i=1}^{n}x_i\Big)$$

因为是等精密度测量，有 $\sigma_1=\sigma_2=\cdots=\sigma_n$，于是

$$\sigma^2\Big(\sum_{i=1}^{n}x_i\Big)=n\sigma^2$$

所以有

$$\sigma_{\bar{x}}^2=\frac{1}{n^2}\cdot n\cdot\sigma^2 \tag{2.2.30}$$

由式（2.2.30）可得 $\sigma_{\bar{x}}$ 的计算公式为

$$\sigma_{\bar{x}}=\frac{\sigma}{\sqrt{n}} \tag{2.2.31}$$

当 n 为有限次测量时，用估算值 $\hat{\sigma}$ 代替 σ，则

$$\hat{\sigma}_{\bar{x}}=\frac{\hat{\sigma}}{\sqrt{n}} \tag{2.2.32}$$

由式（2.2.31）和式（2.2.32）可知，算术平均值的标准差是任意一组测量样本标准差的 $1/\sqrt{n}$。以上结论是在每组测量数据的标准差 σ 都相等的前提下得出的，它表明每组测量次数相同，做两组测量与做更多组测量的 $\sigma_{\bar{x}}$ 值相同，则可把多组测量等效为一组来计算 $\sigma_{\bar{x}}$。但在实际测量中，各组

的 $\overline{x}$ 值并不相同，将各组的 $\overline{x}$ 值再平均一次后的数值更接近于真值。因此，采用多组测量比单组测量的准确度高。

增加每组测量的测量次数，也可提高测量精度。但要显著增加测量精度，需做出大量的测量工作。在 σ 一定时，当 $n>10$，$\sigma_{\overline{x}}$ 减小得非常缓慢。另外，随着测量次数的增加，恒定测量条件难以得到保证，从而带来新的误差，所以一般情况下 $n \leqslant 10$ 较为适宜。

2．系统误差的估计及消除方法

（1）系统误差的特征。

在实际测量中，测量过程往往存在系统误差，在某些情况下的系统误差数值比较大。一次测量结果的精度不仅取决于随机误差，还取决于系统误差。

当测量次数 n 足够大时，并考虑到在系统误差不变的情况下，绝对误差 $\Delta x_i = \varepsilon + \delta_i$ 的算术平均值为

$$\overline{\Delta x} = \frac{1}{n}\sum_{i=1}^{n}\Delta x_i = \varepsilon + \frac{1}{n}\sum_{i=1}^{n}\delta_i$$

由于随机误差的抵偿性，当 n 足够大时，δ_i 的算术平均值趋于零，因此

$$\varepsilon = \frac{1}{n}\sum_{i=1}^{n}\Delta x_i = \overline{x} - A_0 \tag{2.2.33}$$

由此可见，当 ε 与 δ_i 同时存在，且 n 足够大时，各次测量绝对误差的算术平均值就等于系统误差 ε，这说明测量结果的精确度不仅取决于随机误差，还取决于系统误差。由于系统误差不具备抵偿性，采用平均值方法对它无效。系统误差的变化情况如图 2.2.5 所示。系统误差具有如下特征。

① 恒值系统误差。恒值系统误差如图 2.2.5 中的 a 直线所示。在整个测量过程中，误差的大小和符号固定不变。例如，由于仪器仪表的固有（基本）误差引起的测量误差均属于此类。

② 线性系统误差。线性系统误差如图 2.2.5 中的 b 直线所示。在整个测量过程中，误差值逐渐增大（或减少）。例如，电路用电池供电，由于电池的端电压逐渐下降，将导致线性系统误差。

③ 周期性系统误差。周期性系统误差如图 2.2.5 中的 c 曲线所示。在整个测量过程中，误差值周期性变化。例如，晶体管 β 值随环境温度的周期性变化而变化，将产生周期性系统误差。

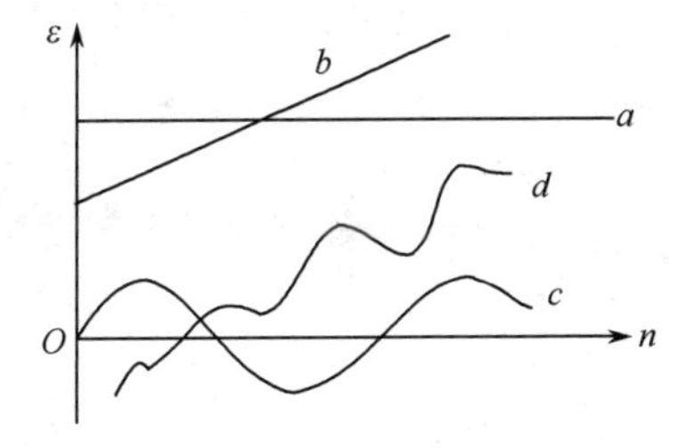

图 2.2.5　系统误差的特征

④ 复杂变化的系统误差。复杂变化的系统误差如图 2.2.5 中的 d 曲线所示。在整个测量过程中，误差的变化规律很复杂。图 2.2.5 中的 b、c、d 直线为变值系统误差。

（2）判断系统误差的方法。

① 恒值系统误差判断。恒值系统误差判断常采用对比法，这种方法是需要改变测量条件及测量仪器仪表或测量方法的。例如，采用普通仪器仪表进行测量后，对测量结果不能完全相信时，再用高一级或几级的仪器仪表进行重复测量。平时用模拟万用表测电压时，由于仪表本身的误差或仪器的内阻不够高而引起测量误差，再用数字电压表重复测量，即可发现用万用表测量时所存在的系统误差。

② 变值系统误差判断。

a．残差观测法。根据测量数据系列的各个残差大小和符号的变化规律，制作表格或曲线来判断有无系统误差。通常将残差画成曲线，如图 2.2.6 所示。图 2.2.6（a）表示残差 v 大体正负相同，无明显变化规律，可以认为不存在系统误差。图 2.2.6（b）表示残差 v 有规律的递增（或递减），可认为存在系统误差。图 2.2.6（c）表示残差 v 的符号有规律变化，逐渐由正到负，再由负到正，循环交替重复变化，可以认为存在周期性系统误差。图 2.2.6（d）可表示同时存在线性及周期性系统误差。

b．线性系统误差的判断。线性系统误差的判断采用马利科夫准则，即将测量数据按测量条件的变化顺序（如按测量时间的先后次序）排列起来 $x_1, x_2, \cdots, x_n$，分别求出对应的残差 $v_1, v_2, \cdots, v_n$。对前一半和后一半的数据残差求和，然后求其差值 $\varDelta$，即

$$\varDelta=\begin{cases}\sum_{i=1}^{\frac{n}{2}} v_i-\sum_{i=\frac{n}{2}+1}^{n} v_i & \text{（当}n\text{为偶数时）}\\ \sum_{i=1}^{\frac{n-1}{2}} v_i-\sum_{i=\frac{n+3}{2}}^{n} v_i & \text{（当}n\text{为奇数时）}\end{cases} \tag{2.2.34}$$

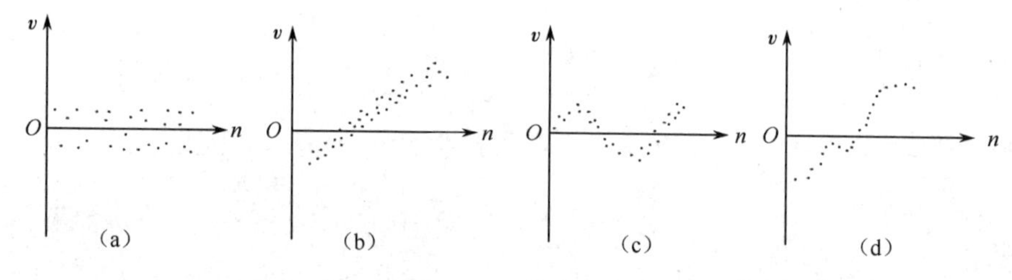

图 2.2.6　残差观察法

如果 $\varDelta \approx 0$，表明不存在线性系统误差。如果前、后两部分的 v_i 值符号不同，那么 $\varDelta$ 值明显不为 0；如果 $\varDelta$ 的绝对值大于最大的 v_i 值（$v_{i\max}$），可认为存在线性系统误差。

另外，在特殊情况下（如个别异常数据时），也会产生 $\varDelta > |v_{i\max}|$，但并不存在线性系统误差。

c．周期性系统误差判断。周期性系统误差判断采用阿卑-赫梅特准则，即将测量数据顺序排好，求出残差，依次两两相乘，然后取和的绝对值，再用此列数据求出标准差的估计值。若式

$$\left|\sum_{i=1}^{n-1} v_i \cdot v_{i+1}\right| > \sqrt{n-1}\sigma^2 \tag{2.2.35}$$

成立，则可认为存在周期性系统误差。

【例 2.2.5】 等精度测量某电流 10 次，测量数据如表 2.2.1 所示。试判断是否存在系统误差？

表 2.2.1　测量数据及计算表

n	x_i	v_i	$v_i v_{i+1}$	v_i^2
1	101.05	+0.45		0.2025
2	100.90	+0.30	0.135	0.0900
3	100.90	+0.30	0.090	0.0900
4	100.70	+0.10	0.030	0.0100
5	100.60	0	0	0.0000
6	100.50	−0.10	0	0.0100
7	100.40	−0.20	0.020	0.0400
8	100.30	−0.30	0.060	0.0900
9	100.35	−0.25	0.075	0.0625
10	100.30	−0.30	0.075	0.0900
Σ	1006.00	0	0.485	0.6850
	$\bar{x}=\dfrac{\sum_{i=1}^{n} x_i}{n}=100.60$			

解：观察残差 v_i 的符号及数值，有明显的下降趋势，可怀疑有变值系统误差存在。

① 用马利科夫准则判断。因为 n 为偶数，由式（2.2.34）可得

$$\varDelta=\sum_{i=1}^{5}v_i-\sum_{i=6}^{10}v_i=1.15-(-1.15)=2.3\gg v_i$$

所以测量中必然有线性系统误差存在。

② 用阿卑-赫梅特准测判断。根据式（2.2.35）可得

$$A=\left|\sum_{i=1}^{n-1}v_i v_{i+1}\right|=0.485$$

再由表 2.2.1 中的数据和式（2.2.27）可得

$$\sigma^2=\sum_{i=1}^{10}\frac{v_i^2}{n-1}=\frac{0.6850}{9}\approx 0.076$$

$$\sqrt{n-1}\sigma^2\approx\sqrt{9}\times 0.076=0.228$$

显然

$$A>\sqrt{n-1}\sigma^2$$

因此测量中必然有周期性系统误差存在。

（3）随机误差的削弱方法。

① 引入修正值法。引入修正值法预先将测量仪器的系统误差检定出来或计算出来，做出误差表或误差曲线，然后取与误差数值大小相同符号相反的值作为修正值，将实际测得值加上相应的修正值，即可得到不包含该系统误差的测量结果。

由于修正值本身也包含有一定误差，因此用修正值消除系统误差的方法，不可能将全部系统误差修正掉，总要残留少量系统误差。对这种残留的系统误差按照随机误差进行处理。

引入修正值法还可以推广应用到环境误差上，如在干扰很大而无法消除的场合，可以先使测量信号为 0，测出干扰信号的指示值，再送入测量信号，将得到的读数减去干扰信号指示值。但是，在使用这种方法时应保证在上述两次测量中干扰影响相同，否则也无意义。

② 零位式测量法。零位式测量法是在测量过程中，用指零仪表的零位指示测量系统的平衡状态；在测量系统达到平衡时，用已知的基准量决定被测量的测量方法。当应用这种方法进行测量时，标准器具装在仪表内。在测量过程中，标准量直接与被测量相比较。调整标准量直到被测量与标准量相等，即指零仪表回零。

零位式测量法的测量误差主要取决于参加比较的标准仪器的误差，而标准仪器的误差是可以做得很小的。零位式测量必须使测量系统有足够的灵敏度。

采用零位式测量法进行测量的优点是可以获得比较高的测量精度，但是测量过程比较复杂。采用自动平衡操作以后，虽然可以加快测量过程，但受工作原理所限，它的反应速度不会很高，因此这种测量方法不适合测量变化迅速的信号，只适合测量变化较缓慢的信号。

③ 替换法。替换法是用可调的标准器具代替被测量接入测量系统，然后调整标准器具，使测量系统的指示与被测量接入时相同，则此时标准器具的数值等于被测量。

与零位式测量法相比，替换法在两次测量过程中测量电路及指示器的工作状态均保持不变。因此，测量系统的精度对测量结果基本上没有影响，从而消除了测量结果中的测量误差；测量的精确度主要取决于标准已知量，对指示器只要求有足够高的灵敏度即可。

替换法是测量工作中最常见的方法之一，不仅适用于精密测量，还常用于一般的技术测量。

④ 对照法。对照法是在测量系统中，改变一下测量安排，将两个测量结果互相对照，并通过适当的数据处理，对测量结果进行改正的方法，也称为交换法。

3．疏忽误差的估计及消除方法

（1）疏忽误差的判断准则。

① 拉依达准则。假设在测量数据中，测量值 x_k 的随机误差为 δ_k ，当

$$|\delta_k| \geqslant 3\sigma \tag{2.2.36}$$

时，则测量值中含有疏忽误差的异常值，应予以剔除。

在实际应用中，使用剩余误差和标准差的估算值，即

$$|v_k| \geqslant 3\hat{\sigma} \tag{2.2.37}$$

拉依达准则是以测量次数充分大为前提的，当测量次数 $n \leqslant 10$ 时，该准则失效（证明略去），不能判别出任何疏忽误差。通常测量次数皆较少，因此拉依达准则只是一个近似准则。

② 格拉布斯准则。当测量数据中，测量值 x_k 的剩余误差 v_k 满足

$$|v_k| > g_0(n,\alpha)\hat{\sigma} \tag{2.2.38}$$

时，则测量值 x_k 是含有疏忽误差的异常值，应予以剔除。式中，$g_0(n,\alpha)$ 为和测量次数 n、显著性水平 α 相关的临界值，如表 2.2.2 所示。显著性水平 α 也称为超差概率，它与置信概率 P 的关系为 $\alpha = 1 - P$。其中，P 为在进行测量时，测量结果的误差处于某一范围内的可靠程度的量，也称为置信度，一般可用百分数表示。在 $\pm\delta$ 范围内的置信概率为

$$P(\pm\delta) = \frac{2}{\sigma\sqrt{2\pi}}\int_0^{\delta} \mathrm{e}^{-\frac{\delta^2}{2\sigma^2}}\mathrm{d}\delta \tag{2.2.39}$$

【例 2.2.6】 已知某电容的残差及测量值的标准差的估计值分别为 $v_1 = -0.04\mu\text{F}$、$v_2 = -0.01\mu\text{F}$、$v_3 = -0.02\mu\text{F}$、$v_4 = -0.02\mu\text{F}$、$v_5 = 0.04\mu\text{F}$、$v_6 = 0.01\mu\text{F}$、$v_7 = -0.03\mu\text{F}$、$v_8 = 0.04\mu\text{F}$、$\hat{\sigma} = 0.027\mu\text{F}$。

在置信概率为 0.99 时，试用格拉布斯准则判断有无疏忽误差。

解： 因为 $n = 8$，$\alpha = 1 - 0.99 = 0.01$，查表 2.2.2 可得

$$g_0(n,\alpha) = g_0(8, 0.01) = 2.22$$

所以有

$$g_0(n,\alpha)\hat{\sigma} = 2.22 \times 0.027 \approx 0.06\mu\text{F}$$

又因为

$$|v_i|_{\max} = |v_1| = |v_5| = |v_8| = 0.04\mu\text{F} < g_0(n,\alpha)\hat{\sigma}$$

所以测量数据中不含有疏忽误差。

表 2.2.2　$g_0(n,\alpha)$ 数据表

n	α		n	α	
	0.05	0.01		0.05	0.01
3	1.15	1.16	17	2.48	2.78
4	1.46	1.49	18	2.50	2.82
5	1.67	1.75	19	2.53	2.85
6	1.82	1.94	20	2.56	2.88
7	1.94	2.10	21	2.58	2.91
8	2.03	2.22	22	2.60	2.94
9	2.11	2.32	23	2.62	2.96
10	2.18	2.41	24	2.64	2.99
11	2.23	2.48	25	2.66	3.01
12	2.28	2.55	30	2.74	3.10
13	2.33	2.61	35	2.81	3.18
14	2.37	2.66	40	2.87	3.24
15	2.41	2.70	50	2.96	3.34
16	2.44	2.75	100	3.17	3.59

③ 极限误差。在实际测量中，可以认为大于 3σ 的误差出现的可能性极小，所以通常把等于 3σ

的误差称为极限误差，也称为随机不确定度，用 λ 表示。对于算术平均值，当测量次数 n 足够多时，其极限误差为

$$\lambda_{\overline{x}} = 3\hat{\sigma}_{\overline{x}} \tag{2.2.40}$$

当测量次数 n 较少时，其极限误差为

$$\lambda_{\overline{x}} = t_{\alpha}\hat{\sigma}_{\overline{x}} \tag{2.2.41}$$

式中，$\lambda_{\overline{x}}$ 为算术平均值 $\overline{x}$ 与期望值 E_x 之间的误差；t_α 为置信系数，可由置信概率 P 及测量次数 n 查表 2.2.3 得到。

表 2.2.3　置信系数 t_α

n	t_α		n	t_α	
	P=95%	P=99%		P=95%	P=99%
1	12.71	63.66	20	2.09	2.85
2	4.30	9.92	22	2.07	2.82
3	3.18	5.84	24	2.06	2.80
4	2.78	4.60	26	2.06	2.78
5	2.57	4.03	28	2.05	2.76
6	2.45	3.71	30	2.04	2.75
7	2.36	3.50	40	2.02	2.70
8	2.31	3.36	50	2.01	2.68
9	2.26	3.25	60	2.00	2.66
10	2.23	3.17	70	1.99	2.65
12	2.18	3.05	80	1.99	2.65
14	2.14	2.98	90	1.99	2.63
16	2.12	2.92	100	1.98	2.63
18	2.10	2.88	∞	1.96	2.58

（2）疏忽误差的消除方法。

对于疏忽误差，除了设法从测量结果中发现加以剔除，更重要的是加强测量者的工作责任心和以严谨的科学态度对待测量工作。此外，还要保证测量条件的稳定，避免在外界较大干扰下产生疏忽误差。

在某些情况下，为了及时发现与防止测得值中含有疏忽误差，可采用不等精度测量和互相之间进行校核的方法。例如，对某一被测值，可由两位测量者进行测量、读数和记录；或者用两种不同仪器、两种不同方法进行测量。

2.3　实验数据处理

实验数据的处理就是对测量数据进行计算、分析、整理和归纳，去粗取精、去伪存真，以得出正确的科学结论。

2.3.1　有效数字的表示

实际测量中的数均是近似数，如果用近似数恰当地表示测量结果，就会用到有效数字的概念。

按照严格的数学定义，当数据的绝对误差不超过末位数字单位的一半时，从数据左边第一个不为 0 的数字算起，到最末一位为止（包括 0）的数字称为有效数字。0 在一个数中，可能是有效数字，也可能不是有效数字。例如，电压 0.02080V，2 前面的两个 0 不是有效数字，中间和末尾的 0

都是有效数字。因为前面的 0 与测量准确度无关，当转化成另一种单位时，它可能就不存在了。例如，写成 20.80mV 前面的 0 即消失。在用有效数字记录测量结果时应注意以下几点。

（1）在用有效数字表示测量结果时，可以从有效数字的位数估计测量的误差。一般规定误差不超过有效数字末位单位数字的一半；测量结果记为 1.000A，小数点后第 3 位为末位有效数字，其单位数字 0.001A，单位数字的一半为 0.0005A，测量误差可能是正也可能是负，所以 1.000A 这一记法表示测量误差为±0.0005A。

（2）若测量精度达不到时，不能在数字后面随意加 0。若测量结果记为 1.000A，则说明测量误差达到±0.0005A；若记为 1.0000A，则说明测量误差达到±0.00005A。

（3）有效数字不能因采用的单位不同而增加或减少。例如，1.000A，以 mA 为单位，可记为 1000mA，二者均为有效数字。又如，有一个测量结果记为 1A，它是 1 位有效数字；如以 mA 为单位，不能记为 1000mA，因为 1000 是 4 位有效数字，扩大了测量精度，此时应记为 1×10^3mA。

2.3.2 有效数字的运算

1．加法运算

可以证明，有效数字进行加法运算时，和的绝对误差小于或等于相加各项绝对误差的绝对值之和，和的相对误差介于相加各项中最大相对误差与最小相对误差之间。加法计算结果所保留的有效数字应满足这两个条件。通常的做法是先找到各项中误差最大的项，其他各项均舍入到与误差最大项的末位对齐，然后进行计算。例如，1.369+17.2+8.64，误差最大项为 17.2，所以先将 1.369 和 8.64 分别舍入到 1.4 和 8.6（小数点后一位，即与误差最大项 17.2 的末位对齐），然后相加，即 1.4+17.2+8.6=27.2。

有时为了避免在大量运算中因舍入造成的误差积累过多，可将其他项舍入到最大误差项末位的再后 1 位，该位称为安全数字位，然后进行计算，计算结果再舍入到与误差最大项的末位对齐。例如，0.402+8.7+4.567+5.765，按照一般运算结果为 19.434，如果将该计算结果舍入到与 8.7 小数点位数相同，结果为 19.4。若不用安全数字位进行近似计算，则应为 0.4+8.7+4.6+5.8=19.5，与上述结果相差 0.1。若用安全数字位计算，则 0.40+8.7+4.57+5.76=19.43，再舍入到 19.4。由此可见，多留一位安全数字的作用。

2．减法运算

假设 $x = x_1 - x_2$，则最大绝对误差为

$$\Delta x_m = |\Delta x_1| + |\Delta x_2| \tag{2.3.1}$$

相对误差为

$$\gamma_x = \frac{\Delta x}{x} = \frac{|\Delta x_1| + |\Delta x_2|}{x} = \frac{x_1}{x}\gamma_1 + \frac{x_2}{x}\gamma_2 \tag{2.3.2}$$

当 $x_1 \gg x_2$ 时，$x \approx x_1$，则有

$$\gamma_x \approx \gamma_1 \tag{2.3.3}$$

在这种情况下，差 x 的有效数字位数应与被减数 x_1 的有效数字位相同，因此计算时把减数舍入到与被减数的末位对齐再相减，或者减数多留一位安全数字，相减后把差舍入到与被减数的末位对齐。

若被减数与减数相差很小，如 5314.82−5314.71=0.11，减数与被减数均为 6 位有效数字，而计算结果只有两位有效数字，原始数据的绝对误差为 0.005，相对误差为 $1/10^6$。再由式（2.3.1）可知，差的最大绝对误差为 0.005+0.005=0.01，差的相对误差为 0.01/0.11≈10%，比原始数据的误差大了 10000 倍。因此，在对实验数据近似计算时，要避免两个相近的数相减，以免增加误差。

3．乘、除运算

假设近似数为 $x = x_1 \cdot x_2$ 或 $x = x_1 / x_2$，则运算结果最大相对误差为

$$\gamma_m = |\gamma_1| + |\gamma_2| \tag{2.3.4}$$

可见，进行乘、除运算的次数越多，相对误差也越大，必须注意这一问题。乘、除运算应先统一有效数字，并以有效数字位数最少的数据为标准。因此，当有效数字位数相同的数进行乘（除）运算时，积（商）的有效数字位数与参加运算的数据的有效数字位数相同。例如，3.55×1.23=4.3665，其积记为 4.37。

当几个有效数字位数不同的数相乘（除）时，应预先将各个数进行舍入处理，使其有效数字位数与有效数字位数最少的数据对齐，再进行计算，最后将积（商）的有效数字位数与有效数字位数最小的数据对齐。例如，0.385×9.712×2.6164，其中有效数字位数最少的数是 0.385，因此其余两数均舍入到 3 位有效数字，即 0.385×9.71×2.62，计算如下。

0.385×9.71=3.73835，记为 3.74

3.74×2.62=9.7988，记为 9.80

2.3.3　有效数字的舍入

在对测量数据进行计算时，为了使计算结果反映测量误差，必须注意计算过程中所用数字和计算结果所保留有效数字的位数问题。若需保留 n 位有效数字，多于 n 位的数字应根据舍入原则进行处理。在一般数值计算中采用四舍五入的原则，但在测量中由于数据要反映测量误差，因此从数字出现的概率和舍入后引起的舍入误差的考虑出发，采用如下舍入原则：当需保留 n 位有效数字时，n 位以后余下的全部数值小于第 n 位单位数字的一半，则舍去；若大于第 n 位单位数字的一半，则向第 n 位进 1；若等于第 n 位单位数字的一半，则视第 n 位数字的奇偶而定。若第 n 位为偶数，则舍去第 n 位以后的数字；若第 n 位为奇数，则向第 n 位进 1。这种舍入原则，只有当余下的数值等于第 n 位单位数字的一半时，才和四舍五入的原则相同。例如，有一个数字为 301.5，要保留 3 位有效数字，根据四舍五入的原则应写为 302；根据这里的数字舍入原则也是 302。但对于 302.5，要保留 3 位有效数字，根据四舍五入的原则应写为 303；根据这里的数字舍入原则也是 302。这里采用与四舍五入不同的舍入原则，是考虑到尽量减少舍入误差。因为第 n 位以后的数字从 1 到 9 出现的概率相同，使大于 5 或小于 5 舍入后引起的误差可以抵消。例如，第 $n+1$ 位为 1 或 9 引起的舍入误差为-1 和+1，当多次舍入时，由于舍入概念不同，使舍入引起的误差可以抵消。若第 n 位以后的数字恰是第 n 位单位数字的一半，由于第 n 位为奇数和偶数的概率相同，使舍入的概率相同，多次舍入也会使舍入误差抵消，且舍入的结果为偶数，在用它作为被除数时，除尽的机会比奇数多，有利于减少计算误差。

2.3.4　测量数据的等精度处理

对于某一量进行等精密度测量时，其测量值可能同时含有系统误差、随机误差及疏忽误差。为了得到合理的测量结果，做出正确的报告，必须对所测量的数据进行分析处理。其基本步骤如下。

（1）用修正值等方法，减少恒值系统误差的影响。

（2）求算术平均值。

$$\overline{x}=\frac{1}{n}\sum_{i=1}^{n}x_i \tag{2.3.5}$$

式中，$\overline{x}$ 值是可能包含疏忽误差在内的平均值。

（3）求残差 $v_i=x_i-\overline{x}$。

（4）求标准差的估算值，利用贝塞尔公式。

$$\hat{\sigma}=\sqrt{\frac{1}{n-1}\sum_{i=1}^{n}v_i^2} \tag{2.3.6}$$

（5）判断疏忽误差，剔除坏值。

当测量次数 n 足够多时，先求极限误差 $\lambda=2\hat{\sigma}$，当 $|v_i|>\lambda$ 时，该数据可以认为是坏值，应予以

剔除；当测量次数n较少时，应当用格拉布斯准则进行处理，当$|v_i| > g_0(n,\alpha)\hat{\sigma}$时，应视为坏值并剔除。

（6）剔除坏值后，再重复求剩余数据的算术平均值、残差及标准差，并再次判断，直至不包括坏值为止。剔除坏值后的算术平均值为

$$\overline{x}' = \frac{1}{n'}\sum_{i=1}^{n'} x_i \tag{2.3.7}$$

式中，n'为剔除坏值后的测量次数，$n' = n - a$，其中a是坏值的数目。

这时的残差v_i'是剔除坏值后，剩下的测量数据与$\overline{x}'$算出的平均值之差$v_i' = x_i - \overline{x}'$，这时的标准差估算值为

$$\delta' = \sqrt{\frac{1}{n'-1}\sum_{i=1}^{n'}(v_i')^2} \tag{2.3.8}$$

极限误差为$\lambda' = 3\sigma'$，再剔除坏值。同理，当测量次数n较少时，用$|v_i'| > g_0(n,\alpha)\hat{\sigma}'$作为判据。

（7）判断有无变值系统误差。用残差观察法判断是否存在变值系统误差，也可以用马利科夫准则和阿卑-赫梅特准则判断有无线性和周期性系统误差。若存在变值（线性、周期性或二者同时存在）系统误差，其全部测量数据原则上应舍弃不用。

（8）求出算术平均值的标准差估计值。

$$\hat{\sigma}_{\overline{x}} = \frac{\hat{\sigma}'}{\sqrt{n'}} \tag{2.3.9}$$

（9）求出算术平均值的极限误差。

当n足够多时可取

$$\lambda_{\overline{x}} = 3\hat{\sigma}_{\overline{x}} \tag{2.3.10}$$

当测量次数n较少时

$$\lambda_{\overline{x}} = t_\alpha \hat{\sigma}_{\overline{x}} \tag{2.3.11}$$

（10）给出测量结果（报告值）。对于技术测量，需要指明极限误差$\lambda_{\overline{x}}$时，A可以表示为

$$A = \overline{x}' \pm \lambda_{\overline{x}} \tag{2.3.12}$$

式中，$\overline{x}'$为不包括疏忽误差时测量数据的算术平均值。

对于不要求给出极限误差$\lambda_{\overline{x}}$时，则只将$\overline{x}'$作为报告值即可。式（2.3.11）中$\lambda_{\overline{x}}$的值对于单组测量（n次）或多组测量（m组，每组均为n次）都是适用的。因为是等精密度测量，$\lambda_{\overline{x}}$表示平均值与期望值之差，所以这里不能用λ值或λ'值。

【例2.3.1】对于某一电压进行16次等精密度测量，测量数据中已记入修正值（单位为V），如表2.3.1所示。求出包括误差在内的测量结果。

解：① 求出算术平均值$\overline{U} = 205.30\text{V}$。

② 由测量值U_i及平均值$\overline{U}$求出残差v_i，如表2.3.1所示。

③ 求标准差估算值$\hat{\sigma} = 0.4434$。

④ 判断疏忽误差。

因为测量次数较少，采用格拉布斯准则。已知$n = 16$，取$P = 95\%$，则$\alpha = 1 - 0.95 = 0.05$，查表2.2.2得$g_0(n,\alpha) = 2.44$，则有$g_0(n,\alpha)\hat{\sigma} = 2.44 \times 0.4434 \approx 1.08$。由表2.3.1可知，$|v_5| = 1.35 > 1.08$，所以$U_5$为坏值，应予以剔除，即暂有一个坏值。

⑤ 判断剩余数据有无疏忽误差。

计算剩余数据的算术平均值为

$$\overline{U}' = \frac{1}{16-1}\left[\sum_{i=1}^{4}U_i + \sum_{i=6}^{16}U_i\right] = 205.21$$

重算的残差值 v_i' 如表 2.3.1 所示。由 v_i' 算出 $\hat{\sigma}'=0.27$，又因为 $n'=15$，由表 2.2.2 可得 $g_0(n',\alpha)=2.41$，$g_0(n',\alpha)\hat{\sigma}'=2.41\times0.27\approx0.65$。由表 2.3.1 可知，$|v_i'|<g_0(n',\alpha)\hat{\sigma}'$，说明剩余数据中无坏值。

表 2.3.1　例 2.3.1 测量及计算数据

n	U_i	v_i	v_i'	n	U_i	v_i	v_i'
1	205.30	0.00	0.09	9	205.71	+0.41	0.50
2	204.94	−0.36	−0.27	10	204.70	−0.60	−0.51
3	205.63	+0.33	0.42	11	204.86	−0.44	−0.35
4	205.24	−0.66	0.03	12	205.35	+0.05	0.014
5	206.65	+1.35	—	13	205.21	−0.09	0.00
6	204.97	−0.33	−0.24	14	205.19	−0.11	−0.02
7	205.36	+0.06	0.15	15	205.21	−0.09	0.00
8	205.16	−0.14	−0.05	16	205.32	+0.02	0.11

⑥ 判断变值系统误差。

v_i'（表 2.3.1）与测量次数 n 的关系如图 2.3.1 所示。由图 2.3.1 可知，不存在线性及周期性系统误差。用马利科夫准则校核，因 $n'=15$，由式（2.2.34）可得 $\varDelta\approx-0.13$。由表 2.3.1 可知，$v'_{\max}=v'_{10}=-0.51$，可见 $|\varDelta|<|v'_{\max}|$，即不存在线性系统误差。

用阿卑-赫梅特准则再校核，即

$$\left|\sum_{i=1}^{15}v_i'v_{i+1}'\right|_{i\neq5}=0.195$$

$$\sqrt{n'-1}(\hat{\sigma})^2=\sqrt{15-1}\times0.27^2\approx0.273$$

可见

$$\left|\sum_{i=1}^{15}v_i'v_{i+1}'\right|_{i\neq5}\leqslant\sqrt{n'-1}(\hat{\sigma})^2$$

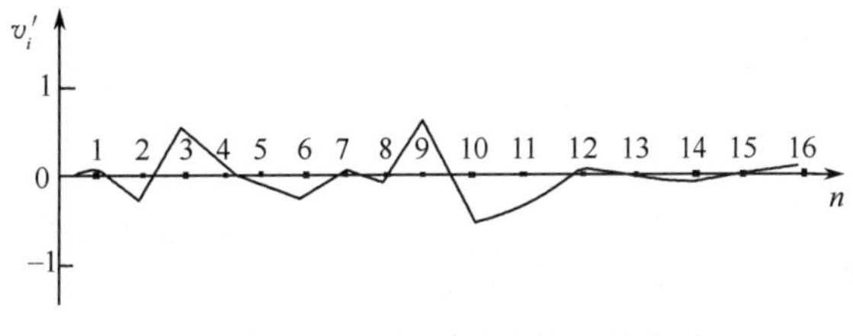

图 2.3.1　v_i' 与测量次数 n 的关系

即不存在周期性系统误差。

⑦ 求出算数平均值的标准差估计值。

$$\hat{\sigma}_{\bar{x}}=\frac{\hat{\sigma}'}{\sqrt{n'}}=\frac{0.27}{\sqrt{15}}\approx0.07$$

由于测量次数较少，$n'-1=14$，取 $P=95\%$，查表 2.2.3 得 $t_\alpha=2.14$，则有 $\lambda_{\bar{u}}=2.14\times0.07\approx0.15$。

⑧ 测量结果。

$$U=\bar{U}'\pm\lambda_{\bar{u}}=205.2\pm0.2(\text{V})$$

2.3.5　测量数据的图解分析

测量数据除了采用表格表示，还经常采用各种曲线表示，即将被测量随某一个或几个因素变化的规律用相应的曲线表示出来。用曲线表示测量数据的优点是形象直观。通过对曲线的形状、特征和变化趋势进行分析研究，可以对未被认知的现象做出某些预测。

要做出一条符合客观规律、反映实验结果真实情况的曲线应注意以下几点。

（1）合理选用坐标系。最常用的是直角坐标系，也可以采用极坐标系或其他坐标系。

（2）合理选择坐标分度。例如，分度过大，有可能难以反映曲线变化的细微特征；纵横坐标之间的比例要适当，并标明坐标名称和单位。

（3）合理选择测量点。自变量取值的两个端点，因变量变化的最大值和最小值点都必须测出来。此外，在曲线变化剧烈的部分应多取几个测试点，在曲线变化平缓的部分可以少取测试点。

（4）准确标记各测试点。在同一坐标系中作不同曲线时应采用不同的符号标记，避免混淆。

（5）将各测试点用线连起来。

（6）修匀曲线。由于测量过程中各种误差的影响，将各测试点连起来所得到的曲线通常都是不光滑的，需要进行修整以减小误差的影响。修匀曲线通常采用直觉法和分组平均法。直觉法是在精度要求不高或测量点离散程度不大时，用曲线板、直尺等凭感觉修匀曲线。作图时不要求曲线经过每个测量点，而是从总体上将曲线尽可能靠近各数据点，让各数据点均匀、随机地分布在曲线的两侧，并且保持曲线光滑。分组平均法是将所有数据点分成若干组，每组2～4个数据点，每组点数可以不相等，然后分别估取各组数据的几何重心，再将这些重心点连接起来。

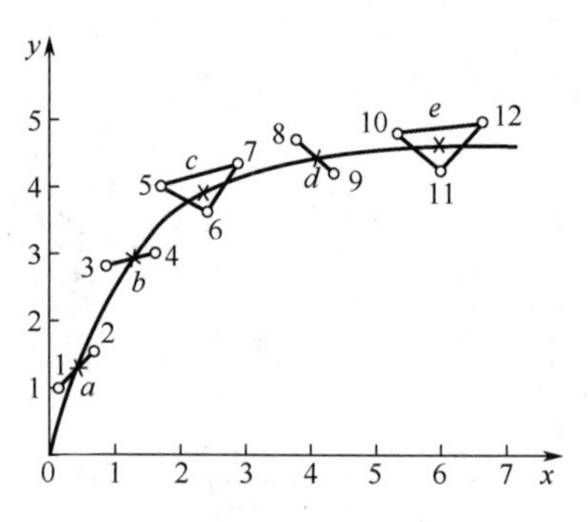

图 2.3.2　分组平均法修匀曲线

如图 2.3.2 所示，将数据点 1、2 为一组，其重心为 a 点；点 3、4 为一组，其重心为 b 点；点 5、6、7 为一组，其重心为 c 点；点 8、9 为一组，其重心为 d 点；点 10、11、12 为一组，其重心为 e 点。将 a～e 点连接起来，稍作平滑，即为所求曲线。由图 2.3.2 可知，重心点基本都在平滑线上，这样处理可以减小绘制曲线时的人为误差。

第 3 章 常用仪器仪表的使用

3.1 示波器

3.1.1 数字示波器的基本原理及技术指标

示波器是一种电子图示测量仪器，利用示波器能观察各种不同信号幅度随时间变化的波形曲线，示波器作为一种用来分析电信号的时域测量和显示仪器，可以对一个脉冲电压的上升时间、脉冲宽度、重复周期、峰值电压等参数进行测量。

数字存储示波器使用简单，应用广泛。数字存储示波器（Digital Storage Oscilloscope，DSO，简称数字示波器）与模拟示波器不同，它用 A/D 转换器把模拟波形转换成数字信号，然后存储在半导体存储器（RAM）中；需要时，将 RAM 中的存储内容调出，通过相应的 D/A 转换器，再恢复为模拟量显示在示波管的屏幕上。在这种示波器中，信号处理功能和信号显示功能是分开的。示波器的测量、显示的速度和精度性能指标，完全取决于进行信号处理的 A/D 转换器、D/A 转换器和半导体存储器的情况。

1. 数字存储示波器的基本原理

数字存储示波器的基本组成框图如图 3.1.1 所示。数字存储示波器基本上由两大部分组成：垂直放大器、A/D 转换器、存储器、触发电路以及示波器控制器组成数字存储示波器的信号采集存储部分；D/A 转换器、显示逻辑控制器以及水平（垂直）输出放大器组成数字存储示波器的显示部分。

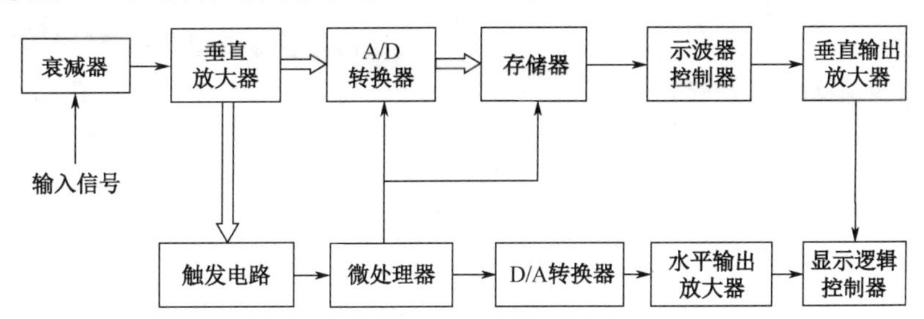

图 3.1.1 数字存储示波器的基本组成框图

在数字存储示波器中，被测模拟信号先经过衰减器和垂直放大器后，被送至 A/D 转换器转换成数字量，写入存储器。接下来微处理器读出存储器中的各数据送至 D/A 转换器，输出信号驱动垂直输出放大器。同时 D/A 转换器需要一个输出信号驱动水平输出放大器，与模拟示波器类似，在水平和垂直输出信号的共同作用下，完成待测波形在显示屏上显示出稳定、不闪烁的图形信息。

2. 主要技术指标

（1）最高取样速率 f_s（Sa/s，次数/秒）。取样速率也称为数字化速率，是指每秒的取样次数。最高取样速率由 A/D 转换器的速率决定。不同类型的 A/D 转换器最高取样速率不同。在任意一个扫描时间为 t/div，取样速率为

$$f_s = \frac{N}{t/\text{div}}$$

式中，N 为每格取样数。

（2）存储容量。存储容量又称为存储长度，通常定义为获取波形的取样点的数目，用 A/D 转换后的存储单元数来表示。

（3）分辨力。在数字存储示波器中，屏幕上的点不是连续的，而是量化的。分辨力是指量化的最

小单元，可用 $1/2^8$ 或百分比来表示，更简单的也可用 n 位表示。分辨力也可定义为示波器所能分辨的最小电压分量。

分辨力有垂直分辨力和水平分辨力。垂直分辨力取决于 A/D 转换器对量化值进行 PCM 编码的位数。若 A/D 转换器是 n 位编码，则最小量化单元为 $1/2^n$。例如，若 A/D 转换器是 8 位，则分辨力为 $1/2^8$，即 0.391%；若 A/D 转换器是 10 位，则分辨力为 2^{10}，即 0.0976%；若 A/D 转换器是 12 位，则分辨力为 $1/2^{12}$，即 0.0244%。若满度输出为 10V，则分辨力分别为 39.1mV、9.76mV、2.44mV。分辨力也可用每度的级数来表示，如果采用 8 位编码，共有 2^8=256 级，若垂直方向共有 8 度，则分辨力为 32 级/度。

在智能化数字存储示波器中，通过多次对信号平均处理，并消除随机噪声，可使垂直分辨力得到提高。水平分辨力由存储容量决定。若是 10 位编码，则有 2^{10}=1024 个单元，将水平扫描长度调到 10.24 度，每度有 100 个取样点。

（4）数字存储示波器的准确度。分辨力并不是测量准确度，而是理想情况下测量准确度的上限。由于显示准确度及人为观测误差的存在，一般数字存储示波器的垂直准确度为 2%～4%，水平准确度为 1%～3%。在智能化数字存储示波器中，采用游标来进行测量，可大大减小人为误差以及示波管和放大器非线性引起的误差，使测量准确度达到 1%。

（5）扫描时间因数 t/div。扫描时间因数取决于来自 A/D 转换器的数据写入获取存储器的速度及存储容量。扫描时间因数为相邻两个取样点的时间间隔（取样窗口）与每格取样点数的乘积，即

$$t/\text{div} = \frac{1}{f_s} \cdot N$$

从上式中可以看出，在 A/D 转换速率相同的条件下，存储容量越大，扫描时间因数也越大。若 A/D 转换器的存储容量为 1KB，则最快扫描时间因数为 5μs/div；若存储容量为 10KB，则最快扫描时间因数为 50μs/div。

（6）存储带宽。数字存储示波器的存储带宽分为单次信号存储带宽和重复信号存储带宽。对于单次信号和慢速变化的信号，数字存储示波器采用实时取样方式工作，其带宽取决于最大取样速率和采用的显示恢复技术。对一个满刻度的正弦波来说，单次存储带宽

$$\text{BW} = \frac{\text{最大取样速率（MHz）}}{K}$$

式中，K 为一常数。当用光点显示时，$K \approx 25$；当用矢量显示时，$K \approx 10$；当用正弦内插显示时，$K \approx 2.5$。当观察双踪信号时，取样以断续方式取 y_1 和 y_2，故取样速率降低到原来的一半，存储带宽也降低到原来的一半。对于重复信号，数字存储示波器采用顺序取样或随机取样技术，重复信号的存储带宽可达到示波器模拟应用时的带宽。

3.1.2 DS1000 系列数字示波器

该系列产品是一款高性能指标、经济型的数字示波器。其中，DS1000E 系列为双通道加一个外部触发输入通道的数字示波器。DS1000D 系列为双通道加一个外部触发输入通道以及带 16 通道逻辑分析仪的混合信号示波器（MSO）。为了更好地使用数字示波器，首先要了解示波器的 5 个方面的功能：设置示波器、触发、信号采集模式、缩放并定位波形、测量波形。

1．DS1000 系列数字示波器主要特点

（1）提供双模拟通道输入，最大 1GSa/s 实时采样率，25GSa/s 等效采样率，每通道带宽 100MHz（DS1102E、DS1102D）；50MHz（DS1052E、DS1052D）。

（2）16 个数字通道，可独立接通或关闭，或者以 8 个为一组接通或关闭（仅 DS1000D 系列）。

（3）5.6 英寸 64K 色 TFT LCD，波形显示更加清晰。

（4）具有丰富的触发功能：边沿、脉宽、视频、斜率、交替、码型和持续时间触发（仅 DS1000D 系列）。

（5）自动测量 22 种波形参数，具有自动光标跟踪测量功能。

（6）波形显示可以自动设置（AUTO）。

（7）具有多重波形数学运算功能。

（8）内嵌 FFT 功能。

（9）拥有 4 种实用的数字滤波器：LPF、HPF、BPF、BRF。

（10）支持 U 盘及本地存储器的文件存储。

（11）支持远程命令控制。

2．面板功能介绍

DS1000 系列数字示波器向用户提供简单而功能明晰的前面板（如图 3.1.2 所示），以进行基本的操作。面板上包括旋钮和功能按键。旋钮的功能与其他示波器类似。显示屏右侧的一列 5 个灰色按键为菜单操作键，通过它们可以设置当前菜单的不同选项；其他按键为功能键，通过它们可以进入不同的功能菜单或直接使用特定的功能。DS1000 系列数字示波器显示屏如图 3.1.3 所示。

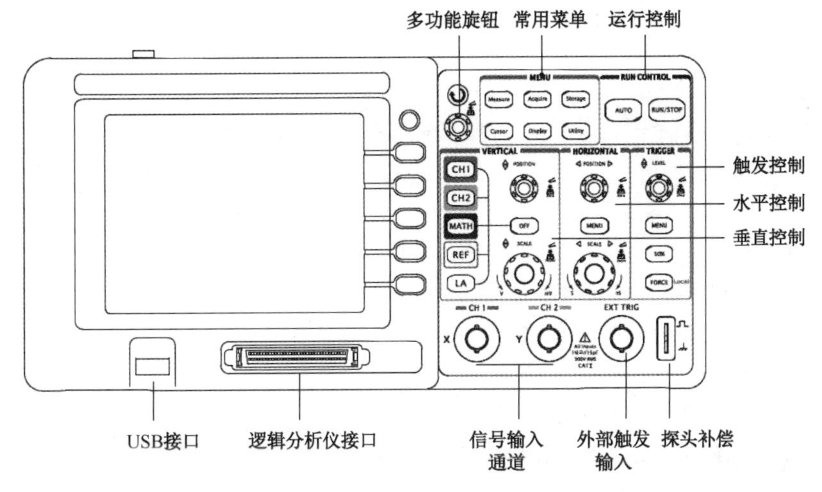

图 3.1.2　DS1000 系列数字示波器的前面板

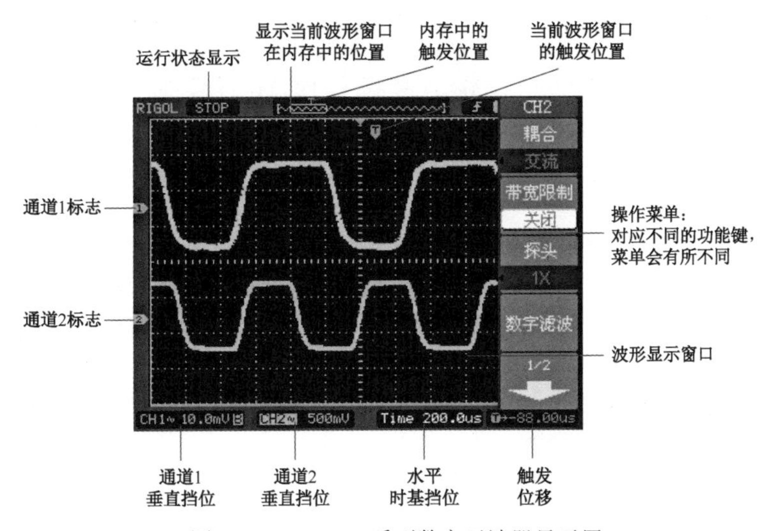

图 3.1.3　DS1000 系列数字示波器显示屏

3．DS1000 系列数字示波器的检查与校准

（1）接通仪器电源。接通电源后，仪器将执行所有自检项目，自检通过后出现开机画面。按 Storage 按键，用菜单操作键从顶部菜单中选择“存储类型”选项，然后调出“出厂设置”菜单，如图 3.1.4 所示。

（2）示波器接入信号。请按照如下步骤接入信号。

① 用示波器探头将信号接入通道1（CH1）。将探头连接器上的插槽对准CH1同轴电缆插接件（BNC）上的插口并插入，然后向右旋转以拧紧探头，完成探头与通道的连接后，将数字探头上的开关设定为1×，如图3.1.5所示。

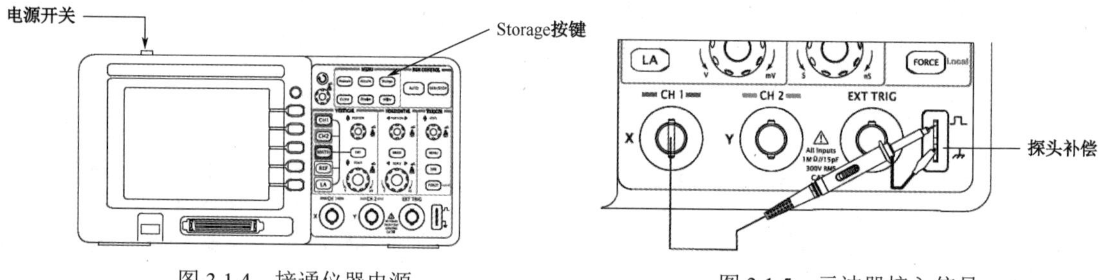

图3.1.4 接通仪器电源

图3.1.5 示波器接入信号

② 把探头端部和接地夹接到探头补偿器的连接器上。按AUTO（自动设置）按键。几秒钟内，可见到方波显示。

③ 以同样的方法检查通道2（CH2）。按OFF功能按钮或再次按下CH1功能按钮以关闭通道1，按CH2功能按钮以打开通道2，重复步骤①和步骤②。

（3）波形显示的自动设置。DS1000E、DS1000D系列数字示波器具有自动设置的功能。根据输入的信号，可自动调整电压倍率、时基以及触发方式，使波形显示达到最佳状态。应用自动设置要求被测信号的频率大于或等于50Hz，占空比大于1%。

使用自动设置，按如下步骤设置。

① 将被测信号连接到信号输入通道。

② 按下AUTO按键。

示波器将自动设置垂直、水平和触发控制。如果需要，可手动调整这些控制使波形显示达到最佳。

4．DS1000系列数字示波器的操作

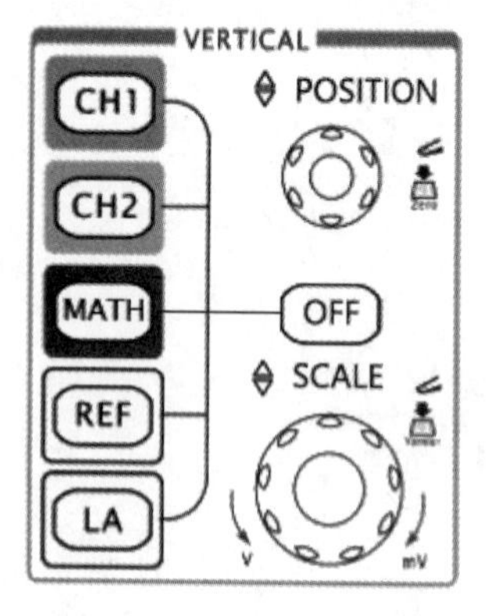

图3.1.6 垂直控制区

将主要介绍设置垂直系统、设置水平系统、设置触发系统以及存储和调出。

（1）垂直系统。如图3.1.6所示，在垂直控制区（VERTICAL）有一系列的按键、旋钮(其中，仅DS1000D系列有LA按键)。使用POSITION旋钮，可以用来显示波形，调节垂直标尺和位置，以及设定输入参数。

① 使用POSITION旋钮，控制信号的垂直显示位置。

当转动POSITION旋钮，指示通道地（GROUND）的标识跟随波形而上下移动。POSITION旋钮不仅可以改变通道的垂直显示位置，还可以通过按下该旋钮作为设置通道垂直显示位置恢复到零点的快捷键。

测量技巧：如果通道耦合方式为DC，就可以通过观察波形与信号地之间的差距来快速测量信号的直流分量；如果耦合方式为AC，信号里面的直流分量被滤除。这种方式方便使用更高的灵敏度显示信号的交流分量。

② 使用SCALE旋钮调节垂直刻度。

转动SCALE旋钮改变“V/div”（伏/格）垂直挡位，可以发现状态栏对应通道的挡位显示发生了相应的变化。在测量时，应根据被测信号的电压幅度，选择合适的位置，以利于观察。

③ 设置垂直系统。

a．通道设置。DS1000E、DS1000D系列提供双通道输入。每个通道都有独立的垂直菜单。每个项目都按不同的通道单独设置。按CH1或CH2功能键，系统将显示CH1或CH2通道的操作菜单，如图3.1.7所示。通道操作菜单说明如表3.1.1所示（以CH1为例）。

图 3.1.7　CH1 通道的操作菜单

表 3.1.1　通道操作菜单说明

功能菜单	设定	说明
耦合	直流	通过输入信号的交流和直流成分
	交流	阻挡输入信号的直流成分
	接地	断开输入信号
带宽限制	打开	限制带宽至 20MHz，以减少显示噪声
	关闭	满带宽
探头	1×	根据探头衰减因数选取相应数值，确保垂直标尺读数准确
	5×	
	10×	
	50×	
	100×	
数字滤波		设置数字滤波
挡位调节	粗调	粗调按 1-2-5 进制设定垂直灵敏度
	微调	微调是指在粗调设置范围之内以更小的增量改变垂直挡位
反相	打开	打开波形反相功能
	关闭	波形正常显示

b．数学运算。数学运算（Math）功能可显示 CH1、CH2 通道波形相加、相减、相乘以及 FFT 运算的结果。数学运算的结果可通过栅格或游标进行测量。按 Math 功能键，系统将进入数学运算界面，如图 3.1.8 所示。数学运算菜单说明如表 3.1.2 所示。

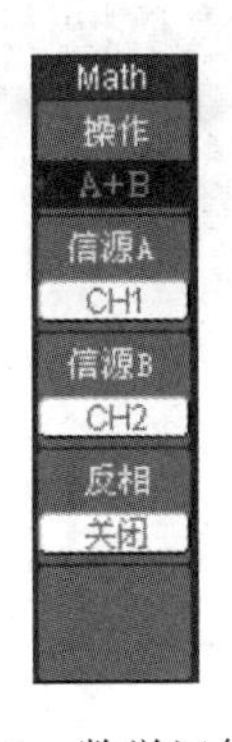

图 3.1.8　数学运算界面

表 3.1.2　数学运算菜单说明

功能菜单	设定	说明
操作	A+B	信源 A 波形与信源 B 波形相加
	A−B	信源 A 波形减去信源 B 波形
	A×B	信源 A 波形与信源 B 波形相乘
	FFT	FFT 数学运算
信源 A	CH1	设定信源 A 为 CH1 通道波形
	CH2	设定信源 A 为 CH2 通道波形
信源 B	CH1	设定信源 B 为 CH1 通道波形
	CH2	设定信源 B 为 CH2 通道波形
反相	打开	打开波形反相功能
	关闭	关闭波形反相功能

（2）水平系统。如图 3.1.9 所示，在水平控制区（HORIZONTAL）有一个按键、两个旋钮。水平系统设置可改变仪器的水平刻度、主时基或延迟（Delayed）扫描时基；调整触发在内存中的水平位置及通道波形（包括数学运算）的水平位置；也可显示仪器的采样率。

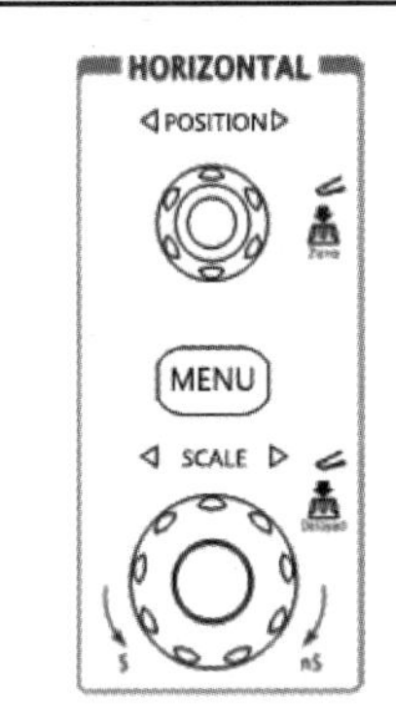

图 3.1.9　水平控制区

① 使用 SCALE 旋钮改变水平挡位设置，并观察因此导致的状态信息变化。

转动 SCALE 旋钮改变“s/div”（秒/格）水平挡位，可以发现状态栏对应通道的挡位显示发生了相应的变化。水平扫描速度从 2ns 至 50s，以 1-2-5 的形式步进。

② 使用 POSITION 旋钮调整信号在波形窗口的水平位置。

当转动 POSITION 旋钮调节触发位移时，可以观察到波形随旋钮而水平移动。POSITION 旋钮不但可以通过转动调整信号在波形窗口的水平位置，而且可以按下该键使触发位移（或延迟扫描位移）恢复到水平零点处。

③ 设置水平系统。按水平系统的 MENU 功能键，系统将显示水平系统的操作菜单，如图 3.1.10 所示，水平系统操作说明如表 3.1.3 所示。

图 3.1.10 水平系统的操作菜单

表 3.1.3 水平系统操作说明

功能菜单	设定	说明
延迟扫描	打开 关闭	进入 Delayed 波形延迟扫描 关闭延迟扫描
时基	Y-T X-Y Roll	Y-T 方式显示垂直电压与水平时间的相对关系 X-Y 方式在水平轴上显示通道 1 幅值，在垂直轴上显示通道 2 幅值 Roll 方式下示波器从屏幕右侧到左侧滚动更新波形采样点
采样率		显示系统采样率
触发位移 复位		调整触发位置至中心零点

在水平系统设置过程中，各参数的当前状态在屏幕中会被标记出来，方便用户观察和判断，如图 3.1.11 所示。

水平设置标志说明如下。

① 表示当前的波形视窗在内存中的位置。

② 表示触发点在内存中的位置。

③ 表示触发点在当前波形视窗中的位置。

④ 水平时基（主时基）显示，即“(s/div)”秒/格。

⑤ 触发位置相对于视窗中点的水平距离。

（3）设置触发系统。触发决定了示波器何时开始采集数据和显示波形。一旦触发被正确设定，它可以将不稳定的显示转换成有意义的波形。当示波器开始采集数据时，先收集足够的数据在触发点的左方画出波形。当检测到触发后，示波器连续地采集足够的数据以在触发点的右方画出波形。

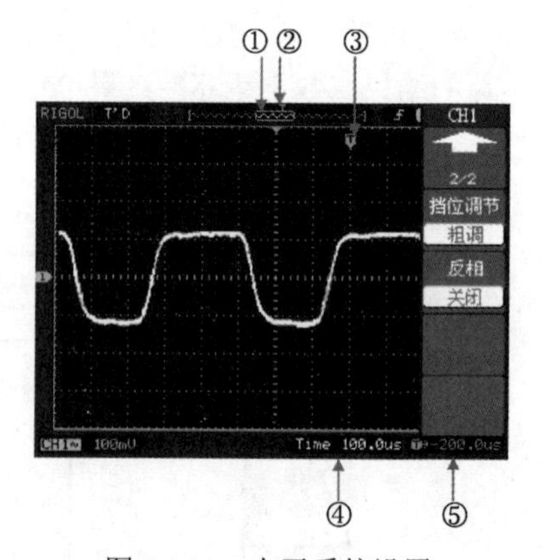

图 3.1.11 水平系统设置

名词解释

Y－T 方式：此方式下 Y 轴表示电压量，T 轴表示时间量。

X－Y 方式：此方式下 X 轴表示通道 1 电压量，Y 轴表示通道 2 电压量。

Roll（滚动）方式：当仪器进入滚动模式，波形自右向左滚动刷新显示。在滚动模式中，波形水平位移和触发控制不起作用。一旦设置滚动模式，时基控制设定就必须在 500ms/div 或更慢时基下工作。

慢扫描模式：当水平时基控制设定在 50 ms/div 或更慢时，仪器进入慢扫描采样方式。

在此方式下，示波器先采集触发点左侧的数据，然后等待触发，在触发发生后继续完成触发点右侧波形。在应用慢扫描模式观察低频信号时，建议将通道耦合设置为直流耦合。

秒/格（s/div）：水平刻度（时基）单位。例如，波形采样停止（使用 RUN/STOP 键），时基控制可扩张或压缩波形。

如图 3.1.12 所示，DS1000E、DS1000D 系列数字示波器操作面板在触发控制区（TRIGGER）有一个旋钮、3 个按键。

LEVEL：触发电平设定触发点对应的信号电压，按下此旋钮使触发电平立即回零。

50%：将触发电平设定在触发信号幅值的垂直中点。

FORCE：强制产生一触发信号，主要应用于触发方式中的“普通”和“单次”模式。

MENU：触发设置菜单按键。

① 使用 LEVEL 旋钮改变触发电平设置。

图 3.1.12　触发控制区

转动 LEVEL 旋钮，可以发现屏幕上出现一条橘红色的触发线以及触发标志，随旋钮转动而上下移动。停止转动旋钮，此触发线和触发标志会在约 5s 后消失。在移动触发线的同时，可以观察到在屏幕上触发电平的数值发生了变化。

LEVEL 旋钮不但可以改变触发电平值，还可以通过按下该旋钮作为设置触发电平恢复到零点的快捷键。

② 调出 MENU 触发操作菜单，改变触发的设置，观察由此造成的状态变化。

按触发系统的 MENU 功能键，系统将进入触发系统设置界面，如图 3.1.13 所示。

（4）存储和调出。如图 3.1.14 所示，在 MENU 控制区中，Storage 为存储设置按键。

使用 Storage 按键，弹出图 3.1.15 所示存储设置菜单。可以通过该菜单对示波器内部存储区和 USB 存储设备上的波形与设置文件进行保存和调出操作，也可以对 USB 存储设备上的波形文件、设置文件、位图文件以及 CSV 文件进行新建和删除操作（注意，可以删除仪器内部的存储文件，或将其覆盖），存储设置菜单说明如表 3.1.4 所示。

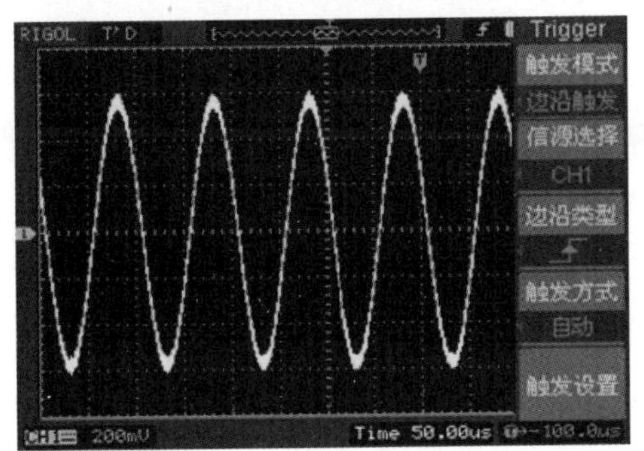

图 3.1.13　触发系统设置界面

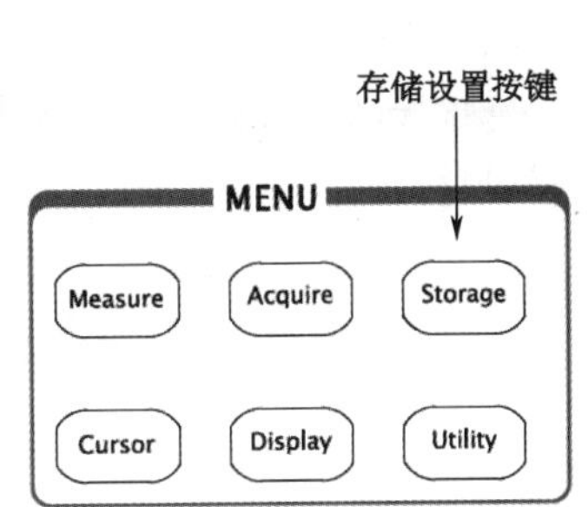

图 3.1.14　存储设置按键

图 3.1.15　存储设置菜单

表 3.1.4　存储设置菜单说明（存储类型为波形存储和设置存储）

功能菜单	设定	说明
存储类型	波形存储 设置存储	存储或调用波形或设置文件（适用于内/外部存储器）
内部存储		进入内部存储菜单
外部存储		进入外部存储菜单
磁盘管理		进入磁盘管理菜单

3.1.3　示波器的安全使用方法

1. 示波器使用注意事项

（1）机壳必须接地。为了安全，示波器的机壳必须接地。通电前，应检查电源线有无磨损、断裂和裸露导线，以免引起触电事故；检查电源电压是否与仪器工作电压相符。

（2）注意使用环境。避免在直射阳光下或在强磁场中使用示波器（如周围放置有大功率变压器会产生强磁场），因为受外界磁场的影响，测出的波形会有重影和干扰，甚至使显示的波形失真。

（3）示波器探头及接口的使用。在示波器探头接入时，宜缓慢均匀用力，避免损坏接插端口；接口和线缆避免热插拔。

（4）测试前的估算。测试前，应首先估算被测信号的幅度大小，严格限制接入信号幅度，有大信号接入示波器时，需要先预估信号电平，并选用合适的衰减器对信号进行衰减，避免因电压过高而损坏示波器。

（5）幅度的控制。显示屏显示波形的幅度，通过调节垂直挡位（V/div）的系数来控制，一定要控制在8格之内，如果超出8格，将无法观察。

2．常见问题的处理方法

（1）如果按下电源键示波器仍黑屏，无任何显示。

① 检查电源接头是否接好。

② 检查电源开关是否按实。

③ 做完上述检查后，请重新启动示波器。

（2）采集信号后，画面中并未出现相应波形。

① 检查探头是否正确连接在信号连接线上。

② 检查信号连接线是否正确连接在通道连接器上。

③ 检查待测物是否有信号产生。

（3）测量的电压幅值比实际值大或小。

① 检查通道衰减系数是否与探头实际使用的衰减比例相符。

② 断开示波器与外界的信号连接，执行一次自校准。

（4）有波形显示，但不能稳定下来。

① 检查触发信源：检查“触发”的信源选择是否与实际使用的信号通道相符。

② 检查触发类型：一般信号应使用“边沿触发”方式，视频信号应使用“视频触发”方式。只有应用适合的触发方式，波形才能稳定显示。

③ 调节触发电平，让波形稳定显示。

3.2 信号发生器

3.2.1 信号发生器的基本原理

信号发生器是为了模拟实际情况而设计的一种仪器，信号发生器的基本组成如图3.2.1所示。

从图3.2.1中可以看出，一般信号发生器由五部分组成：信号产生部分、整形放大部分、输出衰减部分、驱动保护部分、电源部分。

（1）信号产生部分。信号产生部分为信号发生器的核心部分。信号产生的原理一般采用直接数字合成信号发生器（DDS）。DDS没有振荡元器件，而是用数字合成方法产生一连串数据流，再经过数模转换产生出预先设定的模拟信号。

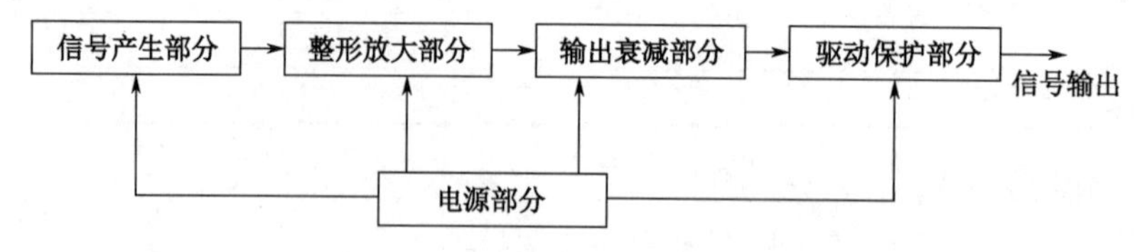

图3.2.1 信号发生器的基本组成

DDS使用相位累加技术控制波形存储器的地址。以正弦波为例，在每个采样周期中，DDS都把一个相位增量累加到相位累加器的当前结果上，通过改变相位增量而使输出的频率发生改变；再根据相位累加器输出的地址，由波形存储器取出波形量化数据，经数/模转换器和运放转换成模拟信号电压。波形数据是间断的取样数据，输出是一个阶梯形的正弦波，必须经过低通滤波器滤除波形中的高次谐波，才可变为连续的、可供使用的正弦波。正弦波的输出幅度以正弦波举例，是由幅度控制器（数控衰减器）来控制的，它将低通滤波器输出的满度信号，按照设定的要求进行比例衰减而获得，经功率放大器放大后，送至输出端口。

（2）整形放大部分。一个信号产生电路产生的波形，存在着信号幅度小、波形有失真等情况，需要进行再处理才能满足我们的要求。数字合成信号形成的振荡器，其输出信号谐波分量较多，因此它的整形放大电路的工作除了放大信号，还必须对信号进行滤波处理。

（3）输出衰减、驱动保护、电源部分。输出衰减部分可以由一系列电阻按比例串联分压产生。

为了加强信号发生器的带载能力，减少输出阻抗，降低负载对信号发生器的影响，部分信号发生器产品增加了电流放大驱动电路。

电源部分电路是给整个信号发生器电路提供工作用电的。

3.2.2 DG1000 系列信号发生器

1．DG1000 系列双通道函数/任意波形发生器简介

DG1000 系列双通道函数/任意波形发生器使用直接数字合成（DDS）技术，可生成稳定、精确、纯净和低失真的正弦信号。它还能提供 5MHz、具有快速上升沿和下降沿的方波。另外，还具有高精度、宽频带的频率测量功能。内部 AM、FM、PM、FSK 调制功能使仪器能够方便地调制波形，而无须单独的调制源。DG1000 实现了易用性、优异的技术指标及众多功能特性的完美结合，可帮助用户更快地完成工作任务。其性能特点如下。

（1）使用直接数字合成技术，得到精确、稳定、低失真的输出信号。

（2）双通道输出，可实现通道耦合，通道复制。

（3）输出 5 种基本波形，内置 48 种任意波形。

（4）可编辑输出 14bit、4K 点的用户自定义任意波形。

（5）100MSa/s 采样率。

（6）具有丰富的调制功能，输出各种调制波形：调幅（AM）、调频（FM）、调相（PM）、二进制频移键控（FSK）、线性和对数扫描（Sweep）及脉冲串（Burst）模式。

（7）丰富的输入输出：外接调制源，外接基准 10MHz 时钟源，外触发输入，波形输出，数字同步信号输出。

（8）高精度、宽频带频率计：测量功能有频率、周期、占空比、正/负脉冲宽度；频率范围为 100mHz～200MHz（单通道）。

（9）支持即插即用 USB 存储设备，并可通过 USB 存储设备存储、读取波形配置参数及用户自定义任意波形。

（10）与 DS1000 系列示波器无缝对接，直接获取示波器中存储的波形并无损地重现。

2．前面板功能介绍

DG1000 向用户提供简单而功能明晰的前面板，如图 3.2.2 所示。前面板上包括各种功能按键、旋钮及菜单软键，可以进入不同的功能菜单或直接获得特定的功能应用。

3．用户界面

DG1000 提供了 3 种界面显示模式：单通道常规显示模式、单通道图形显示模式及双通道常规显示模式，如图 3.2.3～图 3.2.5 所示。这 3 种界面显示模式可通过前面板左侧的 View 按键切换。用户可以切换活动通道，以便于设定每个通道的参数及观察、比较波形。

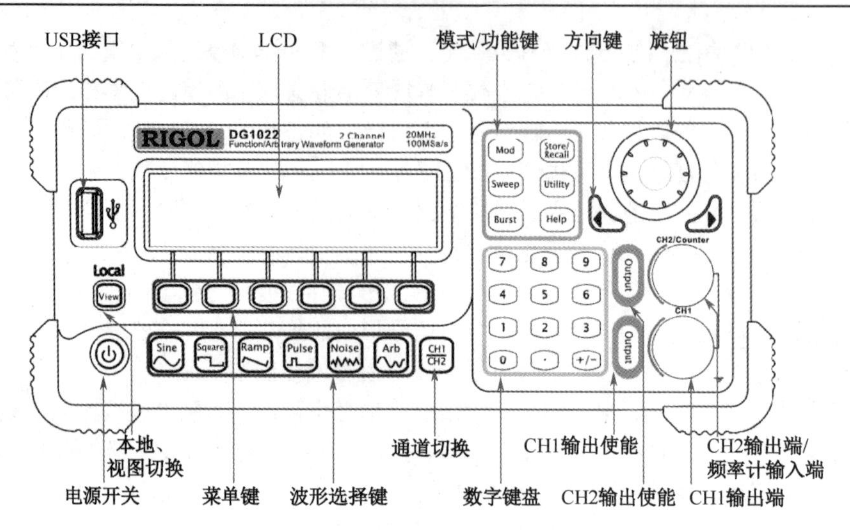

图 3.2.2 DG1000 前面板

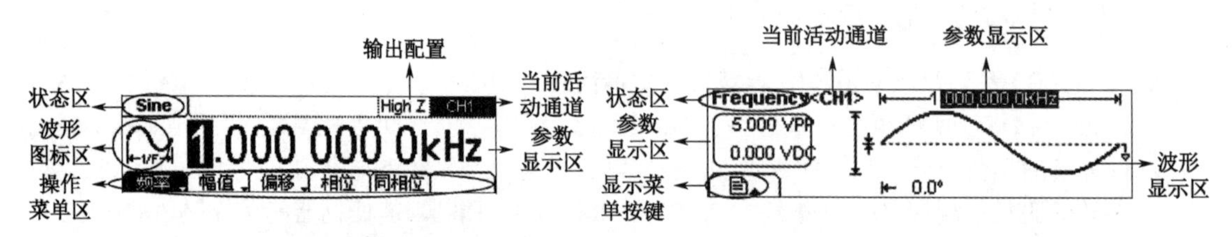

图 3.2.3 单通道常规显示模式

图 3.2.4 单通道图形显示模式

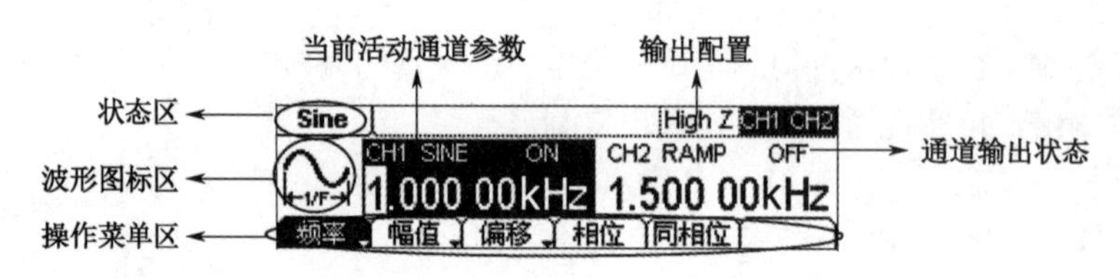

图 3.2.5 双通道常规显示模式

4. 波形设置

如图 3.2.6 所示，在操作面板左侧下方有一系列带有波形显示的按键，分别是正弦波、方波、锯齿波、脉冲波、噪声波、任意波。此外，还有两个常用按键：通道选择和视图切换。本节以下对波形选择的说明均在常规显示模式下进行。

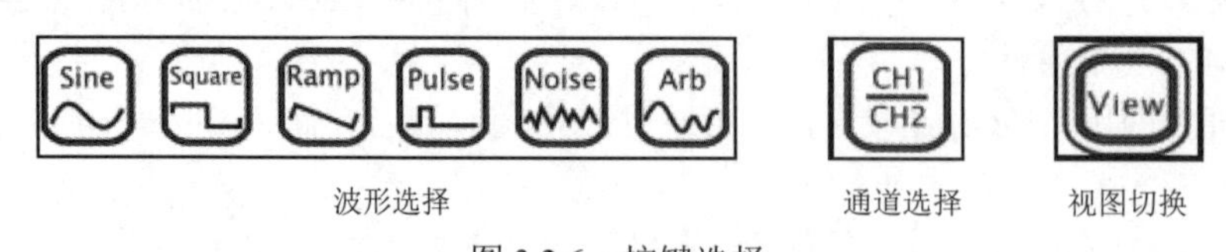

图 3.2.6 按键选择

（1）使用 Sine 按键，波形图标变为正弦信号，并在状态区左侧出现“Sine”字样。通过设置频率/周期、幅值/高电平、偏移/低电平、相位，可以得到不同参数值的正弦波。图 3.2.7 所示正弦波使用系统默认参数，即频率为 1kHz，幅值为 5.0Vp-p，偏移量为 0V DC，初始相位为 0°。

（2）使用 Square 按键，波形图标变为方波信号，并在状态区左侧出现“Square”字样。通过设置频率/周期、幅值/高电平、偏移/低电平、占空比、相位，可以得到不同参数值的方波，如图 3.2.8 所示。

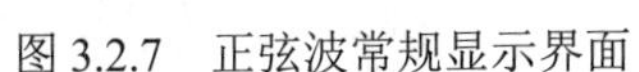
图 3.2.7　正弦波常规显示界面

图 3.2.8　方波常规显示界面

5. 输出设置

通道输出、频率计输入如图 3.2.9 所示。在前面板右侧有两个按键，用于通道输出、频率计输入的控制。

（1）使用 Output 按键，启用或禁用前面板的输出连接器输出信号。已按下 Output 键的通道显示“ON”且键灯被点亮，如图 3.2.10 所示。

（2）在频率计模式下，CH2 对应的 Output 连接器作为频率计的信号输入端，CH2 自动关闭，禁用输出。

6. 调制/扫描/脉冲串设置

如图 3.2.11 所示，在前面板右侧上方有 3 个按键，分别用于调制、扫描及脉冲串的设置。在本信号发生器中，这 3 个功能只适用于 CH1。

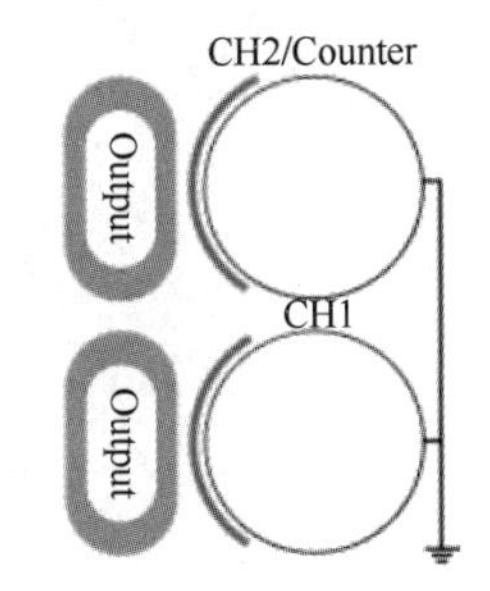

图 3.2.9　通道输出、频率计输入

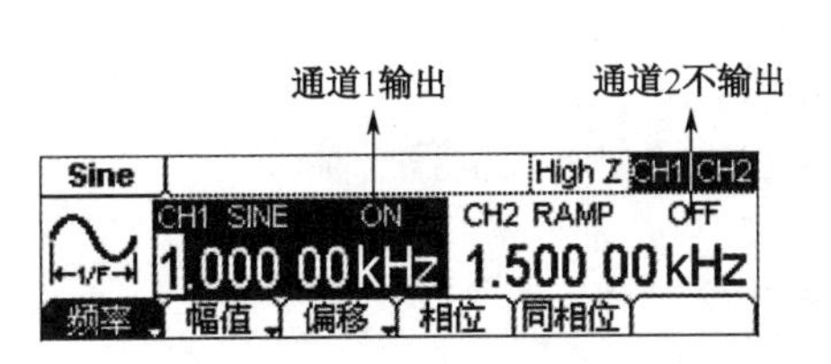

图 3.2.10　通道输出控制

图 3.2.11　调制、扫描及脉冲串按键

（1）使用 Mod 按键，可输出经过调制的波形。此外，可以通过改变类型、内调制/外调制、深度、频率、调制波等参数，来改变输出波形。DG1000 可使用 AM、FM、FSK 或 PM 调制波形，可调制正弦波、方波、锯齿波或任意波形（不能调制脉冲、噪声和 DC）。

（2）使用 Sweep 按键，对正弦波、方波、锯齿波或任意波形产生扫描（不允许扫描脉冲、噪声和 DC）。在扫描模式中，DG1000 在指定的扫描时间内从开始频率到终止频率而变化输出。

（3）使用 Burst 按键，可以产生正弦波、方波、锯齿波、脉冲波或任意波形的脉冲串波形输出，噪声只能用于门控脉冲串。

7. 数字输入的使用

如图 3.2.12 所示，在前面板上有两组按键，分别是左右方向键和旋钮、数字键盘。

（1）左右方向键。左右方向键用于切换数值的数位、任意波文件/设置文件的存储位置。

（2）旋钮。

① 改变数值大小。在 0～9 范围内改变某一数值大小时，顺时针转一格加 1，逆时针转一格减 1。

② 用于切换内建波形种类、任意波文件/设置文件的存储位置、文件名输入字符。

（3）数字键盘。直接输入需要的数值，改变参数大小。

8. 存储和调出/辅助系统功能/帮助功能

如图 3.2.13 所示，在操作面板上有 3 个按键，分别用于存储和调出、辅助系统功能及帮助功能的设置。

（1）左右方向键和旋钮　　（2）数字键盘

图 3.2.12　前面板的数字输入　　　图 3.2.13　存储和调出、辅助系统功能、帮助功能按键

（1）使用 Store/Recall 按键，存储或调出波形数据和配置信息。

（2）使用 Utility 按键，可以进行设置同步输出开/关、输出参数、通道耦合、通道复制、频率计测量；查看接口设置、系统设置信息；执行仪器自检和校准等操作。

（3）使用 Help 按键，查看帮助信息列表。

3.2.3　信号发生器的安全使用方法

（1）如果按下电源开关信号发生器仍然黑屏，没有任何显示，请按下列步骤处理。

① 检查电源接头是否接好。

② 检查电源开关是否按实。

③ 做完上述检查后，重新启动仪器。

（2）设置正确但无波形输出，请按下列步骤处理。

① 检查信号连接线是否正常接在输出端口上。

② 检查 BNC 线是否能够正常工作。

③ 检查 Output 键是否打开。

④ 做完上述检查后，将开机上电值设置为上次值，重新启动仪器。

3.3　直流稳压电源

3.3.1　稳压电源的基本原理及技术指标

1. 稳压电源的基本原理

各种电子线路均需加电源供电，绝大多数电路需要直流电源，并且要求电压为稳定的某确定值。但市电电源供给的是有效值为 220V、频率为 50Hz 的交流电，一般需要对它进行一些处理，才能给电子线路供电。首先，需要用整流滤波电路将交流电转换为直流电；其次，整流滤波后的电压会随着市电电压或负载的变化而变化，这种变化可能会使得用电的电子设备不能正常工作，因此还需要有稳压设备将整流电压稳定在一定范围内。直流稳压电源就是完成上述两项任务的设备。

直流稳压电源可以分为两类：线性稳压电源和开关稳压电源，工作原理如图 3.3.1 所示。实验室常用的主要是线性稳压电源，它的特点是功率元器件调整管工作在线性区，靠调整管之间的电压降来稳定输出。该类电源的优点是稳定性高、纹波小、可靠性高、易做成多路、输出连续可调的成品；缺点是体积大、较笨重、效率相对较低。开关稳压电源的开关管（在开关电源中，一般把调整管称为开关管）是工作在开、关两种状态的。开关电源的优点是体积小、质量轻、稳定可靠；缺点是相对于线性电源来说纹波较大。

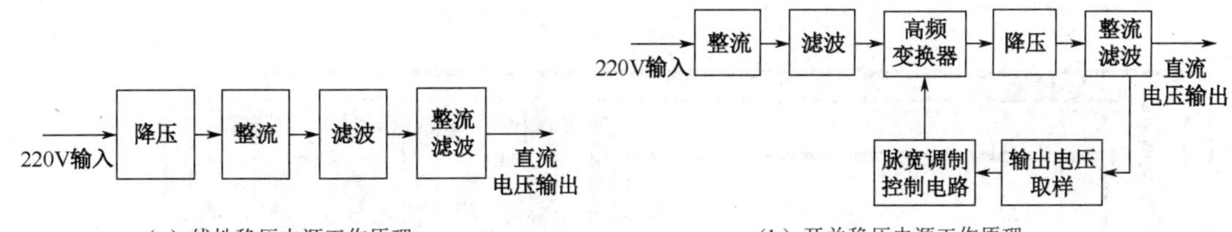

（a）线性稳压电源工作原理　　（b）开关稳压电源工作原理

图 3.3.1　直流稳压电源工作原理

从图 3.3.1 中看以看出，线性稳压电源和开关稳压电源原理都包括降压、整流、滤波三部分，区别在于降压的过程处在不同的位置，开关稳压电源的变压器不工作在工频，而是工作在几十千赫兹到几兆赫兹。通常变压器的体积在低频段是很大的，而在高频时可以做得很小。开关稳压电源把直流变成高频脉冲，再进行电压变换和稳压。线性稳压电源是直接串联一个可控的调整元器件对输入直流电压进行分压，实现电压变换和稳压，本质上相当于串联一个可变电阻。

2. 稳压电源的技术指标

直流稳压电源的技术指标可以分为两大类：一类是特性指标，反映直流稳压电源的固有特性，如输入电压、输出电压、输出电流、输出电压调节范围；另一类是质量指标，反映直流稳压电源的优劣，包括稳定度、等效内阻（输出电阻）、纹波电压及温度系数等。

3.3.2　SK33231 直流稳压电源的使用

SK33231 是新一代程控直流稳压电源。使用 LED 显示电源工作状态；提供 3 路电压输出，其中 1、2 路稳压、稳流值步进可调，稳压稳流两种工作状态可随负载的变化自动转换，1、2 路输出可串联、并联、独立工作，第 3 路提供了可选择的 1.8V、2.5V、3.3V、5V 4 种输出电压，并且提供过载保护。

1. SK33231 的技术指标

（1）调节控制范围。

1、2 路：0～32V 步进 10mV；0～3.2A 步进 1mA（SK33231）

3 路：1.8V/2.5V/3.3V/5V 可切换；最大输出电流为 3.2A。

（2）周期与随机偏移（PARD）(rms)。

1、2 路：稳压（CV）≤1mV；3 路：稳压（CV）≤1mV。

1、2 路：稳流（CC）≤3mA（SK33231）。

（3）显示分辨率：1、2 路：10mV；1mA。

（4）电压精度：1、2 路为≤±（0.5%+30mV）；3 路为≤±7%。

（5）电流精度：1、2 路为≤±（0.5%+30mA）（SK33231）；3 路为≥3.2A。

2. 前面板的结构

SK33231 直流稳压电源前面板如图 3.3.2 所示。

① 显示屏：显示工作状态和电压电流等信息。

② 电源开关：控制整机电源通断。

③ CH1 输出：电压范围为 0～32V，电流范围为 0～3.2A(SK33231)。

④ “大地”端子：表示该端子接机壳，与每路输出没有电气联系，仅作为安全线使用。

⑤ CH2 输出：电压范围为 0～32V，电流范围为 0～3.2A(SK33231)。

⑥ CH3 输出：电压可选 1.8V/2.5V/3.3V/5V，电流最大 3.2A。

⑦ “↑”：CH3 电压调节键，每按下一次输出电压向上调节一挡。

⑧ “↓”：CH3 电压调节键，每按下一次输出电压向下调节一挡。

⑨ “Lock”：锁定/解锁控制键，锁定后除输出开关控制键之外，其余按键与旋钮均不起作用。

⑩ “Local”：本地控制切换键，在远程操作模式下，按下该键可切换至本地操作模式。

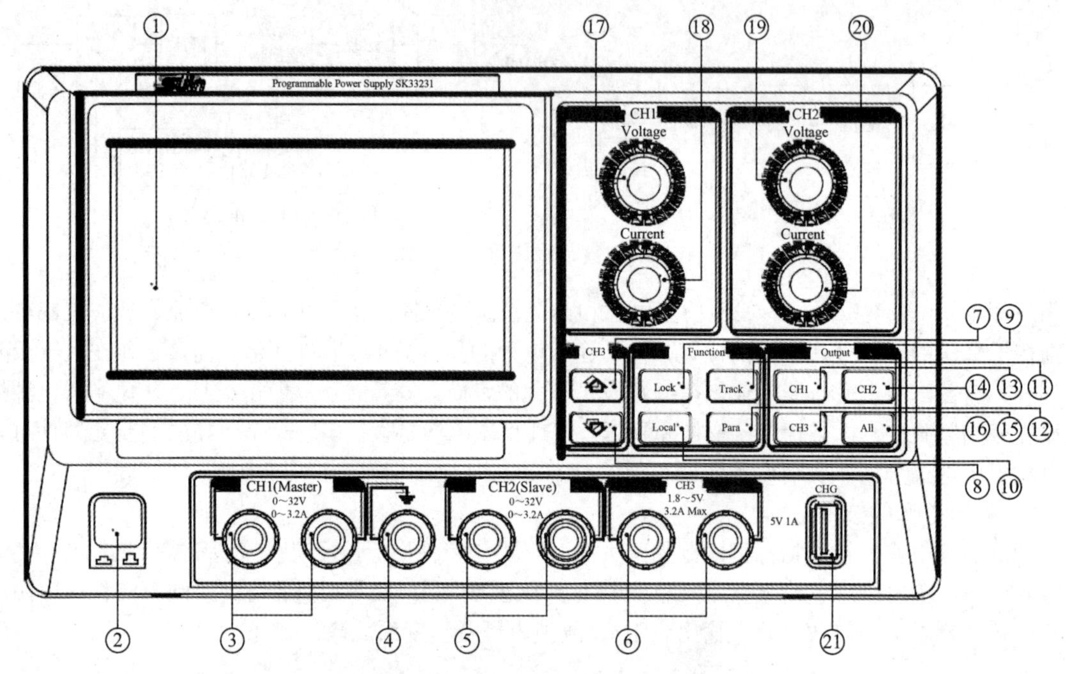

图 3.3.2　SK33231 直流稳压电源前面板

⑪ “Track”：串联输出模式控制键。

⑫ “Para”：并联输出模式控制键。

⑬ “CH1”：CH1 输出开关控制键。

⑭ “CH2”：CH2 输出开关控制键。

⑮ “CH3”：CH3 输出开关控制键。

⑯ “ALL”：所有通道输出开关控制键。

⑰ “Voltage”：CH1 电压设定旋钮，用于设定 CH1 电压数值。

⑱ “Current”：CH1 电流设定旋钮，用于设定 CH1 电流数值。

⑲ “Voltage”：CH2 电压设定旋钮，用于设定 CH2 电压数值。

⑳ “Current”：CH2 电流设定旋钮，用于设定 CH2 电流数值。

㉑ “CHG”：USB 接口。

3. 基本操作

（1）输出说明。SK33231 程控直流稳定电源提供 3 路独立输出，其中 CH1 和 CH2 可连续调节，分辨率均为 10mV/1mA，输出范围为 0～32V/0～3.2A（SK33231），CH3 提供了可选择的 1.8V、2.5V、3.3V、5V 4 种输出电压，并且提供过载保护。稳压（CV）与稳流（CC）状态根据负载电流自动转换，当输出实际电流小于电流设定值时，自动工作于稳压（CV）状态，电源靠调节输出电流稳定负载电压，输出电压等于电压设置值，CV 指示灯点亮。当输出电流超过电流设定值时，自动转换至稳流（CC）状态，电源靠降低输出电压维持负载电流稳定，此时输出电流等于电流设置值，CC 指示灯点亮。

（2）设置电压。可通过旋转 CH1/CH2 通道对应的 Voltage 旋钮进行电压设置。

（3）设置电流。可通过旋转 CH1/CH2 通道对应的 Current 旋钮进行电流设置。

（4）第三通道输出电压设置。按下“↑”/“↓”键选择第三通道 1.8V/2.5V/3.3V/5V 电压，显示屏右侧第三通道所对应电压指示灯会点亮。

（5）打开与关闭输出。按下 CH1/CH2/CH3 键可打开或关闭相应通道输出，按下 ALL 键可以打开或关闭全部通道输出。按键灯和显示屏 Output 指示灯会点亮或熄灭指示输出状态。在输出打开时，相应通道数码管会显示输出电压、电流、功率测量值，指示灯指示该通道工作模式，如稳压（CV）、稳流（CC）。

3.3.3　稳压电源的使用注意事项

（1）在开启总电源开关时，首先要保证电源的通道 1～3 的输出端子没有短路；否则容易烧毁电源。

（2）根据所需要的电压，调整到所需要的电压后，再接入负载。

（3）每路都有红、黑两个输出端子，红端子表示“+”，黑端子表示“-”，面板中间带有接“大地”符号的黑端子，表示该端子接机壳，与每路输出没有电气联系，仅作为安全线使用。不要想当然地认为“大地”符号表示接地，“+”“-”表示正负两路电源输出给双电源运放供电。

3.4　万用表

3.4.1　万用表的基本原理

万用表是一种多用途的测量仪表，它可以测量电阻、直流电压、低频交流电压、直流电流等多种电量。有的万用表还可以测量交流电流、高频电平、电感、电容、晶体管电流放大倍数等。因此，万用表可以间接检查各种电子元器件的好坏。万用表的优点是使用灵活，操作简便，读数可靠，携带方便，用途广泛。近年来，随着数字集成电路技术的发展，数字式万用表的使用日益广泛，并已出现用袖珍式数字式万用表。下面对数字式万用表的原理进行简单的介绍。

数字式万用表的测量过程，如图 3.4.1 所示。模拟信号先通过模/数转换器（A/D 转换器），将被测模拟量变换成数字量，然后通过电子计数器的计数，最后把测量结果用数字直接显示在显示屏上。由此可见，数字式万用表的核心是 A/D 转换，而 A/D 转换原理因具体应用要求不同而种类繁多。目前，教学和科研广泛应用的数字式万用表是以 ICL7106、ICL7107 为主芯片的双斜积分式数字式万用表。它的 A/D 转换方式为双斜积分式，这种形式的 A/D 转换是在一个测量同期内用同一个积分器进行两次积分，将被测电压转换成与其成正比的时间间隔，在此间隔内填充标准频率的时钟脉冲，用仪器记录的脉冲个数来反映被测电压的值。

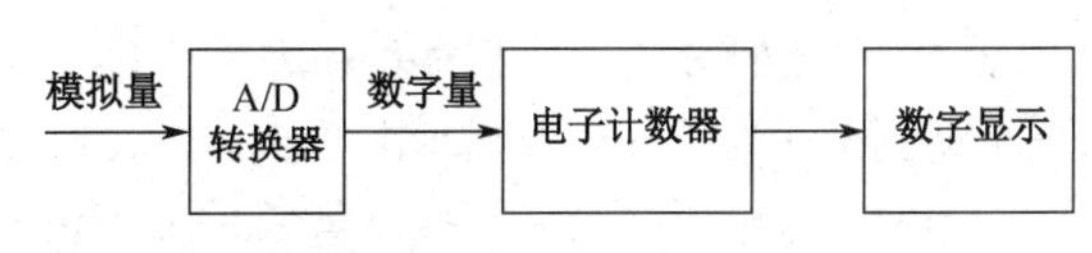

图 3.4.1　数字式万用表的测量过程

3.4.2　典型数字式万用表的使用

数字式万用表用于测量直流和交流电压、电流、电阻等。某些万用表还可以测量晶体管、电容和频率。

1. VC890 型数字式万用表简介

VC890 型数字式万用表的面板如图 3.4.2 所示。

① 型号栏。

② 液晶显示屏：显示测量数值。

③ 发光二极管：通断检测报警。

④ 挡位开关：改变测量功能、量程及开关机。

⑤ 20A 电流测试正极插座。

⑥ 200mA 电流测试正极插座。

⑦ 电容、温度及公共负极插座。

⑧ 电压、电阻及二极管正极插座。

⑨ 三极管测试插座。

⑩ 背光灯/自动关机开关。

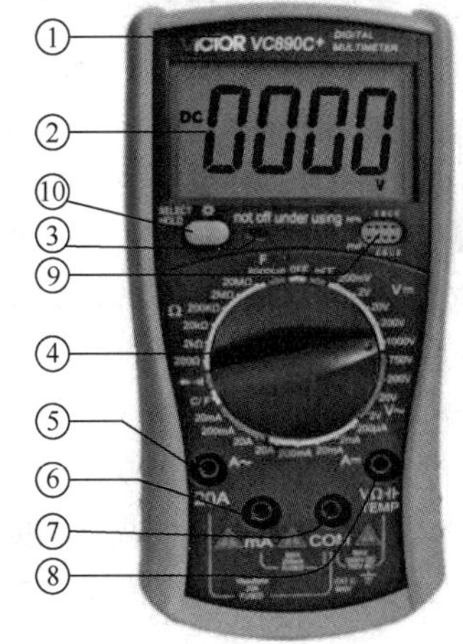

图 3.4.2　VC980 型数字式万用表的面板

2．VC890型数字式万用表的基本使用方法

（1）电压测量。将红表笔插入“V • Ω”孔内，根据直流或交流电压合理选择量程；再把数字式万用表与被测电路并联，即可进行测量。注意，不同的量程，测量精度不同，不能用高量程挡去测小电压。

（2）电流测量。将红表笔插入“mA”或“10A”插孔（根据测量值的大小），合理选择量程，把数字式万用表串联接入被测电路，即可进行测量。

（3）电阻测量。将红表笔插入“V • Ω”孔内，合理选择量程，即可进行测量。

（4）二极管的测量。将红表笔插入“V • Ω”孔内，量程开关转至标有两个管符号的位置，再把两个表笔连接到二极管的两端。若为正向测量，管子正常时，电压值为0.5～0.8V（硅管）或0.25～0.3V（锗管）；若为反向测量，管子正常时，将显示出“1”，损坏时，将显示“000”。

（5）h_{FE}值测量。根据被测管的类型（PNP或NPN）的不同，把量程开关转至“PNP”或“NPN”处，再把被测管的3个脚插入相应的e、b、c孔内，此时显示屏将显示出h_{FE}值的大小。

（6）电路通、断的检查。将红表笔插入“V • Ω”孔内，量程开关转至二极管挡位处，让表笔触及被测电路，若表内蜂鸣器发出声音或发光二极管点亮，则说明电路是通的；反之，则不通。

3.4.3 万用表的使用注意事项

（1）打开万用表开关，首先观察电池是否充足，如果显示器上出现电池电压过低的符号，应及时更换电池。

（2）使用时要正确选择量程和表笔插孔，对未知量进行测量时，应把量程调到最大，然后从大到小调到合适为止。如果显示出现“1”，表示过载，应加大量程。

（3）交流电压挡只能直接测量低频（500Hz）正弦波信号。

（4）不允许使用电阻挡和电流挡测量电压。

（5）在测量电流时，切忌过载，使用时应特别注意。

（6）在测量晶体管h_{FE}值时，测量值只是一个近似值。

（7）测量完毕，应立即关闭电源；若长期不使用，则应取出电池，以免电池漏电。

（8）使用或存放应避免高温（>40℃）、寒冷（<0℃）、阳光直射、高湿度及强烈振动环境。

3.5 交流毫伏表

3.5.1 交流毫伏表的基本原理及技术指标

1．交流毫伏表的基本原理

交流毫伏表（又称为交流电压表）一般指模拟式电压表。它是一种电子电路中常用的测量仪表，采用磁电式表头作为指示器，属于指针式仪表。因为一般万用表的交流电压挡只能测量1V以上的交流电压，而且测量交流电压的频率一般不超过1kHz。毫伏表测量的最小量程是10mV，测量电压的频率一般可以由50Hz到100kHz。交流毫伏表主要用于测量各种高、低频信号电压，它是电子测量中使用最广泛的仪器之一。

交流毫伏表一般由放大电路、检波电路和指示电路组成。被测电压先经衰减器衰减到适宜交流放大器输入的数值，再经交流电压放大器放大，最后经检波器检波，得到直流电压，由表头指示数值的大小。交流毫伏表表头指针的偏转角正比于被测电压的平均值，而面板却是按正弦交流电压有效值进行刻度的，因此交流毫伏表只能用以测量正弦交流电压的有效值。当测量非正弦交流电压时，交流毫伏表的读数没有直接的意义。

2．交流毫伏表的技术指标

交流毫伏表的技术指标主要有以下几项。

（1）工作频率范围。工作频率范围是指交流毫伏表按规定的准确度进行测量的频率范围。它适用于 10 Hz～2 MHz 范围（但不能测直流信号）。

（2）灵敏度和量程。量程是指交流毫伏表可以测量的电压范围；灵敏度则是指量程的下限。最低电压可测到微伏级。仪表的量程分挡可从 100μV 到 300V。

（3）准确度和工作误差。交流毫伏表的准确度通常由基本误差、频率附加误差、温度附加误差等系统误差来表征。不同类型的交流毫伏表的准确度是不同的。一般交流毫伏表的基本误差为±2%。

（4）输入阻抗。输入阻抗是指输入电阻 R_i 和输入电容 C_i 的并联值。输入阻抗的大小对测量电压的准确度有很大影响，我们希望 R_i 越大越好，C_i 越小越好。在具体应用时，常采用衰减探头来提高输入阻抗。一般输入电阻为 500 kΩ～1 MΩ。

3.5.2　UT621 型交流毫伏表的使用

1．主要技术指标

（1）测量电压范围：1mV～300V；仪器共分 12 挡量程：1mV、3mV、10mV、30mV、100mV、300mV、1V、3V、10V、30V、100V、300V。

（2）测量电压的频率范围：10Hz～2MHz。

（3）基准条件下的电压误差：±3%（400Hz）

（4）输入阻抗：1～300mV，输入电阻>2MΩ，输入电容<50pF；1～300V，输入电阻>2MΩ，输入电容<20pF。

2．交流毫伏表的使用

UT621 型交流毫伏表面板如图 3.5.1 所示。

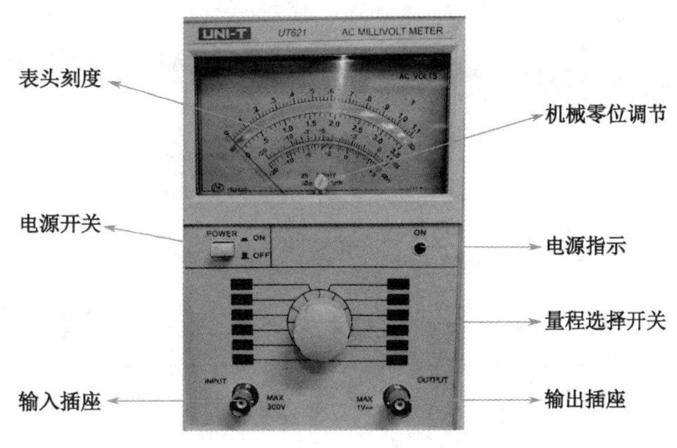

图 3.5.1　UT621 型交流毫伏表面板

（1）机械零位调节。通电前，将量程置于 300V 挡，调整电表的机械零位（一般不需要经常调整）。

（2）量程选择开关。量程选择开关用于选择测量范围的开关。各挡位中的分贝（dB）数，是毫伏表用于电平测量时读取的分贝（dB）数。

（3）输入插座。输入插座用来接入输入电压信号。被测信号通过屏蔽电缆接入，电缆线一端为红色是信号端，另一端为黑色是接地端。

（4）输出插座。输出插座用来输出 1Vp-p 的正弦交流信号。

（5）表头刻度。上面有两条电压刻度线，供电压读数，下面红色刻度线是分贝（dB）数。

3．使用注意事项

（1）测量前应短路调零。打开电源开关，将测试线（也称为开路电缆）的红黑夹子夹在一起，将量程旋钮旋到 300V 量程，指针应指在零位（有的毫伏表可通过面板上的调零电位器进行调零，凡面板无调零电位器的，内部设置的调零电位器已调好）。若指针不指在零位，应检查测试线是否断路或接触不良，应更换测试线。

（2）交流毫伏表灵敏度较高，打开电源后，在较低量程时由于干扰信号（感应信号）的作用，指针会发生偏转，称为自起现象。所以在不测试信号时应将量程旋钮旋到较高量程挡，以防打弯指针。

（3）交流毫伏表接入被测电路时，其地端（黑夹子）应始终接在电路的地上（称为公共接地），以防干扰。

（4）若测量信号未知时，应先将量程旋钮旋到较大量程，再逐渐减小。

（5）正确读数。根据量程开关的位置，按对应的刻度线读数。

（6）交流毫伏表只能用来测量正弦交流信号的有效值。若测量非正弦交流信号，则要经过换算。

3.6　交流功率表

1. 交流功率表简介

功率表也称为瓦特表，是一种测量电功率的仪器。常说的功率表一般都是指工频功率表。电功率包括有功功率、无功功率和视在功率。在未做特殊说明时，功率表一般是指测量有功功率的仪表。

有功功率是指单位时间内实际发出或消耗的交流电能量，是周期内的平均功率。单相电路中等于电压有效值、电流有效值和功率因数的乘积；多相电路中等于相数乘以每相的有功功率。它的单位为瓦、千瓦。

功率计由功率传感器和功率指示器两部分组成。功率传感器也称为功率计探头，它把工频电信号通过能量转换为可以直接检测的电信号。功率指示器包括信号放大、变换和显示器。显示器直接显示功率值。单相功率表测量原理如图 3.6.1 所示。

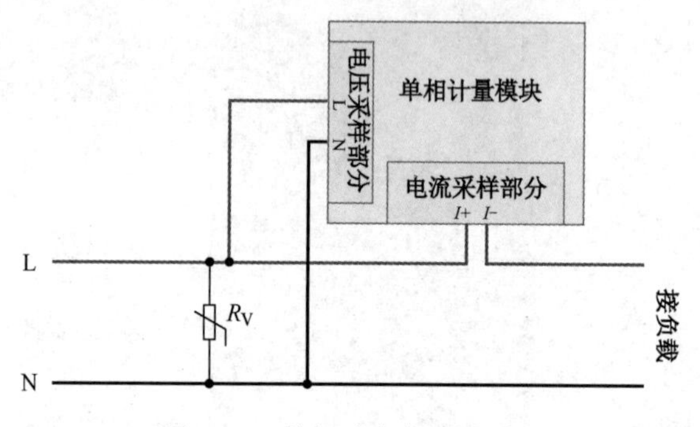

图 3.6.1　单相功率表测量原理

2. 功率表的技术指标

功率表的技术指标如表 3.6.1 所示。

表 3.6.1　功率表的技术指标

性能	参数		
输入测量显示	电压	额定值	AC 100V、500V
		过负荷	持续：1.2 倍 瞬时：10 倍/10s
		功耗	<1VA（每相）
		阻抗	>6.8MΩ
		精度	RMS 测量，精度等级 0.5
		显示范围	0～9999

续表

性能	参数		
输入测量显示	电流	额定值	AC 2A
		过负荷	持续：1.2 倍 瞬时：10 倍/10s
		功耗	<0.4VA（每相）
		阻抗	<2mΩ
		精度	RMS 测量，精度等级 0.5
		显示范围	0～9999
	频率	45～55Hz，精度为 0.1Hz	
	功率	有功功率、无功功率、精度为 0.5 级	
	电能	有功功率 0.5 级，无功功率 1.5 级 电能范围：0.1～9999.99kW·h/kvar・h	

3．功率表的使用

一款数字显示功率表如图 3.6.2 所示，操作简单方便。它可以测量包括电压、电流、功率、无功功率、视在功率、功率因数、相位角等多个电参量。

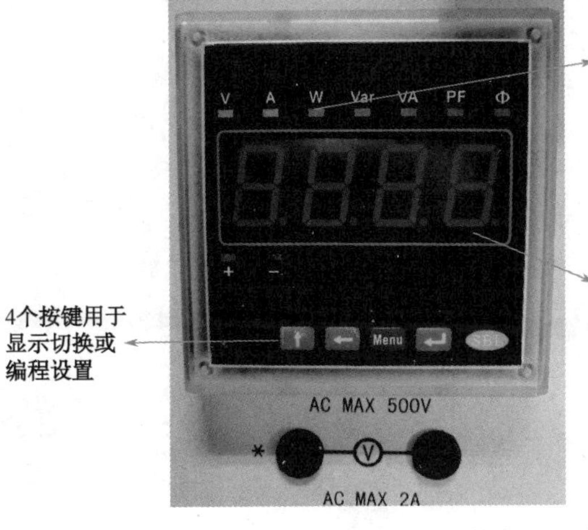

图 3.6.2　数字显示功率表

第4章 常用电子元器件

4.1 基本元器件

4.1.1 电阻器

在物理学中，电阻表示导体对电流阻碍作用的大小。具有一定电阻值的元器件称为电阻器（Resistor），简称电阻，在电路中用符号 R 表示。电阻是电子电路中应用最多的元器件之一，常用于稳定和调节电路中的电压和电流，也可作为消耗电能的负载或终端、分流器、分压器、电压采样、电压偏置电阻等。

1．电阻器的分类

固定电阻器可分为普通电阻和特殊电阻两大类。其中，普通电阻按照制造工艺或材料可分为合金型（线绕电阻、精密合金箔电阻）、薄膜型（碳膜电阻、金属膜电阻、金属氧化膜电阻）、合成型（合成膜电阻、实芯电阻）；特殊电阻包含熔断型电阻和敏感型（热敏、压敏、光敏、气敏、湿敏、磁敏等）电阻。常见电阻的外形图如图4.1.1所示。

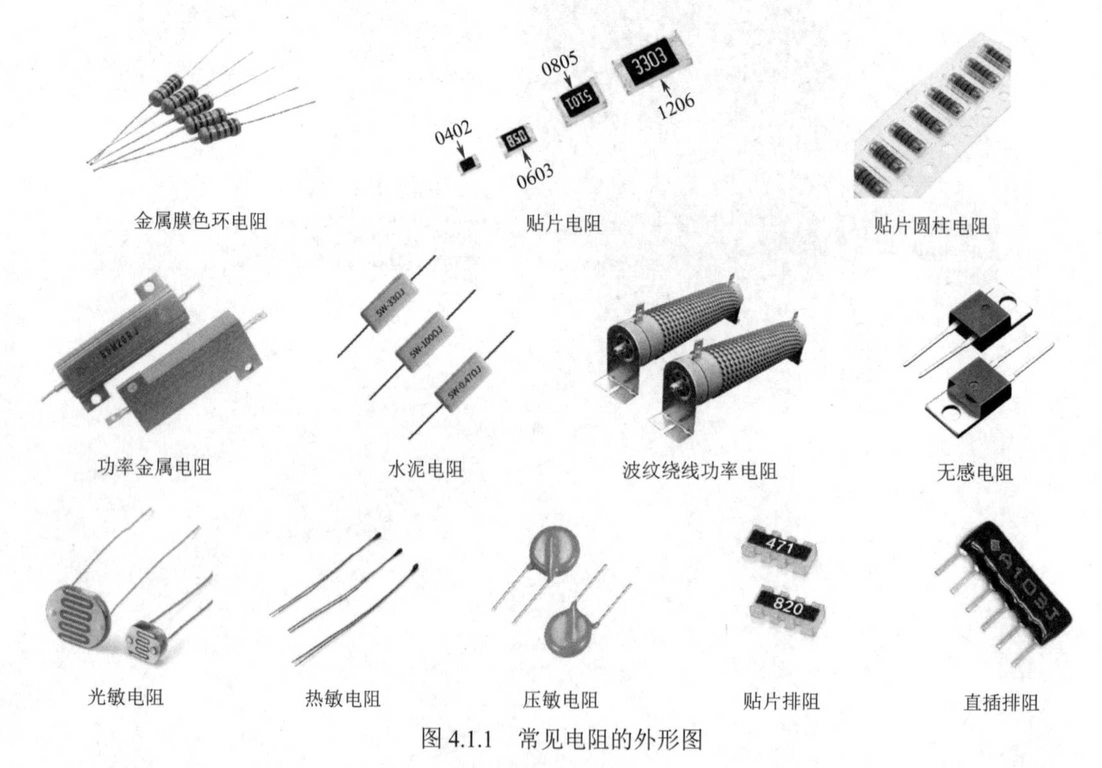

图4.1.1 常见电阻的外形图

2．电阻器的主要参数

电阻器的主要参数包括标称阻值、允许误差、额定功率、温度系数、非线性、噪声和最大工作电压等。

（1）标称阻值。电阻器表面所标注的阻值称为标称阻值。电阻的单位是欧姆（Ω），常用的单位有千欧（kΩ）和兆欧（MΩ）。为了方便生产和使用，国标规定了一系列阻值作为产品的标准，常用的有E6、E12、E24系列，即分别以 $10^{1/6}$、$10^{1/12}$、$10^{1/24}$ 作为公比的几何级数数列，如表4.1.1所示。若想选用其他阻值的电阻，则可选用精密电阻、定制电阻，或者采用多个电阻串并联的方式实现。

（2）允许误差。电阻器的允许误差是指电阻器的实际阻值对于标称阻值的允许最大误差范围，标志着电阻器的阻值精度。允许误差越小，电阻的精度越高。常用电阻的允许误差为±5%、±10%、±20%。精密电阻的允许误差可分为±2%、±1%、0.5%、…、±0.01%等多个等级。在电压采样、医疗、军事等场合，通常选用高精密电阻，成本较高。电阻允许误差及其对应的标志符号和精度等级如表 4.1.2 所示。

表 4.1.1 常用电阻器标称阻值

系列	标称阻值×10^n（n 为整数）
E6	1.0、1.5、2.2、3.3、4.7、6.8
E12	1.0、1.2、1.5、1.8、2.2、2.7、3.3、3.9、4.7、5.6、6.8、8.2
E24	1.0、1.1、1.2、1.3、1.5、1.6、1.8、2.0、2.2、2.4、2.7、3.0、3.3、3.6、3.9、4.3、4.7、5.1、5.6、6.2、6.8、7.5、8.2、9.1

表 4.1.2 电阻允许误差及其对应的标志符号和精度等级

允许误差/%	±0.01	±0.02	±0.05	±0.1	±0.25	±0.5	±1	±2	±5	±10	±20
标志符号	H	U	W	B	C	D	F	G	J	K	M
精度等级			005	01 或 00	02 或 0				I	II	III

（3）额定功率。电阻是耗能元器件，功率与电阻值成正比、与电流平方成正比。额定功率是指在规定的大气压和额定温度下，电阻器所允许承受的最大功率。在选择电阻的功率时应当留有一定裕量，额定功率值高于电路中实际消耗功率值 1.5～2 倍。不同类型的电阻器有不同的额定功率。在实验室中，常见的金属膜色环引线电阻额定功率为 1/4W（本体长约 6mm）；常用贴片电阻 1206、0805、0603 额定功率分别为 1/4W、1/8W、1/10W；大功率金属电阻、水泥电阻、绕线电阻直接将额定功率标注在产品上。

（4）温度系数。温度系数是指温度每变化 1℃产生的电阻阻值变化量 ΔR 与标准温度下（一般为 25℃）电阻值 R 的比值。温度系数可正可负，精度需求高的场合应当选用温度系数绝对值较小的电阻。

（5）非线性。当流过电阻的电流与加在两端的电压不成正比变化时，称为非线性。采用电压系数表示，即在规定电压范围内，电压每改变 1V 对应的电阻值平均相对变化量。

（6）噪声。由于电阻体与引线材料的不同和热效应的作用，电流通过电阻器时，电阻器两端会产生一定的噪声电压。当电路中信号很微弱时，必须使用低噪声的电阻器。

（7）最大工作电压。最大工作电压是指电阻器不发生电击穿、放电等有害现象时，两端所允许施加的最大电压 U_m，也称为极限电压。高压型电阻额定电压可达 35kV。

此外，还有其他参数，如寄生电感等，在高频应用场合应选用无感电阻。

3. 电阻器的标识方法

电阻器的参数一般都以各种方法标记在电阻体上，有直标法、文字符号法、数码标注法、色环标注法。

（1）直标法是在体积较大的电阻器上直接标注出主要参数的标识方法。误差直接用百分数表示。标注信息丰富，不仅标注功率，还标注商标、型号、生产日期。为防止小数点在印刷不清时引起误解，通常用 R 或单位数量级前缀替换小数点，如 R68 代表 0.68Ω、6R8 代表 6.8Ω、68R1 代表 68.1Ω、6K8 代表 6.8kΩ、6M81 代表 6.81MΩ 等。

（2）文字符号法是用数字和字母文字组合表示标称阻值和允许误差。例如，“3R6K5W”表示标称值为 3.6Ω，K 表示允许误差为±10%，5W 表示额定功率为 5W。

（3）数码标注法是对体积更小的贴片电阻，采用 3 位或 4 位数码标注其阻值，前几位表示有效数字，最后一位表示 10 的倍幂。一般为黑底白字，单面印刷。例如，471 表示 47×10^1=470Ω；1502 表示 150×10^2=15kΩ。当电阻值较小时，用 R 代表小数点。当标识是 0 或 000 时，表示阻值为零，通常用作跳线（短路线）或用作 EMI 滤波的磁珠。此种标注方法不包含精度信息，并且额定功率判定只能依赖于封装。此外，高精密贴片电阻也采用 3 位数码标注法，各代码具体表示含义需要查询对应表。

（4）色环标注法是用各种颜色的色环来标注电阻的阻值、误差等级和温度系数，普通电阻用四色环标注，精密电阻用五色环或六色环标注。紧靠电阻一端的色环为第一色环，距离电阻端头较远的色环为末环，且末环与前面色环的间隙一般要大一些。四环电阻的第一、二色环分别代表电阻值的十位和个位有效数字，第三色环代表 10 的倍幂，第四色环代表误差率。五环电阻和六环电阻的前 3 个色环分别代表电阻值的百位、十位和个位有效数字，第四色环代表 10 的倍幂，第五色环代表误差率，六环电阻的第六色环代表温度系数。色环电阻各种颜色所代表的含义如表 4.1.3 所示。例如，四色环依次为红、紫、橙、金，表示电阻标称值及允许误差为 $27\times10^3\Omega\pm5\%$，即 $27k\Omega\pm5\%$；五色环依次为棕、紫、绿、金、棕，表示电阻标称值及允许误差为 $175\times10^{-1}\Omega\pm1\%$，即 $17.5\Omega\pm1\%$。色标需要熟练掌握，才能运用灵活。

表 4.1.3　色环电阻各种颜色所代表的含义

颜色	电阻值有效数字	倍率	允许误差/%	温度系数（ppm/℃，仅六环电阻）
黑	0	10^0		
棕	1	10^1	±1	±100
红	2	10^2	±2	±50
橙	3	10^3		±15
黄	4	10^4		±25
绿	5	10^5	±0.5	±20
蓝	6	10^6	±0.2	±10
紫	7	10^7	±0.1	±5
灰	8	10^8		±1
白	9	10^9		
金		10^{-1}	±5	
银		10^{-2}	±10	
无色			±20	

4．电阻器的识别和检测

首先进行外观检查，是否完好无损、标志是否清晰等。特别注意在使用数字式万用表检测阻值前，应当切断电阻器与其他元器件、电源之间的连接。带电测量可能会烧毁万用表，测试回路接入其他元器件可能导致测试结果不准确。

数字式万用表位于欧姆挡时，如果两根表笔不接触为开路，阻值无穷大；如果将两根表笔短接，阻值为零。可通过此方式初步判定万用表欧姆挡的好坏。检测时，自动式数字式万用表可自动选择量程无须调整，而挡位式万用表需要调整量程，应依据显示结果从最大量程依次减小，直至最合适的量程，以提高阻值测量的精度。在测试过程中，应注意避免人体接触电阻的引线。

如果数字式万用表显示的实际阻值超出电阻的允许误差范围，就说明该电阻阻值已经变化，不能继续使用。如果对测量精度要求较高，可使用电桥进行阻值的测量。

对特殊用途电阻的检测，如热敏电阻、光敏电阻和压敏电阻等，需查阅厂家提供的元器件资料，并采用合适的仪表和电子设备完成。

4.1.2　电位器

电位器是一种可连续调节的可变电阻器，由一个电阻体和一个转动或滑动系统组成。在电子电路中，电位器用于调节音量、音调、亮度、对比度等，实现分压、分流和变阻等功能。当电位器作为分压器时是一个三端元器件，作为变阻器时是一个二端元器件。电位器的电路符号如图4.1.2所示。

图4.1.2　电位器的电路符号

1. 电位器的分类

电位器的种类繁多，用途各异，可按照不同的因素对电位器进行分类。按照实体材料不同，可分为合金型、薄膜型、合成型；按照接触方式不同，可分为接触式、非接触式；按照结构特点，可分为单圈、多圈、单联、双联、多联、开关、紧锁、非紧锁电位器等；按照调节方式，可以分为旋转式、直滑式、划线电位器。常用电位器的外形图如图4.1.3所示。

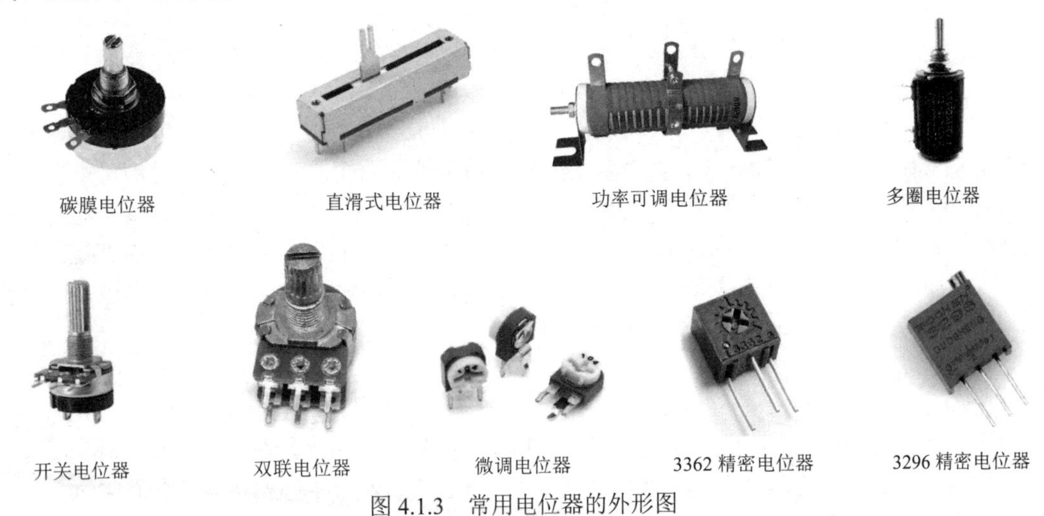

图4.1.3　常用电位器的外形图

2. 电位器的主要参数

电位器的主要参数有标称阻值、额定功率、阻值变化规律、分辨力、滑动噪声、电位器的轴长和轴端结构等。

（1）标称阻值。电位器的标称阻值是指标在电位器上的阻值，表示两个固定端之间的阻值，其部分系列与电阻的标称阻值系列相同。

（2）额定功率。电位器的额定功率是指两个固定端之间允许耗散的最大功率。在使用中，应注意额定功率并不等于中心抽头与固定端的功率。

（3）阻值变化规律。阻值变化规律是指阻值随滑动端的变化关系。常见的有：线性变化（X形），适用于分压、偏流的调整；指数变化（Z形），适用于音量控制；对数变化（D形），适用于音调控制和黑白电视机的黑白对比度调整。

（4）分辨力。电位器的分辨力是指对输出量可实现的最精细的调节能力。线绕电位器的分辨力较差。

（5）滑动噪声。滑动噪声是指当电刷在电阻体上滑动时，电位器中心端与固定端的电压出现无规则的起伏现象。其产生原因是材料电阻率分布不均，以及电刷滑动的无规律变化。

（6）轴长。电位器的轴长是指从安装基准面到轴端的尺寸。型号尺寸较多，在设计机械结构时按需选用。

3. 常用电位器

（1）线绕电位器。将康铜丝或镍铬合金体作为电阻丝，并绕制在骨架上形成电阻体，中心抽头的簧片在电阻丝上滑动。通常可制成精度达±0.1%的精密线绕电位器和额定功率达100W以上的大功率线绕电位器。其特点是易于控制、接触电阻小、精度高、温度系数小；缺点是分辨力差，阻值范围较窄、高频特性差。它主要用作分压器、变阻器、仪器中调零和工作点等。

（2）多圈电位器。多圈电位器属于精密电位器，调整阻值时必须使转轴旋转多圈，因而精度较高，适用于需要在大范围内进行微量调整阻值的场合。实验室常见的3296电位器是美国Bourns公司生产的电位器系列之一，有侧式、立式、贴片等外形封装。3296电位器通过螺杆旋转调整触点在电阻体上移动，从而改变电位器的阻值。当调整到最大或最小阻值后，触点不会随着螺杆的旋转而移动，并且发出轻微的声响，起到保护作用和提示。

（3）开关电位器。电位器上附带有开关装置，开关和电位器同轴相连，但又彼此独立、互不影响，在电路中节省一个独立的开关。

此外，合成碳膜电位器、有机实芯电位器、双联或多联电位器等也比较常见，在此不再一一介绍。在实际应用时，需要根据具体电路，并且结合调节、操作及成本方面的需求进行选用。

4．电位器的检测

首先进行外观检查，是否完好无损、标志是否清晰等。其次转动电位器转轴，查看转动是否平滑、有无机械杂音等。最后带开关的电位器应检查开关是否灵活。

特别注意，在检测电位器前，应当切断电位器与其他元器件的连接。然后，才能用数字式万用表的欧姆挡对电位器进行检测：① 两个表笔分别接电位器的两个固定接线端，可测量电位器的标称阻值，如果测得阻值与标称阻值相差很大，说明电位器已损坏；② 用数字式万用表的两个表笔分别接电位器的活动触点接线端和任意一个固定接线端，缓慢旋转电位器转轴，应能够观察到电位器阻值平滑变化，如果阻值跳动变化，说明电位器活动触点接触不良；③ 测量可调电阻值变化范围，最小值是否接近零，最大值是否接近标称阻值。

4.1.3 电容器

电容器（Capacitor）简称电容，是由两个互相靠近的导体中间隔以介质（绝缘材料）构成的具有存储电荷功能的电子元器件，在电路中用符号C表示。电容在电子线路中是一种必不可少的基础元器件。电容具有隔直流、通交流（阻低频、通高频）的特点，具体应用有隔直、滤波、交流耦合、交流旁路，有时也用于延时电路或谐振电路等。

1．电容器的分类

电容器的种类很多，分类方法各不相同。按结构可分为固定电容器、可变电容器、半可变电容器；按介质材料可分为气体介质电容器、液体介质电容器（如油浸电容器）、无机固体介质电容器（如云母电容器）、陶瓷电容器、电解质电容器（由电解质的不同形式可分为液式和干式两种）；按极性可分为有极性电容器和无极性电容器；按阳极材料可分为铝电解电容器、钽电解电容器、铌电解电容器。常见的电容器外形图如图4.1.4所示。

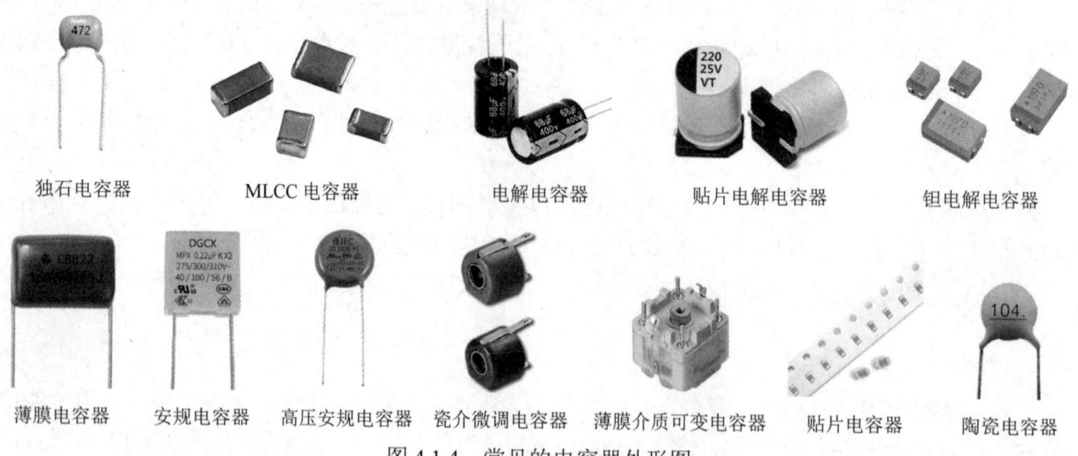

图4.1.4 常见的电容器外形图

2. 电容器的主要参数

电容器的主要参数包括标称容量、允许误差、额定电压、绝缘电阻、损耗、损耗角正切、温度系数、频率特性等。

（1）标称容量。电容储存电荷的能力用电容量来表示，基本单位是法拉，简称法，以 F 表示。由于法的单位太大，通常电容的容量为微法（μF）和皮法（pF）。不同类别的电容器有不同系列的标称容量值，常用的标称系列与电阻的标称系列相同，即 E6、E12、E24 系列。

（2）允许误差。电容的容量精度等级较低，常见的允许误差为Ⅰ级（±5%）、Ⅱ级（±10%）、Ⅲ级（±20%），有些瓷片电容、电解电容的容量误差可能大于 20%。

（3）额定电压。电容器的额定电压是指电容长期安全工作所允许施加的最大直流电压或交流电压的最大值，又称为耐压。电容器的耐压值一般直接标注在电容器外壳上。如果工作电压超过电容器的额定电压，电容器将被击穿，造成不可修复的永久性损坏。常用固定式电容的直流工作电压系列为 6.3V、10V、16V、25V、40V、63V、100V、160V、250V、400V 等。

（4）绝缘电阻。电容器的绝缘电阻是将直流电压加在电容上产生漏电电流，该电压与电流之比即电容两级之间的电阻，也称为漏电电阻。电容的绝缘电阻一般为 10^8～$10^{10}\Omega$。绝缘电阻越小，漏电越严重，损耗越大，不仅会影响电容器的寿命，而且会影响电路的工作，因此绝缘电阻越大越好。

（5）损耗、损耗角正切。电容器的损耗是指电容在电场作用下，在单位时间内因发热所消耗的能量。各类电容都规定了其在某个频率范围内的损耗允许值。电容器的损耗主要包括介质损耗和金属损耗两部分。在直流电场作用下，电容器的损耗以漏电损耗的形式存在，一般较小。在交流场合中，电容的损耗不仅与漏电有关，还与施加的电压、电流有关，因此采用损耗功率与储存功率之比，即损耗角正切反映电容器的损耗特性。

（6）温度系数。电容器的容量一般随着工作温度的变化而变化。温度系数是温度每变化 1℃产生的电容容量的绝对变化率。温度系数越小，电容工作越稳定。

（7）频率特性。电容器的频率特性是不同工作频率下的电容量曲线或阻抗曲线，一般电容器的容量随频率的上升呈现下降的规律。电容的阻抗绝对值与频率成反比，随着频率增加阻抗下降；当频率特别高时，寄生电感不可忽略，阻抗曲线呈现上升趋势。

3. 电容器的标识方法

国产电容的型号命名由 4 个部分组成，其国标定义如表 4.1.4 所示。

表 4.1.4　电容型号的国标定义

第一部分：主称		第二部分：材料		第三部分：特征分类					第四部分：序号
符号	含义	符号	含义	符号	含义				含义
					瓷介	云母	电解	有机	
C	电容	C	高频瓷介	1	圆片	非密封	箔式	非密封	耐压、容量和允许误差
		Y	云母	2	管形	非密封	箔式	非密封	
		I	玻璃釉	3	叠片	密封	烧结粉非固体	密封	
		O	玻璃膜	4	独石	密封	烧结粉固体	密封	
		Z	纸介	5	穿心	—	—	穿心	
		J	金属化纸介	6	支柱	—	—	—	
		B	聚苯乙烯	7	—	—	无极性	—	
		L	涤纶	8	高压	高压	—	高压	
		Q	漆膜	9	—	—	特殊	特殊	
		S	聚碳酸酯	J	金属膜				
		H	复合介质	W	微调				
		D	铝电解	T	铁电				

续表

第一部分：主称		第二部分：材料		第三部分：特征分类					第四部分：序号
符号	含义	符号	含义	符号	含　义				含　义
					瓷介	云母	电解	有机	
C	电容	A	钽电解	X	小型				耐压、容量和允许误差
		N	铌电解	S	独石				
		G	合金电解	D	低压				
		T	低频瓷介	M	密封				
		E	其他材料	Y	高压				
				C	穿心式				

部分厂家生产的贴片电容的型号命名由8个部分组成，其参数代码和定义如表4.1.5所示。小型贴片电容的型号通常仅标识在包装壳上，而电容本体上无任何标识，取用时应当小心，防止混乱。

表4.1.5　贴片电容的参数代码和定义

电容类型	尺寸	温度特性	容量	容量误差	额定电压	包装形式	端头特性
S：贴片电容	0805 1206 1210 1812	N：NPO ±5% W：X7R ±10% Z：Z5U ±20% Y：Y5V，−80%～+20%	两位有效数字加零的个数，单位为pF，小数点用R表示	B：±0.1pF C：±0.25pF D：±0.5pF F：±1% G：±2% J：±5% K：±10% M：±20% Z：+80%，−20%	1E：25V 1H：50V 2A：100V 2E：250V 2H：500V 2J：630V	B：散装 R：编带卷装	N：银/镍/锡电镀 P：钯电镀 S：银

（1）电容的容量。电容容量单位为法拉（F），通常与数量级前缀配合使用，如mF（毫法）、μF（微法）、nF（纳法）、pF（皮法）。换算关系为$1F=10^3mF=10^6\mu F=10^9nF=10^{12}pF$。

① 直标法：用数字和字母把电容的规格参数直接标注在外壳上。标注容量有时无标识单位及前缀，识读方法为：若有数量级前缀，省略的是单位F；对于普通电容器标识数字为整数的，容量单位是pF；标识数字为小数的，容量单位是μF。对于容量较大的电解电容器，省略不标的单位是μF。例如，10p代表10pF，4.7μ代表4.7μF；3300表示3300pF；0.1表示0.1μF；100表示100μF。此外，小数点可用数量级前缀或R表示，如3p3代表3.3pF、8n2代表8200pF、2μ2代表2.2μF；R47μF表示0.47μF。小于1的数字省略整数位的“0”，如.01μF代表0.01μF。

② 数码法：指在元器件和电路图上用3位数字来表示元器件标称值。在3位数字中，第一、二位为电容值的两位有效数字，第三位表示有效数字后所乘10的倍幂，单位为pF。例如，223代表$22\times10^3pF=0.022\mu F$。此外，如果第三位数是9，那么其表示$10^{-1}$，而不是10的9次方，如479代表$47\times10^{-1}pF=4.7pF$。

③ 色标法：电容的色标法与电阻相似，单位一般为pF。四色环电容的前两环为有效数字，第三环为所乘10的倍幂，第四环为允许误差。此外，部分电容还会增加色环表示耐压。

（2）电容的允许误差。误差等级的标注方法通常有3种：① 将容量的误差等级直接标注在电容上，如10±0.5pF，误差就是±0.5pF；② 用罗马数字或阿拉伯数字标注电容的误差等级，标注方法如表4.1.6所示；③ 用英文字母标注电容的误差等级，标注方法与电阻相同，如表4.1.2所示。例如，224K表示电容容值为0.22μF，相对误差为±10%。

表 4.1.6　罗马数字标注的电容误差等级

误差等级	01	02	Ⅰ	Ⅱ	Ⅲ	Ⅳ	Ⅴ	Ⅵ
允许误差	±1%	±2%	±5%	±10%	±20%	−30%～+20%	−20%～+50%	−10%～+100%

（3）电容的耐压值。电容的耐压值通常会在元器件上直接标注出来，有时也会采用数字和字母组合的形式标注，数字表示 10 的倍幂，字母表示数值，单位是伏（V）。电容的耐压值的定义如表 4.1.7 所示。

表 4.1.7　电容的耐压值的定义

字母 数字	A	B	C	D	E	F	G	H	I	J
0	1V	1.25V	1.6V	2V	2.5V	3.15V	4	5V	6.3V	8V
1	10V	12.5V	16V	20V	25V	31.5V	40V	50V	63V	80V
2	100V	125V	160V	200V	250V	315V	400V	500V	630V	800V
3	1000V	1250V	1600V	2000V	2500V	3150V	4000V	5000V	6300V	8000V

（4）电容的极性。无极性电容两个端子没有区别，如瓷介电容、独石电容等。

电解电容器属于有极性电容，一般都将极性标注在外表。电解电容较长的引脚为其正极，较短的引脚为其负极，并用“-”符号或带标记的黑块表示负极引脚。需要注意的是，贴片钽电解电容有横线标识的一端为正极，另一端为负极。

在使用有极性电容时，应特别注意极性要连接正确，必须正极接高电位，负极接低电位，否则电容会击穿损坏，严重时电容会爆裂。

（5）电容的工作温度。电容的工作温度范围采用字母和数字表示，温度范围的负端用字母表示，正端用数字表示，表示方法如表 4.1.8 所示。例如，标注为 682JD4 的电容，其参数为 6800pF，允许误差为±5%，工作温度范围为−55℃～+125℃。耐高温电容的成本较高。

表 4.1.8　电容的工作温度范围

符号	温度/℃	符号	温度/℃
A	−10	2	+85
B	−25	3	+100
C	−40	4	+125
D	−55	5	+155
E	−65	6	+200
0	+55	7	+250
1	+70		

4．常用电容器

市场常见的电容器有陶瓷电容、铝电解电容、钽电解电容、薄膜电容 4 种，约占九成左右，其他电容总占比一成左右。

（1）陶瓷电容：又称为瓷介电容或独石电容，是以高介电常数、低损耗的陶瓷材料为介质的电容器。一般陶瓷电容和其他电容相比，其特点是：无极性、体积小、相对价格低，容积率大，适合用在小型化的电子产品中；Class1 类电容的温度特性好；绝缘电阻高，在数吉欧姆以上，漏电流很小；等效串联电阻 ESR 比钽电解电容、铝电解电容都小，是 mΩ 级别，而且有一个明显的谐振点，适用于高频电路。市场上，最常见的陶瓷电容通常是多层陶瓷电容（MLCC）。电容表面无任何标识，平时应当注意存放。由于 MLCC 具有体积小、比容大、寿命长、可靠性高和适合表面贴装等优点，广泛应用于手机、平板、计算机、汽车和消费电子领域。在大学课内实验、实习等低压小功率场合，也常用到独石电容，电容容值精度较高。

（2）铝电解电容：采用浸有糊状电解质的吸水纸夹在两条铝箔中间卷绕而成，介质为薄的氧化膜。因为氧化膜有单向导电性质，所以电解电容具有极性，容量大，能耐受大的脉动电流。同时，容量误差大，泄漏电流大。铝电解电容不适合在高频和低温下应用，不宜使用在25kHz以上频率的低频旁路、信号耦合、电源滤波电路中。

（3）钽电解电容：采用烧结的钽块作为正极，固体二氧化锰作为电解质。其温度特性、频率特性和可靠性均优于普通电解电容，特别是漏电流极小，储存性良好，寿命长，容量误差小，而且体积小，单位体积下能得到最大的电容电压乘积。对脉动电流的耐受能力差，若损坏则易呈短路状态。

（4）薄膜电容器：采用聚酯、聚苯乙烯（CB）等低损耗塑材作为介质，频率特性好，介电损耗小，不能做成大的容量。绝缘电阻大、耐压高、精度高，常用于高压高频场合。耐热能力差，焊接时应防止过热损坏电容器。在低压电子电路中，也常用于滤波器、积分、振荡、定时电路。

此外，可变电容常用于收音机的调谐电路，半可调电容即微调电容常用于补偿和矫正。

其他常见电容，如安规电容、纸介电容器、云母电容器、玻璃釉电容等，不再一一介绍。

5. 电容器的检测

如果电容器连接在电路中，需要与其他电路断开或取下电容器后进行测量。测量前应确保电容已经放电完毕，即两端电压为0V，可以先采用直流电压挡进行测试。如果较大容值的电容器带电，无放电回路或放电回路阻抗过大，需要进行放电处理。在确保安全的情况下，可以用尖嘴钳或者采用尖嘴钳夹功率电阻后，与电容器两端相接放电。

LCR测试仪可测定特定频率下的电容器容量，以及寄生电阻、寄生电感等参数，较为精确。普通数字式万用表一般有电容挡，可对电容器的容值进行测量。如果没有条件，也可采用指针式万用表的欧姆挡对电容器是否有短路故障或漏电流过大进行简易判定。

采用数字式万用表测量电容，应根据容量选择合适的电容测量挡位。对于有极性的电解电容，红表笔应与电容正极相连，黑表笔与负极相连；对于普通无极性电容，连接方法无限制。此时，从屏幕上即可读出电容值。有些型号的数字式万用表很难准确地测试特别小的电容器容值，在测量50pF以下的小容量电容器时误差较大，测量20pF以下电容几乎没有参考价值。此时，可采用并联法测量小电容。方法是：先找一只220pF左右的电容，用数字式万用表测出其实际容量C_1，然后把待测小电容与之并联测出其总容量C_2，则两者之差（C_2-C_1）即是待测小电容的容量。采用此法测量1～20pF的小容量电容较为准确。

用指针式万用表也可以大致判断有极性电容质量的优劣：选用R×100挡或R×1k挡，黑表笔接电容正极，红表笔接电容负极，此时表针可能出现如下几种情况：① 若指针迅速向右摆动然后慢慢返回接近无穷大，则说明该电容正常，且指针摆动幅度较大，说明电容容量较大；② 若指针摆动幅度较小，则说明电容容量较小，应换用高阻挡并对电容放电后重测；③ 若指针返回时不能回到无穷大处，则说明电容漏电，且指针式万用表示数即为被测电容的漏电阻（铝电解电容漏电较大）；④ 若指针不动，则说明电容内部开路或已失效；⑤ 若指针不返回且指示电阻较小，则说明电容已击穿损坏。

4.1.4 电感器

电感器（Inductor）简称电感，又称为电感线圈，是根据电磁感应原理，将彼此绝缘的导线一圈圈缠绕在绝缘管（空心、铁芯或磁芯）上而成的。与电容一样，电感也是一种储能元器件，电路符号为L。电感具有通直流、隔交流（通低频、阻高频）的特点，常用于调谐、振荡、滤波、延迟、补偿等电路中。

1. 电感器的分类

由于工作频率、功率、功能、工作环境不同，因此对电感器的基本参数和结构形式就有不同的要求，从而导致电感器的类型和结构多样化。

按有无磁芯分类，可分为空心电感、铁芯电感、磁棒电感；按安装形式分类，可分为立式电感、卧式电感、贴片式电感；按照绕线形式分类，可分为绕线电感和平面电感；按工作频率可分为低频电感和高频电感；按电感量是否可调，可分为固定电感、可变电感；按功能分类，可分为振荡线圈、扼流圈、耦合线圈、矫正线圈、偏转线圈等。常用电感器的外形图如图 4.1.5 所示。

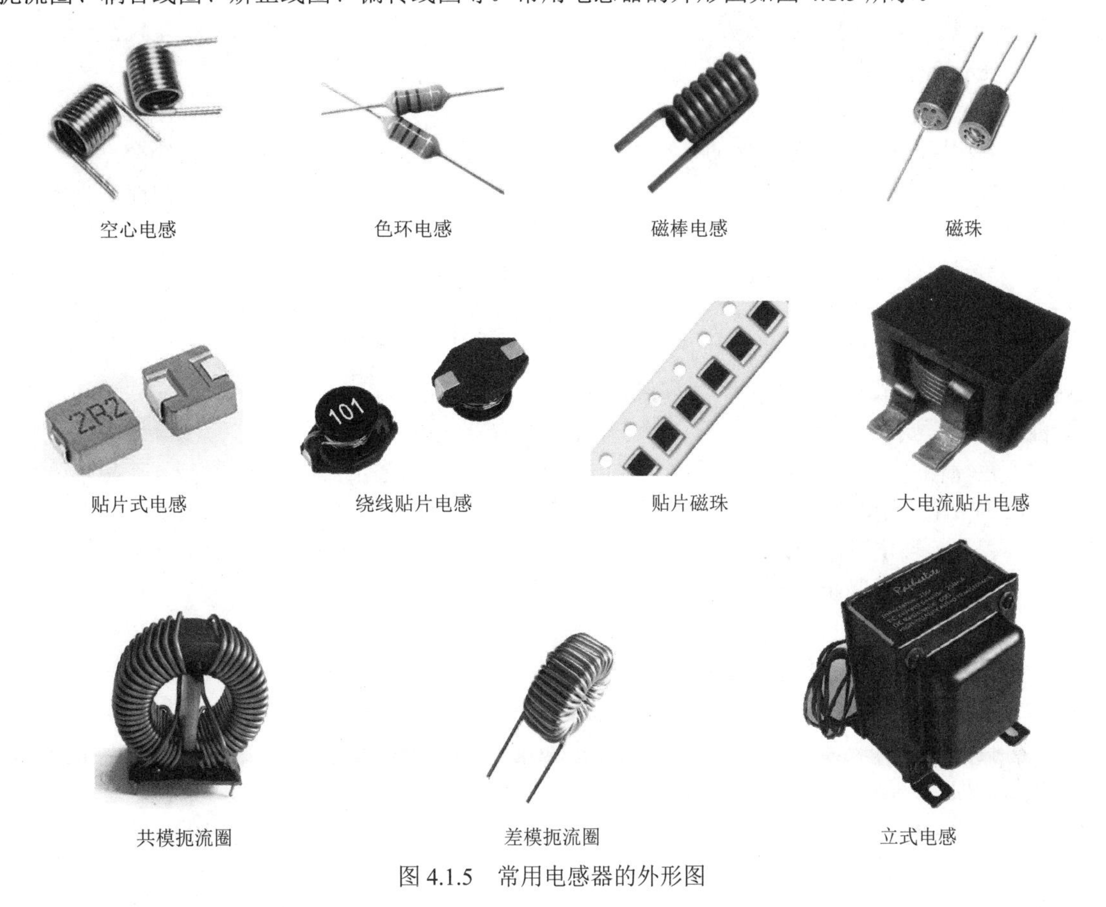

空心电感　色环电感　磁棒电感　磁珠

贴片式电感　绕线贴片电感　贴片磁珠　大电流贴片电感

共模扼流圈　差模扼流圈　立式电感

图 4.1.5　常用电感器的外形图

2. 电感器的主要参数

电感器的主要参数包括电感量、额定电流、品质因数、寄生电容、直流等效电阻等。

（1）电感量。在没有非线性导磁物质存在的条件下，载流线圈中的磁通与电流成正比，其比例常数称为自感系数，也就是电感量。电感量表示线圈本身的固有物理特性，与通过的电流大小无关。线圈的电感量与线圈的直径、长度、匝数等有关。绕制匝数越多，电感量越大。有铁芯、磁芯的线圈比空心线圈的电感量大。

（2）额定电流。额定电流是指电感线圈中允许通过的最大电流，防止磁芯饱和、线圈过热。

（3）品质因数。品质因数是指线圈的感抗 ωL 与直流等效电阻 R 之比，即 $Q=\omega L/R$。直流等效电阻值可由数字式万用表的欧姆挡直接测量出来。当工作频率与电感值一定时，品质因数主要取决于线圈导线的等效电阻。R 越大，Q 越小，线圈耗能越大，品质越差。在高频谐振回路，Q 值反映线圈损耗的大小，Q 越大，损耗功率越小，回路中的效率越高，选择性越好。因此在高频电路中 Q 一般为几十至几百。

（4）寄生电容。寄生电容又称为分布电容，是指线圈的匝与匝之间、层与层之间的电容效应。此外，线圈与地、与屏蔽壳之间也存在着分布电容。分布电容的存在降低了线圈的稳定性，降低了线圈的品质因数。特别是在高频工作场合，分布电容影响增大，可能会改变电感器的性能。

3．电感器的标注方法

电感的容量单位为亨利（H），通常与数量级前缀配合使用，如mH（毫亨）、μH（微亨），换算关系为 $1H=10^3mH=10^6\mu H$。电感器的参数标注方法有直标法、文字符号法、数码标注法、色环标注法。

（1）直标法：将电感的标称电感量以数字和字母的形式直接标注在电感的外壁上。电感量单位后面用一个英文字母表示允许误差，各字母代表的允许误差与电阻相同（见表 4.1.2）。例如，560μHK表示标称电感量为560μH，允许误差为±10%。

（2）文字符号法：将电感器的标称值和允许误差用数字与文字符号按一定的规律组合标注在电感体上。常用于单位为nH或μH的小功率电感器。当单位为μH时，用“R”表示小数点，如2R2代表2.2μH；当单位为nH时，用“n”或“N”表示小数点，如4N7代表4.7nH。同样，通常后缀一个英文字母表示允许误差。

（3）数码标注法：采用3位数字表示电感量的标称值，常见于贴片式电感。在3位数字中，从左至右前两位为有效数字，最后一位表示有效数字后所乘10的倍幂，单位为μH。如果电感标称值中有小数点，则用“R”表示，并占1位有效数字。同样，通常末尾的一个英文字母表示允许误差。例如，102J表示电感量为1000μH，允许误差为±5%；183K表示电感量为18mH，允许误差为±10%。需要注意的是，要与传统方法区别开，如470表示电感量为47μH，而不是470μH。

（4）色环标注法：电感的色环标注法与电阻、电容相似，通常采用3个色环或4个色环表示，单位一般为μH。当电感量在0.1μH以下时，用金色色环表示小数点，其他色环表示电感量数字。色环电感器与色环电阻器的外形相近，使用时要注意区分，在通常情况下，色环电感器的外形以短粗居多，而色环电阻器通常为细长。

4．常用的电感器

（1）空心电感器：广泛用于振荡、阻流、高频发射机无线电接收电路中，其 Q 值高，性能稳定。

（2）色环电感器：采用色环方法标注，适用于频率范围为10kHz～200MHz的各种电路中。

（3）扼流圈：用来阻止某些频率的交流电流通过，广泛应用于电源、音频等的滤波电路中。铁芯扼流圈一般用来阻止低频电流流过，磁芯扼流圈一般用于阻止高频电流流过。共模电感（共模扼流圈）和差模电感（差模扼流圈）可滤除共模信号与差模信号，进行电磁兼容EMI滤波，常用于电力滤波器中。

（4）可调电感器：电感量可变，用于收音电路中的振荡线圈、电视机电路中的行线性线圈、行振荡线圈等。

除市面所售的成品电感之外，在不同的应用场合根据需求还可自行设计电感，选用合适的磁芯、绕线、匝数、绕制方式定制电感，也可进行批量生产。

5．电感器的检测

普通万用表通常没有电感测量挡，需要使用高档数字式万用表或LCR测试仪才可以测出电感值。用数字式万用表测量电感的操作方法为：根据标称值选择合适的电感测量挡位；将电感的两个引脚与两个表笔相连，即可从屏幕上读出电感值。LCR测试仪可测试设定频率下的电感值，以及直流等效电阻等参数。高级的电感测试仪还可测量在直流电流偏置情况下的电感值。

采用数字式万用表的欧姆挡可以大致判断电感的好坏。如果电感线圈匝数较多，线径较细的线圈的直流等效电阻会达到几十到几百欧姆，通常情况下线圈的直流电阻只有几欧姆。因此，若电感电阻为无穷大，则说明电感开路损坏；若电阻比正常值小很多或显示为零，则说明有局部短路。

对于具备电容测量功能的数字式万用表，可以利用电容挡来间接测量电感。一般的数字式万用表电容挡均采用容抗法来测量电容量，其测量的电容值实际上是频率400Hz时的阻抗值，若用来测量电感，实际上测量的也是其阻抗值。实验表明，当被测电感接近于纯电感时，可用容抗法的C/V转换器来测量线圈的电感量。此时，容抗法的C/V转换器变成了感抗法的L/V转换器。在测量时，直接将待测电感接入数字式万用表电容挡的电容输入插口，虽然数字式万用表屏幕上显示的是电容值，但它是与被测电感阻抗大小相等的容抗所对应的电容值。经过公式 $L=1/\omega^2C$ 折算，便可将此显示电容值 C 转换为相应电感值 L。采用此种方式测量电感，精度伴随数字式万用表与电容挡位的不同而有差异，但误差都在可接受范围之内。

4.1.5　变压器

变压器（Transformer）是利用互感原理来传递能量的元器件，本质上是电感的一种特殊形式。变压器由磁芯和两个或两个以上的线圈绕组组成。其中与电源或输入信号相连的绕组称为一次绕组（初级绕组），其余绕组称为二次绕组（次级绕组）。变压器具有变压、变流、变阻抗、耦合和匹配等主要作用。变压器在电路中用 T 或 B 表示。常见变压器的电路符号如图 4.1.6 所示。

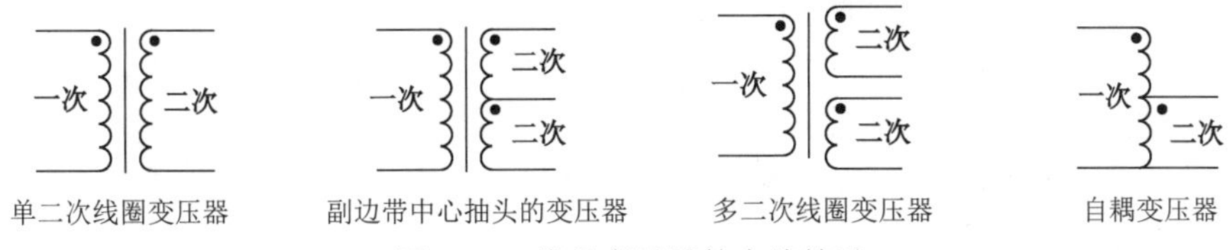

图 4.1.6　常见变压器的电路符号

1．变压器的分类

变压器应用极其广泛，种类多样，下面对常见的分类方式进行介绍。

按电源相数分类，有单相变压器、三相变压器和多相变压器；按结构分类，有双绕组变压器、三绕组变压器、多绕组变压器和自耦变压器；按铁芯或线圈结构分类，有芯式变压器、壳式变压器、环形变压器和辐射式变压器等；按防潮方式分类，有开放式变压器、灌封式变压器、密封式变压器；按冷却方式分类，有干式（自冷）变压器、油浸（自冷）变压器、氟化物（蒸发冷却）变压器；按用途分类，有电源变压器、调压变压器、音频变压器、中频变压器、高频变压器、脉冲变压器。常见变压器的外形图如图 4.1.7 所示。

图 4.1.7　常见变压器的外形图

2．变压器的主要参数

不同类型的变压器有相应的参数要求。电源变压器的主要参数有工作频率、电压比、额定电压、额定功率、空载电流、空载损耗、绝缘电阻和防潮性能等。一般低频变压器的主要参数有变压比、频率特性、通频带、非线性失真、磁屏蔽和静电屏蔽、效率等。

（1）工作频率：变压器工作于交流场合，铁芯损耗与频率关系很大，应根据使用频率来设计，即变压器的工作频率。某些应用场合工作频率也会是一个范围。

（2）电压比（变比、匝数比）：指变压器一次侧电压 U_1 和二次侧电压 U_2 的比值，或者一次绕组匝数 N_1 与二次绕组匝数 N_2 之比，公式为 $n= U_1/U_2= N_1/N_2$。

（3）额定电压：指在变压器的线圈上所允许施加的电压，工作时不得大于规定值。

（4）额定功率：指在额定电压和电流下，变压器能长期工作而不超过规定温升的输出功率。

（5）空载电流：指变压器二次侧开路时，一次侧仍有一定的电流，这部分电流称为空载电流。空载电流由磁化电流（励磁电流）和铁损电流组成。

（6）空载损耗：指变压器二次侧开路时，在一次侧测得的功率损耗。主要损耗是铁损耗，其次是空载电流在一次绕组铜阻上产生的损耗（铜耗），这部分损耗很小。

（7）绝缘电阻：指变压器各绕组之间以及各绕组对铁芯（或机壳）之间的电阻。它表示变压器各线圈之间、各线圈与铁芯之间的绝缘性能。

（8）效率：指变压器的输出功率与输入功率的比值。一般来说，变压器的容量（额定功率）越大，效率越高；反之，容量越小，效率越低。

3. 常用小型变压器

大型变压器常应用于电力、工业等场合，而小型变压器是电子电路中十分常见的元器件。小型变压器主要有低频变压器、中频变压器、高频变压器等。

（1）低频变压器：可分为工频电源变压器和音频变压器两种。工频电源变压器用于对工频电压进行电气隔离和电压变换，为电子产品提供满足要求的工频交流电源。音频变压器主要用于音频功率放大器中实现阻抗变换，有输入变压器和输出变压器之分。

（2）中频变压器：又称为中周，适用频率范围从几千赫兹到几十千赫兹。一般变压器仅仅利用电磁感应原理，而中频变压器除此之外，还应用了并联谐振原理。因此，中频变压器不仅具有普通变压器变换电压、电流和阻抗的特性，还具有谐振于某一频率的特性。在超外差收音机中，中频变压器同时起选频和耦合作用，在很大程度上决定了灵敏度、选择性和通频带等指标。其谐振频率在调幅式收音机中为465 kHz，在调频式收音机中为10.7 MHz±100 kHz。中频变压器一般采用工帽形或螺纹调杆形结构，并用金属外壳作屏蔽罩。在螺帽顶端涂有色漆，以区别外形相同的中频变压器和振荡线圈。

（3）高频变压器：与普通低频变压器原理相同，但是所用的铁芯材料不同。低频变压器的铁芯是使用硅钢片叠成的，高频变压器的铁芯则是采用高频磁芯，如铁氧体、铁硅铝、非晶等。高频变压器广泛用于电子产品中的开关电源。此外，耦合线圈和调谐线圈也属于高频变压器，如天线线圈、振荡线圈等。

4. 小型变压器的检测

首先，通过观察变压器的外貌来检查其是否有明显异常现象。例如，线圈引线是否断裂、脱焊，绝缘材料是否有烧焦痕迹，铁芯紧固螺杆是否有松动，硅钢片有无锈蚀，绕组线圈是否有外露等。

其次，测量绝缘电阻，可采用兆欧表或数字式万用表欧姆挡分别测量铁芯与初级、初级与各次级、铁芯与各次级、静电屏蔽层与初级、次级各绕组间的电阻值，万用表阻值应大于 100MΩ 或无穷大；否则，说明变压器绝缘性能不良。

最后，检测线圈通断，应当先了解变压器的连线结构，在没有电气连接的地方，其电阻值应该为无穷大；在有电气连接之处，为其规定的直流电阻。在测试中，若某个绕组的电阻值为无穷大，则说明此绕组有断路性故障。

变压器的匝数比可采用测量电感的方式测量变压器各个绕组的电感值计算得出。通过将两个绕组正向、反向串联连接后测量感值，即可确认同名端。

4.2　半导体元器件

半导体元器件是一种使用半导体材料设计、开发和制造的电子元器件。自 20 世纪四五十年代以来，半导体成为制造电子产品的主要材料。半导体元器件改变了之前真空管以气态传导电子的形式，而是以固态形式传导导电载流子。半导体材料最初是硅、锗或砷化镓，随着第三代半导体材料氮化镓、碳化硅和第四代半导体材料氧化镓的出现，新兴半导体产业呈现出日新月异的发展势态。

半导体元器件包括二极管、双极型晶体管、场效应晶体管、晶闸管和集成电路等。为了与集成电路相区别，有时也称前 4 种为半导体分立元器件。选用的半导体材料特性不同、工艺和几何结构不同，半导体元器件呈现的性能和使用场合也不同。

4.2.1　二极管

二极管（Diode）又称为晶体二极管，是常用的半导体元器件之一。二极管由一个 PN 结、阳极（A）引线、阴极（K）引线及外加密封管壳制成，在电路中用符号 VD 或 D 表示。二极管具有单向导电特性，即只允许电流由单一方向流过。硅管的正向导通电压为 0.6～0.7V，锗管的正向导通电压为 0.2～0.3V。二极管的主要作用有整流、检波、变频、变容、稳压、极性保护、开关、光/电转换等。常见二极管的电路符号如图 4.2.1 所示。

图 4.2.1　常见二极管的电路符号

1．二极管的分类

按管芯结构不同，可分为点接触型二极管和面接触型二极管；按照制作材料不同，可分为锗二极管、硅二极管、砷化镓二极管、碳化硅二极管等；按功能用途不同，可分为稳压二极管、发光二极管、整流二极管、开关二极管、肖特基二极管、检波二极管、变容二极管、光敏二极管、压敏二极管和磁敏二极管等。常见二极管的外形图如图 4.2.2 所示。

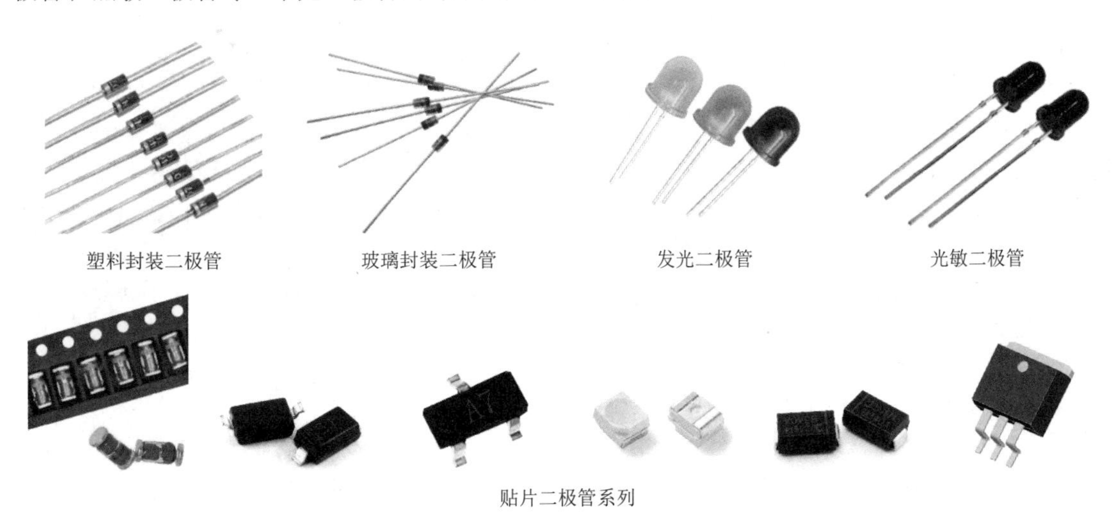

图 4.2.2　常见二极管的外形图

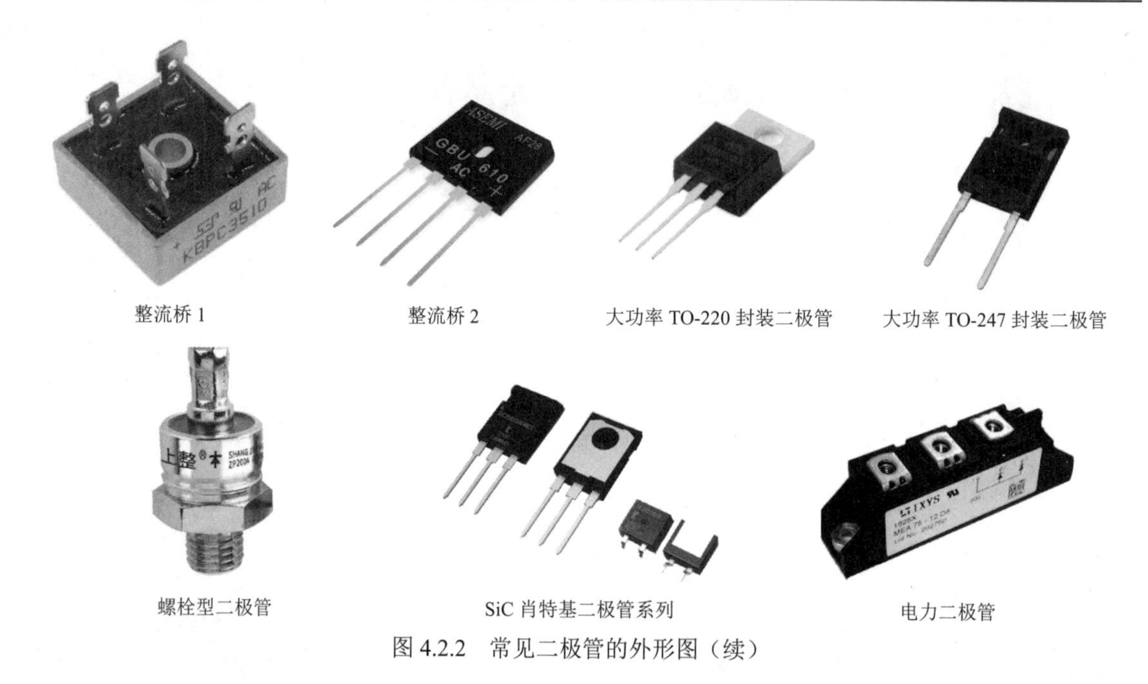

图 4.2.2　常见二极管的外形图（续）

部分二极管的特点及应用如下。

（1）稳压二极管：是一种齐纳二极管，反向击穿时两端电压固定在某一数值，而基本上不随流过二极管的电流大小变化。正向特性与普通二极管相似。必须注意的是，稳压管一定要串联限流电阻，防止电流过大被烧毁。它主要用于浪涌保护电路、过压保护电路等。常用的有 1N47 系列、1N52 系列、2CW 系列和 2DW8C 等。

（2）发光二极管（LED）：可将电能转换成光能，在电路中常用于工作状态的指示，具有功耗低、体积小、寿命长等优点。当有正向电流通过时可发光，发光颜色有红、黄、绿、白、蓝、红外线等。正向电流越大，亮度越高，但电流不允许超过最大值，以免烧毁，使用时应加限流电阻。

（3）整流二极管：主要用于整流电路，可将交流电变成脉动的直流电。常用型号有 1N4001～1N4007、SS14 和 SS34 等。将 4 只低频整流二极管内部接成桥式整流的形式然后封装在一起，即整流桥。整流桥的表面通常标注交流输入端“AC”或“～”及直流输出端“+”“-”。

（4）开关二极管：具有开关速度快、反向电压高、反向电流小、体积小、寿命长、可靠性高等特点，常在脉冲、开关、高频电路中用作电子开关。常用开关二极管型号有 2CK13、1N4148 等。

（5）肖特基二极管：反向恢复时间极短，反向恢复损耗较小，可忽略不计，具有低功耗、大电流、超高速、反向电压小、工作频率高等特点，正向压降为 0.4V 左右，正向电流可达几千安培。可在高频、低压、大电流环境下用于整流、续流、保护、快速开关，也可在微波通信电路中作整流二极管、小信号检波二极管使用。碳化硅肖特基二极管（SiC Schottky Diode）具有更高能效、更高功率密度、更小尺寸和更高的可靠性，可以在电力电子技术领域打破硅的极限，已成为新能源及电力电子的关键主流元器件。

（6）检波二极管：可将高频信号上的低频信号检出，广泛应用于收音机、电视机及通信等设备的小信号电路中，其工作频率较高，处理信号幅度较弱。

（7）光敏二极管：是一种光电转换元器件，其管壳上有入射光窗口，以便于接收光线。工作在反向工作区，反向电流（光电流）与光照成正比，用于各种光电控制电路中，如光电耦合器、红外遥感、光纤通信、路灯控制等电路。

（8）变容二极管：又称为压控变容器。工作于反向偏置状态，在一定范围内，结电容与管子上反向电压的变化成反比。它多用于高频调谐电路和通信电路中。

2. 二极管的主要参数

（1）最大反向峰值电压 V_{RRM}：指为避免击穿所能施加的最大反向电压。即使没有反向电流，只要反向电压足够大，就会将二极管击穿。但并不是瞬时电压，而是反复施加的反向电压最大值。目前最高的 V_{RRM} 值可达几千伏特。

（2）最大直流反向电压 V_R：连续施加直流电压时的最大反向值。

（3）额定整流电流 I_F：指二极管长期运行时，根据允许温升折算出来的平均电流值。目前大功率整流二极管的 I_F 值可达 1000A。

（4）最大平均整流电流 I_O：指在半波整流电路中，流过负载电阻的平均整流电流的最大值。这是设计电路时非常重要的参量。

（5）最大浪涌电流 I_{FSM}：指允许流过的过量正向电流。它不是正常电流，而是瞬间电流，数值相当大。

（6）反向饱和漏电流 I_R：指在二极管两端施加反向电压时，流过二极管的电流。该电流与半导体材料和温度有关。

（7）最高工作频率 f_M：由于 PN 结存在结电容，当工作频率超过某一值时，它的单向导电性将变差。点接触式二极管的 f_M 值较高，在 100MHz 以上；整流二极管的 f_M 较低，一般不高于几千赫兹。

（8）反向恢复时间 T_{rr}：当工作电压从正向电压变成反向电压时，理想情况是电流能瞬时截止。实际上，当二极管由导通状态突然反向时，反向电流由很大衰减到接近 I_R 时需要一定的延迟时间，就是反向恢复时间。大功率开关管工作在高频开关状态时，在反向恢复过程中产生的损耗将会影响电路的效率，此项指标至为重要。

（9）最大功率 P：为二极管功率的最大值，即施加在二极管两端的电压乘以流过的电流。这个极限参数决定二极管的温度升高，对稳压二极管、可变电阻二极管特别重要。

3. 二极管的识别和检测

如果已知二极管的型号，可通过查阅数据手册（Datasheet）获取该元器件的名称、特性参数、封装及引脚、典型参数测试曲线、参考电路、外观尺寸等参数信息。

（1）二极管的极性识别。如果电路符号被画在二极管外壳上，可根据电路符号直接判断正负极。小功率二极管的负极通常在表面用一个色环（色带、色点）标出。发光二极管通常较长的引脚为正极，较短的引脚为负极。在无引线的贴片二极管中，表面有色带或有缺口的一端为负极；贴片发光二极管中有缺口的一端为负极。

（2）二极管的检测。采用数字式万用表可以测试二极管的极性及好坏。将挡位设置为二极管挡位，如果红表笔接正极、黑表笔接负极，将显示二极管的正向导通压降，通常约为 0.6V，若为发光二极管则发光；如果反接，一般显示 1 或 0L。如果二极管短路，那么蜂鸣器发出提示声，数值显示为零；如果二极管开路，那么测试正反向均无反应。

此外，也可以采用数字式万用表的电阻挡判断二极管的极性和好坏。正常情况下二极管的正向电阻一般为几千欧姆，反向电阻接近无穷大。如果正反向电阻相等、无穷大或为零，就说明该二极管已损坏。

4.2.2 三极管

三极管又称为晶体管、晶体三极管，是一种半导体元器件，由两个背靠背的 PN 结（发射结和集电结）、三根电极引线（基极 b、发射极 e、集电极 c）及外加密封管壳构成。在电路中用符号 VT 或 T 表示。它有 NPN 型和 PNP 型两种结构形式。三极管具有电流放大作用，其实质是以基极电流的微小变量来控制集电极电流的较大变化量。三极管也可用于开关、控制等，是各种电子电路的核心元器件，广泛用于各类电子设备中。常用三极管的电路符号如图 4.2.3 所示。

1. 三极管的分类

晶体三极管的种类很多，分类方法也有多种，可按材料、导电类型、工作频率、功率等进行分类，相应的分类及特点如下。

按材料不同可分为硅三极管和锗三极管。硅三极管温度特性优于锗三极管，锗三极管导通电压低，更适合在低压电路中使用。

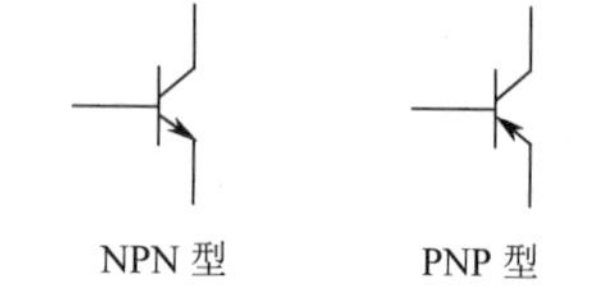

图 4.2.3 常用三极管的电路符号

按导电类型可分为 NPN 型和 PNP 型。两者工作时电流方向不同，NPN 型三极管使用较为普遍。

按工作频率可分为低频三极管、高频三极管和开关管。低频三极管的工作频率在 3MHz 以下，可用于直流放大器、音频放大器电路中，高频三极管的工作频率可以达到几百兆赫兹甚至更高。

按功率不同可分为小功率三极管、中功率三极管、大功率三极管。小功率三极管可用于前级放大器电路，中、大功率三极管可用于功率放大器末级或输出级。

按外壳封装不同可分为塑料封装、金属封装、玻璃壳封装、陶瓷封装三极管。一般小功率三极管采用塑料封装形式，大功率三极管和高频三极管采用金属封装形式。

按用途不同可分为开关三极管、带阻三极管、达林顿管、光电三极管等，分别适用于不同场合。开关三极管是一种饱和与截止状态变换速度较快的三极管，广泛用于各种脉冲电路、开关电路及功率输出电路中。带阻三极管是将一只或多只电阻与三极管连接后封装在一起构成的，常在进口家电中作小功率三极管使用，通常采用片状封装形式。达林顿管也称为复合晶体管，采用复合连接方式，将两只输出功率大小不等的三极管按一定接线规律复合而成，具有较大的电流放大系数及较高的输入阻抗，主要用于大功率的开关电路和继电器驱动电路上。光电三极管是在光电二极管的基础上发展起来的光电元器件，本身有放大功能，因此灵敏度较高。常见三极管的外形图如图 4.2.4 所示。

图 4.2.4 常见三极管的外形图

2. 三极管的主要参数

（1）直流参数。

① 共发射极直流电流放大系数 h_{FE}：指在静态情况下，三极管 I_c 与 I_b 的比值，即 $h_{FE}=I_c/I_b$。

② 反向电流 I_{CBO} 与 I_{CEO}：影响管子的热稳定性，其值越小越好。

（2）交流参数。

① 共发射极交流电流放大系数 β：是表明三极管放大能力的重要参数。

② 特征频率 f_T：随着工作频率的升高，三极管的放大能力将会下降。当 β=1 时，三极管将失去放大作用，此时的工作频率称为特征频率 f_T。

（3）极限参数。

① 集电极最大允许电流 I_{CM}：集电极电流上升会导致电流放大系数 β 下降，因此规定三极管电流放大系数 β 下降到正常值 2/3 时的集电极电流为 I_{CM}。

② 最大反向击穿电压 U_{CBO}、U_{EBO}、U_{CEO}：三极管在工作时所允许施加的最高工作电压。如果电压超过最大值时，将可能使三极管产生很大的电流，发生击穿现象。三极管击穿后会造成性能下降或永久性损坏。

③ 集电极最大允许耗散功率 P_{CM}：三极管在工作时，集电极电流在集电结上会产生热量而使三极管发热。如果三极管在大于 P_{CM} 的情况下长时间工作，将会损坏三极管。需要注意的是，大功率三极管给出的最大允许耗散功率都是在加有一定规格散热器情况下的参数。

3. 三极管的识别与检测

（1）三极管的极性识别。如果已知三极管的型号，可通过查阅数据手册（Datasheet）获取该元器件的名称、特性参数、封装及引脚、典型参数测试曲线、参考电路、外观尺寸等参数信息。三极管的型号通常都印在管体的表面。在有些塑料封装的三极管中，由于表面积较小，通常把型号的前缀去掉，只标注后面的数字型号。贴片三极管的型号是采用数字或数字与字母混合的代码来表示的，不同公司生产的产品代码通常是不一样的。

根据封装可通过直观法判断部分三极管的极性。① 中、小功率金属封装三极管通常在管壳上有一个小凸起，与该小凸起最近的引脚即为 e。三引脚成等腰三角形排列时，处于顶点处的引脚为 b，剩余引脚为 c。② 大功率金属封装的三极管电极识别时，将电极朝向自己，且将距离电极较远的管壳一端向下，则左端电极为 b，右端电极为 e，管壳为 c。③ 带金属散热片的三极管电极识别时，引脚朝下，将其印有型号的一面对着观察者，散热片的一面为背面，则从左至右依次为 b、c、e。在实际应用中，电极排列规律都有不符合上述规律的特例，应以实际检测结果为准。

（2）三极管的检测。使用数字式万用表对三极管进行检测，需要综合使用欧姆挡、二极管挡、h_{FE} 挡，可以判定三极管电极、鉴别硅三极管与锗三极管，还可以测量共发射极电流放大系数 h_{FE}。

使用数字式万用表欧姆挡判断管型和引脚的方法是：用万用表的红表笔接晶体管的某一引脚（假设它是基极），用黑表笔分别测试连接另外的两个电极。如果两个阻值都很小，那么红表笔所接的引脚便是 NPN 型晶体管基极；如果两个阻值都很大，那么红表笔所接的那个引脚便是 PNP 型晶体管的基极。如果两个阻值一个很大一个很小，那么红表笔所接的引脚肯定不是基极，要换一个引脚再测试。判断硅三极管和锗三极管的方法是：可测量发射极与基极间和集电极与基极间的正向电阻，硅三极管（硅管）为 3～10kΩ，锗三极管（锗管）为 500Ω～1kΩ，上述极间的反向电阻，硅三极管一般大于 500kΩ，锗三极管一般大于 1000kΩ。

由于数字式万用表电阻挡的测试电流较小，推荐使用二极管挡进行检测。将万用表挡位开关拨至二极管挡，当用一个表笔接某一电极，而另一个表笔先后接触另外两个电极均显示小于 1V 电压值（PN 结正向压降）时，则第一个表笔所接的电极即为基极。此时，如果接基极的是红表笔，那么被测三极管为 NPN 型管；如果接基极的是黑表笔，那么被测三极管为 PNP 型管。对于 NPN 型管，再用黑表笔接基极，红表笔先后接触另外两个电极均应显示 1 或 0L；对于 PNP 型管，再用红表笔接基极，黑表笔先后接触另外两个电极均应显示 1 或 0L。在用二极管挡测量 PN 结正向压降时，若显示数值在 0.6～0.8V 范围内，则被测三极管为硅三极管；若显示数值小于 0.4V，则被测三极管为锗三极管。

将数字式万用表的功能选择旋钮旋至“h_{FE}”挡，把晶体管的 3 个电极正确地放到万用表面板上的 4 个小孔中即 PNP(P)或 NPN(N)的 e、b、c 处，此时显示晶体管的直流放大倍数。

4.2.3　晶闸管

晶闸管又被称为可控硅整流器，或简称可控硅。1957 年美国通用电气公司开发出世界上第一款晶闸管产品，并于 1958 年将其商业化。晶闸管是一种“以小控大”的功率（电流型）元器件，有单向、双向、可关断、快速、逆导、光控等多种类型的晶闸管。通常在未加说明的情况下，晶闸管或可控硅是指单向晶闸管。

晶闸管作为开关元器件，最基本的用途就是可控整流，具有体积小、质量轻、功耗低、效率高、开关迅速等优点，能在高电压、大电流条件下工作。基于上述特点，晶闸管广泛应用于可控整流、交流调压、无触点电子开关、逆变、调光、调压、调速变频等电力电子功率控制领域，通常是电流和电压水平相对较高的应用。晶闸管也可用于低功率应用，包括灯光控制，电源保护和许多其他应用，如电热水壶、电饭锅功率控制等。晶闸管使用简单且价格便宜，使其成为许多电路的理想选择。

1．单向晶闸管

单向晶闸管（SCR）是由4层半导体材料组成的，有3个PN结，对外有3个电极：阳极A、门极G、阴极K。晶闸管是一种单方向导电的元器件，内部可等效为一只NPN管和一只PNP管组合而成，如图4.2.5所示。在工作过程中，晶闸管的阳极（A）和阴极（K）与电源和负载连接，组成晶闸管的主电路。晶闸管的门极G和阴极K与控制晶闸管的装置连接，组成晶闸管的控制电路。晶闸管为半控型电力电子元器件，它的工作条件如下。

（1）晶闸管承受反向阳极电压时，不管门极承受哪种电压，晶闸管都处于反向阻断状态。

（2）晶闸管承受正向阳极电压时，仅在门极承受正向电压的情况下晶闸管才导通。这时晶闸管处于正向导通状态，这就是晶闸管的闸流特性，即可控特性。

（3）晶闸管在导通情况下，只要有一定的正向阳极电压，即使撤掉正向触发信号，也能维护通态，即晶闸管导通后，门极失去作用。门极只起触发作用。

（4）晶闸管在导通情况下，当主回路电压（或电流）减小到接近于零时，晶闸管关断。

普通晶闸管的工作频率一般在400Hz以下，随着频率的升高，功耗将增加，元器件会发热。快速晶闸管一般工作在5kHz以上，最高可达40kHz。

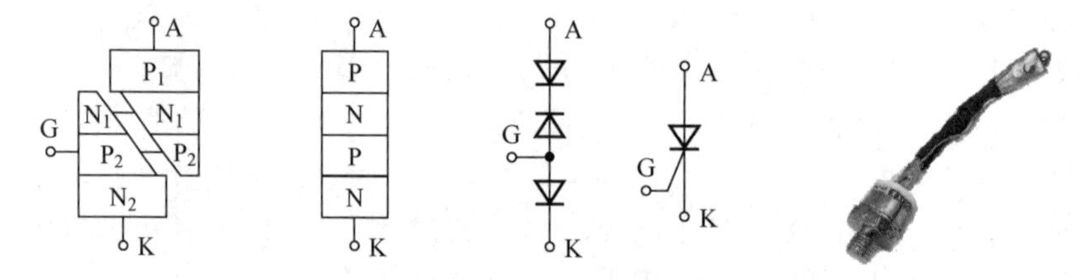

图4.2.5　单向晶闸管的结构、电路符号和外形图

2．双向晶闸管

双向晶闸管（TRIAC）是由5层半导体材料组成的，相当于两只普通晶闸管反向并联，对外有3个电极：主电极T_1和T_2、门极G。由于两个主电极是对称的，因此使用中可以任意互换。双向晶闸管可以双向导通，即门极加上正或负的触发电压，均能触发双向晶闸管导通。其结构、电路符号和外形图如图4.2.6所示。

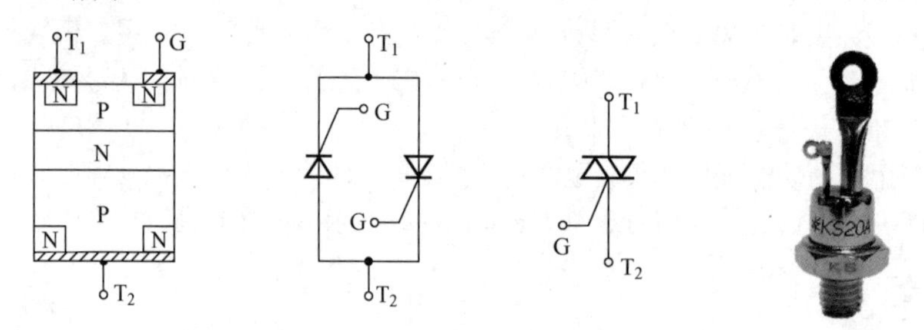

图4.2.6　双向晶闸管的结构、电路符号和外形图

晶闸管的极性和管型的检测方法是：使用数字式万用表的欧姆挡测量任意两个极之间的电阻值。若有一组电阻值为几十欧姆至几百欧姆，且反向测量时电阻值较大，则所检测的晶闸管为单向晶闸管，黑表笔所接为门极G，红表笔所接为阴极K，另一个引脚所接为阳极A。若有一组电阻值正、反向均为几十欧姆至几百欧姆，则所检测的晶闸管为双向晶闸管，黑表笔所接为第一阳极T_1，红表笔所接为门极G，另一个引脚所接为第二阳极T_2。

3．其他晶闸管

门级可关断晶闸管（GTO）也称为门控晶闸管，其主要特点是，当门极施加负向触发信号时晶闸管能自行关断。它既保留了普通晶闸管耐压高、电流大的优点，又具有自关断能力，使用方便，是理想的高压、大电流开关元器件。它的容量及使用寿命均超过巨型晶体管。目前，大功率可关断晶闸管已广泛用于斩波调速、变频调速、逆变电源等领域，显示出强大的生命力。

逆导晶闸管（RCT）是在普通晶闸管上反向并联一只二极管而成的，其特点是能反向导通大电流，具有工作频率高、关断时间短、误动作小等优点。城市电车和地铁机车采用逆导晶闸管控制与调节车速，能够克服开关体积大、寿命短，而且低速运行时耗电大（减速时消耗在启动电阻上）等缺点，从而降低了功耗，提高了机车可靠性。此外，还可用于对电感负载关断时产生的大电流、高电压进行快速释放的需求场合。

光控晶闸管（LTT）又称为光触发晶闸管，是一种光敏元器件。由于其控制信号来自光的照射，没有必要再引出控制极，因此只有两个电极（阳极 A 和阴极 K），结构与普通晶闸管一样，是由 4 层 PNPN 元器件构成的。

此外，还有其他类型的晶闸管，如 BTG 晶闸管、温控晶闸管、四极晶闸管等，不再一一介绍。

4.2.4　场效应管

场效应晶体管（Field Effect Transistor，FET）简称场效应管，由多数载流子参与导电，也称为单极型晶体管。它利用控制输入回路的电场效应来控制输出回路电流，属于电压控制电流型半导体元器件。场效应晶体管主要有两种类型：结型场效应管（JFET）和金属氧化物半导体场效应管（MOSFET）。对外有 3 个电极：栅极 G、漏极 D、源极 S。场效应管具有如下特点。

（1）场效应管是电压控制元器件，它通过 V_{GS}（栅源电压）来控制 I_D（漏极电流）。

（2）场效应管的控制输入端电流极小，因此它的输入电阻很大，通常 JFET 的输入电阻为 10^7～10^{10}Ω，MOSFET 的输入阻抗为 10^{12}～10^{13}Ω。对比普通晶体管的输入阻抗，仅为 1kΩ 左右。

（3）场效应管利用多数载流子导电，因此温度稳定性较好。

（4）场效应管组成的放大电路的电压放大系数要小于三极管组成放大电路的电压放大系数。

（5）场效应管的抗辐射能力强，比晶体三极管的抗辐射能力强千倍以上，所以场效应管能在核辐射和宇宙射线下正常工作。

（6）场效应管不存在杂乱运动的电子扩散引起的散粒噪声，因此噪声低。

（7）便于集成，场效应管在集成电路中占有的体积比晶体三极管小，制造简单，特别适合大规模集成电路。

（8）容易产生静电击穿损坏。由于输入阻抗相当高，当带电荷物体一旦靠近金属栅极时很容易造成栅极静电击穿，特别是 MOSFET 的绝缘层很薄，更易击穿损坏。因此，要注意栅极保护，应用时不得让栅极“悬空”；储存时应将场效应管的 3 个电极短路，并放在屏蔽的金属盒内；焊接时电烙铁外壳应接地，或者断开电烙铁电源并利用其余热进行焊接，防止电烙铁的微小漏电损坏场效应管。

1．结型场效应管（JFET）

JFET 是使用半导体材料的长沟道构造的。根据构造工艺，如果 JFET 包含大量的正电荷载流子（称为空穴），就称为 P 型 JFET；如果它有大量的负电荷载流子（称为电子），就称为 N 型 JFET。结型场效应管的电路符号如图 4.2.7 所示，其中使用较多的是 N 沟道。鉴于其受欢迎程度，JFET 可提供多种封装，如流行的 TO-92 塑料封装以及表面贴装，包括 SOT-23 和 SOT-223 等。

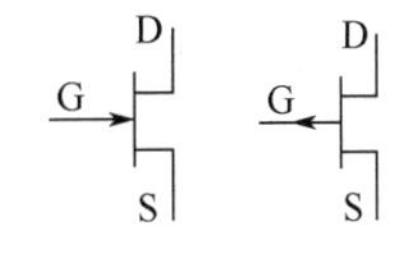

图 4.2.7　结型场效应管的电路符号

结型场效应管（JFET）已经面市多年，尽管它们不能提供如 MOSFET 般极高水平的直流输入电阻，但它们仍然非常可靠、坚固且易于使用。

2．金属氧化物半导体场效应管（MOSFET）

MOSFET 就是以金属层（M）的栅极隔着氧化层（O）利用电场的效应来控制半导体（S）的场效应管，其特点是用栅极电压来控制漏极电流，属于电压控制型元器件。

MOSFET 按照制作工艺可以区分为增强型、耗尽型、P 沟道、N 沟道 4 种类型。金属氧化物半导体场效应管的电路符号图如图4.2.8所示。在图4.2.8中，中间的箭头指向内部的是N沟道；反之，则是P沟道；中间是虚线的是增强型，是实线的是耗尽型。

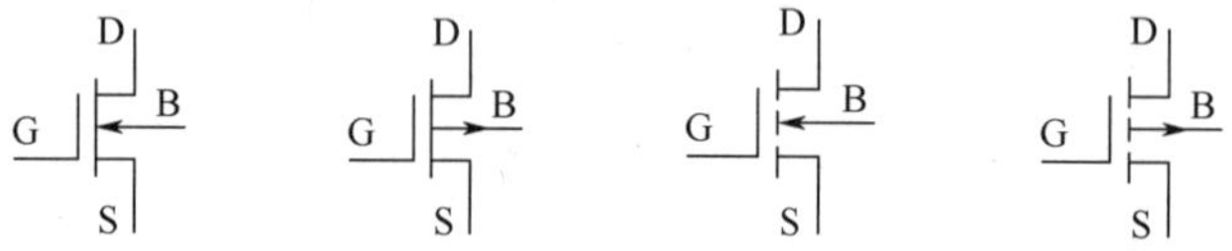

N沟道耗尽型　　P沟道耗尽型　　N沟道增强型　　P沟道增强型

图4.2.8　金属氧化物半导体场效应管的电路符号

在实际应用中，以增强型的NMOS和增强型的PMOS为主。NMOS的特性是，V_{gs}大于一定的值就会导通，适用于源极接地时的情况（低端驱动），只要栅极电压达到4V或10V就可以了。PMOS的特性是，V_{gs}小于一定的值就会导通，适用于源极接V_{CC}时的情况（高端驱动）。然而，虽然PMOS可以很方便地用作高端驱动，但由于导通电阻大、价格贵、替换种类少等，在高端驱动中，通常还是使用NMOS。

一般认为应用电压低于100V的MOSFET为中低压MOSFET，用于消费级产品，如计算机电源、适配器、TV电源板和手机快充等领域；高于400V为高压MOSFET，包括平面型和超级结型，一般用于汽车、航空应用，如新能源汽车直流充电桩、新能源汽车车载充电机、5G基站电源及通信电源等。随着新能源汽车、智能装备制造、物联网、光伏新能源等新兴产业领域对高效能电子元器件的需求增加，将给MOSFET提供巨大的市场机遇。

MOSFET演进方向为更高的开关频率、更高的功率密度以及更低的功耗。功率元器件主要经历了工艺进步、元器件结构改进与使用宽禁带材料三大方面的演进。未来沟槽MOSFET将替代部分平面MOSFET；屏蔽栅MOSFET将进一步替代沟槽MOSFET；在高压领域下，超级结型MOSFET将替代更多传统的VDMOS；以碳化硅（SiC）、氮化镓（GaN）为主的第三代半导体材料在高温、高压、高功率和高频的领域中将取代部分硅材料。

SiC MOSFET与相同功率等级的Si MOSFET对比，具有明显的优势，如导通电阻、开关损耗大幅降低，适用于更高的工作频率。另外，由于其高温工作特性，极大地提高了高温稳定性。不过因为SiC MOSFET的价格相当昂贵，所以限制了它的广泛应用。在1200V的应用领域，SiC MOSFET的取代目标是硅基IGBT。预计未来随着SiC MOSFET的成本持续下降，用SiC MOSFET替代IGBT，能有效减少开关损耗，实现散热部件的小型化。英飞凌公司的SiC MOSFET的外形图如图4.2.9所示。

图4.2.9　英飞凌公司的SiC MOSFET的外形图

4.2.5　集成电路

集成电路是采用一定的制造工艺，将二极管、晶体管、场效应管、电阻、电容等许多元器件组成的具有完整功能的电路，制作在同一块半导体基片上，然后加以封装构成的半导体元器件。在电路中用符号IC或U来表示。随着工艺和技术的发展，集成电路的集成度以每年增加一倍的速度增长。集成电路具有集成度高、体积小、功能强、可靠性高、功耗低、外部连线及焊点少等优点，从而大大提高了电子设备的可靠性和灵活性，减小了体积。

1．集成电路的分类

集成电路应用广泛，种类繁多，可按不同的分类方法进行划分。

按集成度划分，可分为小规模集成电路、中规模集成电路、大规模集成电路、超大规模集成电路。

按封装形式划分，可分为单列直插式集成电路、双列直插式集成电路、贴片式集成电路、金属封装集成电路、塑料封装集成电路、陶瓷封装集成电路等。

按制作工艺划分，可分为半导体集成电路和膜集成电路。膜集成电路又分为厚膜集成电路和薄膜集成电路。

按功能及用途划分，可分为数字集成电路和模拟集成电路两大类。数字集成电路用于数字电路中处理数字信号，如单片机、存储器、CMOS 集成电路等。模拟集成电路用于模拟电子电路中，处理模拟信号，如运算放大器、功率放大器、集成稳压电路、自动控制集成电路、信号处理集成电路等。

2. 常用的集成电路

（1）CMOS 集成电路。CMOS 集成电路工作电源+U_{DD}为+5～+15V，U_{SS}接电源负极或接地，二者不能接反。输入信号电压 U_i应满足 $U_{SS} \leqslant U_i \leqslant U_{DD}$，超出会损坏元器件。

多余的输入端一律不许悬空，应按它的逻辑要求接 U_{DD}或 U_{SS}或接地。调试使用中要严格遵守以下步骤：开机时，先接通电源，再加输入信号；关机时，先撤去输入信号，再关闭电源。

CMOS 集成电路输入阻抗极高，易受外界干扰、冲击和静态击穿，应存放在等电位的金属盒内。焊接时应切断电源电压，电烙铁外壳必须良好接地，必要时可拔下电烙铁，利用余热进行焊接。

（2）TTL 集成电路。在高速电路中，电源至集成电路之间存在引线电感及引线间的分布电容，既会影响电路的速度，又易通过共用线段产生级间耦合，引起自激。为此，可采用退耦措施，在靠近集成电路的电源引出线和地线引出端之间接入 0.01μF 的去耦电容器。在频率不太高的情况下，通常只在印制电路板的插头处，以及每个通道入口的电源端和地端之间，并联一个 10～100μF 和一个 0.01～0.1uF 的电容器，前者用作低频滤波，后者用作高频滤波。

如果是与门或与非门多余输入端，最好不悬空而是接电源；如果是或门、或非门，便将多余输入端接地。连接时可直接接入，也可以串接一个 1～10kΩ 电阻再接入。前一种接法电源浪涌电压可能会损坏电路，后一种接法分布电容将影响电路的工作速度。

多余的输出端引脚应悬空，若是接地或接电源，则会损坏元器件。另外，除集电极开路（OC）门和三态（TS）门之外，其他电路的输出端不允许并联使用，否则会引起逻辑混乱或损坏元器件。

（3）集成运算放大器。集成运算放大器是一种高放大倍数的直接耦合放大器。在该集成电路的输入与输出之间接入不同的反馈网络，可实现不同用途的电路。例如，利用集成运算放大器可非常方便地完成信号放大、信号运算（加、减、乘、除、对数、反对数、平方、开方等）、信号的处理（滤波、调制）以及波形的产生和变换。集成运算放大器的主要参数如下。

① 电源电压范围 U_{CC}：允许施加电源电压的范围，部分运放可单电源、双电源供电。

② 最大输出电压 U_{opp}：能使输出电压与输入电压保持不失真关系的最大输出电压。此值与实际所加的正负电源电压有关，实际所加的正负电源电压越大，$|\pm U_{opp}|$也越大。如果最大输出电压接近电源电压，称为轨对轨（Rail-to-Rail）运放。

③ 电压增益 A_{uo}：不加反馈时的电压放大倍数，一般为 100dB 左右。

④ 差模输入电阻 r_{id}：不加反馈时两个输入端的动态电阻，一般为几兆欧姆以上。

⑤ 输出电阻 r_o：不加反馈时输出端的对地等效电阻，一般为几十欧姆。

⑥ 输入失调电压 U_{IO}：为使输出电压为零而应在输入级所加的补偿电压值。其值越小越好，一般为毫伏级。

⑦ 共模抑制比 K_{CMR}：开环差模电压增益与开环共模电压增益之比，一般为 70dB 以上。

此外，还有输入偏置电流、输入失调电流、失调电流/电压温度系数、输入差模/共模电压范围、最大输出电压、静态功耗等参数。

集成运算放大器的种类非常多，可适用于不同的场合。通用型运放的性能适合一般性使用，其特点是电源电压适应范围广，如 LM358、CA741、F007 等；低功耗型运放的静态功耗小于或等于 2mW，如 XF253 等；高精度型运放的失调电压温度系数在 1μV/℃左右，能保证组成的电路对微弱信号检测的准确性，如CF75、CF7650等；高阻型运放的输入电阻可达10MΩ以上，如CF3140等；此外，还有宽带型运放、高压型运放等。

使用时需查阅集成运算放大器手册，详细了解它们的各种参数，作为使用和选择的依据。表4.2.1列出了部分常见运算放大器的参数。

表4.2.1 部分常见运算放大器的参数

参数名称	符号	单位	CA741	LM358	CA3140
电源电压	U	V	≤|±22|	3～30或±1.5～±15	≤|±18|
电压增益	A_{uo}	dB	≥94	100	≥86
输入失调电压	U_{IO}	mV	≤5	≤7	≤15
输入失调电流	I_{IC}	nA	≤200	≤50	≤0.01
输入偏置电流	I_{IB}	nA	≤500	≤250	≤0.05
共模输入电压范围	U_{IC}	V	≤|±15|		+12.5 −14.5
差模输入电压范围	U_{ID}	V	≤|±30|		≤|±8|
共模抑制比	K_{CMR}	dB	≥70	≥85	≥70
差模输入电阻	r_{id}	MΩ	2		1.5×10^6
输出电阻	r_o	Ω	200		60
最大输出电压	U_{opp}	V	±13		+13 −14.4
静态功耗	P_D	mW	50		120
温漂	$\Delta U_{IO}/\Delta T$	μV/℃	20～30	7	8

3．封装和引脚排列

集成电路的封装是指用于安装半导体芯片的外壳及元器件引脚，它不仅起着安放、固定、密封、保护芯片和增强散热性能的作用，还是沟通芯片内部电路与外部电路的桥梁。芯片上的接点用导线连接到封装外壳的引脚上，这些引脚又通过电路板上的导线与其他元器件进行连接。

按照封装材料分类，集成电路的封装可以分为金属封装、塑料封装及陶瓷封装等。其中，塑料封装的集成电路最便宜，因而最常用。

按照封装外形分类，集成电路的封装可以分为插装型封装、贴装型封装、裸芯片型封装、组件型封装等几大类，每类又细分为多种。图4.2.10列出了常见不同形式集成电路的封装图。

图4.2.10 常见不同形式集成电路的封装图

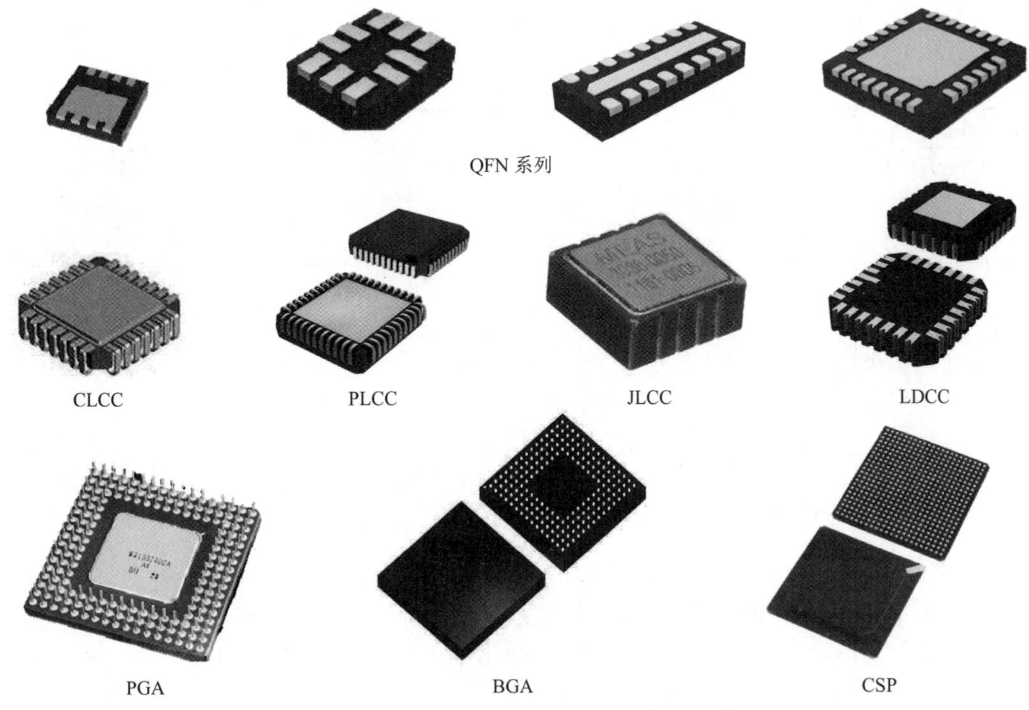

图 4.2.10　常见不同形式集成电路的封装图（续）

（1）插装型封装：包括 TO（晶体管外形）封装、SIP（单列直插）封装、ZIP（单列曲插）封装、DIP（双列直插）封装、PGA（引脚格栅阵列）封装。

（2）贴装型封装：包括 SOIC 或 SOP（小外形集成电路或小外形）封装、SOJ（J 形引脚小外形）封装、TSOP（薄小外形）封装、VSOP（甚小外形）封装、SSOP（缩小型 SOP）封装、TSSOP（薄的缩小型 SOP）封装、QFP（四侧引脚扁平）封装、BQFP（带缓冲垫的四侧引脚扁平）封装、QFI（四侧 I 形引脚扁平）封装、BGA（球栅阵列）封装、表面贴装型 PGA 封装、QFN 或 LCC（四侧无引脚扁平或无引脚芯片载体）封装、PLCC 或 QFJ（J 形引脚芯片载体或四侧 J 形引脚扁平）封装。

（3）裸芯片型封装：有 COB（板上芯片）封装、Flip-Chip（倒装芯片）封装。

（4）组件型封装：有 MCM（多芯片组件）封装和厚膜封装。

集成电路的引脚较多，如何正确识别集成电路的引脚是使用中的首要问题。集成电路的引脚排列次序与其封装有关，并且有一定的规律。一般是从外壳顶部向下看，从左下角按逆时针方向排列，其中第一引脚附近通常有参考标志，如凹槽、色点等。这里介绍几种常用集成电路引脚的排列形式。

单列直插型集成电路的识别标记，有的用切角，有的用凹坑。这类集成电路引脚的排列方式是从标记开始，从左向右依次为 1、2、3…

扁平和双列直插型封装引脚数目有 8、10、12、14、16、18、20、24 等多种。为了识别引脚，一般在封装表面有一色标或凹口作为标记，或者在端面一侧有一个类似引脚的小金属片。引脚的排列方式为从标记开始，沿逆时针方向依次为 1、2、3…

四列方形扁平封装集成电路引脚较多，通常采用圆点或切角标识，将有文字的一面正放（缺角位于左侧），由顶部俯视，从左下角起，按逆时针方向计数，引脚依次为 1、2、3…逆时针排列。此外，仅有少量的扁平封装集成电路的引脚是顺时针排列的，需要注意。

4．常见集成电路的命名

半导体集成电路的型号数不胜数。面对飞速发展的电子产业，至今国际上对半导体集成电路型号的命名无统一标准。各厂商或公司都按自己的一套命名方法来生产，给识别半导体集成电路型号带来了极大困难。下面介绍国内和国外半导体集成电路的主要命名方法。

根据《半导体集成电路型号命名方法》（GB 3430—1989），我国半导体集成电路的型号命名由

5个部分组成，表达方式及内容如表4.2.2所示。

表4.2.2 我国半导体集成电路的型号命名

第0部分		第1部分		第2部分	第3部分		第4部分	
用字母表示元器件符合国家标准		用字母表示元器件的类型		用阿拉伯数字和字符表示元器件系列和品体代号	用字母表示元器件的工作度范围		用字母表示元器件的封装	
符号	意义	符号	意义		符号	意义	符号	意义
		T	TTL 电路					
		H	HTL 电路	TTL 分为:				
		E	ECL 电路	54/74×××			F	多层陶瓷扁平
		C	CMOS 电路	54/74H×××			B	塑料扁平
		M	存储器	54/74L×××			H	黑瓷扁平
		M	微型机电路	54/74LS×××	C	0～70℃	D	多层陶瓷双列直插
		F	线性放大器	54/74AS×××	G	-25～70℃	J	黑瓷双列直插
C	符合国家标准	W	稳压器	54/74ALS×××	L	-25～85℃	P	塑料双列直插
		B	非线性电路	54/74F×××	E	-40～85℃	S	塑料单列直插
		J	接口电路		R	-55～85℃	K	金属菱形
		AD	A/D 转换器		M	-55～125℃	T	金属圆形
		DA	D/A 转换器	CMOS 分为:			C	陶瓷片状载体
		D	音响、电视电路	4000 系列			E	塑料片状载体
		SC	通信专用电路	54/74HC×××			G	网格阵列
		SS	敏感电路	54/74HCT×××				
		SW	钟表电路					

国外半导体集成电路的型号，大体上包含公司代号、电路系列或种类代号、电路序号、封装形式代号、温度范围代号和其他一些代号。这些内容均用字母或数字来代表。在一般情况下，世界上很多半导体集成电路制造公司都使用自己公司名称的缩写字母或用公司的产品代号放在型号的开头，作为公司的标志，表示该公司的半导体集成电路产品。例如，常用的音频功率放大器LM3886的前缀LM表示该集成电路是美国国家半导体公司的产品，因为散热片绝缘形式不同，分为LM3886TF和LM3886T两种不同后缀型号。

5. 集成电路的使用及检测

集成电路的使用非常广泛，而且分类、功能各异，在使用过程中就要针对不同型号去查找相应的数据手册（Datasheet），生产厂家都会提供集成电路的PDF说明文挡，文档内容包括元器件的功能、各种特殊参数、功能框图、典型参数测试曲线、封装形式、引脚的功能定义、典型应用电路等。

集成电路的种类和功能很多，准确检测集成电路的参数较为困难，多数情况下能够检测出集成电路的好坏即可。常用的检测方法有非在线检测法和在线检测法。

非在线检测法是指当集成电路未焊接到电路板上时，使用数字式万用表测量各引脚对应于接地引脚之间的正、反向直流电阻值，然后与已知的正常同型号集成电路的直流电阻参数进行对比，以确定其是否正常。

在线检测法是使用数字式万用表检测集成电路在线（焊接在电路板上）直流电阻、对地交/直流电压及工作电流是否正常，或者使用示波器查看引脚波形是否为标准波形，甚至是采用一块好的同类型的集成电路进行替代测试，以此来判断集成电路是否正常。

在检测时，需要注意以下事项：提前了解集成电路及其相关电路的工作原理；测试不要造成引脚间短路；注意电烙铁的绝缘性能，保证焊接质量，并做好静电防护；要注意功率集成电路的散热；引线要短且尽量双绞，避免电磁干扰。

在实际操作中，逐步积累实验及工程技能，因地制宜、就地取材、合理调整方案，努力达到预期的实验目标和效果。

4.3　其他常用元器件

4.3.1　开关元器件

在电子电路中，采用开关元器件接通、断开电路，可实现电气控制或中小功率传输切换。开关的质量和可靠性直接影响电子电路的质量和可靠性。随着技术的发展，各种机械、非机械结构的开关不断出现。开关品种繁多，合理地选择和正确使用开关，能够有效降低电子设备的故障率，本节仅对常见的几种开关进行简要介绍。

1．机械开关

借助机械操作使触点断开电路、接通电路、转换电路的元器件称为机械开关。手动机械式开关操作方便、可靠、价格低，应用十分广泛。常见机械开关的外形图如图 4.3.1 所示。

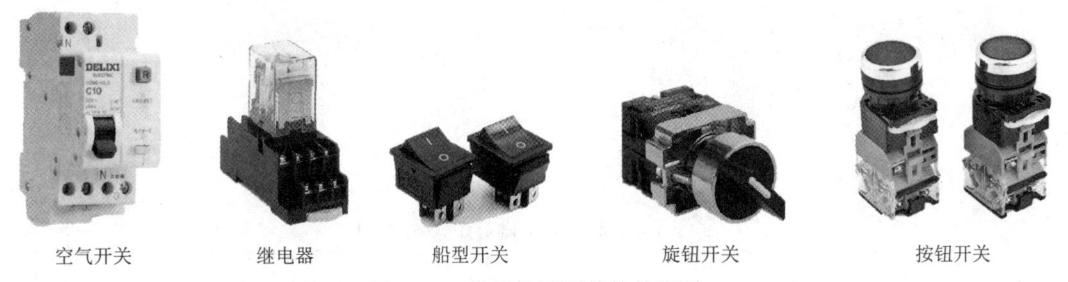

图 4.3.1　常见机械开关的外形图

大功率电源的通断常采用空气开关，在家家户户的配电箱中即可见到。空气开关是低压配电网络和电力拖动系统中非常重要的一种断路器，集控制和多种保护功能于一体。在工业控制场合，通常采用继电器。继电器通过控制线圈的通电和断电来控制触点的接通与断开。

船型开关、旋钮开关、按钮开关等机械开关常用于交直流电压 440V 以下，电流小于 5A 的控制电路中，一般不直接操纵主电路。在电子控制场合，较常出现的机械开关是按钮开关，按下即动作，释放即复位，用来接通和分断小电流电路。在实际使用中，为了防止误操作，通常在按钮上涂以不同颜色或增加灯泡加以区分，其颜色有红、黄、蓝、白、黑、绿等。一般红色表示停止或危险情况下的操作；绿色表示启动或接通。急停按钮必须用红色蘑菇头按钮。

在低压控制场合，较常应用的机械开关是轻触开关、薄膜开关、拨码开关等。常见控制开关的外形图如图 4.3.2 所示。

轻触开关在使用时轻轻点按开关按钮就可使开关接通，当松开手时开关即断开，其内部结构是靠金属弹片受力弹动来实现通断的。在开关按下、抬起过程中，机械接触过程发生抖动，导致电信号的上升沿、下降沿也出现抖动，实际应用时可以采用添加硬件电路或软件延时判断消除抖动。长边一侧两个引脚的内部互相连通；当轻触开关按下时，4 个引脚互相连通。

薄膜开关又称为轻触式键盘，是采用平面多层组合而成的新型电子元器件，将按键开关、面板、标记、符号显示及衬板整体密封在一起，集装饰与功能于一体。薄膜开关具有良好的防水、防尘、防油、防有害气体侵蚀、性能稳定可靠、质量轻、体积小、寿命长、安装接线方便、色彩丰富、美观大方等优点，常配合单片机等微型控制器使用。

拨码开关是一种微型开关，每个键对应的背面上下各有两个引脚，拨至 ON 一侧，上下两个引脚接通；反之，则断开。拨码开关常用于二进制编码，引脚有 2.54mm、1.27mm 两种间距，有直插式（DIP）、贴片式（SMD）、琴键式、弯角式等类型。

旋转编码开关常通过与控制器的配合，起到递增、递减、翻页等功能。例如，示波器的旋钮调节、音响的声音调节等。

薄膜开关

轻触开关

拨码开关

旋转编码开关

图 4.3.2　常见控制开关的外形图

2. 非机械开关

非机械结构的开关有水银开关、振动开关、气动开关，以及电容式、高频振荡式、霍尔效应式的各类电子开关。常见非机械开关的外形图如图 4.3.3 所示。

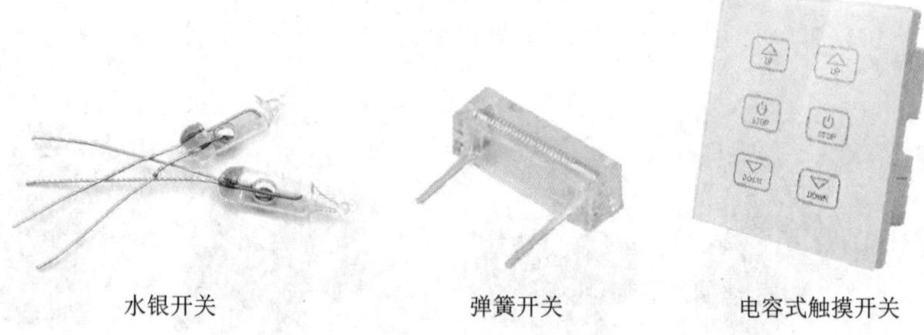

水银开关　弹簧开关　电容式触摸开关

图 4.3.3　常见非机械开关的外形图

水银开关又称为倾侧开关，根据封装在玻璃外壳或金属外壳内的水银移动来实现开关通断。

振动开关主要应用于电子玩具、小家电、运动器材以及各类防盗器等产品中，如弹簧开关可用于 LED 摇摇棒的控制。

触摸开关有电阻式触摸开关和电容式触摸开关。其中，电容式触摸感应技术可以穿透绝缘材料外壳，具有防水和强抗干扰能力，不需要人体直接接触金属，可以彻底消除安全隐患，保证了产品的灵敏度、稳定性、可靠性，已经成为触摸感应技术的主流。

4.3.2 电声元器件

电声转换器是把声能转换成电能或电能转换成声能的元器件。电声工程中的扬声器、耳机、话筒是最典型的电能、声能之间相互转换的元器件。

1. 扬声器

扬声器俗称喇叭（Loudspeaker），是一种把电信号转换成声音信号的电声元器件。扬声器的种类很多，按工作原理的不同，主要分为电动式扬声器、电磁式扬声器、静电式扬声器和压电式扬声器等；根据磁回路结构，可分为内磁扬声器和外磁扬声器；根据发声频率分为低音扬声器、中音扬声器、高音扬声器、全频带扬声器等。此外，还可根据振膜形状进行分类，有锥形、平板形、球顶形、带状形、薄片形等。

最常见的扬声器是电动式锥形扬声器，振动系统的振膜通常以纸盆为主，与磁回路系统、支撑辅助系统共同构成了锥形纸盆扬声器的三大部分。扬声器的放声质量由性能指标决定，主要有额定功率、额定阻抗、频率特性、谐波失真、灵敏度、指向性等。图 4.3.4 所示为内磁纸盆型扬声器外形图，额定阻抗为 8Ω，额定功率为 1W。

2. 蜂鸣器

蜂鸣器（Buzzer）是一种一体化结构的电子讯响器，常在计算机、打印机、复印机、报警器、电子玩具、定时器等电子产品中作为发声元器件。蜂鸣器按构造方式可分为压电式蜂鸣器和电磁式蜂鸣器两种类型；按其驱动方式可分为无源蜂鸣器和有源蜂鸣器，二者的外形图如图 4.3.5 所示。

无源蜂鸣器是将方波信号输入谐振装置转换为声音信号输出，其工作发声原理为外部驱动，也称为他激式蜂鸣器。

有源蜂鸣器的输入是直流电源，振荡系统的放大取样电路在谐振装置作用下产生声音信号，也称为自激式蜂鸣器。

有源蜂鸣器和无源蜂鸣器的外观略有差别，使用时应当注意区分。可以采用数字式万用表的电阻挡测试判断有源蜂鸣器和无源蜂鸣器，用黑表笔接蜂鸣器“-”引脚，红表笔在另一引脚上来回碰触，如果触发出“咔咔”声，并且电阻只有 8Ω（或 16Ω）的是无源蜂鸣器；如果能发出持续声音的，并且电阻在几百欧姆以上的是有源蜂鸣器。

图 4.3.4　内磁纸盆型扬声器外形图

图 4.3.5　蜂鸣器的外形图

由于蜂鸣器的工作电流一般比较大，部分单片机的 I/O 口无法直接驱动，因此通常使用三极管放大电路驱动蜂鸣器。蜂鸣器驱动参考电路如图 4.3.6 所示。

3. 麦克风

麦克风（Microphone），学名为传声器，也称为话筒、微音器，是将声音信号转换为电信号的能量转换元器件。麦克风可分为动圈式、电容式、驻极体和硅微传声器。此外，还有液体传声器和激光传声器。目前常见驻极体电容器麦克风，利用具有永久电荷隔离的聚合材料振动膜实现声电转换。麦克风的技术指标有灵敏度、频率响应、阻抗、信号噪声比、动态范围、等效噪声级、总谐波失真（THD）等。指向性用于表征麦克风拾取来自不同方向的声音的能力，一般分为单向型、全向型、心型、超心型、8 字型等。麦克风核心声电转换元器件又称为咪头、咪芯，其外形图如图 4.3.7 所示，需配合音频放大电路使用。

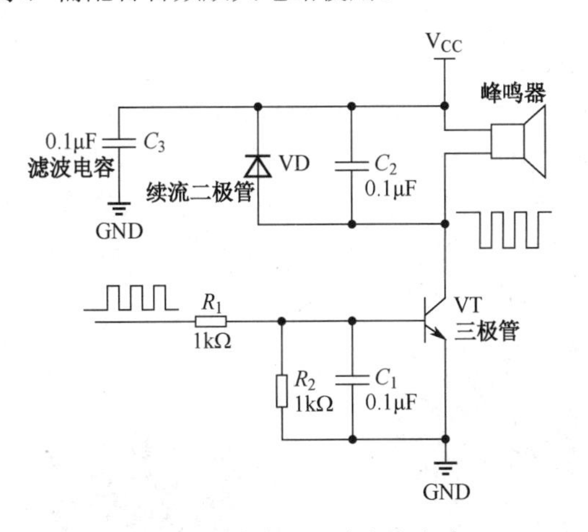

图 4.3.6　蜂鸣器驱动参考电路

图 4.3.7　咪头和咪芯的外形图

4.3.3 显示元器件

1. 七段字符显示器

七段字符显示器由 7 个发光二极管（LED）封装在一起组成“8”字形（见图 4.3.8），常用于红绿灯路口的时间显示、数码电子钟显示等场合，又称为数码管。此外，七段基础上另加一个小数点，即八段数码管。数码管的引线已经在内部连接完成，按接法不同分为共阴和共阳两类，对外引脚只需引出各自电极和公共电极。数码管可用集成译码芯片直接驱动，也可用单片机I/O口动态显示驱动。为了方便显示，市面上也有2位、3位、4位集成在一起的数码管。除二极管半导体数码管之外，另一种常用的七段字符显示器是液晶显示器（Liquid Crystal Display，LCD），功耗低、响应快，常用于计算器等电子设备。

2．LED点阵

LED点阵是将LED逐行逐列按照矩阵形式排布，有4×4、8×8、16×16、24×24、40×40等多种。以简单的8×8点阵（见图4.3.9）为例，它共由64个发光二极管组成，且每个发光二极管是放置在行线和列线的交叉点上。在实际应用中，LED 点阵一般采用动态显示方式，配合单片机等微型控制器采用扫描方式工作，从上到下逐次不断地对显示屏的各行进行选通，同时向各列送出表示图形或文字信息的脉冲信号，反复循环以上操作，就可显示各种图形或文字信息。通常使用点阵显示汉字是用的16×16的点阵宋体字库，可借助小程序生成目标文字或图形对应的驱动信号。大屏幕显示系统一般是由多个LED点阵组成的小模块以搭积木的方式组合而成的，每个小模块都有自己的独立的控制系统，组合在一起后只要引入一个总控制器控制各模块的命令和数据即可，简单而且易装、易维修。

图4.3.8　七段字符显示器外形图

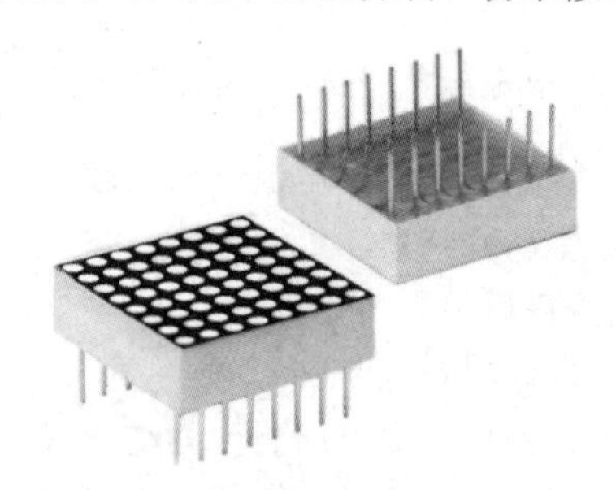

图4.3.9　8×8LED点阵外形图

3．显示屏

点阵显示器（Dot-Matrix）是一种显示屏，其材质多为LCD或LED，广泛应用于广告牌或电子计算器。点阵显示器有单色也有彩色。常见的点阵显示器尺寸有 128×16（2行）、128×64（8行）[图4.3.10（a）] 等。

随着技术的发展，不同尺寸、不同分辨率的液晶屏应用在工业和实验教学中，配合触摸屏还可实现更加便捷的输入。图4.3.10（b）所示的7寸薄膜晶体管（TFT）液晶屏，分辨率为800×480。

有机发光显示屏（Organic Light Emitting Display，OLED）采用最新有机发光显示技术，采用非常薄的有机材料涂层和玻璃基板，不需要背光灯，视角很大，并且可以做得很薄，而且OLED显示屏能够显著节省电能，被誉为“梦幻显示器”。图4.3.10（c）所示的0.96寸OLED显示屏是128×64点阵，输出为串口4针，小巧便捷，可用于课程设计或综合电子实习中。

（a）128×64点阵LCD显示器

（b）7寸TFT液晶屏

（c）0.96寸OLED显示屏

图4.3.10　常见显示屏外形图

第 5 章　电路电工实验

5.1　常用电子仪器仪表的使用

1. 实验目的

掌握数字式万用表、直流稳压电源、函数信号发生器和双踪示波器的使用方法。

2. 实验预习

（1）了解本实验的目的、原理和方法，学习各种仪器仪表的使用方法。

（2）抄写“1.1.1 实验纪律要求”和“1.2.1 电工电子实验安全操作规范”。

3. 实验设备与仪器

数字式万用表、直流稳压电源、函数信号发生器、双踪示波器和电路分析实验箱。

4. 实验原理

（1）各种实验仪器仪表与实验电路之间的连接关系，如图 5.1.1 所示。

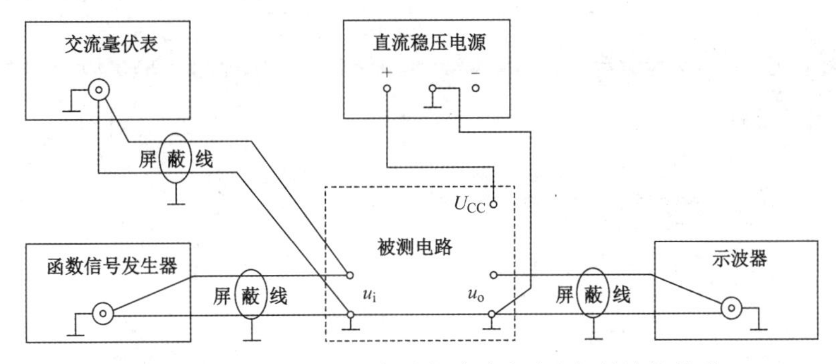

图 5.1.1　各种实验仪器仪表与实验电路之间的连接关系

（2）数字式万用表的使用。数字式万用表用于测量直流和交流电压、电流、电阻等，如图 5.1.2 所示。有些万用表还可以测量二极管、三极管、电容和频率。

① 型号栏。

② 液晶显示屏：显示测量数值。

③ 发光二极管：通断检测报警。

④ 挡位开关：改变测量功能、量程及开关机。

⑤ 20A 电流测试正极插座。

⑥ 200mA 电流测试正极插座。

⑦ 电容、温度及公共负极插座。

⑧ 电压、电阻及二极管正极插座。

⑨ 三极管测试插座。

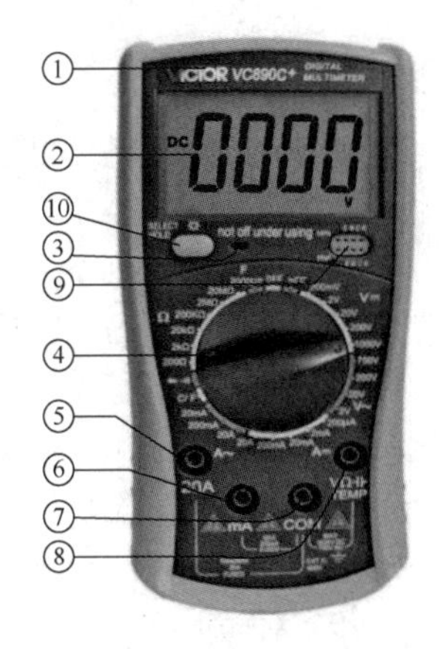

图 5.1.2　数字式万用表

⑩ 背光灯/自动关机开关。

（3）直流稳压电源的使用。直流稳压电源（见图 5.1.3）用于输出若干组可调电压，为实验电路供电。

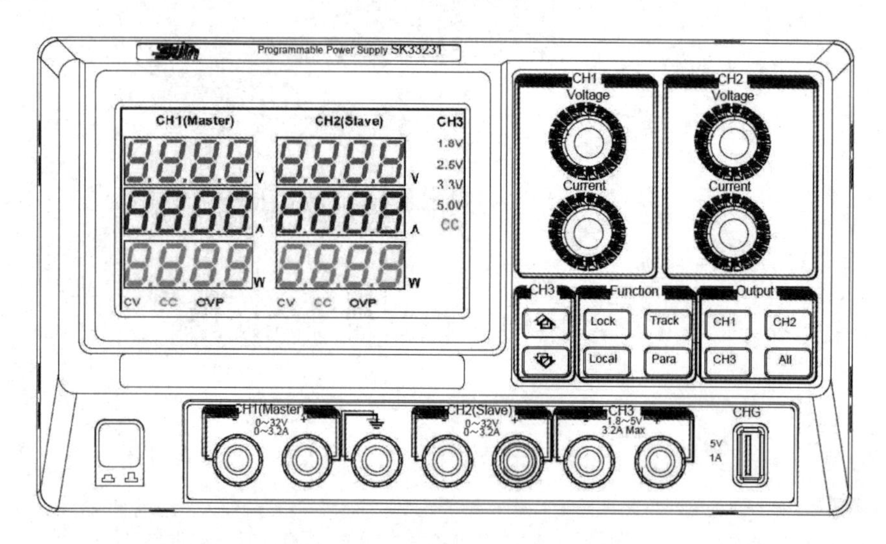

图 5.1.3　SK33231 稳压电源

（4）信号发生器的使用。函数信号发生器用于产生幅值和频率可调的交流信号（正弦波、方波、三角波等）。图 5.1.4 所示为 DG1022 函数信号发生器操作面板。

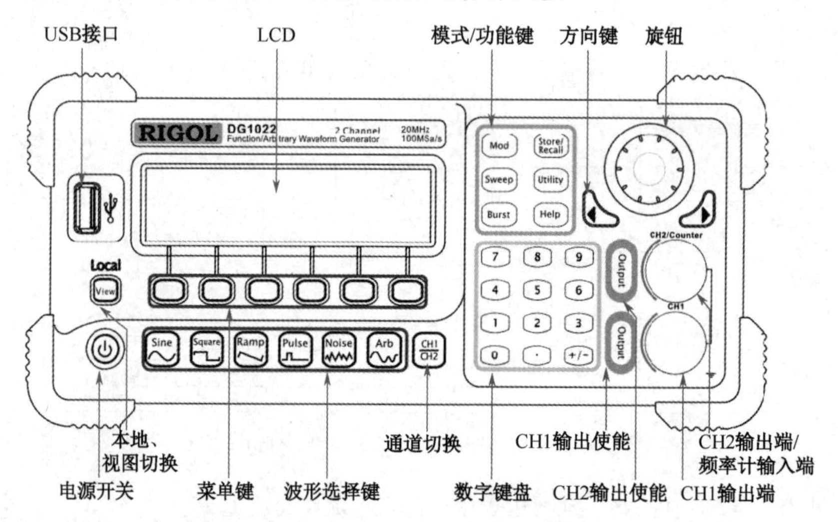

图 5.1.4　DG1022 函数信号发生器操作面板

按下波形选择键可以选择输出相应信号波形（正弦波、方波、三角波等），液晶显示器窗口将显示出相应波形符号。

按下频率键，配合调节旋钮和左右方向键可设置信号发生器输出频率范围内任意一种频率，液晶显示窗口将显示出相应频率值。

按下幅值键，配合调节旋钮和左右方向键可设置输出信号的电压幅值，直接按数字键盘输入幅度数值时还可选择信号电压幅值的单位和类型（峰峰值或有效值）。

按下偏移键，配合调节旋钮和左右方向键可设置输出交流信号的直流偏移电压。

按下相位键，配合调节旋钮和左右方向键可在 ±180° 范围内设置输出交流信号的相位。

（5）双踪示波器的使用。双踪示波器可以同时观察和测量两路信号的波形，测量电路信号波形的幅值、周期等参数。

① 交流信号波形的幅值测量。在图 5.1.5 中，如果垂直灵敏度为 1V/div，峰-峰之间高度为 6div，计算方法为 V_{P-P} =1V/div×6div=6V，如果探头衰减为 10：1，则实际幅值为 V_{P-P} =60V。

② 交流信号波形的周期和频率测量。在图 5.1.6 中，在屏幕上一个周期为 4div。如果水平灵敏度为 1ms/div，周期 T=1ms/div×4div=4ms。由此可得，频率 f=1/4ms=250Hz。

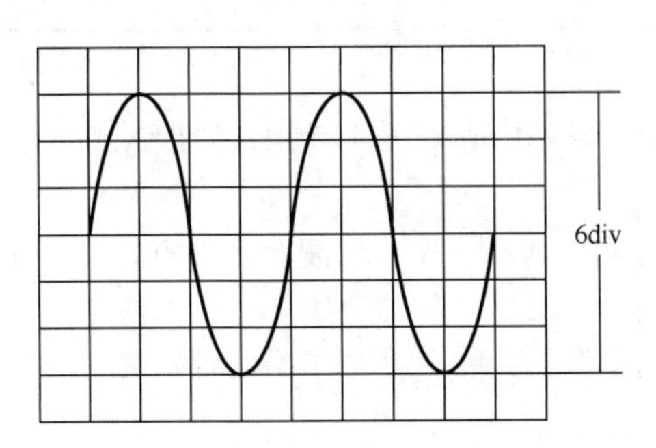

图 5.1.5　交流信号波形的幅值测量

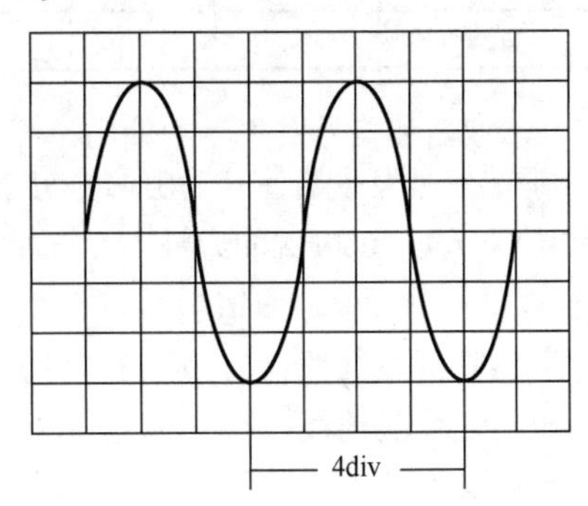

图 5.1.6　交流信号波形的周期和频率测量

图 5.1.7 所示为 DS1102D 示波器操作面板。

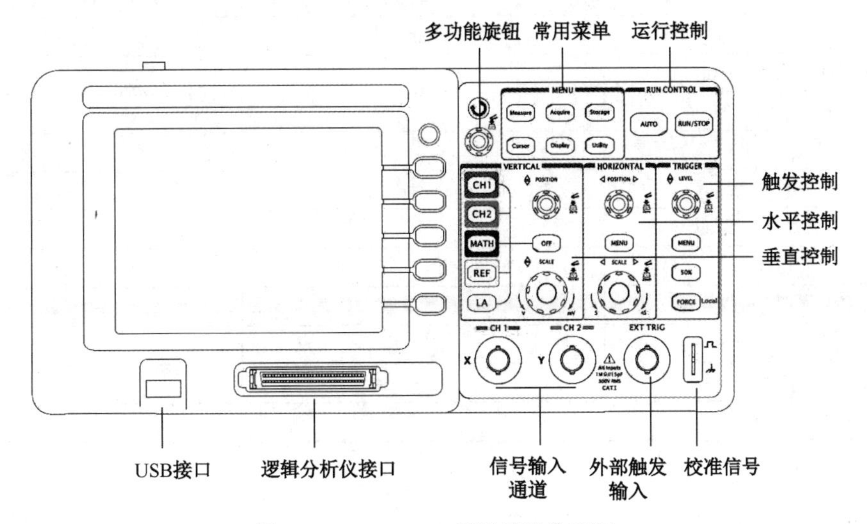

图 5.1.7　DS1102D 示波器操作面板

5. 实验内容

（1）数字式万用表和稳压电源的使用。

① 测量电阻。把万用表拨到合适的电阻测量挡位，分别测量实验箱中标称阻值为 1kΩ 和 10kΩ 电阻的阻值。将测量数据填入表 5.1.1，并计算测量误差。

表 5.1.1　电阻测量数据

标称阻值/Ω	1k	10k
万用表电阻挡位/Ω	2k	20k
测量值/Ω		
绝对误差/Ω		
相对误差/%		

② 测量直流电压。将万用表拨到合适的直流电压测量挡位，按照正确的极性连接到实验箱电源，接通实验箱电源开关，测量实验箱电源输出电压，填入表 5.1.2，并计算测量误差。

表 5.1.2 直流电压测量数据

稳压源输出/V	+12	−12
万用表电压挡位/V	直流 20	直流 20
测量值/V		
绝对误差/V		
相对误差/%		

（2）示波器和信号发生器的使用。

① 调节信号发生器使其输出信号分别为：$U_1 = 2\text{V}$（峰-峰值）、$f_1 = 1000\text{Hz}$ 的正弦波；$U_2 = 4\text{V}$（峰-峰值）、$f_2 = 2000\text{Hz}$ 的方波。

② 将示波器 CH1 通道的测试探头连接到信号发生器输出端。示波器探头的信号输入端和信号发生器输出电缆的信号线（红色鳄鱼夹）连接，示波器探头的地线（黑色鳄鱼夹）和信号发生器输出电缆的地线（黑色鳄鱼夹）连接。使用示波器测量各信号电压及频率值。测量数据填入表 5.1.3。

表 5.1.3 示波器测量数据

信号发生器产生的信号幅度（V_{P-P}）	$U_1 = 2\text{V}$	$U_2 = 4\text{V}$
信号发生器产生的信号频率/Hz	1000	2000
示波器垂直灵敏度/（V/div）		
峰-峰值波形格数		
示波器测量的信号幅度（V_{P-P}）		
计算有效值电压（V_{RMS}）		—
示波器水平灵敏度/（μs/div）		
周期格数		
信号周期 T/ms		
脉宽（高电平时长/ms）	—	
占空比（脉宽/周期/%）	—	
$f = 1/T$/Hz		

6．实验报告

（1）使用万用表和示波器时应怎样提高测量精度？

（2）总结万用表、示波器、信号发生器等仪器设备的使用方法及主要旋钮、按键的功能。

5.2 常用电工仪器仪表的使用

1．实验目的

（1）熟悉电工实验装置，掌握使用方法。

（2）了解常用电工测量仪表的分类和用途，掌握万用表、信号发生器、示波器等测量仪表的使用方法。

2．实验预习

（1）了解本实验的目的、原理和方法，学习各种仪器仪表的使用方法。

（2）计算各表中需测量的电压、电流理论值，写出计算过程。

（3）抄写“1.1.1 实验纪律要求”和“1.2.1 电工电子实验安全操作规范”。

3．实验设备与仪器

电工实验台包含交流电源、直流电压源、直流电流源、交流电压表、交流电流表、功率与功率因数表、直流电压表、直流电流表及实验电路；万用表；信号发生器；双踪示波器；交流毫伏表。

4．实验原理

（1）各种实验仪器仪表与实验电路之间的连接关系，如图 5.2.1 所示。

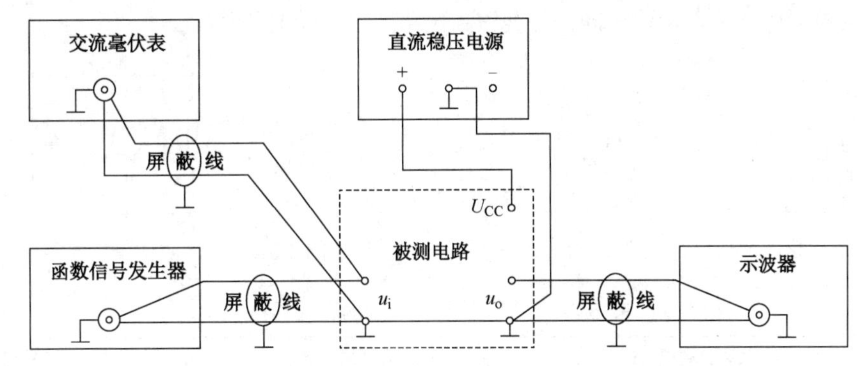

图 5.2.1　各种实验仪器仪表与实验电路之间的连接关系

（2）电源。电源包括三相四线制交流可调电源、双路直流电压源（0～30V）、直流电流源（0～200mA）。

（3）交流电压表、交流电流表、交流功率表的使用方法（见图 5.2.2）。

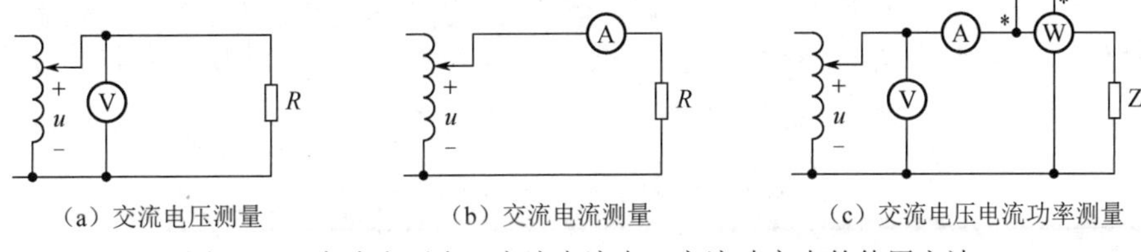

图 5.2.2　交流电压表、交流电流表、交流功率表的使用方法

（4）三相交流负载与元器件。

（5）函数信号发生器：用于产生幅值和频率可调的交流信号（正弦波、方波、三角波等）。

（6）交流毫伏表：用于测量电路中的交流信号电压有效值。

（7）数字式万用表：见 5.1 节数字万用表的使用相关内容。

（8）双踪示波器：见 5.1 节双踪示波器的使用相关内容。

（9）电缆。

电源电缆：三相交流电源、单相交流电源，高压电路电缆（有护套）；直流稳压电源、直流稳流电源，低压电路电缆。

仪表电缆：直流电压表，低压电路电缆；直流电流表，低压电路电流电缆；交流电压表、功率与功率因数组合表，高压电路电缆（有护套）；交流电流表，高压电路电流电缆（有护套）；函数信号发生器、毫伏表、双踪示波器，同轴电缆、低压电路电缆。

（10）测量安全。在使用电工测量仪表时，为保证仪表安全，首先应选择较大量程进行测试，然后根据读数调整到合适的量程，以增加显示数据位数，提高测量精度。如果产生告警保护，应调整到安全量程后按“复位”键。

在测量交流高压电路时，禁止带电插拔电缆，连接电路时应关闭电源，电路连接好后认真检查无误后再接通电源测试。

5．实验内容

（1）电压源与电流源的等效转换。将直流稳压电源看成理想电压源，将电压 U_S 调至 6V，串联一个200Ω的固定电阻R_S，从而构成一个实际电压源，再外接一个电阻箱R_L（见图5.2.3），改变电阻箱的阻值（见表5.2.1），即可测出实际电压源的外特性（伏安特性）。

将直流恒流电源看成理想电流源，根据等效转换的条件，将输出电流I_S调至30mA，并联一个200Ω的固定电阻，构成一个实际电流源，再外接一个电阻箱R_L（见图5.2.4），改变电阻箱的阻值（见表5.2.1），即可测出实际电流源的外特性。

比较两种电源的外特性是否相同，并观察各电路参数之间的关系。

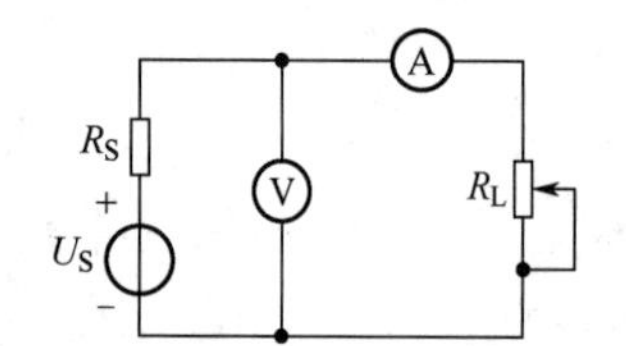

图5.2.3　电压源伏安特性测量电路

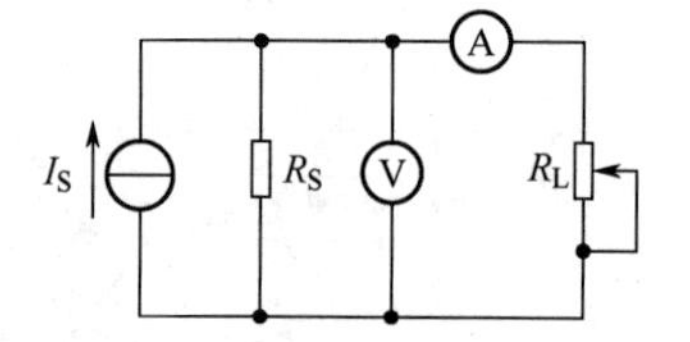

图5.2.4　电流源伏安特性测量电路

表5.2.1　电压源与电流源的等效转换

R_L/Ω	负载参数理论值		电压源负载参数		电流源负载参数	
	U/V	I/mA	U/V	I/mA	U/V	I/mA
100						
300						
500						

（2）示波器、毫伏表和信号发生器的使用。调节信号发生器使其输出信号（有效值，用毫伏表测量）分别为：$U_1=2\text{V}$、$f_1=1000\text{Hz}$的正弦波；$U_2=4\text{V}$、$f_2=2000\text{Hz}$的方波。用示波器测量各信号电压幅度及频率值。测量数据填入表5.2.2。

表5.2.2　仪器使用中的测量数据

信号发生器产生的信号幅度（V_{RMS}）（有效值）	$U_1=2\text{V}$	$U_2=4\text{V}$
信号发生器产生的信号频率/Hz	1000	2000
示波器垂直灵敏度/（V/div）		
峰峰值波形格数		
示波器测量的信号幅度（V_{P-P}）（峰-峰值）		
计算信号幅度（V_{RMS}）（有效值）		—
示波器水平灵敏度/（t/div）		
周期格数		
信号周期 T/ms		
信号脉宽（高电平宽度，ms）	—	
占空比（脉宽/周期，%）	—	
计算信号频率 f=1/T，Hz		

6．实验注意事项

严格按照电路图接线，不能随意改变元器件和仪表的连接顺序与位置。

7．实验报告

（1）使用万用表和示波器时应怎样保证测量精度？

（2）总结万用表、示波器、信号发生器等仪器仪表设备的使用方法及主要旋钮、按键的功能。

5.3　基尔霍夫定律的验证

1．实验目的

（1）验证基尔霍夫定律，加深对基尔霍夫定律的理解。

（2）研究电路中各点电位与参考点的关系。

（3）掌握电子仪表的使用和直流电路的实验方法，学习检查、分析电路简单故障的能力。

2．实验预习

（1）了解本实验的目的、原理和方法。

（2）计算各表中要求的电压、电流理论值，写出计算过程。

3．实验设备与仪器

电路实验箱（或电工实验台），万用表。

4．实验原理

（1）基尔霍夫电流定律和电压定律是电路的基本定律，它们分别用来描述节点电流和回路电压的规律。

对电路中的任一节点而言，在设定电流的参考方向下，应有 $\Sigma I=0$。一般定义流入节点的电流相加，流出节点的电流相减。

对任何一个闭合回路而言，在设定电压的参考方向下，绕行一周，应有 $\Sigma U=0$。一般定义参考方向与绕行方向一致的电压相加，参考方向与绕行方向相反的电压相减。

验证步骤如下。

① 在实验前，必须设定电路中所有电流、电压的参考方向，建议电阻的电压参考方向与电流参考方向关联，电源的参考方向与标注一致。

② 按照设定的电流、电压参考方向，测试电流电压数值。在测量电压时，设定参考方向电压的正极应接电压表正极，设定参考方向电压的负极应接电压表负极；在测量电流时，设定参考方向电流应从电流表正极流入，负极流出。

③ 按照电流定律和电压定律的一般定义规则求代数和。

（2）电位。在直流电路中，电位是相对参考点的电压；参考点不同，各点的电位也不同，任意两点间的电位差即电压与参考点无关。

5．实验内容

基尔霍夫定律实验电路（电路实验箱）如图 5.3.1 所示，基尔霍夫定律的验证实验电路（电工实验台）如图 5.3.2 所示。

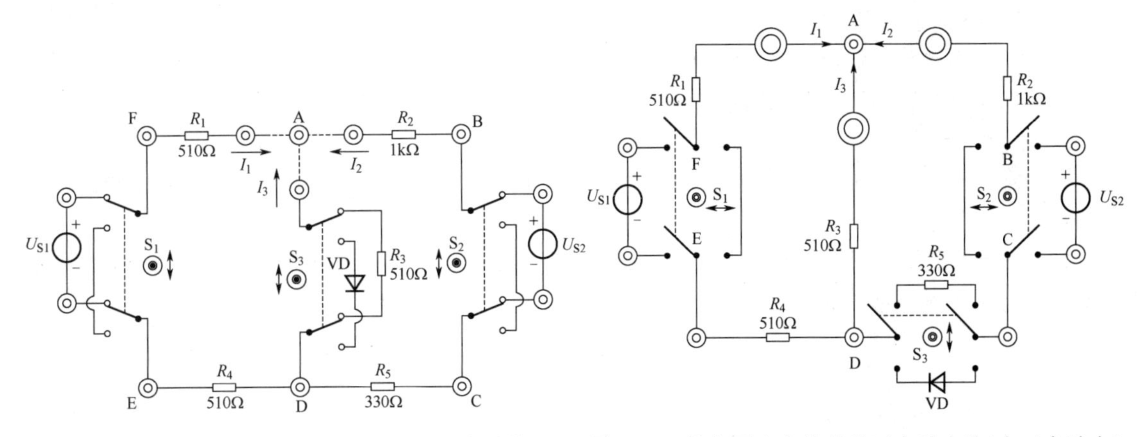

图 5.3.1　基尔霍夫定律实验电路（电路实验箱）　　图 5.3.2　基尔霍夫定律的验证实验电路(电工实验台）

图中直流电压源U_{S1}为+6V，直流电压源U_{S2}为+12V。开关S_1投向U_{S1}侧，开关S_2投向U_{S2}侧，开关S_3投向R_3侧。

以A节点验证基尔霍夫电流定律（KCL），以ADEF构成回路Ⅰ和ABCD构成回路Ⅱ验证基尔霍夫电压定律（KVL），实验前先设定3条支路的电流参考方向，如图中的I_1、I_2、I_3所示，并熟悉线路结构，掌握各开关的操作使用方法。

（1）验证KCL定理。使用直流电流表按表5.3.1中的要求进行测量，以验证KCL定理。

按照设定的参考方向将直流电流表接入电路，使电流由电流表的正极流入、负极流出，读出各支路的电流值，并记入表5.3.1。

表5.3.1 支路电流数据

电流/mA	I_1	I_2	I_3	ΣI
理论计算值				
实验测量值				

（2）验证KVL定理。使用直流电压表按表5.3.2中的要求进行测量，以验证KVL定理。

用直流电压表分别测量两个电源及电阻元器件上的电压值，将数据记入表5.3.2，并计算回路电压代数和。测量时电压表的红（正）接线端应连接被测电压参考方向的正极，黑（负）接线端应连接被测电压参考方向的负极。

表5.3.2 回路电压数据

电压/V	U_{S1}	U_{S2}	U_{R1}	U_{R2}	U_{R3}	U_{R4}	U_{R5}	$\Sigma U_{Ⅰ}$	$\Sigma U_{Ⅱ}$
理论计算值									
实验测量值									

（3）电位的研究。在实验电路中，分别以F、E、D为参考点，使用直流电压表按表5.3.3中的要求测量各点电位值，计算电位差。

表5.3.3 各点电位数据

电位测量							电位计算			
参考点	U_A	U_B	U_C	U_D	U_E	U_F	U_{AB}	U_{BC}	U_{DE}	U_{EF}
F										
E										
D										

6. 实验注意事项

（1）所有需要测量的电压值，均以电压表测量的读数为准。

（2）防止电源输出线正负极碰线短路。

7. 实验报告

（1）在测量电压、电流时，怎样确定数值的正负？求电压、电流代数和时，怎样确定数值的加减？

（2）根据实验数据进行分析，选定实验电路中的任一节点，验证基尔霍夫电流定律（KCL）的正确性；选定实验电路中的任一闭合回路，验证基尔霍夫电压定律（KVL）的正确性。

5.4　叠加定理的验证

1．实验目的

（1）验证叠加定理。

（2）了解叠加定理的应用场合。

（3）理解线性电路的叠加性和齐次性。

2．实验预习

了解本实验的目的、原理和方法。

3．实验设备与仪器

电路实验箱（或电工实验台），万用表。

4．实验原理

叠加定理指出，在有几个电源共同作用下的线性电路中，通过每个元器件的电流或其两端的电压，可以看成是由每个电源单独作用时在该元器件上所产生的电流或电压的代数和。具体方法是：一个电源单独作用时，其他的电源必须置零（电压源置零为去掉后短路，电流源置零为开路）；在求电流或电压的代数和时，若电源单独作用时电流或电压的参考方向与共同作用时的参考方向一致，则符号取正；否则取负。例如，图 5.4.1 所示的叠加定理说明电路。

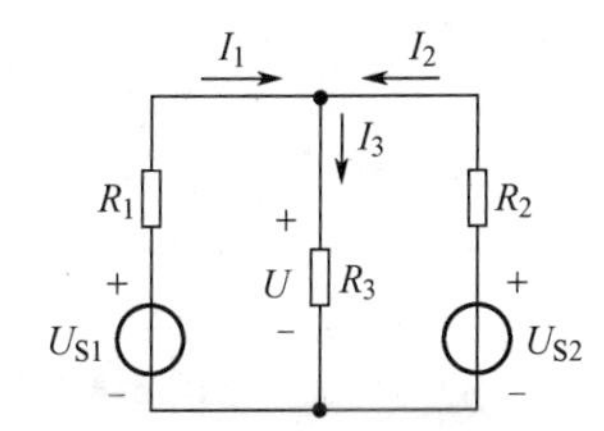

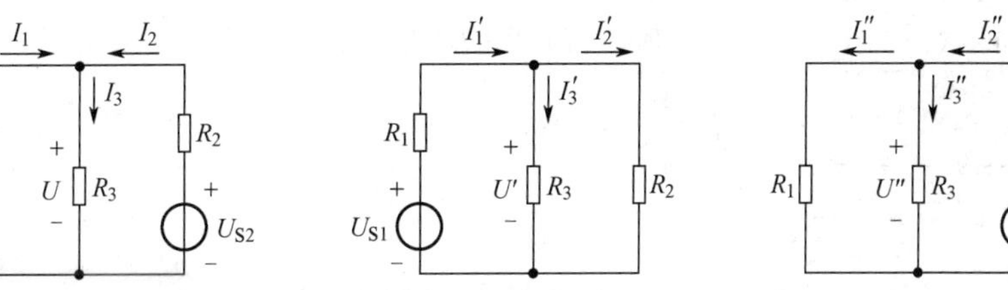

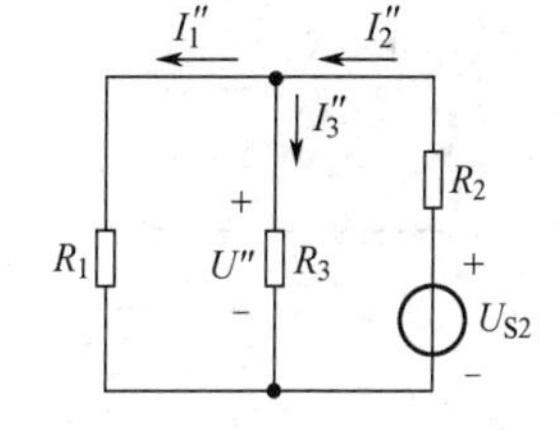

图 5.4.1　叠加定理说明电路

从图 5.4.1 中可以看出，$I_1 = I_1' - I_1''$，$I_2 = -I_2' + I_2''$，$I_3 = I_3' + I_3''$，$U = U' + U''$。

叠加定理反映了线性电路的叠加性，线性电路的齐次性是指当所有激励信号（电压源和电流源）增加或减小 K 倍时，电路的响应（电流和电压值）也将增加或减小 K 倍。叠加性和齐次性都只适用于求解线性电路中的电流、电压。对于非线性电路，叠加性和齐次性都不适用。

5．实验内容

叠加定理实验电路（电路实验箱）如图 5.4.2 所示，叠加定理实验电路（电工实验台）如图 5.4.3 所示。

图中直流电压源U_{S1}为+6V，直流电压源U_{S2}为+12V。开关S_1投向U_{S1}侧，开关S_2投向U_{S2}侧，开关S_3投向R_3侧，标明各电流、电压的参考方向。

（1）U_{S1}电源单独作用（将开关S_1投向U_{S1}侧，开关S_2投向短路线侧）。

① 用电路实验箱中的直流数字毫安表测量各支路电流：按照定义的电流参考方向，电流由直流数字毫安表的正极接线端流入，由直流数字毫安表的负极接线端流出，将各支路电流数据记入表 5.4.1 中。

② 用直流数字电压表测量各电阻元器件的两端电压：电压表的正极接线端应连接被测电阻元器件电压参考方向的正极接线端，电压表的负极接线端应连接电阻元器件电压参考方向的负极接线端（电阻元器件电压参考方向定义应与电流参考方向一致），将各电阻元器件两端电压数据记入表 5.4.1 中。

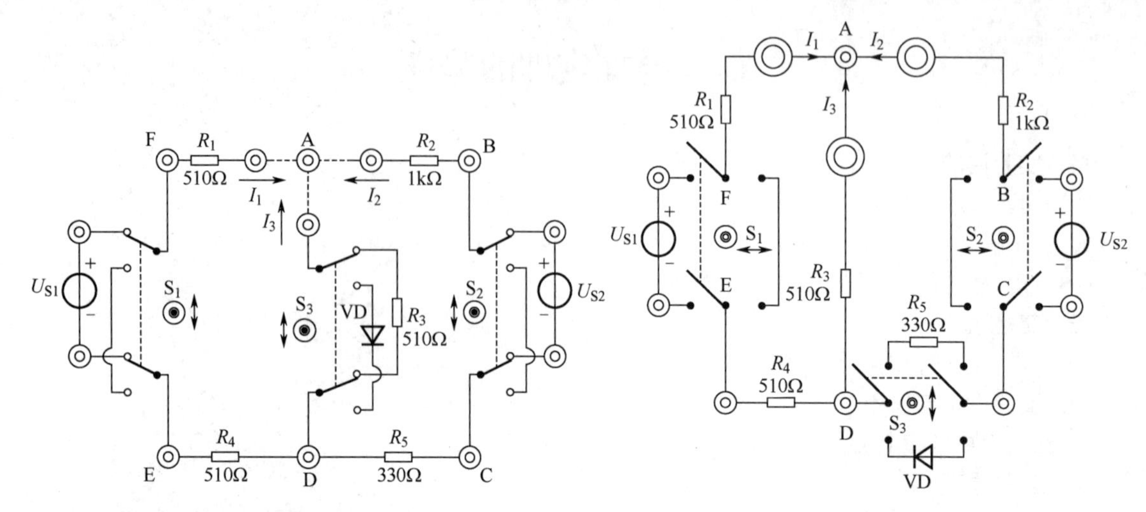

图 5.4.2　叠加定理实验电路（电路实验箱）　　图 5.4.3　叠加定理实验电路（电工实验台）

（2）U_{S2} 电源单独作用（将开关 S_1 投向短路线侧，开关 S_2 投向 U_{S2} 侧），完成各电流、电压的测量，并将数据记入表 5.4.1。

（3）U_{S1} 和 U_{S2} 共同作用（开关 S_1 和 S_2 分别投向 U_{S1} 和 U_{S2} 侧），完成各电流、电压的测量，并将数据记入表 5.4.1。

（4）将 U_{S1} 的数值调至+12V，重复第（1）步的测量，并将数据记入表 5.4.1。

表 5.4.1　叠加定理实验数据一

实验内容	测量项目									
	U_{S1}/V	U_{S2}/V	I_1/mA	I_2/mA	I_3/mA	U_{AB}/V	U_{CD}/V	U_{AD}/V	U_{DE}/V	U_{FA}/V
U_{S1} 单独作用	6	0								
U_{S2} 单独作用	0	12								
U_{S1}、U_{S2} 共同作用	6	12								
U_{S1} 单独作用	12	0								

（5）将开关 S_3 投向二极管 VD 侧，即将电阻 R_3 换成二极管 VD，重复步骤（1）～（4），并将数据记入表 5.4.2。

表 5.4.2　叠加定理实验数据二

实验内容	测量项目									
	U_{S1}/V	U_{S2}/V	I_1/mA	I_2/mA	I_3/mA	U_{AB}/V	U_{CD}/V	U_{AD}/V	U_{DE}/V	U_{FA}/V
U_{S1} 单独作用	6	0								
U_{S2} 单独作用	0	12								
U_{S1}、U_{S2} 共同作用	6	12								
U_{S1} 单独作用	12	0								

6. 实验注意事项

（1）在测量各支路电流和电压时，应首先按照实验指导书指定要求在电路图上标出参考方向，注意正确连接仪表测量端子，记录表格中参数的极性和数值。

（2）注意调整仪表量程，保证测量精度。

（3）当一个电压源单独作用时，去掉另一个电源的操作，只能在实验箱（台）上用开关 S_1 或 S_2 切换完成，而不能用导线直接将电压源短路。

7. 实验报告

（1）根据表 5.4.1 中的实验数据，以支路电流和电阻元器件两端电压为例，验证线性电路的叠加性与齐次性；

（2）根据表 5.4.2 中的实验数据，举例说明叠加性与齐次性是否适用该实验电路。

5.5　戴维南定理的研究与应用

1. 实验目的

（1）验证戴维南定理，加深对该定理的理解。

（2）掌握常用测量仪表的正确使用方法。

2. 实验预习

（3）了解本实验的目的、原理和方法。

（4）计算各表中要求的等效电压、等效电阻理论值，写出计算过程。

3. 实验设备与仪器

电路实验箱，直流电压源，直流电流表。

4. 实验原理

（1）戴维南定理。一个含独立电源、线性电阻和受控源的二端网络[见图 5.5.1（a）]，对外电路来说，可以用一个电压源 U_S 和一个电阻 R_S 的串联组合等效置换[见图 5.5.1（b）]。图中，电压源 U_S 的电压等于这个有源二端网络的开路电压 U_{OC}，电阻 R_S 等于这个有源二端网络的全部独立电源均置零（电压源去掉后再短接、电流源开路）后的等效电阻。

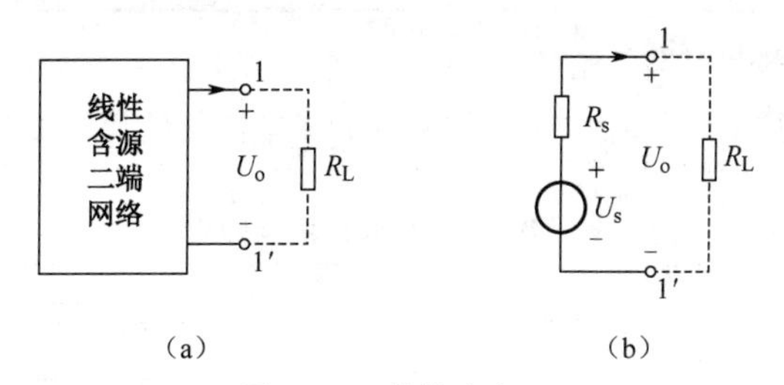

图 5.5.1　戴维南定理

（2）有源二端网络等效参数的测量方法。

① 开路电压、短路电流法。在有源二端网络输出端开路时，用电压表直接测其输出端的开路电压 U_{OC}，然后将其输出端短路，测其短路电流 I_{SC}，则内阻为

$$R_S = \frac{U_{OC}}{I_{SC}} \tag{5.5.1}$$

若有源二端网络的内阻值很小时，则不宜测其短路电流。

② 伏安法。一种方法是用电压表、电流表测出有源二端网络的外特性曲线，如图 5.5.2 所示。开路电压为 U_{OC}，根据外特性曲线求出斜率 $\tan\varphi$，则内阻为

$$R_S = \tan\varphi = \frac{\Delta U}{\Delta I} \tag{5.5.2}$$

另一种方法是测量有源二端网络的开路电压 U_{OC}，以及额定电流 I_N 和对应的输出端额定电压 U_N（见图 5.5.2），则内阻为

$$R_S = \frac{U_{OC} - U_N}{I_N} \tag{5.5.3}$$

5．实验内容

被测有源二端网络如图5.5.3所示。

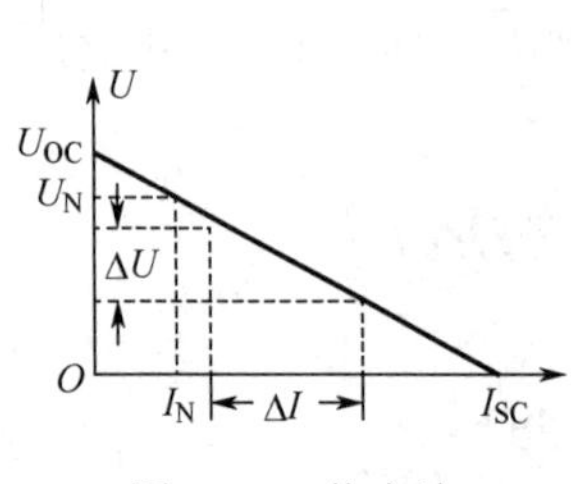

图5.5.2 伏安法

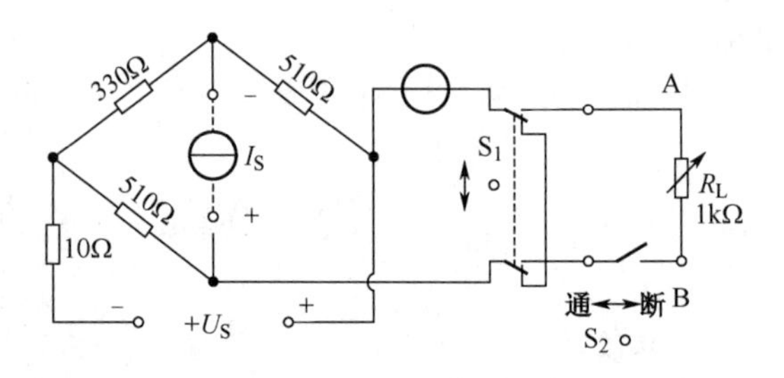

图5.5.3 被测有源二端网络

（1）在图5.5.3所示线路接入恒压源U_S=12V和恒流源I_S=20mA及可变电阻R_L。

① 测量开路电压U_{OC}：在图5.5.3中，断开负载R_L，用电压表测量开路电压U_{OC}，将数据记入表5.5.1中。

② 测量短路电流I_{SC}：在图5.5.3中，将负载R_L短路，用电流表测量短路电流I_{SC}，将数据记入表5.5.1，并计算内阻R_S。

表5.5.1 用开路电压、短路电流法测量数据

数据	测量数据		计算数据
	U_{OC}/V	I_{SC}/mA	$R_S = U_{OC}/I_{SC}$
理论值			
实验值			

（2）负载实验。测量有源二端网络的外特性，在图5.5.3中，改变负载电阻R_L的阻值，逐点测量对应的电压、电流，将数据记入表5.5.2，计算有源二端网络的等效参数U_S和R_S。

表5.5.2 用伏安法测量数据

R_L/Ω		900	700	500	300	100
U/V	理论值					
	测量值					
I/mA	理论值					
	测量值					

（3）验证戴维南定理。测量有源二端网络等效电压源的外特性，图5.5.4所示电路是图5.5.3的等效电压源电路，图中电压源U_S用恒压源的可调稳压输出端，调整到表5.5.1中的U_{OC}数值，内阻R_S按表5.5.1中计算出来的R_S（取整）选取固定电阻。改变负载电阻R_L的阻值，逐点测量对应的电压、电流，将数据记入表5.5.3。

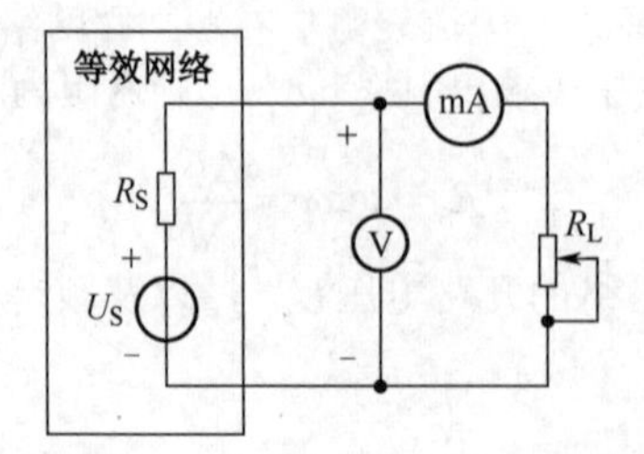

图5.5.4 有源二端网络等效电压源电路

对比两组伏安值，观察戴维南定理的等效作用。

表 5.5.3　测量的电压、电流数据

R_L/Ω		900	700	500	300	100
U/V	理论值					
	测量值					
I/mA	理论值					
	测量值					

（4）电源置零法测定有源二端网络等效电阻。将被测有源网络内的所有独立电源置零（移去电流源 I_S 和电压源 U_S，并将原电压源两端所接的两点用一根导线相连），然后用万用表的欧姆挡去测定负载 R_L 开路后 A、B 两点间的电阻，此电阻即为被测网络的等效内阻 R_{eq}，将数据记入表 5.5.4。

表 5.5.4　电源置零法

R_{eq}/Ω	

6．实验注意事项

（1）当改接电路时，要先关掉电源。

（2）当连接电路时，注意电压表、电流表和电源的正负极性不要接反。

（3）当连接电源时，注意恒流源和恒压源输出是连续可调的，连接前应先测量恒流源输出电流和恒压源输出电压并调至实验要求数值。

（4）测量前，应先找到有源二端网络的输出端口，规划好测试点。

（5）测量时，使用实验箱内置的电流表，注意选择合适的测量量程。

7．实验报告

（1）如何测量有源二端网络的开路电压和短路电流，在什么情况下不能直接测量开路电压和短路电流？

（2）根据表 5.5.2 和表 5.5.3 中的数据，绘出有源二端网络和有源二端网络等效电路的外特性曲线，验证戴维南定理的正确性。

5.6　一阶电路的研究

1．实验目的

（1）研究 RC 一阶电路的零输入响应、零状态响应和全响应的规律与特点。

（2）学习一阶电路时间常数的测量方法，了解电路参数对时间常数的影响。

2．实验预习

（1）了解本实验的目的、原理和方法。

（2）计算各表中要求的参数理论值，写出计算过程。

3．实验设备与仪器

电路实验箱，信号发生器，示波器。

4．实验原理

（1）RC 一阶电路的零状态响应。RC 一阶电路的零状态响应即零初始状态响应，就是在电容零初始储能状态下，在初始时刻由施加于电路的激励源输入所产生的响应。

RC 一阶电路如图 5.6.1 所示。图中开关 S 在“1”的位置，$u_c=0$，处于零状态，当开关 S 合向“2”的位置时，电源通过 R 向电容 C 充电，$u_c(t)$ 称为零状态响应。

$$u_c(t) = U_s - U_s e^{-\frac{t}{\tau}} \tag{5.6.1}$$

零状态响应的变化曲线如图 5.6.2 所示，当u_c上升到$0.632U_s$所需要的时间称为时间常数τ，$\tau = RC$。

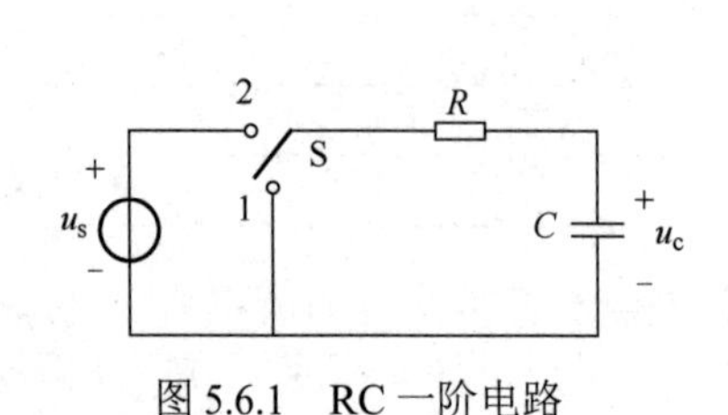

图 5.6.1　RC 一阶电路

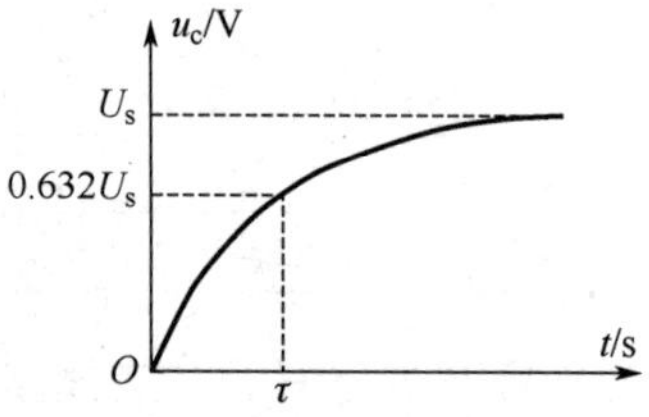

图 5.6.2　零状态响应的变化曲线

（2）RC 一阶电路的零输入响应。RC 一阶电路在没有输入激励的情况下，由电容元器件的初始状态$u_c(0)$所产生的电路响应，称为零输入响应。

在图 5.6.1 中，开关 S 在“2”的位置电路稳定后，再合向“1”的位置时，电容C通过R放电，$u_c(t)$称为零输入响应。

$$u_c = U_s e^{-\frac{t}{\tau}} \tag{5.6.2}$$

零输入响应的变化曲线如图 5.6.3 所示，当u_c下降到$0.368U_s$所需要的时间称为时间常数τ，$\tau = RC$。

（3）测量 RC 一阶电路时间常数。图 5.6.1 所示电路的上述暂态过程很难观察，为了用普通示波器观察电路的暂态过程，需采用图 5.6.4 所示的周期性方波u_s作为电路的激励信号，方波信号的周期为T，只要满足$\frac{T}{2} \geqslant 5\tau$，就在示波器的荧光屏上形成完整稳定的响应波形。

电阻R、电容C串联与方波发生器的输出端连接，用双踪示波器观察电容电压u_c，便可观察到稳定的指数曲线，如图 5.6.5 所示。在荧光屏上测得电容电压最大值$U_{Cm} = a$（div），取$b = 0.632a$（div），与指数曲线交点对应时间t轴的x点，则根据时间t轴比例尺[扫描时间t（s/div）]，该电路的时间常数$\tau = x$（div）$\times t$（s/div）。

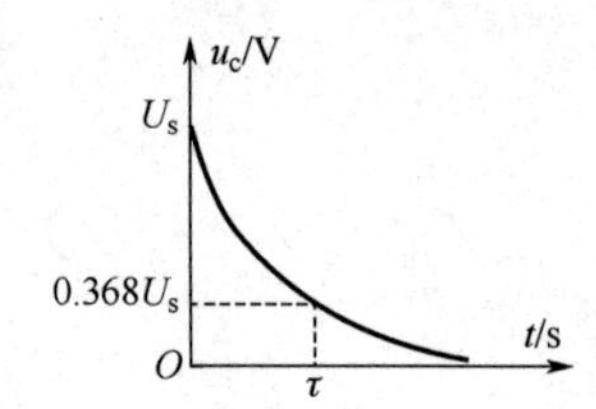

图 5.6.3　零输入响应的变化曲线

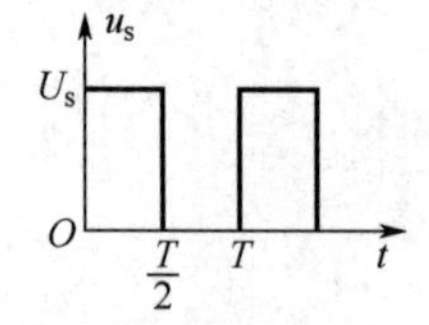

图 5.6.4　方波激励信号

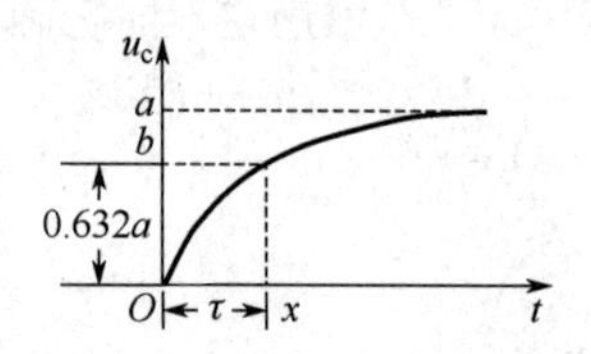

图 5.6.5　响应信号

5．实验内容

实验电路如图 5.6.6 所示。图中电阻R、电容C从实验箱组件上选取，u_s为信号发生器输出的方波信号，调节信号发生器，使方波信号u_s的频率为 1kHz，峰-峰值为$2V_{P-P}$，叠加直流偏移为1V，固定信号发生器的频率和幅值不变。用双踪示波器以直流耦合方式同时观察电路激励（方波）信号和响应信号。

（1）零状态响应测量时间常数τ。电容器的端电压u_c随时间的增长按指数上升，其上升速度取决于电路参数τ，它具有时间的量纲，故称为时间常数。τ越小，u_c上升得越快；反之，τ越大，u_c上升得越慢。当$t = \tau$时，u_c上升到U_s的 63%。一般认为当$t = 4\tau$时，

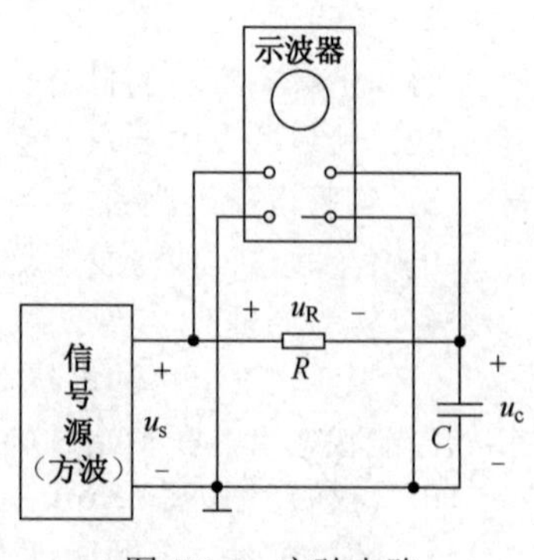

图 5.6.6　实验电路

u_c 就上升到了 U_s，电容器的电压 u_c 随时间的变化规律如图 5.6.2 所示。

令 R=10kΩ、C=0.01μF，将函数信号发生器的输出信号接入被测电路。用示波器同时观察函数信号发生器的输出 u_s 波形和被测电路的输出 u_c 波形，测量 $u_c=0$ 处与 $u_c=0.63u_c(\infty)$ 处的时间差 τ，填入表 5.6.1。

表 5.6.1　零状态响应测量时间常数 τ

R/kΩ	C/μF	$0.63\,u_c(\infty)$ /V		τ/μs	
		理论值	测算值	理论值	实测值
10	0.01				

（2）零输入响应测量时间常数 τ。电容器上的端电压 u_c 是一个随时间衰减的指数函数，其衰减速度取决于时间常数 τ，时间常数越小，电压衰减越快；反之，时间常数越大，电压衰减越慢。当电容电压衰减到初始值的 36.8%倍时，所需时间 t 即可认定为时间常数 τ。当电容上的电压下降到初始值的 1.8%时，一般认为此时电压已经衰减到零。

由此可见，RC 电路的零输入响应由电容器的初始电压 $u_c(0)$ 和电路的时间常数 τ 来确定。

令 R=10kΩ、C=0.01μF，用示波器观察激励 u_s 与响应 u_c 的变化规律，测量 $u_c(0)$ 处与 $u_c=0.37u_c(0)$ 处的时间差 τ，填入表 5.6.2。

表 5.6.2　零输入响应测量时间常数 τ

R/kΩ	C/μF	$0.37\,u_c(\infty)$ /V		τ/μs	
		理论值	测算值	理论值	实测值
10	0.01				

（3）观察时间常数 τ（电路参数 R、C）对暂态过程的影响。令 R=10kΩ、C=0.01μF，观察并描绘响应的波形，分别增大 C（增加 3300pF）和增大 R（取 30kΩ），定性地观察参数变化对响应的影响，在图 5.6.7 中绘制 3 种状态下的单周期响应波形，标明响应信号的幅度和周期。

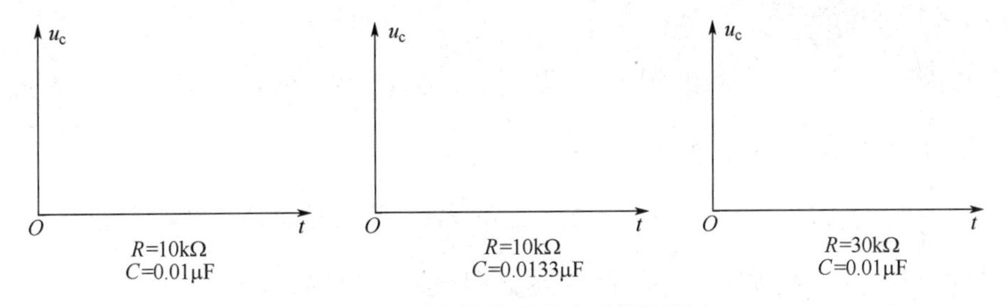

图 5.6.7　时间常数对暂态过程的影响

6．实验注意事项

（1）在调节电子仪器各旋钮时，动作不要过猛。实验前，需熟读双踪示波器的使用说明，特别是观察双踪时，要特别注意开关、旋钮的操作与调节，示波器两个探头的地线不允许连接不同电位的测试点。

（2）信号发生器的接地端与示波器的接地端要连在一起（称为共地），以防外界干扰而影响测量的准确性。

（3）观察零状态响应和零输入响应时，为了便于比较激励信号与响应信号的幅度关系，应调整示波器的两个输入通道，使其垂直灵敏度相同、显示波形的零电平位置重合。

7．实验报告

（1）用示波器观察 RC 一阶电路零输入响应和零状态响应时，为什么激励需要采用方波信号？

（2）在 RC 一阶电路中，当 R、C 的大小变化时，对电路的响应有什么影响？

5.7 二阶电路响应的仿真

1．实验目的

（1）研究二阶电路响应的特点。

（2）学习二阶电路衰减系数、振荡频率的测量方法；了解电路参数对它们的影响。

（3）观察、分析二阶电路响应的3种变化曲线及其特点，加深对二阶电路响应的认识与理解。

2．实验预习

（1）了解本实验的目的、原理和方法。

（2）学习Multisim软件使用方法。

（3）计算参数理论值，写出计算过程。

3．实验设备与仪器

计算机。

4．实验原理

（1）二阶电路。在一个动态网络中，若同时有两个性质独立的储能元器件L和C存在，则这个可以用二阶微分方程描述的动态电路称为二阶电路。

对于一个二阶电路，典型的RLC串联电路（见图5.7.1），无论是零输入响应还是零状态响应，电路过渡过程的性质都完全由特征方程

$$LCp^2+RCp+1=0 \tag{5.7.1}$$

的特征根

$$p_{1,2}=-\frac{R}{2L}\pm\sqrt{\left(\frac{R}{2L}\right)^2-\frac{1}{LC}} \tag{5.7.2}$$

来决定。

该特征方程是二阶常系数齐次微分方程，所以该电路被称为二阶电路。特征根的3种形式对应二阶电路工作的3种情况。

① $R>2\sqrt{\frac{L}{C}}$。$p_{1,2}$是两个不相等的负实根。电路过渡过程的性质是过阻尼的非振荡过程。响应是单调的。其曲线图如图5.7.2所示。

② $R=2\sqrt{\frac{L}{C}}$。$p_{1,2}$是两个相等的负实根。电路过渡过程的性质是临界阻尼过程。响应处于振荡与非振荡的临界点上。其本质属于非周期暂态过程。其曲线图如图5.7.3所示。

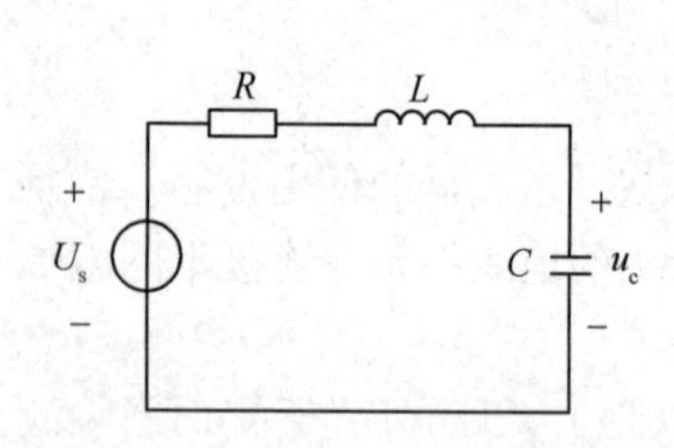

图5.7.1 典型的RLC串联电路

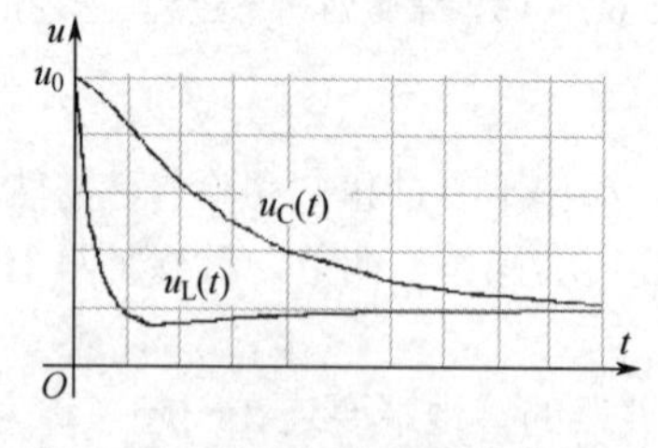

图5.7.2 过阻尼状态变化曲线图

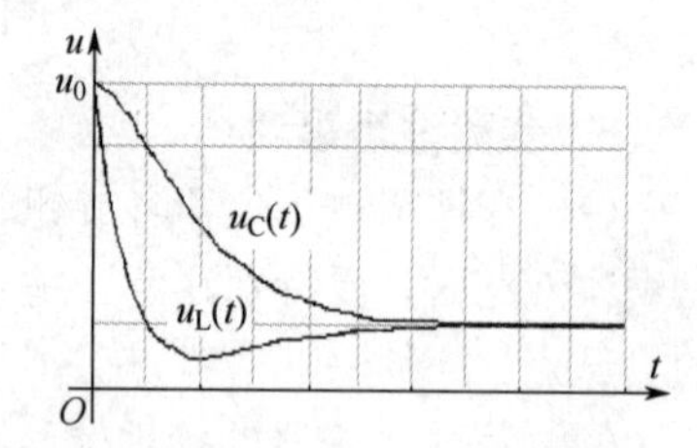

图5.7.3 临界阻尼状态变化曲线图

③ $R<2\sqrt{\frac{L}{C}}$。$p_{1,2}$是一对共轭复根。零输入响应中的电压、电流具有衰减振荡的特点，称为欠阻尼过程。此时，相应的数学表达式为

$$u_C(t)=e^{-\delta t}(K_1\cos\omega_d t+K_2\sin\omega_d t)=ke^{-\delta t}\cos(\omega_d t+\phi) \tag{5.7.3}$$

其中，$\omega_{\mathrm{d}}=\sqrt{\frac{1}{LC}-\left(\frac{R}{2L}\right)^2}=\sqrt{\omega_0^{\ 2}-\delta^2}$，$\delta=\frac{R}{2L}$，$\omega_0=\frac{1}{\sqrt{LC}}$。

δ 是衰减系数，通常是一个正实数，ω_{d} 是衰减振荡角频率，δ 越大，衰减越快，ω_{d} 越高，振荡周期越小。若电路中的电阻为零，就称为等幅振荡，即

$$\omega_{\mathrm{d}}\big|_{R=0}=\omega_0=\frac{1}{\sqrt{LC}} \tag{5.7.4}$$

$u_{\mathrm{C}}(t)$ 的欠阻尼过渡过程的波形如图 5.7.4 所示。$u_{\mathrm{L}}(t)$ 的欠阻尼过渡过程与 $u_{\mathrm{C}}(t)$ 相似。当 $R\to 0$ 时，$u_{\mathrm{C}}(t)$ 与 $u_{\mathrm{L}}(t)$ 均为等幅振荡。

（2）欠阻尼状态下的衰减系数 δ 和振荡角频率 ω_{d}。欠阻尼状态下的衰减系数 δ 和振荡角频率 ω_{d} 可以通过示波器观测电容电压的波形求得。R、L、C 串联电路接至方波激励时，呈现衰减振荡暂态过程的波形如图 5.7.5 所示。

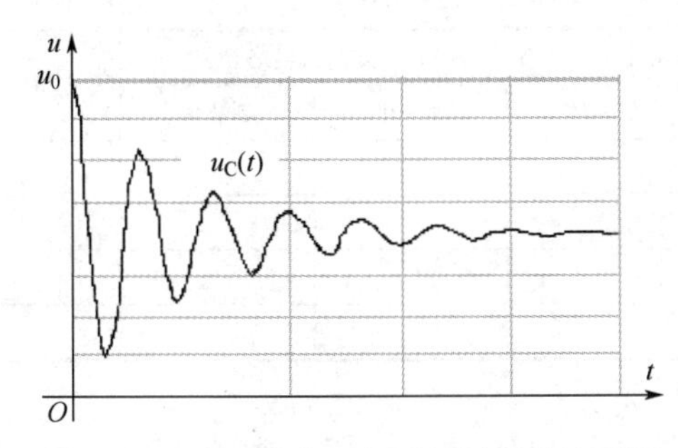

图 5.7.4　$u_{\mathrm{C}}(t)$ 的欠阻尼过渡过程的波形图

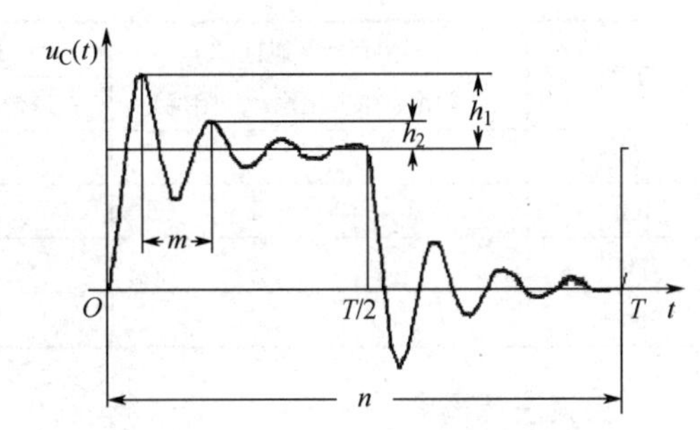

图 5.7.5　衰减振荡暂态过程的波形图

由图可知，相邻两个最大值的间距为振荡周期 T_{d}，由此计算振荡周期为

$$T_{\mathrm{d}}=m\frac{T}{n} \tag{5.7.5}$$

式中，m 为振荡周期 T_{d} 所占格数；n 为方波周期 T 所占格数。

振荡角频率为

$$\omega_{\mathrm{d}}=2\pi f_{\mathrm{d}}=\frac{2\pi}{T_{\mathrm{d}}} \tag{5.7.6}$$

衰减系数为

$$\delta=\frac{1}{T_{\mathrm{d}}}\ln\frac{h_1}{h_2} \tag{5.7.7}$$

T_{d} 也可在示波器上直接读出，即 $T_{\mathrm{d}}=k\cdot m$。其中 k 为 T/div 扫描速率开关所在挡的读数，即表示每格所占的时间。

5．实验内容

（1）用 Multisim 仿真工具绘出图 5.7.6 所示电路。为防止仿真数据的离散性，绘图时尽量选用虚拟元器件。

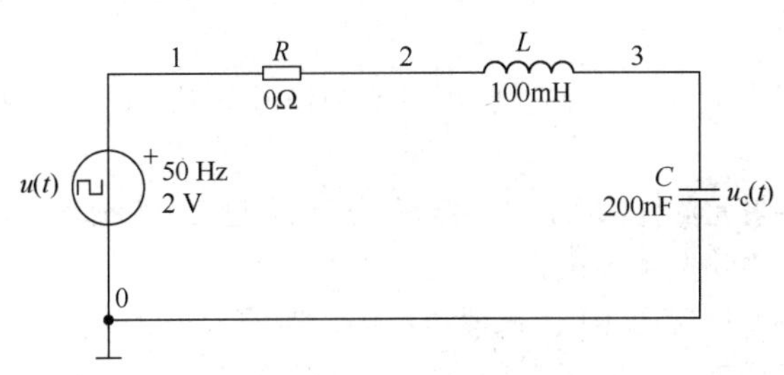

图 5.7.6　二阶电路

（2）按表5.7.1分别设定电阻 R 的阻值，C 为0.2μF、L 为100mH，电容和电感的初始条件参数均设为0（默认值），方波信号发生器参数设定为：重复频率=50Hz、占空比=50%、电压幅度=2V。用瞬态分析法选定节点1和3，即对 $u(t)$ 、$u_c(t)$ 的零状态响应和零输入响应进行仿真分析。

仿真方法如下：执行 Simulate/Analysis/Transient Analysis 命令，在弹出的 Analysis Parameters 对话框中把 Start time（起始时间）设置为0，End time（结束时间）设置为0.02（20ms），其余按默认值。然后单击 Simulate 按钮即可给出仿真曲线。曲线的前半部分是零状态响应，后半部分是零输入响应。

分析仿真曲线属于什么状态（欠阻尼、临界阻尼还是过阻尼），并与计算值比较。

如果是欠阻尼振荡波形，使用示波器测量振荡角频率 ω_d、衰减系数 δ，与理论值比较并填入表5.7.1（过阻尼和临界阻尼不用测量）。

表5.7.1 （L=100mH、C=0.2μF）二阶电路暂态过程的研究

R/Ω	阻尼状态属性（欠阻尼、临界阻尼、过阻尼）	振荡角频率 ω_d		衰减系数 δ		波形
		理论值	测量值	理论值	测量值	
0						
100						
1400						
2500						

6. 实验注意事项

为了方便修改元器件参数，以及防止仿真数据的离散性，绘图时尽量选用虚拟元器件。

7. 实验报告

（1）当二阶电路处于过阻尼状态时，若再增加 R 的阻值，对过渡过程有什么影响？当电路处于欠阻尼状态时，若再减小 R 的阻值，对过渡过程有什么影响？

（2）根据实验观测结果，定性描绘出过阻尼、临界阻尼、欠阻尼3种状态的过渡过程波形图。

5.8 RLC串联谐振电路的研究

1. 实验目的

（1）深入理解电路发生谐振的条件、特点，掌握电路品质因数（电路 Q 值）、通频带的物理意义及其测定方法。

（2）通过对 RLC 串联电路频率特性的测量与分析，进一步理解串联谐振的特点及改变频率特性的方法，学习用实验方法绘制 R、L、C 串联电路不同 Q 值下的幅频特性曲线。

2. 实验预习

（1）了解本实验的目的、原理和方法。

（2）计算相关参数理论值，写明计算过程。

3. 实验设备与仪器

电路实验箱（或电工实验台）、双踪示波器、函数信号发生器、交流毫伏表。

4. 实验原理

含有电感、电容和电阻元器件的有源网络，在电源的某些工作频率上，会出现端口上的电压和电流相位相同的情况，称电路发生谐振。

（1）幅频特性和相频特性。在 RLC 串联电路中，若施加正弦交流电压，则电路中的电流和各元器件上的电压将随电源频率的不同而改变，电流和电源电压间、各元器件上的电压与电源电压间的相位差也随电源频率的不同而变化。前者的函数关系称为幅频特性，后者的函数关系称为相频特性

性，两者即为 RLC 电路的频率特性。

在图 5.8.1 所示的 RLC 串联谐振电路中，电路复阻抗 $Z = R + \mathrm{j}\left(\omega L - \dfrac{1}{\omega C}\right)$，当 $\omega L = \dfrac{1}{\omega C}$ 时，Z=R，$\dot{U}_{\mathrm{S}}$ 与 $\dot{I}$ 同相，电路发生串联谐振，谐振角频率 $\omega_0 = \dfrac{1}{\sqrt{LC}}$，谐振频率为

$$f_0 = \frac{1}{2\pi\sqrt{LC}} \tag{5.8.1}$$

在图 5.8.1 中，若 $\dot{U}_{\mathrm{S}}$ 为激励信号，$\dot{U}_{\mathrm{R}}$ 为响应信号，其幅频特性曲线如图 5.8.2 所示，在 $f = f_0$ 时，输出电压 $\dot{U}_{\mathrm{R}}$ 值最大，A=1，$U_{\mathrm{R}} = U_{\mathrm{S}}$；在 $f \neq f_0$ 时，$U_{\mathrm{R}} < U_{\mathrm{S}}$，呈带通特性。当 $A = \dfrac{1}{\sqrt{2}}$（$U_{\mathrm{R}} = 0.707U_{\mathrm{S}}$）时所对应的两个频率 f_{L} 和 f_{H} 为下限频率和上限截止频率。

$$\begin{aligned} f_{\mathrm{H}} &= \frac{1}{2\pi}\left(\frac{R}{2L} + \sqrt{\left(\frac{R}{2L}\right)^2 + \frac{1}{LC}}\right) \\ f_{\mathrm{L}} &= \frac{1}{2\pi}\left(-\frac{R}{2L} + \sqrt{\left(\frac{R}{2L}\right)^2 + \frac{1}{LC}}\right) \end{aligned} \tag{5.8.2}$$

$\mathrm{BW} = f_{\mathrm{H}} - f_{\mathrm{L}}$ 称为通频带。通频带的宽窄与电阻 R 有关，不同电阻值的幅频特性曲线如图 5.8.3 所示。

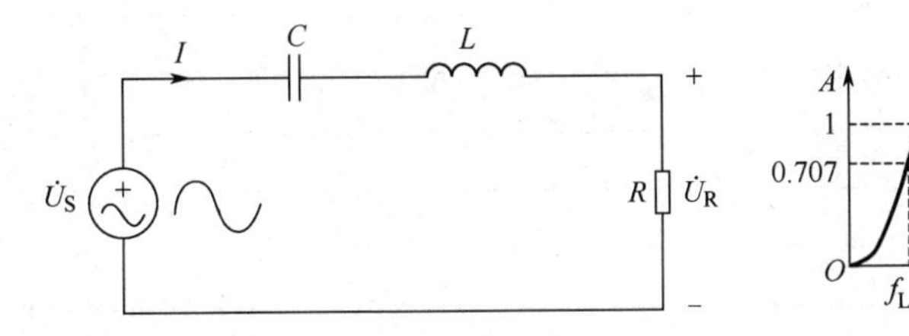

图 5.8.1　RLC 串联谐振电路

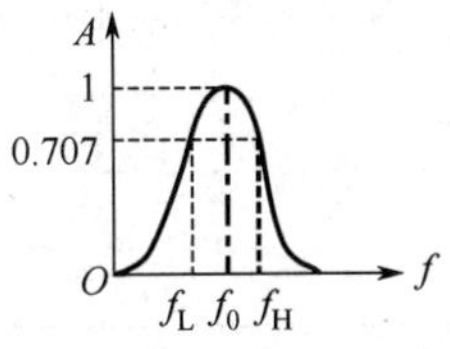

图 5.8.2　幅频特性曲线

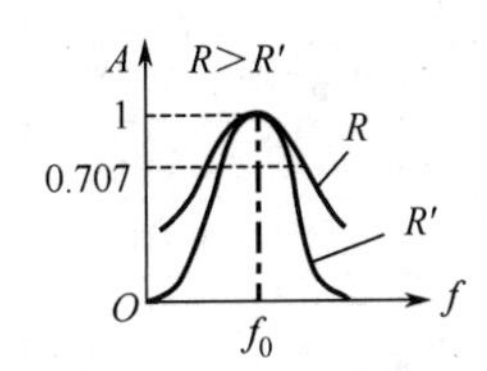

图 5.8.3　不同电阻值的幅频特性曲线

在谐振频率处的输入电压 $\dot{U}_{\mathrm{S}}$ 相位和电流相位（电阻 R 上的电压 $\dot{U}_{\mathrm{R}}$ 相位）差为 $\varphi = 0$，在上下限截止频率处，相位差为 $\varphi_{\mathrm{H}} = -45°$、$\varphi_{\mathrm{L}} = +45°$。这说明当频率高于 f_0 时，RLC 串联回路中电感的感抗起主导作用，所以电流相位滞后于输入电压相位；当频率低于 f_0 时，RLC 串联回路中电容的容抗起主导作用，所以电流相位超前于输入电压相位。

当电路发生串联谐振时，$U_{\mathrm{R}} = U_{\mathrm{S}}$，$U_{\mathrm{L}} = U_{\mathrm{C}} = QU_{\mathrm{S}}$，$Q$ 为品质因数，与电路的参数 R、L、C 有关。Q 值越大，幅频特性曲线越尖锐，通频带越窄，电路的选择性越好，在恒压源供电时，电路的品质因数、选择性与通频带只取决于电路本身的参数，而与信号发生器无关。

在本实验中，测量不同频率下的电压 U_{S}、U_{R}、U_{L}、U_{C}，绘制 R、L、C 串联电路的幅频特性曲线，并根据 $\mathrm{BW} = f_{\mathrm{H}} - f_{\mathrm{L}}$ 计算出通频带，根据 $Q = \dfrac{U_{\mathrm{L}}}{U_{\mathrm{S}}} = \dfrac{U_{\mathrm{C}}}{U_{\mathrm{S}}}$ 或 $Q = \dfrac{f_0}{f_{\mathrm{H}} - f_{\mathrm{L}}}$ 计算出品质因数。

5．实验内容

（1）按图 5.8.4 连接实验电路，在进行电路实验时，L=9mH、R=100Ω、C=0.033uF；在进行电工实验时，L=30mH、R=200Ω、C=0.01μF。

（2）测量 R、L、C 串联电路谐振频率。首先计算出电路的中心频率（单位为 kHz，小数点后保留 4 位有效数字），并把信号发生器的频率设置为此数值，令信号发生器输出正弦波有效值为 2V，并保持不变。将输入 U_{S} 和输出 U_{R} 同时接到示波器的两路输入通道，观察此时的电压 U_{R} 和 U_{S} 相位差（$\phi_{\mathrm{B}} - \phi_{\mathrm{A}}$），调整输入频率，使得输入与输出相位差为零，测量此时的电压值 U_{R}、U_{L}、U_{C} 和中心频率 f_0，将数据记入表 5.8.1 中。

减小输入频率，使U_R降为谐振时的70.7%倍，记录此时的频率值f_L、相位差，填入表5.8.1。

增大输入频率，使U_R降为谐振时的70.7%倍，记录此时的频率值f_H、相位差，填入表5.8.1。

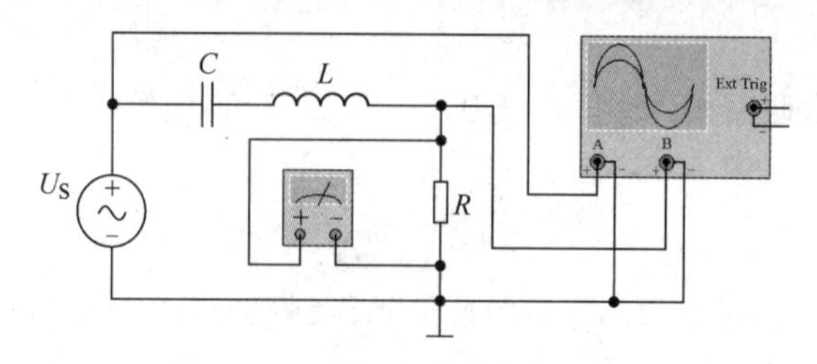

图5.8.4 RLC串联谐振实验电路

表5.8.1 测量RLC串联电路谐振频率

参数		频率		
		f_L	f_0	f_H
频率理论值				
频率测量值				
U_R理论值（有效值）				
U_R测量值（有效值）				
U_L测量值（有效值）				
U_C测量值（有效值）				
相位差理论值/°				
相位差测量值/°				
BW = $f_H - f_L$理论值/kHz				
BW = $f_H - f_L$测量值/kHz				
Q值计算	根据电压			
	根据频率			

相位差的测量和计算参考图5.8.5。

6．实验注意事项

在改变频率时，应注意调整信号输出电压，使其有效值维持在2V不变。

7．实验报告

（1）判别电路是否发生谐振的方法有哪些？

（2）在图5.8.6所示的幅频特性曲线中的恰当位置标出表5.8.1中的实验测试数据。

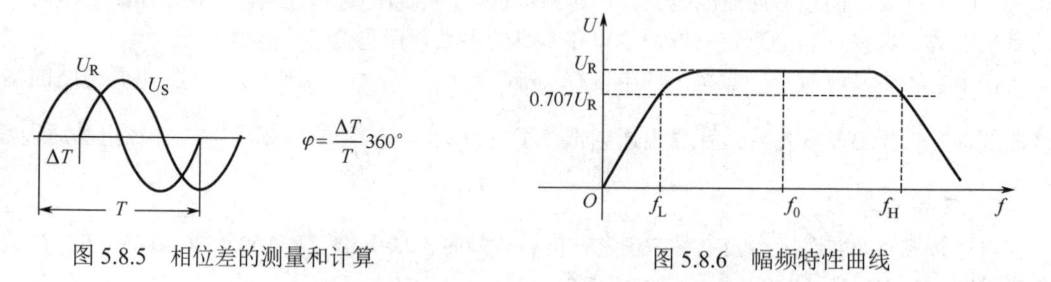

图5.8.5 相位差的测量和计算　　图5.8.6 幅频特性曲线

5.9 RLC元器件阻抗特性的测定

1．实验目的

（1）研究电阻、感抗、容抗与频率的关系，测定其随频率变化的特性曲线。

（2）学习使用信号发生器和交流毫伏表。

2．实验预习

（1）了解本实验的目的、原理和方法。

（2）计算测试参数理论值，写明计算过程。

3．实验设备与仪器

电路实验箱，函数信号发生器，交流毫伏表。

4．实验原理

单个元器件阻抗与频率的关系如下。

对于电阻元器件，根据 $\frac{\dot{U}_R}{\dot{I}_R}=R\angle 0°$，其中

$$\frac{U_R}{I_R}=R \tag{5.9.1}$$

即电阻 R 与频率无关。

对于电感元器件，根据 $\frac{\dot{U}_L}{\dot{I}_L}=\mathrm{j}X_L$，其中

$$\frac{U_L}{I_L}=X_L=2\pi fL \tag{5.9.2}$$

即感抗 X_L 与频率成正比。

对于电容元器件，根据 $\frac{\dot{U}_C}{\dot{I}_C}=-\mathrm{j}X_C$，其中

$$\frac{U_C}{I_C}=X_C=\frac{1}{2\pi fC} \tag{5.9.3}$$

即容抗 X_C 与频率成反比。

元器件阻抗频率特性的测量电路如图 5.9.1 所示。图中的 r 是提供测量回路电流用的标准电阻，流过被测元器件的电流（I_R、I_L、I_C）可由 r 两端的电压 U_r 除以 r 的阻值所得，又根据上述 3 个公式，用被测元器件的电压除以对应的元器件电流，便可得到 R、X_L 和 X_C 的数值。

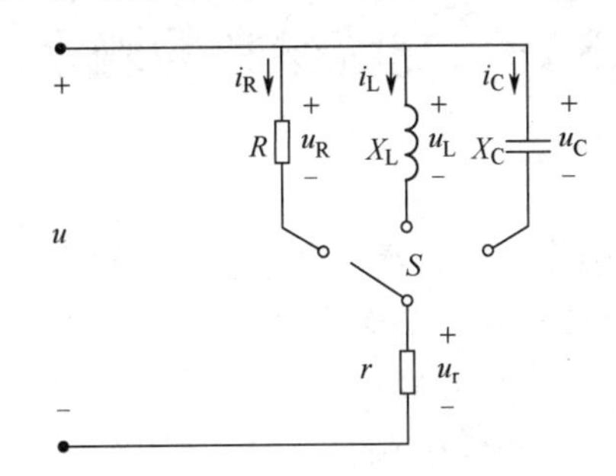

图 5.9.1　元器件阻抗频率特性的测量电路

5．实验内容

实验电路如图 5.9.1 所示。图中 r=200Ω、R=1kΩ、L=15mH、C=0.1μF。选择信号发生器正弦波输出作为输入电压 u，调节信号发生器输出电压幅值，并用交流毫伏表测量，使输入电压 u 的有效值 U=2V，并保持不变。

用导线分别接通 R、L、C 3 个元器件，调节信号发生器的输出频率，从 100Hz 逐渐增至 20kHz，用交流毫伏表分别测量 U_R、U_L、U_C 和 U_r，将实验数据记入表 5.9.1 中。并通过计算得到各频率点的 R、X_L 和 X_C。

表 5.9.1　R、L、C 元器件的阻抗频率特性实验数据

频率 f/Hz		100	1k	5k	10k	15k	20k
R/kΩ	U_r 理论值/V						
	U_r/V						
	U_R 理论值/V						
	U_R/V						
	$I_R=U_r/r$ /mA						
	$R=U_R/I_R$						
X_L/kΩ	U_r 理论值/V						
	U_r/V						
	U_L 理论值/V						
	U_L/V						
	$I_L=U_r/r$ /mA						
	$X_L=U_L/I_L$						
X_C/kΩ	U_r 理论值/V						
	U_r/V						
	U_C 理论值/V						
	U_C/V						
	$I_C=U_r/r$ /mA						
	$X_C=U_C/I_C$						

6．实验报告

（1）根据表 5.9.1 中的实验数据，在方格纸上绘制 R、X_L、X_C 与频率关系的特性曲线，并分析它们和频率的关系。

（2）根据表 5.9.1 中的实验数据，定性画出 R、L、C 串联电路的阻抗与频率关系的特性曲线，并分析阻抗和频率的关系。

5.10　交流参数的测定

1．实验目的

（1）掌握交流数字仪表（电压表、电流表、功率表）和交流自耦调压器的使用方法。

（2）掌握使用交流电压表、电流表、功率表（三表法）测量交流电路中的阻抗及元器件参数的方法。

（3）学习电抗容性、感性性质的判定方法。

2．实验预习

了解本实验的目的、原理和方法。

3．实验设备与仪器

电工实验台。

4．实验原理

（1）交流电路的参数测量方法。

正弦交流电路中各个元器件的参数值，可以用交流电压表、交流电流表及功率表，分别测量出元器件两端的电压 U，流过该元器件的电路 I 和其所消耗的功率 P，然后通过计算得到元器件的各参数值，这种方法称为三表法，是用来测量 50Hz 交流电路参数的基本方法。计算的基本公式如下。

电阻元器件的电阻为

$$R = \frac{U_R}{I_R} = \frac{P}{I_R^2} \tag{5.10.1}$$

电感元器件的感抗为

$$X_L = \frac{U_L}{I_L} \tag{5.10.2}$$

电感为

$$L = \frac{X_L}{2\pi f} \tag{5.10.3}$$

电容元器件的容抗为

$$X_C = \frac{U_C}{I_C} \tag{5.10.4}$$

电容为

$$C = \frac{1}{2\pi f X_C} \tag{5.10.5}$$

串联电路复阻抗的模为

$$|Z| = \frac{U}{I} \tag{5.10.6}$$

串联电路复阻抗的阻抗角为

$$\theta = \arctan\frac{X}{R} \tag{5.10.7}$$

其中，等效电阻 $R = \frac{P}{I^2}$，等效电抗 $X = \sqrt{|Z|^2 - R^2}$。

功率因数为

$$\cos\varphi = \frac{P}{UI} \tag{5.10.8}$$

在 RLC 串联电路中，各元器件电压之间存在相位差，电源电压应等于各元器件电压的向量和，而不能用它们的有效值直接相加。

（2）交流电路的功率测量。

电路功率用功率表测量，本实验使用数字式功率表，其电流测量端子与负载串联，电压测量端子与负载并联，电流测量端子和电压测量端子的同名端（标有*号）必须连接在一起，测量电路如图 5.10.1 所示。

（3）负载性质的判定。

在被测端口并联一个小电容，若电流增大，则负载性质为容性阻抗；若电流减小，则负载性质为感性阻抗。

5．实验内容

实验电路如图 5.10.1 所示。交流电源经自耦调压器调压后向负载 Z 供电。

在测量电流时，使用三相交流负载电路的电流测量插孔，注意断开不用的负载。

（1）测量电感的感抗。

将图 5.10.1 中的负载 Z 换成图 5.10.2 中的电感电路（改接电路时必须先关闭交流电源），其中 L 为日光灯镇流器，R 为镇流器内阻。用交流电压表测量交流调压器输出电压并调至 30V，分别测量电压、电流和功率，记入表 5.10.1，并计算出其他各交流参数。

将 2μF 电容 C' 并联在感性负载两端，观测并记录电流值的变化情况，判定负载性质。

（2）测量电容的容抗。

将图 5.10.1 中的负载 Z 换成图 5.10.3 中的电容电路（改接电路时必须先断开交流电源），图中

C为4.7μF，R为25W白炽灯。用交流电压表测量交流调压器输出电压并调至30V，分别测量电压、电流和功率，记入表5.10.1，并计算出其他各交流参数。

将2μF电容C'并联在容性负载两端，观测并记录电流值的变化情况，判定负载性质。

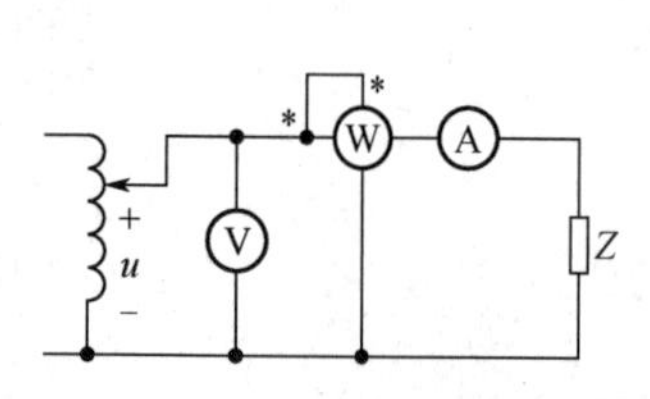

图5.10.1　交流电路参数测量电路

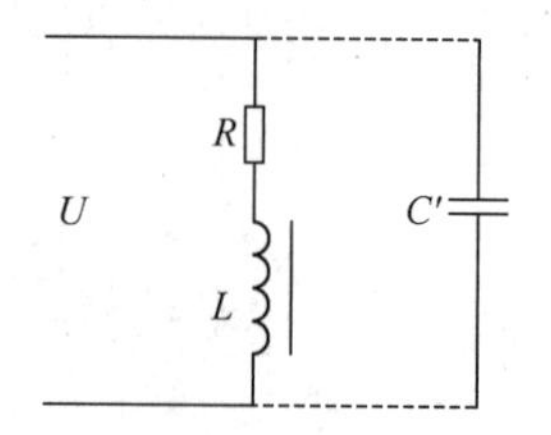

图5.10.2　感性负载电路

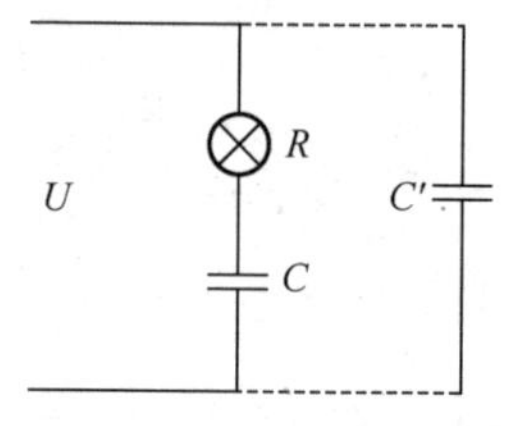

图5.10.3　容性负载电路

表5.10.1　交流电路参数测定

被测元器件	测量值（标明单位）					计算值（标明单位）					
	U	I	P	$\cos\varphi$	并联C'后电流值	Z	R	X	$\cos\varphi$	负载性质	LC数值
电感											
电容											

6．实验注意事项

（1）通常功率表不单独使用，要同时有电压表和电流表监测，使电压表和电流表的读数不超过功率表的电压与电流量程。

（2）注意功率表的正确接线，上电前必须经指导教师检查。

（3）自耦调压器在接通电源前，应将其旋柄置于零位上，调节时使其输出电压从零开始逐渐升高。每次改接实验负载或实验完毕，都必须先将其旋柄慢慢调回零位，再断开电源。必须严格遵守这一安全操作规程。

7．实验报告

（1）在测量电容的容抗时，为什么不能根据白炽灯的额定工作电压和额定功率计算其电阻值？

（2）根据表5.10.1记录的数据，计算电感的感抗和电感值、电容的容抗与电容值，写出计算过程。

5.11　功率因数的提高和无功功率补偿的研究

1．实验目的

（1）掌握日光灯电路的工作原理和接线方法。

（2）验证交流电路中的KVL。

（3）学习提高感性负载功率因数的方法。

2．实验预习

（1）了解本实验的目的、原理和方法。

（2）学习日光灯的工作原理。

3．实验设备与仪器

电工实验台。

4．实验原理

（1）平均功率。为了便于测量，电路中通常引入平均功率的概念。平均功率为瞬时功率在一个周期内的平均值，即

$$P=\frac{1}{T}\int_0^T p\mathrm{d}t=UI\cos\varphi \tag{5.11.1}$$

平均功率的单位是 W（瓦）。式中，$\cos\varphi$ 为功率因数，说明平均功率不仅与电压和电流的乘积有关，而且与它们之间的相位差有关。当 $\cos\varphi=1$，表示一端口网络的等效阻抗为纯电阻，平均功率达到最大；当 $\cos\varphi=0$，表示一端口网络的等效阻抗为纯电抗，平均功率为零。一般有 $0\leqslant|\cos\varphi|\leqslant 1$。因此，平均功率实际上是电阻消耗的功率，也称为有功功率。表示电路实际消耗的功率。

（2）功率因数。功率因数 $\cos\varphi$ 是有功功率与视在功率的比值，即

$$\cos\varphi=P/S \tag{5.11.2}$$

在正弦交流电路中，只有纯电阻电路的有功功率 P 与视在功率 S 总是相等，只要电路中含有电抗元器件，并处在非谐振状态，有功功率 P 总是小于视在功率 S。其中

$$\text{有功功率 } P=UI\cos\varphi \tag{5.11.3}$$

$$\text{无功功率 } Q=UI\sin\varphi \tag{5.11.4}$$

$$\text{视在功率 } S=UI \tag{5.11.5}$$

（3）提高功率因数的方法。根据并联谐振的原理，提高感性负载的功率因数，采用的方法是在负载两端并联电容器，以电容器的容性电流补偿原负载中的感性电流，从而减少电源端的总电流，使得无功分量在电容和电感间交换，不需要电源和负载间进行无功交换，这称为电容补偿法。

图 5.11.1（a）给出了电感性负载与电容的并联电路，图 5.11.1（b）所示为其相量图。

并联电容后，感性负载得到的有功功率 $UI\cos\varphi_2=UI_{\mathrm{L}}\cos\varphi_1$ 和无功功率 $UI_{\mathrm{L}}\sin\varphi_1$ 不变，但电源向总负载输送的无功功率 $UI\sin\varphi_2<UI_{\mathrm{L}}\sin\varphi_1$，减少的这部分无功功率由电容“产生”的无功功率来补偿，使感性负载吸收的无功功率不变，即感性负载的工作状态不变，从而使电路的功率因数提高。

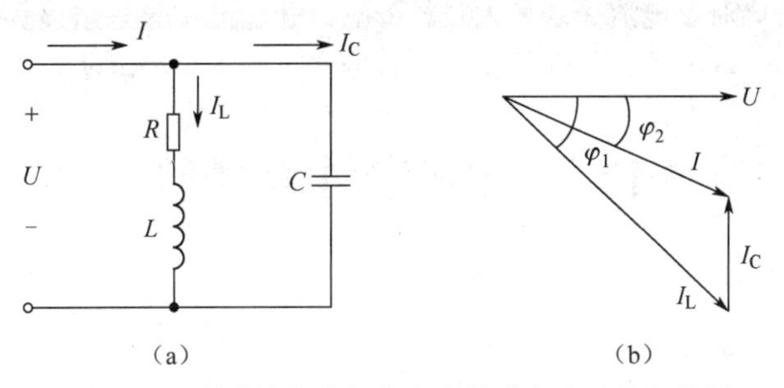

图 5.11.1　电感性负载与电容的并联电路及其相量图

（4）日光灯工作原理。日光灯工作过程是：接通电源瞬间，因灯管不构成通路，所以线路中没有电流，电源电压经镇流器及灯管灯丝全部加在启辉器两端。此时启辉器氖泡中的两个电极放电，氖泡红亮，放电产生的热量使双金属片变形弯曲，两个电极接通，氖泡熄灭，电路中电流经镇流器、灯管灯丝、启辉器构成回路，灯丝通电预热。双金属片冷却后变形恢复，电极断开，电源电压和镇流器续流电压叠加使灯管内气体电离，灯管点亮，电路中的电流经镇流器和灯管中导电气体构成通路。

5．实验内容

感性负载功率因数实验电路如图 5.11.2 所示。

先不连接日光灯实验电路，调节自耦变压器的输出电压为 220V。按图组成实验电路经指导老师检查无误后，按下红色按钮开关加电，记录功率表、功率因数表、电压表和电流表的读数；接入电容，从小到大增加电容容值，记录不同电容值时的功率表、功率因数表、电压表和电流表的读数，并记入表 5.11.1。

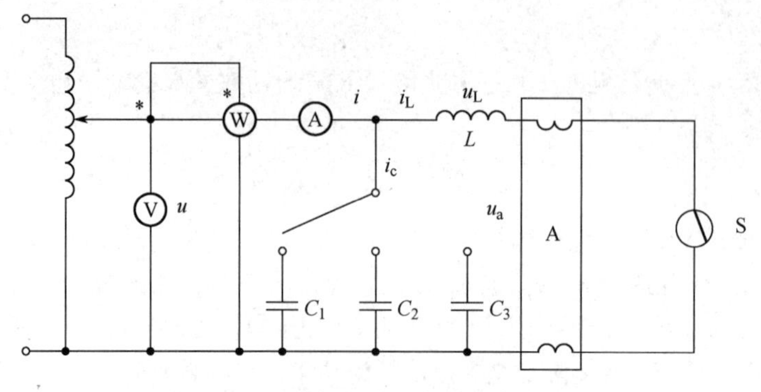

图 5.11.2 感性负载功率因数实验电路

表 5.11.1 提高感性负载功率因数实验数据

C/μF	测量值				计算值	
	U/V	I/A	P/W	cosφ	Q	S
0						
1						
2						
3.7						
4.7						

6．实验注意事项

（1）本实验使用220V电源，务必注意用电和人身安全。严格按照先断电、后接线（拆线）、经检查、再通电的安全操作规范操作。在改接电路时，也要先关掉电源。

（2）注意功率表的使用方法，及其与电压表、电流表的连接方法，注意标明同相端。

7．实验报告

（1）讨论电容的变化对总电流、功率因数的影响，并通过实验总结该实验的最佳补偿电容值。

（2）提高线路功率因数为什么只采用并联电容器法，而不用串联法？

5.12 三相交流电路的研究

1．实验目的

（1）掌握三相负载星形连接及三角形连接方法。

（2）学会在两种接法下，线电压、相电压及线电流、相电流的测量方法。

（3）分析不对称负载星形连接时中线的作用。

2．实验预习

了解本实验的目的、原理和方法。

3．实验设备与仪器

电工实验台。

4．实验原理

电源用三相四线制向负载供电，三相负载可接成星形（又称为Y形）或三角形（又称△形）。当对称三相负载做Y形连接时，线电压U_L是相电压U_P的$\sqrt{3}$倍，线电流I_L等于相电流I_P，即

$$U_L = \sqrt{3}U_P \tag{5.12.1}$$

$$I_L = I_P \tag{5.12.2}$$

流过中线的电流$I_N = 0$。

当对称三相负载做△形连接时，线电压 U_L 等于相电压 U_P，线电流 I_L 是相电流 I_P 的 $\dot{U}$ 倍，即

$$I_L = \sqrt{3} I_P \tag{5.12.3}$$

$$U_L = U_P \tag{5.12.4}$$

当不对称三相负载做 Y 形连接时，必须采用 Y_O 接法，中线必须牢固连接，以保证三相不对称负载的每相电压等于电源的相电压（三相对称电压）。若中线断开，则会导致三相负载电压的不对称，致使负载轻的那一相的相电压过高，使负载遭受损坏，负载重的一相相电压又过低，使负载不能正常工作。对于不对称负载做△形连接时，$I_L \neq \sqrt{3} I_P$，但只要电源的线电压 U_L 对称，加在三相负载上的电压仍是对称的，对各相负载工作没有影响。

在本实验中，用三相调压器调压输出作为三相交流电源，用三组白炽灯作为三相负载，线电流、相电流、中线电流用电流插头和插座测量。

5．实验内容

实验电路为三相负载星形连接（三相四线制供电），如图 5.12.1 所示。将白炽灯按图 5.12.1 所示连接成星形接法。用三相调压器调压输出作为三相交流电源，具体操作如下：将三相调压器的旋钮置于三相电压输出为 0V 的位置（逆时针旋到底的位置），然后旋转旋钮，调节调压器的输出，使输出的三相线电压为 220 V。测量线电压和相电压，并记录数据。

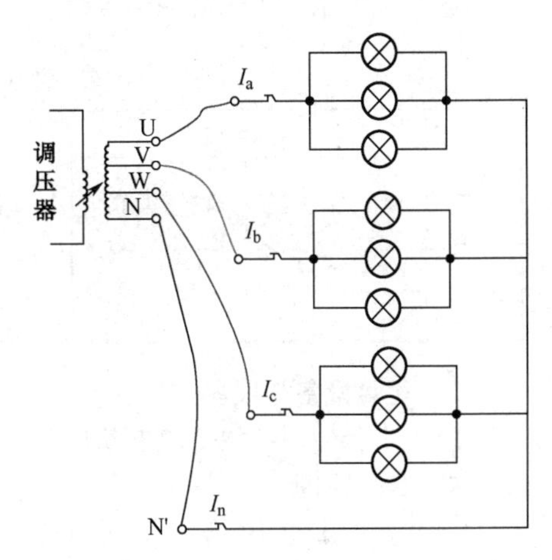

图 5.12.1　三相负载星形连接实验电路

（1）在有中线的情况下，用高压电流测试电缆测量三相负载对称和不对称时的各相电流、中线电流，并测量各相电压，将数据记入表 5.12.1，并记录各灯的亮度。

（2）在无中线的情况下，测量三相负载对称和不对称时的各相电流、各相电压和电源中点 N 到负载中点 N′的电压 $U_{NN'}$，将数据记入表 5.12.1。

（3）一定要注意的是相电压输出（调节调压器的输出）为 127V，这样满足线电压=127V×$\sqrt{3}$=220V，线电压等于 $\sqrt{3}$ 倍的相电压。

表 5.12.1　三相负载星形连接实验数据

负载	开灯数			线电流			相电压			线电压			中线电流	中线电压
	U	V	W	I_a	I_b	I_c	U_a	U_b	U_c	U_{ab}	U_{bc}	U_{ca}		
平衡有中线	3	3	3											—
平衡无中线	3	3	3										—	
不平衡有中线	1	2	3											—
	0	1	3											—
不平衡无中线	1	2	3										—	
	0	1	3										—	

6．实验注意事项

（1）每次接线完毕，由指导教师检查后，方可接通电源，必须严格遵守先接线、后通电；先断电、后拆线的实验操作原则。

（2）在测量、记录各电压、电流时，注意分清它们是哪一相、哪一线，防止记错。

7．实验报告

（1）三相负载根据什么原则做星形或三角形连接？

（2）说明在三相四线制供电系统中中线的作用，中线上能安装保险丝吗？为什么？

5.13 电机的继电接触控制

1. 实验目的

（1）熟悉按钮、接触器、热继电器、行程开关等低压电器的使用方法与作用。

（2）体会接触器互锁及按钮互锁的原理及实现方法。

（3）学会对控制电路中常见故障的分析、判断。

（4）提高较复杂电路的接线能力。

2. 实验预习

（1）了解本实验的目的、原理和方法。

（2）按要求画出相应的电气符号（见表 5.13.1）。

表 5.13.1 画出相应的电气符号

名称	按钮触点		继电器触点			热继电器	
	动合（常开）	动断（常闭）	主触点	辅触点		热元器件	动断触点
				动合	动断		
电气符号							

3. 实验设备与仪器

电工实验台，三相交流电动机。

4. 实验原理

（1）实现电机正反转，需要改变三相电流流入电机定子绕组的相序，即“换相”。这需要两个接触器完成，一个接通正转，另一个接通反转，且分别用两个启动按钮控制。

（2）当两个接触器同时吸合时，会造成电源短路的严重故障。为防止电源短路，电路中正反转必须互锁。其方法是：将正转接触器的辅助常闭触点串联于反转控制支路，而将反转接触器的辅助常闭触点串联于正转控制支路。这样连接后，电机在一种状态运行时，该工作状态的接触器通电，其辅助常闭触点断开，切断了另一种状态的控制支路，使其不能通电，实现了互锁。

（3）接触器互锁的正反转电路，当需要换向时，必须先使用停止按钮切断电路，无法实现直接换向。而既有接触器互锁又有按钮互锁的双互锁电路，既实现了双重保障，又达到了操作上的方便，故使用广泛。

（4）热继电器是实现电动机过载保护的重要元器件。合理调整热继电器整定电流的大小，是保障电动机长期完全运行的必要条件。

（5）行程开关的作用：一是控制移动机械设备的自动往返行程；二是起限位保护作用。

5. 实验内容

（1）分析图 5.13.1，掌握电路的工作原理。

（2）依据图 5.13.1 中元器件的符号，在实验台上找出相应的电器及接线端。

（3）依据图 5.13.1，数清需用导线的数目，准备导线。这样，线路接完，导线用尽，可防止错接、漏接、多接。

（4）按图 5.13.1 接线。

（5）电路接好仔细检查无误后方可通电，防止因线路接错造成电器损坏。

（6）严禁在通电状态下改动电路接线、拆线。实验完成后，必须牢记：先断电，后拆线。

6. 实验报告

（1）在继电器工作电压为 380V 时，图 5.13.1 应如何改动？

（2）回答电动机正反转电路互锁的目的、方法及实现过程。

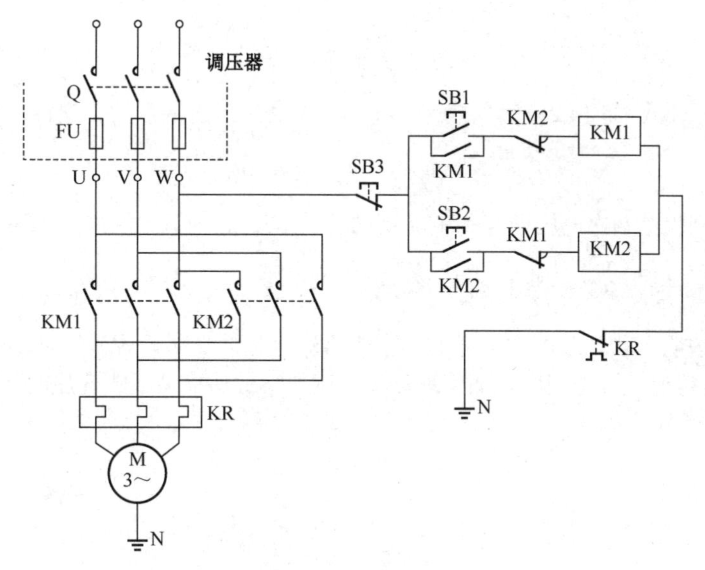

图 5.13.1　接触器控制的电动机正反转电路

5.14　非正弦周期电流电路的仿真

1．实验目的

（1）利用仿真软件分析非正弦交流电路。

（2）用示波器观察非正弦电路中电感及电容对电流波形的影响。

（3）加深对非正弦有效值关系式及功率公式的理解。

（4）加深理解谐振的概念，学习通过谐振的方法来达到滤波的目的。

2．实验预习

了解本实验的目的、原理和方法。

3．实验设备与仪器

计算机。

4．实验原理

一切满足狄里赫利条件的非正弦周期函数都可以分解成傅里叶级数。电工技术中的非正弦周期信号都满足这个条件。

一个二端网络在非正弦周期电源的作用下，端口电压 $u(t)$ 和电流 $i(t)$ 为非正弦周期信号，可分解成下列傅里叶级数。

$$u(t)=U_0+\sum_{k=1}^{\infty}U_{km}\cos\left(\omega_k t+\varphi_{uk}\right) \tag{5.14.1}$$

$$i(t)=I_0+\sum_{k=1}^{\infty}I_{km}\cos(\omega_k t+\varphi_{ik}) \tag{5.14.2}$$

对于任何周期性的电压或电流，无论是正弦的还是非正弦的，有效值是在一个周期内的均方根值。因此，非正弦周期电压 $u(t)$ 和电流 $i(t)$ 的有效值分别为

$$U=\frac{1}{T}\int_0^T u^2(t)\mathrm{d}t=\sqrt{U_0^2+\frac{1}{2}\sum_{k=1}^{\infty}U_{km}^2} \tag{5.14.3}$$

$$I=\frac{1}{T}\int_0^T i^2(t)\mathrm{d}t=\sqrt{I_0^2+\frac{1}{2}\sum_{k=1}^{\infty}I_{km}^2} \tag{5.14.4}$$

假设 $u(t)$ 和电流 $i(t)$ 的参考方向关联，则该二端网络吸收的平均功率 P 为

$$P=\frac{1}{T}\int_0^T u(t)i(t)\mathrm{d}t \tag{5.14.5}$$

将式（5.14.1）和式（5.14.2）代入式（5.14.5），再利用三角函数的正交性，可求出平均功率为

$$P=U_0I_0+\sum_{k=1}^{\infty}U_kI_k\cos\varphi_k \tag{5.14.6}$$

式中，U_k、I_k 分别为第 k 次电压谐波和电流谐的有效值；φ_k 为第 k 次电压谐波与第 k 次电流谐波的相位差，即 $U_k=\frac{U_{km}}{\sqrt{2}}$、$I_k=\frac{I_{km}}{\sqrt{2}}$、$\varphi_k=\varphi_{uk}-\varphi_{ik}$。

式（5.14.6）说明，非正弦周期信号的功率是直流分量的功率与各次谐波功率之和。这是由三角函数的正交性决定的，这与利用叠加定理计算直流电路时功率是不能叠加的并不矛盾。

电路的视在功率定义为

$$S=UI \tag{5.14.7}$$

电路的功率因数为

$$\cos\varphi=\frac{P}{S}=\frac{P}{UI} \tag{5.14.8}$$

对于非正弦电路而言，功率因数中的 φ 已经不是一个具体相位差了，$\cos\varphi$ 是电路的总有功功率与总视在功率之比。

由于非正弦周期信号可以分解成诸次谐波之和（包括直流分量），线性电路在非正弦周期信号激励下的稳态响应可以用叠加定理求解。首先将非正弦周期信号用傅里叶级数分解；然后求出不同频率分量单独作用时的稳态响应；最后将各次谐波作用的结果叠加。对于每种频率分量单独作用时的计算，和正弦稳态响应的计算方法基本相同。值得注意的是，各次谐波作用的结果最后进行叠加时，由于频率各不相同，因此不能用相量相加，只能用瞬时值相加。

感抗和容抗对各次谐波分量的反应不同，感抗与信号的频率成正比，容抗与信号频率成反比。工程上利用电感和电容彼此相反而又互补的频率特性，设计具有一定滤波功能的“单元电路”，然后用搭积木的方式（如并联、级联）连接成各种各样的无源滤波器网络。图5.14.1所示为简单低通滤波器。它利用了电感对高频分量的抑制作用，电容对高频信号的分流作用，使得输出端的高频分量被大大削弱，低频分量则顺利通过。图5.14.2所示为简单高通滤波器。图中电容对低频分量有抑制作用，电感对低频分量有分流作用。图5.14.3所示为由LC串并联谐振电路构成的带通滤波器。它利用谐振电路的频率特性，只允许谐振频率邻域内的信号通过。图5.14.4所示为带阻滤波器。它阻止谐振频率邻域内的信号通过。

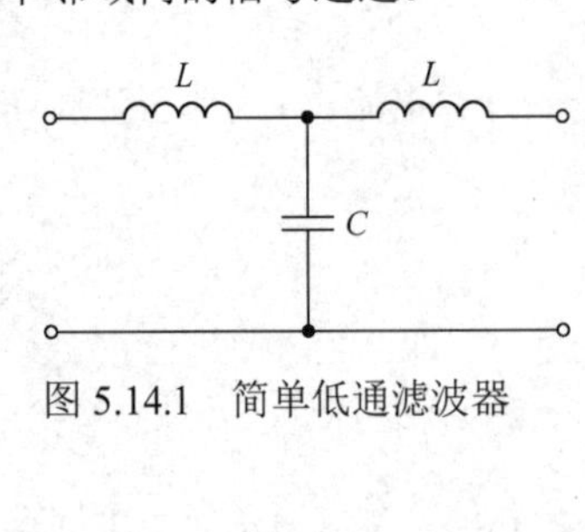

图5.14.1 简单低通滤波器

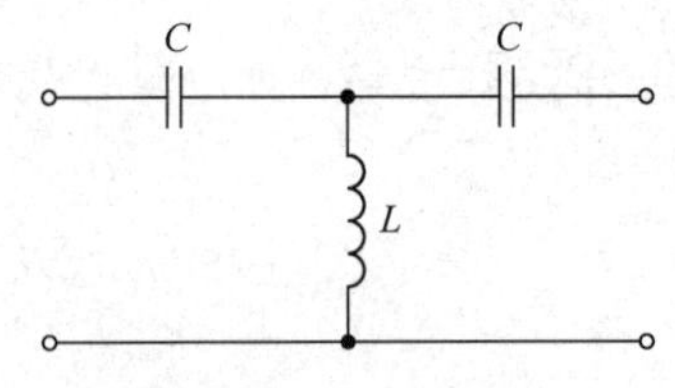

图5.14.2 简单高通滤波器

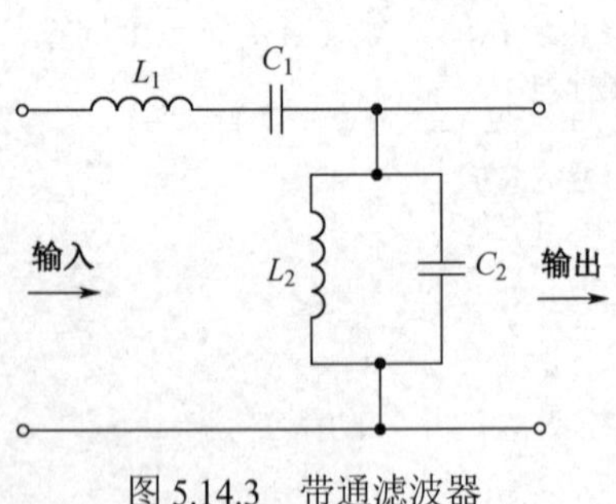

图5.14.3 带通滤波器

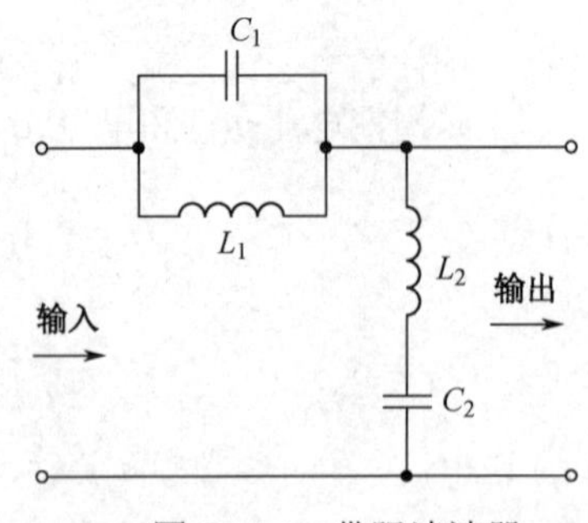

图5.14.4 带阻滤波器

5．实验内容

（1）非正弦电路的有效值和平均功率。

在 Multisim 软件环境下创建图 5.14.5 所示电路，实验电路参数为 $R = 1\text{k}\Omega$ 、 $C = 1\mu\text{F}$ ，正弦电压源 $U_1 = 110\text{V}/50\text{Hz}/0^\circ$ ，$U_3 = 50\text{V}/150\text{Hz}/0^\circ$ ，数字式万用表设为交流电压表。

① 按下“启动/停止”开关，启动仿真分析。待电路稳定后，用电压表和功率表分别测量电源端电压 U 及功率 P ，数据记入表 5.14.1。用示波器观察并记录两个电压源叠加的波形和电阻 R 两端的电压波形（电流波形）。

② 将三次谐波电压源 U_3 的电压设为 0V，即基波电压源 U_1 单独作用。用电压表和功率表分别测量电压和功率的基波分量 U_1 和 P_1，记入表 5.14.1。

③ 将基波电压源 U_1 的电压设为 0V，即三次谐波电压源 U_3 单独作用。用电压表和功率表分别测量电压和功率的三次谐波分量 U_3 和 P_3，记入表 5.14.1。

④ 将图 5.14.5 所示电路中的电容 C 换成 $L = 1\text{H}$ 的电感，按下“启动/停止”开关，启动仿真分析，用示波器观察并记录两个电压源叠加的波形和电阻 R 两端的电压波形（电流波形）。

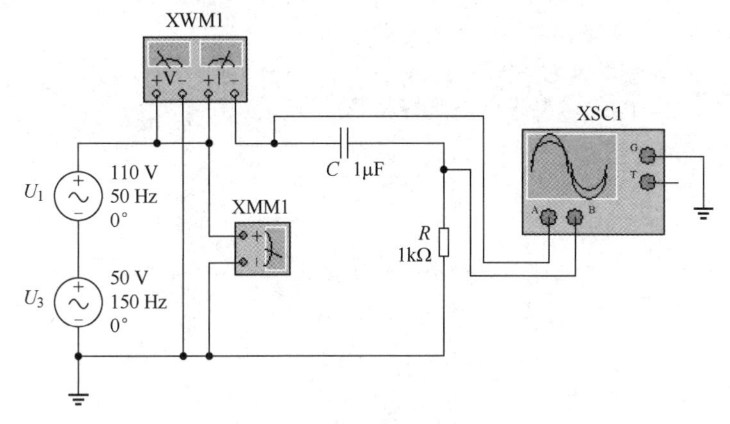

图 5.14.5　非正弦交流电路

表 5.14.1　非正弦电路参数的测量

电压源	功率/W	电压/V
基波 U_1 和三次谐波 U_3		
基波 U_1		
三次谐波 U_3		

（2）滤波器的仿真分析与设计。

① 滤波电路的分析。图 5.14.6 所示为一个滤波电路，交流电压源 U_1=110V/50Hz/0° ，U_2=30V/150Hz/0° ，$L_1 = 101.3\text{mH}$ ，$L_2 = 121.1\text{mH}$ ，$C = 100\mu\text{F}$ ，$R = 1\text{k}\Omega$ 。U_1 和 U_3 构成非正弦交流电源。

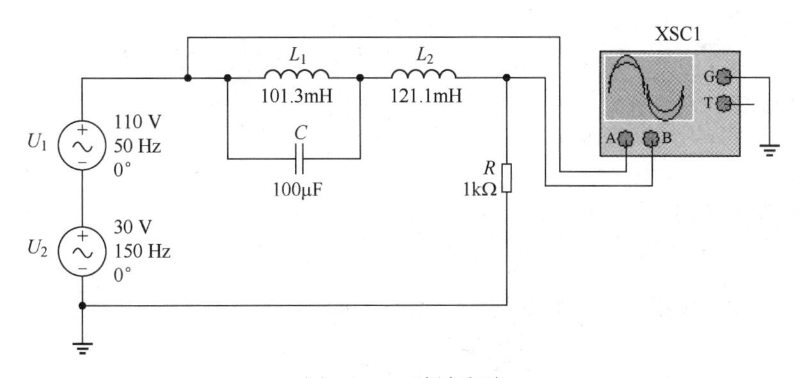

图 5.14.6　滤波电路

启动电路，用示波器观察非正弦电源和电阻电压波形。图5.14.7所示为示波器显示的电路响应稳定后的电源电压和负载电压波形。观察并记录示波器所显示的波形，对仿真结果进行分析，说明该滤波电路的作用。

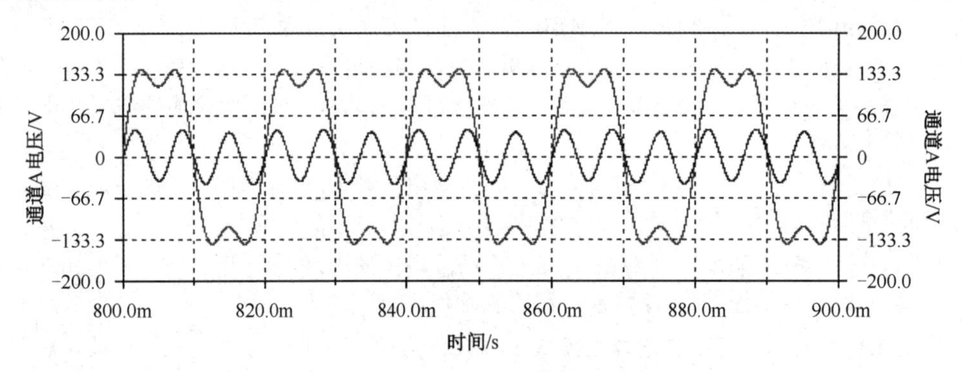

图5.14.7　电源电压和负载电压波形

② 在图5.14.8所示滤波电路中，电源含有基波和4次谐波电压分量，电路参数为U_1=110V/160Hz/0°，U_2=30V/640Hz/0°，$C=10\mu F$。要求滤波电路将基波分量阻隔，而4次谐波分量能全部到达负载，合理设计电感L_1和L_2的参数，进行仿真分析，绘出滤波电路电源电压和电阻两端电压的波形。

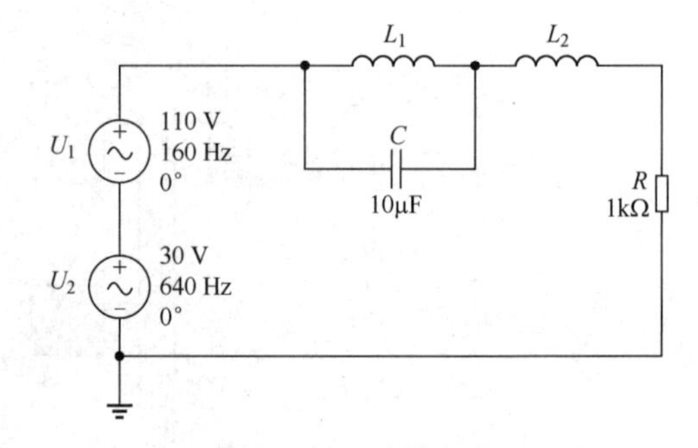

图5.14.8　滤波电路

③ 在图5.14.8中，若要使基波分量能全部到达负载，但负载中不能有4次分量，设计滤波器元器件L_1、L_2、C的参数，并进行仿真分析，绘出滤波电路电源电压和电阻两端电压的波形。

④ 在图5.14.4中，输入信号中含有基波、三次谐波、5次谐波和7次谐波分量。要求在输出信号中不含三次谐波和7次谐波分量，合理设计元器件参数；并进行仿真分析，绘出滤波电路输入电压和输出电压的波形。

6．实验注意事项

为了方便修改元器件参数，以及防止仿真数据的离散性，绘图时尽量选用虚拟元器件。

7．思考题

基波与三次谐波在下列两种情况下的合成波形有什么不同？试画出比较。

（1）基波初相$\varphi_1=0$，三次谐波初相$\varphi_3=0$。

（2）基波初相$\varphi_1=0$，三次谐波初相$\varphi_3=\pi$。

8．实验报告

（1）完成实验内容（1）的电压波形绘制及验证任务。

（2）根据实验内容（2）的第①步的要求，绘制电源电压和负载电压的波形，说明电路的滤波作用及工作原理。

（3）根据实验内容（2）的第②～④步的要求，完成滤波器元器件的参数设计，绘出滤波后的波形。

（4）总结采用无源滤波方法的特点。

第 6 章　模拟电子技术实验

6.1　仪器仪表使用及二极管、三极管的测试

1．实验目的

（1）学会双踪示波器、信号发生器、稳压电源、万用表等常用仪器仪表的使用方法，掌握用示波器测量交流信号的电压幅值、周期、频率等参数。

（2）学习使用万用表判断二极管、三极管引脚极性的方法。

2．实验预习

（1）预习实验原理和实验内容，了解各种仪器仪表的使用方法。

（2）打印实验记录表格。

3．实验设备与仪器

（1）双踪示波器：可以同时测量和观察两路信号的波形，测量电路信号波形的幅值、周期等参数。

（2）函数信号发生器：用于产生幅值和频率可调的交流信号（正弦波、方波、三角波）。

（3）万用表：用于测量交流和直流电压、电流、电阻等。某些万用表还可以测量三极管、二极管、电容和频率等。

（4）模电实验箱。

4．实验原理

（1）各种实验仪器仪表与实验电路之间的连接关系如图 6.1.1 所示。

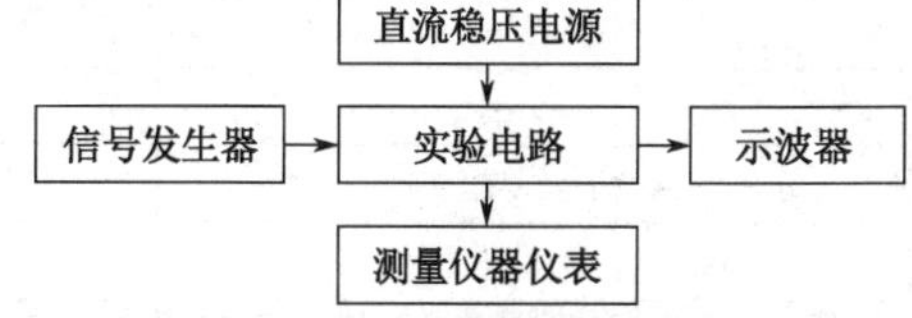

图 6.1.1　各种实验仪器仪表与实验电路之间的连接关系

（2）用示波器测量交流信号波形的幅值、周期、频率。

① 交流信号波形的幅值测量。如图 6.1.2 所示，如果“V/div”为 1V/div，峰-峰之间高度为 6div，计算方法为 V_{P-P}=1V/div×6div=6V，如果探头为 10∶1，实际值为 V_{P-P}=60V。此时“V/div”的“微调”旋钮应置于“校准”位置。

② 交流信号波形的周期和频率测量。如图 6.1.3 所示，在屏幕上一个周期为 4div。如果“扫描时间”为 1ms/div，周期 T=1ms/div×4div=4ms。由此可得，频率 f=1/4ms=250Hz。此时，扫描时间的“微调”旋钮应置于“校准”位置。

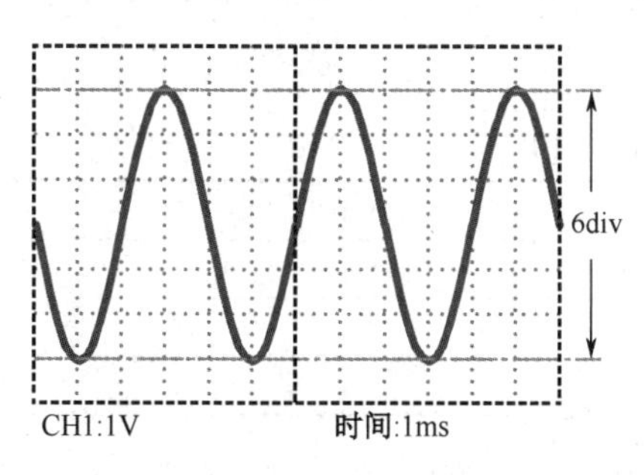

图 6.1.2　幅值测量

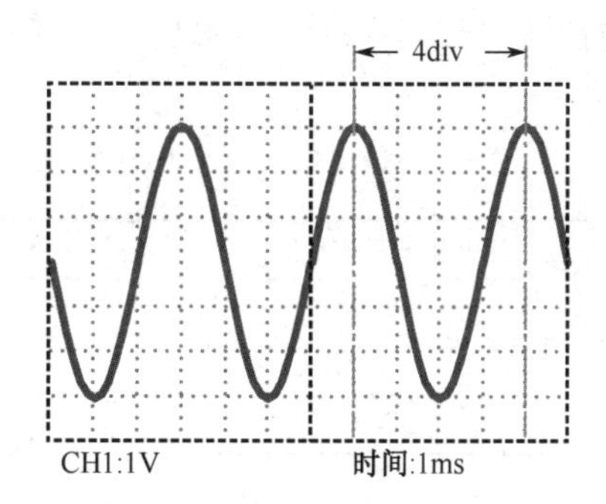

图 6.1.3　周期和频率测量

③ 信号发生器输出信号的调节。调节“波形选择”开关可选择输出信号波形（正弦波、方波、三角波）。调节“频率范围”开关，配合“频率微调”旋钮可调出信号发生器输出频率范围内任一

种频率，LED 显示窗口将显示出相应频率值。调节“输出衰减”开关和“幅度调节”旋钮可得到所需要的输出电压。

5. 实验内容

（1）示波器和信号发生器的使用。

① 将双踪示波器电源接通 1～2min，示波器旋钮开关置于如下位置：“通道选择”选择 CH1，“触发源”选择“内触发”，“触发方式”选择“自动”，“DC、⊥、AC”开关置于“AC”，“V/div”开关置于“0.5V/div”挡，“微调”置于“校准”位置，“扫描时间”开关置于“0.2ms/div”挡，将 CH1 通道的测试探头接校准信号输出端，此时示波器屏幕上应显示幅度为 3V、周期为 1ms 的方波。如果无波形或波形位置不合适，调节“X 轴位移”“Y 轴位移”使波形位于显示屏幕中央位置，调节“辉度”“聚焦”使显示屏幕上的波形细而清晰，亮度适中。

② 调节信号发生器使其输出信号分别为 $U_1=2V_{\text{p-p}}$（峰-峰值）、f_1=1kHz 的正弦波；$U_2=4V_{\text{p-p}}$（峰-峰值）、f_1=2kHz 的方波。

③ 将示波器 CH1 通道的测试探头连接到信号发生器输出端：示波器探头的信号输入端和信号发生器输出电缆的信号线（红色鳄鱼夹）连接，示波器探头的地线（黑色鳄鱼夹）和信号发生器输出电缆的地线（黑色鳄鱼夹）连接。用示波器测量各信号电压及频率值。测试数据填入表 6.1.1。

表 6.1.1　示波器测量数据

信号发生器产生的信号幅度（$V_{\text{P-P}}$）	$U_1=2\text{V}$	$U_2=4\text{V}$
信号发生器产生的信号频率/ Hz	1000	2000
示波器垂直灵敏度/（V/div）		
峰-峰值波形格数（div）		
示波器测量的信号幅度（$V_{\text{P-P}}$）		
计算有效值电压（V_{RMS}）		—
示波器水平灵敏度/（μs/div）		
周期格数（div）		
信号周期 T/ms		
脉宽（高电平时长/ ms）	—	
占空比（高电平时间/周期/%）	—	
$f=1/T$ / Hz		

（2）万用表的的使用。

① 用万用表测量电阻。将万用表拨到电阻测量位置，选择合适的挡位，分别测量实验箱中标称阻值为 1kΩ（棕黑黑棕）、10kΩ（棕黑黑红）的电阻，将测量结果填入表 6.1.2，并计算绝对误差和相对误差。

表 6.1.2　电阻测量数据

电阻标称阻值/Ω	1k	10k
万用表测量值/Ω		
绝对误差/Ω		
相对误差/%		

② 用万用表测量直流电压。将万用表拨到直流电压测量位置，按照正确的极性连接实验箱电源，接通实验箱电源开关，测量实验箱电源输出电压，填入表 6.1.3，并计算测量误差。

表 6.1.3　直流电压测量数据

稳压源输出/V	+12	−12
万用表电压位/V		
测量值/V		
绝对误差/V		
相对误差/%		

（3）用万用表测量二极管、三极管。

① 二极管引脚的判别。采用数字式万用表，可直接用二极管挡，当红表笔接“正”、黑表笔接“负”时，二极管正向导通，显示 PN 结的导通电压（硅：0.5～0.7V；锗：0.2～0.3V），红表笔所接引脚为阳极；反之，二极管截止，首位显示为“1”。二极管测量数据填入表 6.1.4 中。

表 6.1.4　二极管测量数据

正向导通显示数值	
反向显示数值	
二极管类型（硅/锗）	

② 三极管的简易测量。首先要找到基极并判断是 PNP 管还是 NPN 管。由图 6.1.4 可知，对于 PNP 管的基极是两个负极的共同点，NPN 管的基极是两个正极的共同点。

数字式万用表处于二极管挡时，红表笔代表正电极。

选择数字式万用表的二极管挡，用红表笔接三极管的某一引脚（假设作为基极），用黑笔分别接另外两个引脚，如果万用表的液晶屏上两次都显示有零点几的数值（锗管为 0.2～0.3V；硅管为 0.5～0.7V），那么此管应为 NPN 管且红表笔所接的那个引脚是基极。如果两次所显的为“1”，那么红表笔所接的那个引脚便是 PNP 管的基极。

在判别出管子的型号和基极的基础上，可以再判别发射极和集电极。仍用二极管挡，对于 NPN 管令红表笔接其 B 极，黑表笔分别接另外两个脚上，两次测得的极间数值中，数值微高的一极为 E 极，数值低一些的一极为 C 极。如果是 PNP 管，令黑表笔接其 B 极，同样所得数值高的为 E 极数值低一些的为 C 极。三极管测量数据填入表 6.1.5。

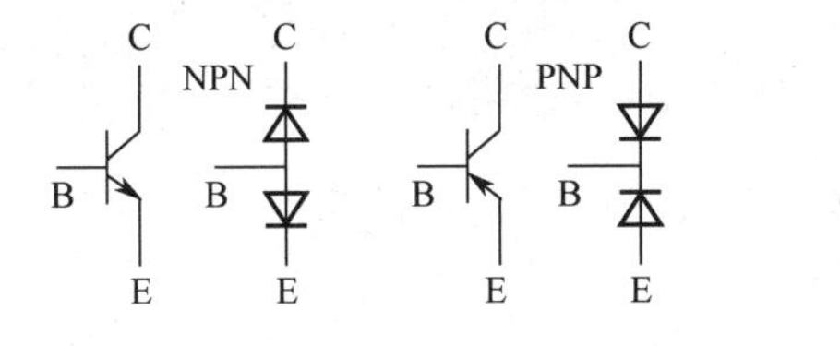

图 6.1.4　三极管测试原理图及引脚

表 6.1.5　三极管测量数据

管型 NPN/PNP	1 脚极性	2 脚极性	3 脚极性	发射结正向导通压降	集电结正向导通压降

6. 实验报告

（1）总结信号发生器、示波器、万用表等仪器仪表设备的使用方法及各旋钮的功能。

（2）总结晶体管的测量方法。

6.2　基本放大电路

1．实验目的

（1）掌握基本放大电路的静态工作点、电压放大倍数。

（2）观察静态工作点的变化对电压放大倍数和输出波形的影响。

（3）进一步掌握示波器、信号发生器、万用表的使用。

2．实验预习

（1）了解本实验的目的、原理和方法。

（2）实验电路如图 6.2.1，计算该电路的理论值：静态工作点、放大倍数、输入电阻和输出电阻，并将计算结果填入表 6.2.1 和表 6.2.2。其中三极管为硅管，β 取 220，R_p 取 220kΩ，写出详细计算过程。

3．实验设备与仪器

双踪示波器、函数信号发生器、万用表，模拟电路实验箱，基本放大电路实验板。

4．实验原理

（1）实验参考如图 6.2.1 所示的分压式共射放大电路。图中采用 R_p、R_b 和 R_{b2} 组成的分压电路，并在发射极中接有电阻 R_e，以稳定放大器的静态工作点。当在放大器的输入端接入信号 u_i 后，在放大器的输出端便可得到一个与 u_i 相位相反、幅值放大的输出信号 u_o，从而实现了电压放大。

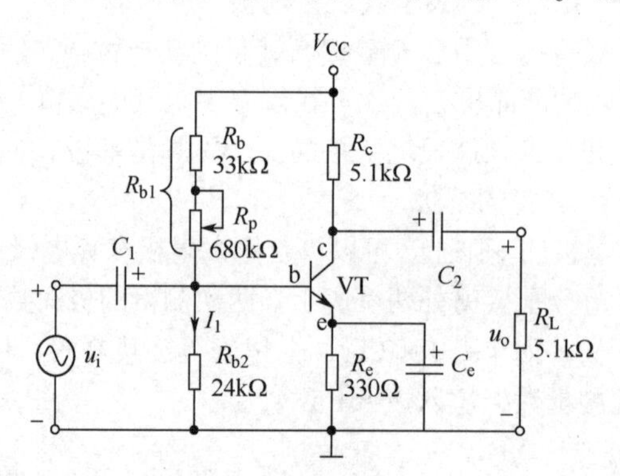

图 6.2.1　分压式共射放大电路

电路参数为 V_{CC}=12V，R_p=680kΩ，R_b=33 kΩ，R_{b2}=24kΩ，R_c=5.1kΩ，R_e=330Ω，R_L=5.1kΩ，C_1=C_2=10μF，VT 为 9013，其 $\beta\approx$220。

（2）静态工作点理论值计算。

$$\begin{cases} I_{BQ} \approx \dfrac{\dfrac{R_{b2}}{R_p + R_b + R_{b2}}Vcc - U_{BEQ}}{(\beta+1)R_e} \\ I_{CQ} \approx I_{EQ} = (\beta+1)I_{BQ} \\ U_{CEQ} = Vcc - I_{CQ}(R_e + R_c) \end{cases} \tag{6.2.1}$$

（3）电压放大倍数理论值计算。

① 无旁路电容 C_e 时：

$$A_u = \frac{U_o}{U_i} = -\frac{\beta R'_L}{r_{be} + (\beta+1)R_e} \tag{6.2.2}$$

其中，$r_{be} = r_{bb'} + (1+\beta)\dfrac{26(\text{mV})}{I_{EQ}(\text{mA})}$ $(r_{bb'} = 300\Omega)$，$R'_L = R_C // R_L$。

② 有旁路电容 C_e 时：

$$A_u = \frac{U_o}{U_i} = -\frac{\beta R'_L}{r_{be}} \qquad (6.2.3)$$

（4）输入输出波形分析。

根据 NPN 三极管的输出特性曲线可知，三极管有 3 个工作区域，分别为放大区、饱和区、截止区。

① 当输入电压为正弦波时，若静态工作点合适且输入信号幅值较小，则 i_b、i_c、u_{ce} 波形如图 6.2.2 所示。从图 6.2.2 中可以看出，所有波形均为正弦波，静态工作点在交流负载线中点附近，且输入和输出反相，此时三极管工作在放大区。

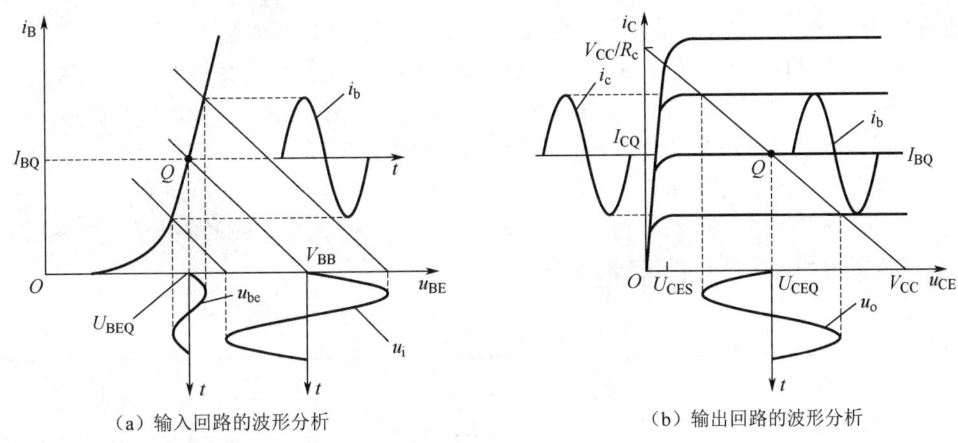

（a）输入回路的波形分析　（b）输出回路的波形分析

图 6.2.2　基本共射放大电路波形

为使静态工作点稳定必须满足以下条件：

$$I_1 \gg I_{BQ} \qquad (6.2.4)$$

② 当静态工作点 Q 的位置偏低，而输入信号 u_i 的幅度又相对比较大时，输出波形正半周出现了缩顶现象，此时三极管工作在截止区，这种失真称为截止失真。截止失真波形如图 6.2.3（a）所示。该种失真也称为顶部失真。

③ 当静态工作点 Q 的位置偏高，而输入信号 u_i 的幅度又相对比较大时，输出波形负半周出现了削底现象，此时三极管工作在饱和区，这种失真称为饱和失真。饱和失真波形如图 6.2.3（b）所示。该种失真也称为底部失真。

④ 当输出波形同时出现缩顶和削底现象时，如图 6.2.3（c）所示，说明静态工作点已调至交流负载线的中点，但是输入信号幅度过大。

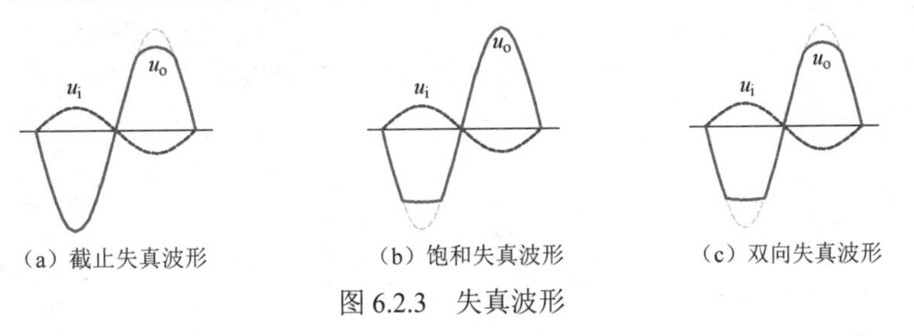

（a）截止失真波形　（b）饱和失真波形　（c）双向失真波形

图 6.2.3　失真波形

5. 实验内容

（1）观察静态工作点变化对放大电路性能的影响。

① 按图 6.2.1 接好电路，检查无误后接通直流电源（12V）。

② 测量静态参数：测量 U_{CE} 电压，调整 R_P 使 U_{CEQ}=6V，测量 U_{BQ}、U_{EQ}、U_{CQ} 数值填写在表 6.2.1 中。关闭电源电压，拔掉连接线，测量电阻 R_p 的数值。

③ 计算 U_{BE}、U_{CE}、I_{CQ} 并填入表 6.2.1。

表 6.2.1 静态工作点测量数据

数据	参数						
	U_{BQ}/V	U_{EQ}/V	U_{CQ}/V	R_p/kΩ	U_{BE}/V	U_{CE}/V	I_{CQ}/mA
理论值							
实验值	测量 R_P=				计算		
						6V	

（2）动态参数测量。

①正常波形的观测：在上述条件下，保持 R_p 不变，从信号发生器接入一个正弦交流信号峰-峰值 $U_{ip\text{-}p}$= 200mV、f=1kHz。用示波器的两个通道以交流耦合方式同时观察并测量输入信号 u_i 和输出信号 u_o 的波形幅度、相位关系，计算电压放大倍数 $A_u=U_o/U_i$，画出输入、输出信号波形，标出波峰波谷电平和信号周期，注意 0V 电平与波形各点的电平的对应关系。

② 失真波形的观测：分别逐渐增大和逐渐减小 R_p，观察输出信号波形的变化。当出现明显失真时，画出失真波形，标出波峰波谷电平和信号周期，注意 0V 电平与波形各点的电平的对应关系。

③ 将测量数据和波形填入表 6.2.2。

表 6.2.2 动态参数测量数据

	U_{CQ}	U_{BQ}	U_{EQ}	$U_{ip\text{-}p}$	$U_{op\text{-}p}$	A_u	输入、输出信号波形
理论值				200mV			
R_p 合适 实验值							CH1: CH2: 时间:
R_p 减小 实验值				失真类型			CH1: CH2: 时间:
R_p 增大 实验值				失真类型			CH1: CH2: 时间:

（3）旁路电容 C_e 的影响测量。

引入负反馈的放大电路有稳定静态工作点、放大倍数稳定的优点，但由于负反馈使得放大倍数变小，因此实际使用时在图中 R_e 两端并联一个大电容 C_e=10μF。

① 将 C_e 连接在电路中，调整 R_P，使 U_{CEQ}=6V。

② 信号发生器设置为正弦交流信号峰-峰值 U_{ip-p}=40mV、f=1kHz。

③ 测量输出 U_o 波形的峰-峰值，记录并且计算放大倍数 A_u；画出输入、输出信号波形，标出波峰波谷电平和信号周期，注意 0V 电平与波形各点的电平的对应关系。

④ 将测量数据和波形填入表 6.2.3。

表 6.2.3　旁路电容 C_e 的影响测量数据

	U_{ip-p}	U_{op-p}	A_u	输入、输出信号波形
理论值	40mV			CH1:　CH2:　时间:
实验值				

6．实验注意事项

（1）在连接电路时，应关闭仪器和实验箱电源，电路连接好检查无误后再开启电源。

（2）使用示波器观察输入，输出信号波形时，要注意首先明确 0V 电平位置，以便测量信号波形上各点的电平。

7．实验报告

（1）电路中 C_1、C_2 的作用是什么？

（2）饱和失真与截止失真是怎样产生的？如果输出波形既出现饱和失真又出现截止失真是否说明静态工作点设置不合理？

（3）负载电阻的变化对静态工作点有无影响？对电压放大倍数有无影响？

（4）分析旁路电容 C_e 对放大倍数的影响。

6.3　多级放大电路

1．实验目的

（1）掌握两级（或多级）放大电路设计和调试的一般方法。

（2）掌握放大电路电压放大倍数、频率特性、输入电阻和输出电阻的测量方法。

（3）学习使用 Multisim 软件进行电路设计和仿真。

2．设计指标

（1）电压放大倍数 A_u：≥300（绝对值）。

（2）输入电阻 R_i：≥20kΩ。

（3）输出电阻 R_o：≤2kΩ。

（4）通频带宽 BW：优于 100Hz～1MHz。

（5）电源电压 Vcc：+12V。

（6）负载电阻 R_L：3kΩ。

（7）输出最小不失真电压：3V_{p-p}（带负载，输入信号 10mV_{p-p}）。

（8）电路要求：无自激、负反馈任选。

3．实验预习

（1）了解本实验的目的、原理和方法。

（2）根据技术指标设计电路，写出参数计算过程。

（3）学习 Multisim 软件的使用方法。

4．实验设备与仪器

计算机。

5．实验原理

（1）多级放大电路设计。

在设计实际的放大电路时，需要满足要求的设计条件，如较大的输入电阻、较大的放大倍数和较小的输出电阻等。此时，单级放大电路很难满足要求，需要采用多个基本放大电路连接到一起，构成多级放大电路。

构成多级放大电路的每个基本放大电路称为一级，每级之间的连接称为级间耦合，常见的耦合方式有直接耦合、阻容耦合、变压器耦合和光电耦合。

阻容耦合方式是将前级放大电路的输出端通过电容连接到后级放大电路的输入端。由于电容对直流电压的电抗为无穷大，因此阻容耦合放大电路各级之间的直流通路各不相通，各级的静态工作点相互独立，在求解或调试工作点时可分别按单级处理，所以阻容耦合放大电路的分析、设计和调试简单易行。

（2）多级放大电路的放大倍数。

多级放大电路的电压放大倍数等于组成它的各级放大电路的电压放大倍数之积，即

$$\dot{A}_{\mathrm{u}}=\frac{\dot{U}_{\mathrm{o1}}}{\dot{U}_{\mathrm{i}}}\cdot\frac{\dot{U}_{\mathrm{o2}}}{\dot{U}_{\mathrm{i2}}}\cdots\frac{\dot{U}_{\mathrm{o}N}}{\dot{U}_{\mathrm{i}N}}=\dot{A}_{\mathrm{u1}}\cdot\dot{A}_{\mathrm{u2}}\cdots\dot{A}_{\mathrm{u}N}=\prod_{j=1}^{N}\dot{A}_{\mathrm{u}j} \tag{6.3.1}$$

（3）输入电阻的测量和计算。

输入电阻 R_{i} 定义为输入电压和输入电流之比，即 $R_{\mathrm{i}}=u_{\mathrm{i}}/i_{\mathrm{i}}$，在实验中常用图 6.3.1 所示电路对 R_{i} 进行测量。当开关 K 断开时，R_{s} 串接在电路中，设此时负载 $\mathrm{R_L}$ 两端的电压为 U_{os}；当开关 K 合上时，R_{s} 被短接，设此时 R_{L} 两端的输出电压为 U_{o}。放大电路的放大倍数 A_{u} 不会因为开关的动作而有所改变，所以有

$$A_{\mathrm{u}}=\frac{U_{\mathrm{o}}}{U_{\mathrm{s}}}=\frac{U_{\mathrm{os}}}{U_{\mathrm{s}}\dfrac{R_{\mathrm{i}}}{R_{\mathrm{i}}+R_{\mathrm{s}}}} \tag{6.3.2}$$

化简得到

$$R_{\mathrm{i}}=\frac{U_{\mathrm{os}}}{U_{\mathrm{o}}-U_{\mathrm{os}}}R_{\mathrm{s}} \tag{6.3.3}$$

（4）输出电阻的测量和计算。

输出电阻 R_{o} 是将负载 R_{L} 断开，从输出端看进去的戴维南等效电阻，理论上通常用加压求流的方法进行求解。在实验中常用图 6.3.2 所示电路对 R_{o} 进行测量。当开关 S 断开时，测得空载时的输出电压 U_{o}'，开关 S 合上时，测得负载 R_{L} 两端的输出电压 U_{o}。根据 U_{o}' 和 U_{o} 的关系

$$U_{\mathrm{o}}=U_{\mathrm{o}}'\frac{R_{\mathrm{L}}}{R_{\mathrm{o}}+R_{\mathrm{L}}} \tag{6.3.4}$$

化简得到

$$R_{\mathrm{o}}=\left(\frac{U_{\mathrm{o}}'}{U_{\mathrm{o}}}-1\right)R_{\mathrm{L}} \tag{6.3.5}$$

测量 U_{o} 和 U_{os}、U_{o} 和 U_{o}' 时必须保证输出信号不失真，否则测量数据不准确。

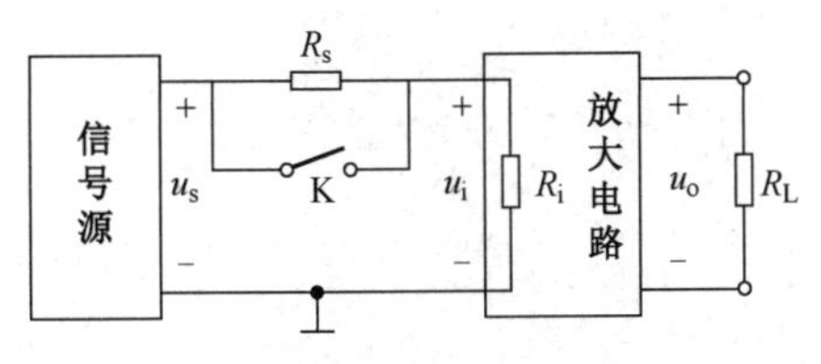

图 6.3.1　输入电阻求解示意图

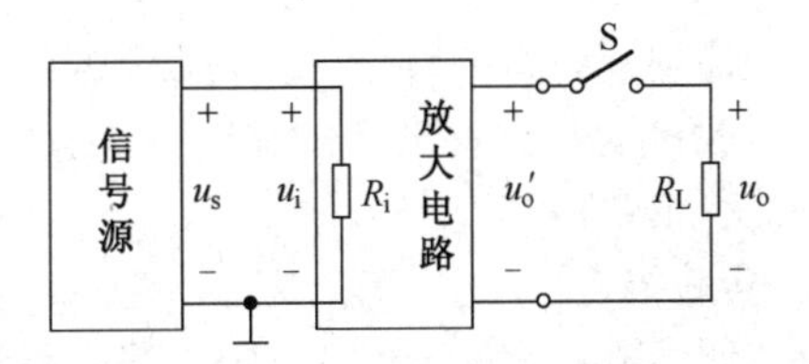

图 6.3.2　输出电阻求解示意图

6．实验内容

（1）两级放大电路绘制。

采用 Multisim 软件完成两级放大电路绘制，并在输入端接入 $10\text{mV}_{\text{P-P}}$/1kHz 正弦信号，在输出端用示波器观察和测试信号。

（2）静态工作点测量：直流工作点分析。

静态工作点调整：调整两级放大电路的基极偏置电位器，使每级放大电路输出信号的幅度最大且无失真。

使用 Multisim 软件进行放大电路直流工作点分析，将仿真结果记入表 6.3.1。

表 6.3.1　直流工作点分析

第一级放大电路	$U_{B1}=$	$U_{C1}=$	$U_{E1}=$
第二级放大电路	$U_{B2}=$	$U_{C2}=$	$U_{E2}=$

（3）电压放大倍数测量：示波器测试。

在输入端接入 $10\,\text{mV}_{\text{P-P}}$ / 1kHz 正弦信号，用示波器观测输出信号，记入表 6.3.2。

表 6.3.2　电压放大倍数测量

测试条件	放大电路输出信号/ $\text{mV}_{\text{P-P}}$		电压放大倍数		
	第一级	第二级	第一级	第二级	整体
输入正弦信号 $10\text{mV}_{\text{P-P}}$/1kHz	$u_{O1}=$	$u_{O2}=$			

（4）输入电阻测量。

根据图 6.3.1，测量 U_o 和 U_{os}，填入表 6.3.3，并计算出输入电阻的值。

表 6.3.3　输入电阻测量

测试条件	放大电路输入信号 / $\text{mV}_{\text{P-P}}$	放大电路输出信号 / $\text{mV}_{\text{P-P}}$		计算输入电阻
不串接 R_s	10	U_o		
$R_s=10\text{k}\Omega$		U_{os}		

（5）输出电阻测量。

根据图 6.3.2，测量 U_o 和 U_o'，填入表 6.3.4，并计算出输出电阻的值。

表 6.3.4　输出电阻测量

测试条件	放大电路输入信号 / $\text{mV}_{\text{P-P}}$	放大电路输出信号 / $\text{mV}_{\text{P-P}}$		计算输出电阻
R_L 开路	10	U_o'		
$R_L=3\text{k}\Omega$		U_o		

（6）幅频特性和相频特性：交流分析。

使用 Multisim 软件进行交流分析，频率范围设置为 1Hz～1MHz，观测并记录多级放大电路的幅频特性和相频特性。

7．实验报告

（1）详述电路设计过程，确定电路中用到的元器件参数。

（2）对设计电路的静态工作点、放大倍数、输入电阻和输出电阻进行理论计算，并将计算结果和仿真值进行比较，分析其误差。

（3）描述放大电路带宽的范围。

6.4 直流差动放大电路

1．实验目的

（1）掌握差动放大电路的工作原理、基本性能及测试方法。

（2）测量差模输入时单端、双端电压放大倍数，共模输入时单端、双端电压放大倍数。

（3）计算单端、双端电压共模抑制比。

2．实验预习

（1）复习差动放大器的工作原理和性能分析方法。

（2）计算图 6.4.1 电路理论值：静态工作点、差模放大倍数、共模放大倍数、共模抑制比（设 r_{be}=3kΩ，β=220，R_b=R_c=R_e=10kΩ）。

3．实验设备与仪器

模拟电路实验箱；差分放大实验电路板；信号发生器、万用表、示波器。

4．实验原理

差动放大电路是由两个传输特性相同的三极管（或场效应管）对称连接，共用同一个发射极电阻 R_e 构成深度负反馈的放大电路。实验电路如图 6.4.1 所示。

（1）静态工作点计算。

$$I_{EQ1}=I_{EQ2}\approx\frac{-U_{BEQ}-V_{EE}}{2R_e+0.5R_P}=\frac{12-U_{BEQ}}{2R_e+0.5R_P} \tag{6.4.1}$$

当 β 足够大时，可认为 $I_{EQ}\approx I_{CQ}$，所以

$$U_{CQ1}=U_{CQ2}\approx V_{CC}-I_{EQ}R_{c1} \tag{6.4.2}$$

$$U_{EQ1}=U_{EQ2}\approx U_{EB}=-U_{BE} \tag{6.4.3}$$

（2）动态参数计算。

① 单（双）端输入、单端输出差模电压放大倍数。

$$A_{ud1}=-A_{ud2}=\frac{U_{o1}}{U_{id}}\approx-\frac{1}{2}\cdot\frac{\beta R_c}{R_b+r_{be}+(1+\beta)\dfrac{R_P}{2}} \tag{6.4.4}$$

② 单（双）端输入、双端输出差模电压放大倍数。

$$A_{ud}=\frac{U_o}{U_{id}}\approx-\frac{\beta R_c}{R_b+r_{be}+(1+\beta)\dfrac{R_P}{2}} \tag{6.4.5}$$

③ 单（双）端输入、单端输出共模电压放大倍数。

$$A_{uc1}=A_{uc2}=\frac{-\beta R_c}{R_b+r_{be}+(1+\beta)\dfrac{R_P}{2}+2(1+\beta)R_e} \tag{6.4.6}$$

④ 单（双）端输入、双端输出共模电压放大倍数。

$$A_{uc}=\frac{-\beta_1 R_{c1}+\beta_2 R_{c2}}{R_b+r_{be}+(1+\beta)\dfrac{R_P}{2}+2(1+\beta)R_e}\approx 0 \tag{6.4.7}$$

⑤ 共模抑制比 K_{CMR}。

$$K_{CMR}=\left|\frac{A_{ud}}{A_{uc}}\right| \tag{6.4.8}$$

⑥ 单（双）端输入、单（双）端输出方式的差模输入电阻。

$$R_i=2\left[R_b+r_{be}+(1+\beta)\frac{R_P}{2}\right] \tag{6.4.9}$$

⑦ 单（双）端输入、单端输出方式的输出电阻。

$$R_o\approx R_c \tag{6.4.10}$$

⑧ 单（双）端输入、双端输出方式的输出电阻。

$$R_o\approx 2R_c \tag{6.4.11}$$

由于实验仪器所限，实验电路的交流输入方式只能采用单端输入，因此动态参数的分析仅限于单端输入单端输出和单端输入双端输出两种方式。

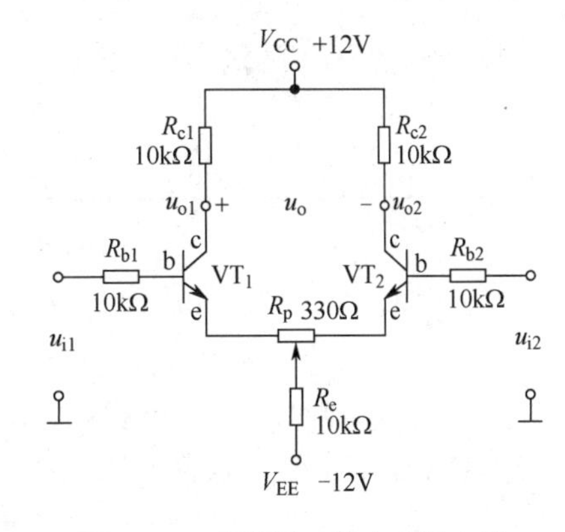

图 6.4.1 直流差动放大实验电路

5. 实验内容

（1）调零及测量静态工作点。

按图 6.4.1 连接电路，检查无误后接通电源。

首先对电路进行调零：将输入端 1、输入端 2 与地线连接，调节电位器 R_P 使 $U_{o1}=U_{o2}$。

测量 VT_1 和 VT_2 的静态值，填入表 6.4.1。

表 6.4.1 差动放大电路静态工作点数据

U_{C1}、U_{C2}/V		U_{B1}/V		U_{B2}/V		U_{E1}/V		U_{E2}/V		U_{Re}/V		I_{Re}/mA	
理论值	实测值	理论值	实测值	理论值	实测值	理论值	实测值	理论值	实测值	理论值	实测值	理论值	实测值

（2）直流差模和直流共模电压放大倍数测量（双端输入方式测量）。

在输入端加入直流差模信号 U_i=0.2V（U_{i1}=+0.1V，U_{i2}=−0.1V），测量单端输出电压 U_{o1}、U_{o2} 及双端输出电压 U_o。计算单端输出时差模电压放大倍数 A_{ud1}、A_{ud2} 和双端输出时的差模电压放大倍数 A_{ud}。

在输入端加入直流共模信号 $U_{i1}=U_{i2}$=+0.1V，测量单端输出电压 U_{o1}、U_{o2} 及双端输出电压 U_o。计算单端输出时共模电压放大倍数 A_{uc1}、A_{uc2} 和双端输出时的共模电压放大倍数 A_{uc}。

将上述测量结果填入表 6.4.2。注意，表 6.4.2 中的理论值应使用实验原理中的理论公式求出，测量值应为实验记录数据或根据实验数据计算的结果。

表 6.4.2 输入直流电压信号时差动放大电路输出测量结果（双端输入）

输入信号/V		差模，U_i=±0.1V	共模，$U_{i1}=U_{i2}$=+0.1V
U_{o1}	理论值		
	测量值		
U_{o2}	理论值		
	测量值		

续表

输入信号/V		差模，U_i=±0.1V	共模，U_{i1}=U_{i2}=+0.1V
U_o	理论值		
	测量值		
A_{ud1}	理论值		
	测量值		
A_{ud2}	理论值		
	测量值		
A_{ud}	理论值		
	测量值		
A_{uc1}	理论值		
	测量值		
A_{uc2}	理论值		
	测量值		
A_{uc}	理论值		
	测量值		

（3）交流差模和交流共模电压放大倍数测量（单端输入方式测量）。

按照图6.4.2所示的差模单端输入双端输出方式接线，正弦信号发生器输出频率为1kHz，幅度为200mV$_{P-P}$的信号u_i并保持不变。用示波器观测输入信号并记录信号幅度。

使用示波器的CH1通道测量u_{od1}的幅度，用CH2通道测量u_{od2}的幅度，然后按下示波器的MATH按键，将操作设置为“A+B”（叠加），并将CH2通道的“反相”设置为打开，在示波器上测量双端输出信号u_{od}的幅度，将测量结果填入表6.4.3。

然后计算单端输出的差模电压放大倍数A_{ud1}、A_{ud2}和双端输出的差模放大倍数A_{ud}。

再按图6.4.3所示共模特性测量方式接线，正弦信号发生器输出频率保持1kHz不变，幅度为200mV$_{P-P}$。

使用示波器的CH1通道测量u_{oc1}的幅度，用CH2通道测量u_{oc2}的幅度，然后按下示波器的MATH按键，将操作设置为“A+B”（叠加），并将CH2通道的“反相”设置为打开，在示波器上测量双端输出信号u_{oc}的幅度，将测量结果填入表6.4.3。

然后计算单端输出的共模电压放大倍数A_{uc1}、A_{uc2}和双端输出的共模放大倍数A_{uc}。

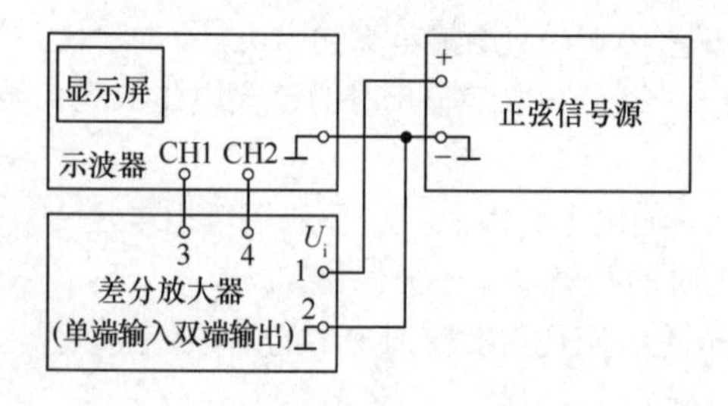

图6.4.2　差模单端输入双端输出方式

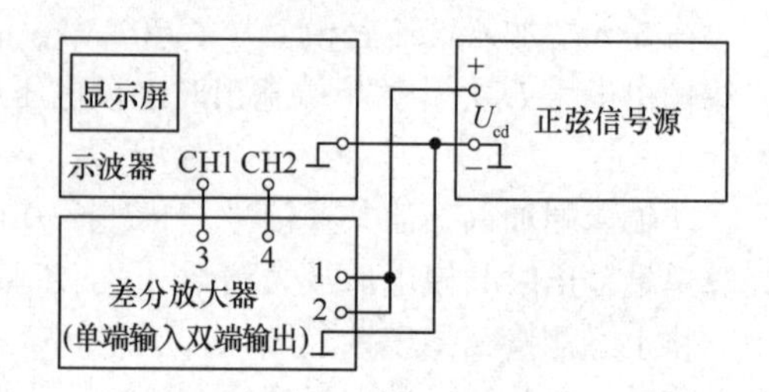

图6.4.3　共模特性测量方式

表6.4.3　输入交流信号时差动放大电路输出测量结果（单端输入）

输入信号（V）		差模，u_i=200mV$_{P-P}$	共模，u_{i1}= u_{i2}=200mV$_{P-P}$
U_{o1}	理论值	u_{od1}=	u_{oc1}=
	测量值	u_{od1}=	u_{oc1}=
U_{o2}	理论值	u_{od2}=	u_{oc2}=
	测量值	u_{od2}=	u_{oc2}=

续表

输入信号（V）		差模，u_i=200mV$_{P-P}$	共模，u_{i1}= u_{i2}=200mV$_{P-P}$
U_o	理论值	u_{od}=	u_{oc}=
	测量值	u_{od}=	u_{oc}=
A_{ud1}	理论值		
	测量值		
A_{ud2}	理论值		
	测量值		
A_{ud}	理论值		
	测量值		
A_{uc1}	理论值		
	测量值		
A_{uc2}	理论值		
	测量值		
A_{uc}	理论值		
	测量值		

（4）计算共模抑制比 K_{CMR} 。

根据表 6.4.2 和表 6.4.3 中的数据，分别计算电路在直流双端输入和交流单端输入时的共模抑制比，并填入表 6.4.4。

表 6.4.4　共模抑制比

参数	直流双端输入	交流单端输入
$K_{CMR}=\left\|\dfrac{A_{ud}}{A_{uc}}\right\|$		

6．实验注意事项

在使用示波器直流耦合输入信号时，要注意首先观察 0V 电平的显示位置，以便观测信号的电平。

7．思考题

（1）差动放大电路中两只晶体管及元器件对称性对电路性能有什么影响？

（2）电路中 R_e 起什么作用，它的大小对电路性能有什么影响？

（3）为什么电路在工作前需进行零点调整？

8．实验报告

（1）回答思考题。

（2）整理实验数据，计算要求的实验结果，与理论值进行比较，并分析误差原因。

（3）比较 u_{i1}、u_{i2}，u_{o1}、u_{o2} 之间的相位关系。

（4）总结差动放大电路的特点。

6.5　负反馈放大电路

1．实验目的

（1）掌握测量工作点和输入/输出电阻，测量电压放大倍数和频率特性的方法。

（2）比较有负反馈电路与无负反馈电路中输入/输出电阻、电压放大倍数、频率特性等参数的变化。

2．实验预习

（1）复习负反馈放大电路的工作原理及负反馈对放大电路性能的影响。

（2）计算图6.5.1中有关静态和动态参数的理论值。

3．实验设备与仪器

模拟电路实验箱；负反馈实验电路板；信号发生器，万用表，示波器。

4．实验原理

交流负反馈放大电路如图6.5.1所示。图中晶体管的 β 值约为80，设 r_{be}=3kΩ。

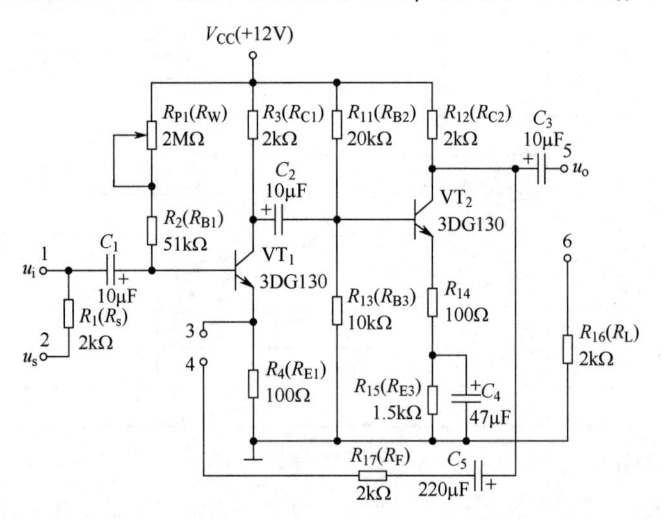

图6.5.1　交流负反馈放大电路

（1）开环放大倍数。

当不考虑信号发生器的输出电阻时，如果信号从 u_i 端输入，并且测量电路的开环输出电压时将 R_F 并联到输出端，那么开环放大倍数 A_u 为

$$A_u = A_{u1}A_{u2} \approx \frac{\beta_1 R_{C1} // R_{B2} // R_{B3} // \left[r_{be2} + (\beta_2 + 1) R_{14} \right]}{r_{be1} + (\beta_1 + 1) R_{E1}} \cdot \frac{\beta_2 R_{C2} // R_F}{r_{be2} + (\beta_2 + 1) R_{14}} \tag{6.5.1}$$

（2）开环输入电阻、开环输出电阻。

① 输入换算法求输入电阻。当被测电路的输入电阻较低时（如晶体管放大器），测量电路如图6.5.2所示。在信号发生器和被测放大电路之间串联一只电阻 R_s，分别测出电阻 R_s 两端对地电压 u_s 和 u_i，即可求出输入电阻。

$$R_i = \frac{u_i}{I_i} = \frac{u_i}{u_{R_s} / R_s} = \frac{u_i}{u_s - u_i} R_s \tag{6.5.2}$$

② 输出换算法求输入电阻。当被测电路的输入电阻很高时（如场效应管放大器），测量仪器内阻的分流作用会影响测量精度，因此可在输出电阻较小的电路输出端测量。如图6.5.3所示，信号发生器的输出 u_s 保持不变，在输入端辅助电阻 R_s 的两端并联一个开关，随着开关S的接通和断开，放大电路的输出电压 u_o 会随之变化，用仪器测量输出电压 u_o 的数值就可以计算输入电阻。

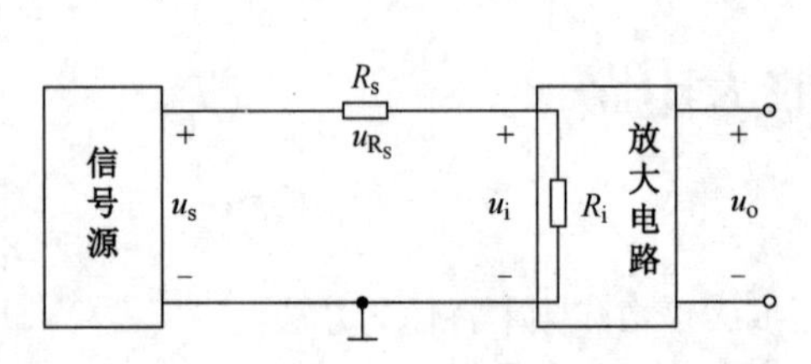

图6.5.2　输入换算法求输入电阻的测量电路

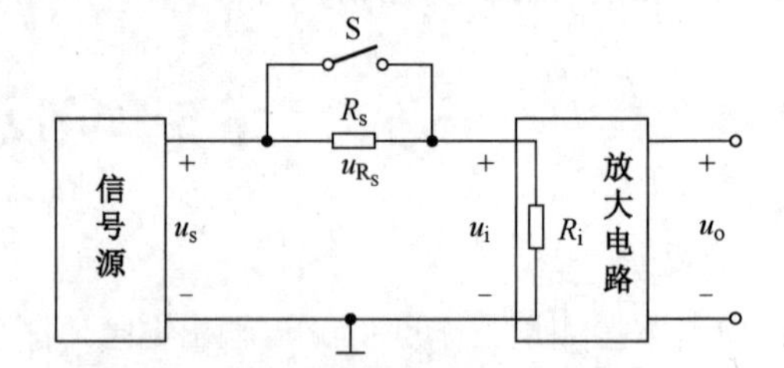

图6.5.3　输出换算法求输入电阻的测量电路

当开关 S 闭合时输出电压为 u_{o1}，当开关 S 断开时输出电压为 u_{o2}，则输入电阻为

$$R_i = \frac{u_{o2}}{u_{o1} - u_{o2}} R_S \tag{6.5.3}$$

③ 开路电压法求输出电阻。开路电压法求输出电阻的测量电路如图 6.5.4 所示，保持输入信号不变，在输出端分别测量不接负载电阻 R_L 时的开路输出电压 u_{R_∞} 和接上 R_L 时的带负载输出电压 u_{R_L}，则输出电阻为

$$R_o = \frac{u_{R_\infty} - u_{R_L}}{u_{R_L}} R_L \tag{6.5.4}$$

（3）闭环放大倍数。

负反馈电路原理框图如图 6.5.5 所示。

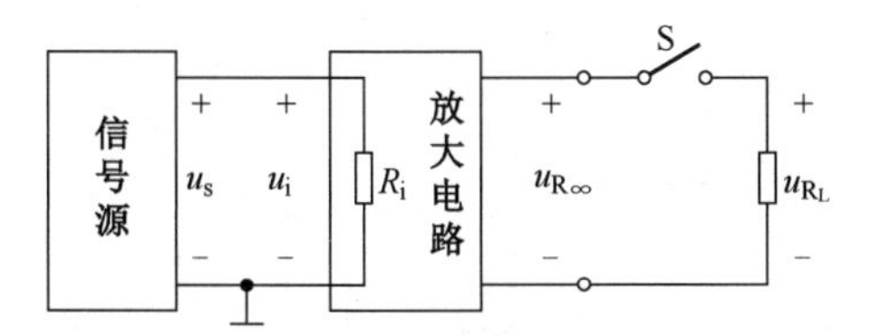

图 6.5.4　开路电压法求输出电阻的测量电路

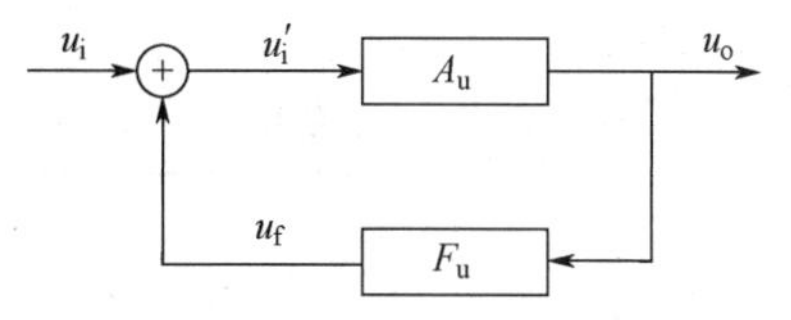

图 6.5.5　负反馈电路原理框图

当输入环节满足 $u_i' = u_i - u_f$ 时，电路构成负反馈，负反馈电路的放大倍数计算公式为

$$A_{uf} = \frac{u_o}{u_i} = \frac{A_u}{1 + A_u F_u} \tag{6.5.5}$$

式中，A_{uf} 为闭环放大倍数；A_u 为开环放大倍数，也就是主回路的传递函数；F_u 为反馈系数，也就是反馈环节的传递函数。

（4）反馈系数。

在图 6.5.1 中，若忽略电容的影响，则反馈网络主要由 R_F 构成。反馈系数的计算方法为

$$F_u = \frac{u_{E1}}{u_o} = \frac{R_{E1}}{R_{E1} + R_F} \tag{6.5.6}$$

（5）闭环输入电阻、输出电阻。

电压串联负反馈电路的输入电阻为

$$R_{if} = R_i\left(1 + A_u F_u\right) \tag{6.5.7}$$

电压串联负反馈电路的输出电阻为

$$R_{of} = R_o / \left(1 + A_u F_u\right) \tag{6.5.8}$$

（6）幅频特性。

假设反馈放大电路的上限截止频率为 f_{CH}，下限截止频率为 f_{CL}，则电压串联负反馈电路的上限截止频率 f_{CH} 为

$$f_{CH} = f_H\left(1 + A_u F_u\right) \tag{6.5.9}$$

电压串联负反馈电路的下限截止频率 f_{CL} 为

$$f_{CL} = \frac{f_L}{1 + A_u F_u} \tag{6.5.10}$$

式中，A_u 为放大器的中频段开环放大倍数，f_H，f_L 是开环放大电路上限频率，f_L 是下限频率。

在负反馈放大电路中，有 4 种形式的负反馈电路：电压并联、电压串联、电流串联和电流并联。本实验研究电压串联负反馈。

引入负反馈后，可以提高放大电路放大倍数的稳定性，减少非线性失真，改变输入、输出电阻，展宽频带。

5．实验内容

（1）调节和测量静态工作点。

按照图 6.5.1 连接电路，检查无误后接通电源，调节第一级电路的静态工作点使$U_{CEQ}=\frac{V_{CC}}{2}=6V$。

（2）研究负反馈对电路放大倍数的影响。

① 测量不带负反馈（开环）状态下放大电路的放大倍数A_u。将R_f并联于输出端（将图 6.5.1 中点 4 接地）。输入信号$u_i=20mV_{P-P}$（峰-峰值）、频率$f=10kHz$，测量输出电压u_o并计算电压放大倍数A_u。

② 测量带负反馈（闭环）状态下放大电路的放大倍数A_{uf}。将图 6.5.1 中点 3 与点 4 连接，构成电压串联负反馈电路，保持输入信号不变，测量u_{of}，计算A_{uf}。

将结果记入表 6.5.1，表中的理论值计算时取$\beta=80$。

表 6.5.1　电压串联负反馈对电路放大倍数的影响

电路状态	u_i /mV$_{P-P}$	u_o /mV$_{P-P}$		A_u		A_{uf}	
		理论值	测量值	理论值	测量值	理论值	测量值
无负反馈							
有负反馈							

（3）研究负反馈对输入电阻的影响。

① 测量不带负反馈（开环）状态下放大电路的输入电阻。将图 6.5.1 中点 3 和点 4 断开，点 4 接地（将反馈电阻R_F并联到第二级放大电路的输出端），保持输入信号不变，先将信号从u_i端输入，测量开路输出电压u_{o1}，再将信号从u_s端输入，测量开路输出电压u_{o2}，利用式（6.5.3）计算不带负反馈（开环）状态下放大电路的输入电阻。

② 测量带负反馈（闭环）状态下放大电路的输入电阻。将图 6.5.1 中的点 4 与接地点断开，点 3 和点 4 接通（构成负反馈电路），保持输入信号不变，先将信号从u_i端输入，测量开路输出电压u_{o1}，再将信号从u_s端输入，测量开路输出电压u_{o2}，利用式（6.5.3）计算带负反馈（闭环）状态下放大电路的输入电阻。

将上述计算结果记入表 6.5.2。

表 6.5.2　电压串联负反馈对电路输入电阻的影响

电路状态	u_i /mV$_{P-P}$	u_{o1} /mV$_{P-P}$		u_{o2} /mV$_{P-P}$		R_i	
		理论值	测量值	理论值	测量值	理论值	测量值
无负反馈							
有负反馈							

（4）研究负反馈对输出电阻的影响。

首先，测量不带负反馈（开环）状态下放大电路的输出电阻。将图 6.5.1 中点 3 和点 4 断开，点 4 接地（将反馈电阻R_F并联到第二级放大电路的输出端），保持输入信号不变，将信号从u_i端输入，在输出端不接负载电阻R_L的情况下测量开路输出电压u_{R_∞}，再将R_L接到第二级放大电路的输出端，测量带负载时的输出电压u_{R_L}，利用式（6.5.4）计算不带负反馈（开环）状态下放大电路的输出电阻。

其次，测量带负反馈（闭环）状态下放大电路的输出电阻。将图 6.5.1 中点 4 与接地点断开，点 3 和点 4 接通（构成负反馈电路），保持输入信号不变，将信号从u_i端输入，在输出端不接负载电阻R_L的情况下测量开路输出电压u_{R_∞}，再将R_L接到第二级放大电路的输出端，测量带负载时的输出电压u_{R_L}，利用式（6.5.4）计算带负反馈（闭环）状态下放大电路的输出电阻。

将上述计算结果记入表 6.5.3。

表 6.5.3　电压串联负反馈对电路输出电阻的影响

电路状态	u_i /mV$_{P-P}$	u_{R_∞} /mV$_{P-P}$		u_{R_L} /mV$_{P-P}$		R_o	
		理论值	测量值	理论值	测量值	理论值	测量值
无负反馈							
有负反馈							

（5）研究负反馈对频率特性的影响。

首先，测量开环状态下放大电路的上限截止频率f_H和下限截止频率f_L。f_0是输出幅度最大处的频率。输入适当幅值的信号u_i（$U_{im}=5mV$），起始频率为 10kHz，用示波器监测输出信号以确保其不失真。在输入信号u_i幅度不变的情况下，提高或降低输入信号频率，使输出电压下降至原来输出电压的 70.7%，此时输入信号的频率即为上限截止频率f_H或下限截止频率f_L，通带宽度为$BW=f_H-f_L$。

其次，测量闭环状态下放大电路的上限截止频率f_{CH}和下限截止频率f_{CL}，测量方法与开环状态下放大电路相同。

将上述测量结果记入表 6.5.4 中。

表 6.5.4　放大器幅频特性测量（保持$U_{im}=5mV$）

频率		f_L/f_{CL}	f_0	f_H/f_{CH}	BW
频率值/Hz	无负反馈				
	有负反馈				
无负反馈输出电压/mV$_{P-P}$					╲
有负反馈输出电压/mV$_{P-P}$					╲

6．实验注意事项

在使用示波器直流耦合输入信号时，要注意观察 0V 电平的显示位置，以便观测信号的电平。

7．思考题

（1）分析电压串联负反馈有什么特点？电路的哪些指标得到了改善？应在什么情况下采用？

（2）负反馈放大电路的反馈深度是否越大越好，为什么？

8．实验报告

（1）回答思考题。

（2）整理实验数据，计算误差，分析产生误差的原因。

（3）根据实验内容总结负反馈对放大电路的影响。

6.6　基本运算放大电路

1．实验目的

（1）研究由集成运算放大器组成的比例、加法、减法等基本运算放大电路的功能。

（2）掌握使用集成运算放大器设计基本运算电路的方法。

（3）了解运算放大器在实际应用时应考虑的一些问题。

2．实验预习

（1）复习基本运算电路的工作原理。

（2）计算有关参数的理论值。

3．实验设备与仪器

模拟电路实验箱；运放线性应用电路板，或者集成运算放大器LM324、电阻若干；信号发生器，万用表，示波器。

4．实验原理

（1）集成运算放大器是一种具有高电压放大倍数的直接耦合多级放大电路。当外部接入不同的线性或非线性元器件组成输入和负反馈电路时，可以灵活地实现各种特定的函数关系。在线性应用方面，可组成比例、加法、减法、积分、微分、对数等模拟运算放大电路。

（2）理想运算放大器的特性：在大多数情况下，将运放视为理想运放，就是将运放的各项技术指标理想化，满足下列条件的运算放大器称为理想运放。

① 开环电压增益 $A_{ud}=\infty$。

② 输入阻抗 $R_i=\infty$。

③ 输出阻抗 $R_o=0$。

④ 带宽 BW=∞。

⑤ 失调与漂移均为零等。

（3）理想运放在线性应用时的两个重要特性：虚短和虚断。

① 输出电压 U_o 与输入电压之间满足关系式：$U_o = A_{ud}(U_+ - U_-)$

由于 $A_{ud}=\infty$，而 U_o 为有限值，因此 $U_+ - U_- \approx 0$，即 $U_+ \approx U_-$，称为“虚短”。

② 由于 $R_i=\infty$，因此流进运放两个输入端的电流可视为零，即 $I_+ = I_- = 0$，称为“虚断”。

上述两个特性是分析理想运放应用电路的基本原则，可简化运放电路的计算。

5．实验内容

（1）反相比例运算电路。

对于理想运放，该电路的输出电压与输入电压之间的关系为

$$U_o = -\frac{R_f}{R_1}U_i$$

为了减小输入级偏置电流引起的运算误差，在同相输入端应接入平衡电阻 $R = R_1//R_f$。

反向比例运算电路如图6.6.1所示，选择合适的元器件，按图连接好电路，电源引脚 V_{CC} 和 V_{EE} 分别接+12V和−12V，注意芯片电源的正负极不要接反。

输入频率为1kHz、幅度为 $0.5V_{P\text{-}P}$ 或 $1V_{P\text{-}P}$、偏移为0V的正弦交流信号，用示波器直流耦合输入测量 U_i 和相应的 U_o，并观察 U_i 和 U_o 的幅度和相位关系，并记入表6.6.1。

输入电压为0.5V的直流信号，用万用表直流电压挡进行测量并记录。

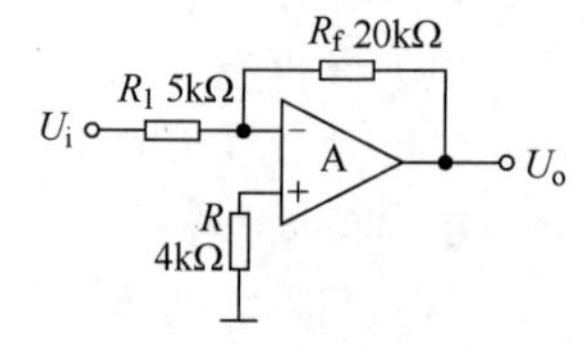

图6.6.1　反相比例运算电路

（2）同相比例运算电路。

对于理想运放，该电路的输出电压与输入电压之间的关系为

$$U_o = \left(1+\frac{R_f}{R_1}\right)U_i，平衡电阻 R = R_1//R_f$$

同相比例运算电路如图6.6.2所示，选择合适的元器件，按图连接好电路，电源引脚 V_{CC} 和 V_{EE} 分别接+12V和−12V，注意芯片电源的正负极不要接反。

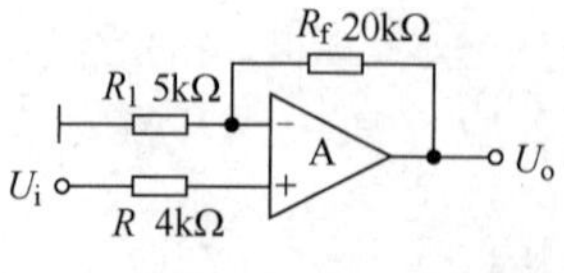

图6.6.2　同相比例运算电路

输入频率为 1kHz、幅度为 0.5V_{P-P} 或 1V_{P-P}、偏移为 0V 的正弦交流信号，用示波器直流耦合输入测量 U_i 和相应的 U_o，并观察 U_i 和 U_o 的幅度与相位关系，并记入表 6.6.1。

输入电压为 0.5V 的直流信号，用万用表直流电压挡进行测量并记录。

表 6.6.1　比例运算电路的测量数据

电路	输入 U_i	输出 U_o 理论值	输出 U_o 测量值	U_i 和 U_o 波形
反相比例	V_{p-p}=500mV，1kHz			CH1:　CH2:　时间:
	V_{p-p}=1V，1kHz			CH1:　CH2:　时间:
	0.5V 直流信号			在上图中标注此工作点位置
同相比例	V_{p-p}=500mV，1kHz			CH1:　CH2:　时间:
	V_{p-p}=1V，1kHz			CH1:　CH2:　时间:
	0.5V 直流信号			在上图中标注此工作点位置

（3）加法运算电路。

加法运算电路如图 6.6.3 所示。该电路的输出电压与输入电压之间的关系为

$$U_o = -\left(\frac{R_f}{R_1}U_{i1} + \frac{R_f}{R_2}U_{i2}\right)，平衡电阻 R_3 = R_1 // R_2 // R_f$$

① 选择合适的元器件，按图 6.6.3 连线，注意芯片电源的正负极不要接反。

② 按表 6.6.2 要求输入直流信号 U_{i1}、U_{i2}。

③ 使用万用表测量输出电压 U_o，记入表 6.6.2，并计算误差。

（4）减法运算电路。

减法运算电路如图 6.6.4 所示。该电路的输出电压与输入电压之间的关系为

$$U_o = R_f\left(\frac{U_{i2}}{R_2} - \frac{U_{i1}}{R_1}\right)$$

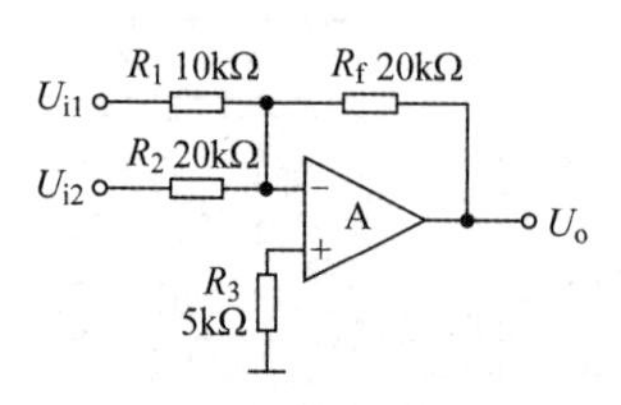

图 6.6.3　加法运算电路

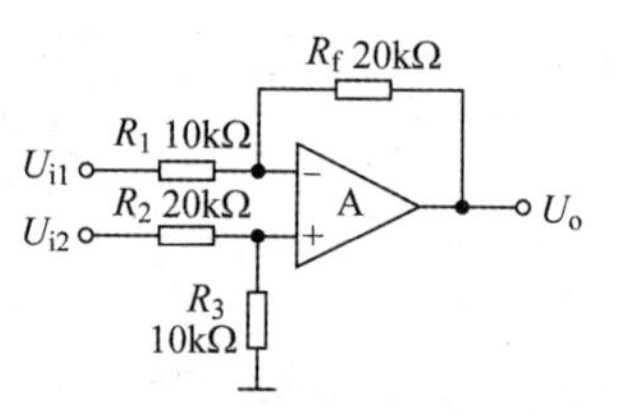

图 6.6.4　减法运算电路

① 选择合适元器件，按图 6.6.4 连线，注意芯片电源的正负极不要接反。

② 按表 6.6.2 要求输入直流信号 U_{i1}、U_{i2}。

③ 使用万用表测量输出电压 U_o，记入表 6.6.2，并计算误差。

表 6.6.2　加法运算电路和减法运算电路的测量数据

	输入 U_i/V		输出 U_o/V		
加法运算	U_{i1}	U_{i2}	理论值	测量值	误差
	+0.2	+0.3			
	+0.3	−0.2			
减法运算	U_{i1}	U_{i2}	理论值	测量值	误差
	+0.2	+0.3			
	+0.3	−0.2			

6．实验注意事项

（1）实验前要看清集成运放电路各引脚的位置，切忌正、负电源极性接反和输出端短路；否则将会损坏集成电路。

（2）在使用示波器直流耦合输入信号时，要注意首先观察 0V 电平的显示位置，以便观测信号的电平。

7．思考题

（1）为了防止集成电路损坏，实验中应注意哪些问题？

（2）在运算放大电路中为什么要求两个输入端所接电阻满足平衡？

（3）设计一个运算关系为 $U_0 = 6U_1 + 5U_2 - 4U_3$ 的电路，其输入电阻 $R_i \geqslant 10\text{k}\Omega$。

8．实验报告

（1）回答思考题。

（2）整理实验数据，计算误差，分析产生误差的原因。

（3）在反相加法器中，如果 U_{i1} 和 U_{i2} 均采用直流信号，并选定 U_{i2}=−1V，当考虑到运算放大器的最大输出幅度（±12V）时，U_{i1} 的大小不应超过多少？写出计算过程。

9．LM324 芯片引脚图

LM324 芯片引脚图如图 6.6.5 所示。

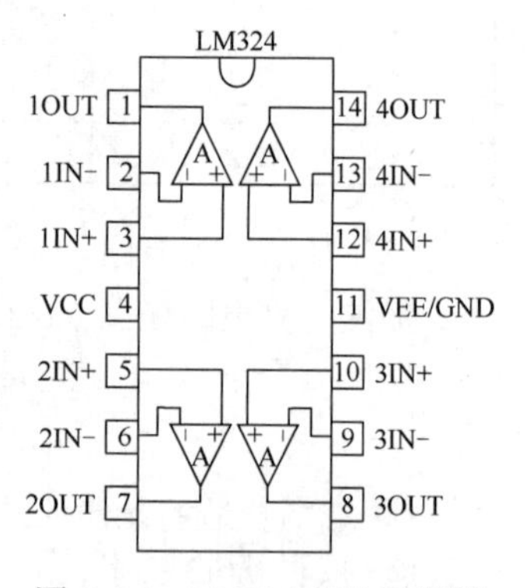

图 6.6.5　LM324 芯片引脚图

6.7　RC 正弦波振荡电路

1．实验目的

（1）学习集成运放 RC 正弦波振荡电路的工作原理。

（2）掌握 RC 正弦波振荡电路的调节方法和主要性能指标的测量方法。

2．实验预习

（1）RC 振荡电路的工作原理和振荡频率 f_o 的计算方法。

（2）RC 振荡电路的起振条件，稳幅电路的工作原理。

（3）计算实验参数的理论值。

3．实验设备与仪器

示波器、万用表；模拟电路实验箱、集成运放 LM324、电阻若干。

4．实验原理

（1）实验参考电路如图 6.7.1 所示的 RC 正弦波振荡电路。

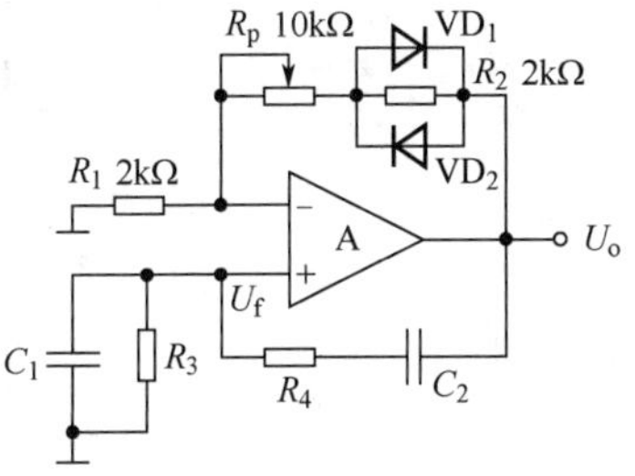

图 6.7.1　RC 正弦波振荡电路

此电路为 RC 桥式正弦波振荡器（文氏电桥振荡器）。图中 RC 串、并联电路构成正反馈支路，同时兼作选频网络，R_1、R_p 及二极管等元器件构成负反馈和稳幅环节。调节电位器 R_p，可以改变负反馈深度，以满足振荡的振幅条件和改善波形。利用两个反向并联二极管 VD_1、VD_2 的正向电阻非线性特性来实现稳幅。VD_1、VD_2 采用硅管（温度稳定性好），且要求特性匹配，才能保证输出波形正、负半周对称。R_2 的接入是为了削弱二极管非线性的影响，改善波形失真。

电路参数为 R_1=2kΩ，R_2=2kΩ，R_p=10kΩ，R_3=R_4=15kΩ，C_1=C_2=0.1μF，VD_1、VD_2 均为 1N4001，运放为 LM324。

（2）RC 正弦波振荡电路元器件参数选取条件。

① 振荡频率。在图 6.7.1 中，取 $R_3=R_4=R$，$C_1=C_2=C$，则电路的振荡频率为

$$f_o=\frac{1}{2\pi RC} \tag{6.7.1}$$

改变选频网络的参数 C 或 R，即可调节振荡频率。一般采用改变电容 C 进行频率量程切换，而调节 R 进行量程内的频率细调。

② 起振条件。

$$A_f=1+\frac{R_f}{R_1} \tag{6.7.2}$$

应略大于 3，R_f 应略大于 $2R_1$，其中 $R_f=R_p+R_2//R_{VD}$（R_{VD} 为二极管正向导通电阻）。

调整 R_p 使电路起振，且波形失真最小。如果不能起振，说明负反馈太强，应适当加大 R_f。如果波形失真严重，应适当减小 R_f。

③ 稳幅电路。在实际电路中，一般在负反馈支路中加入由两个相互反接的二极管和一个电阻构成的自动稳幅电路，其目的是利用二极管的动态电阻特性，抵消由元器件误差、温度变化所造成的对振荡幅度的影响。

5．实验内容

（1）按图 6.7.1 连接线路，电源引脚 V_{CC} 和 V_{EE} 分别接+12V 和−12V，注意芯片电源的正负极不要接反，用示波器观察 U_o，调节负反馈电位器 R_p，使输出 U_o 产生稳定的最大不失真的正弦波。

（2）振荡频率 f_o。用示波器测量输出电压 U_o 的频率 f_o，填入表 6.7.1 中。与理论值比较，计算

误差。

（3）在振荡电路输出为稳定、最大不失真的正弦波的条件下，测量 U_{opp} 和 U_{fpp}。采用示波器同时观测 U_f 与 U_o 波形，并绘制在表 6.7.1 中。计算反馈系数 $F=U_{fpp}/U_{opp}$。

（4）另选一组 R=10 kΩ、C=0.1μF，重复上述过程，完成表 6.7.1 所需数据。

（5）在现有电路基础上进行设计改造，使电路振荡频率为 f_o=320Hz。

表 6.7.1　振荡频率及波形测试

R	C	f_o 理论值	f_o 测量值	U_{fpp}	U_{opp}	U_f 与 U_o 波形
15kΩ	0.1μF					CH1:　CH2:　时间:
10 kΩ	0.1μF					CH1:　CH2:　时间:

6．实验注意事项

（1）实验前要看清运放集成电路各引脚的位置，切忌正、负电源极性接反和输出端短路；否则将会损坏集成电路。

（2）在使用示波器直流耦合输入信号时，要注意首先观察 0V 电平的显示位置，以便观测信号的电平。

7．思考题

（1）负反馈支路中 VD_1、VD_2 为什么能起到稳幅作用？分析其工作原理。

（2）为保证振荡电路正常工作，电路参数应满足哪些条件？

（3）振荡频率的变化与电路中的哪些元器件有关？

8．实验报告

（1）回答思考题。

（2）整理实验数据，计算表 6.7.1 中记录数据的振荡频率误差，计算反馈系数 $F=U_{fpp}/U_{opp}$。

（3）总结 RC 桥式正弦波振荡电路的工作原理及分析方法。

6.8　有源滤波电路

1．实验目的

（1）掌握由集成运放和阻容元器件构成的有源滤波器的计算、分析与设计方法。

（2）掌握有源滤波器的基本性能和电参数测试方法。

（3）了解品质因数 Q 对滤波器的影响。

2．实验预习

（1）分析图 6.8.1 中低通滤波器、高通滤波器的工作原理。

（2）根据低通滤波器、高通滤波器的传递函数表达式定性画出幅频特性曲线。

3．实验设备与仪器

双踪示波器、正弦信号发生器、直流稳压电源、万用表、模拟电路实验箱、运算放大器 LM324、电阻若干。

4．实验原理

实验参考电路如图 6.8.1 所示。图 6.8.1（a）是二阶压控电压源低通滤波器，图 6.8.1（b）是二阶压控电压源高通滤波器。图中电容 C 的容量可在 0.1～0.01μF 范围内选取。

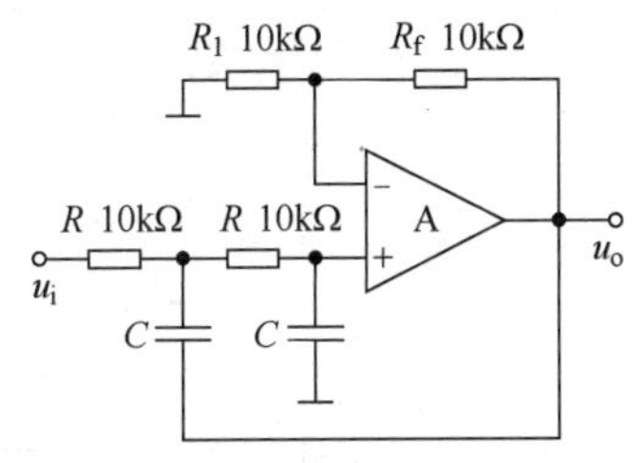

（a）二阶压控电压源低通滤波器

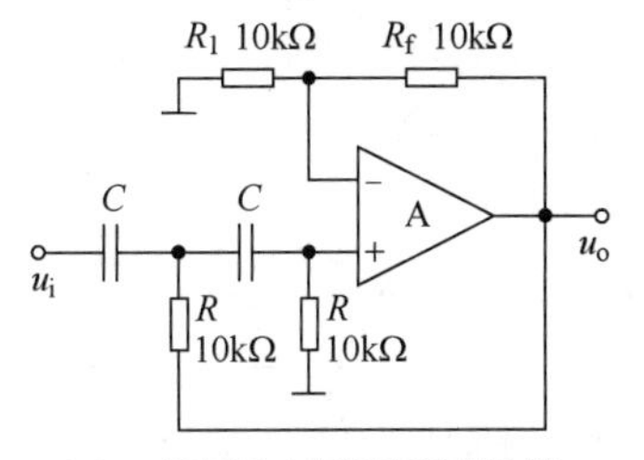

（b）二阶压控电压源高通滤波器

图 6.8.1　实验参考电路

由图 6.8.1（a）所示的电路可推出低通滤波器的传递函数为

$$A_u=\frac{u_o}{u_i}=\frac{A_{up}}{1+\dfrac{1}{Q}\dfrac{s}{\omega_0}+\left(\dfrac{s}{\omega_0}\right)^2} \tag{6.8.1}$$

将 $s=\mathrm{j}\omega$ 、 $\omega_0=2\pi f_0$ 代入，整理后可得

$$A_u=\frac{A_{up}}{1-\left(\dfrac{f}{f_0}\right)^2+\mathrm{j}\dfrac{1}{Q}\dfrac{f}{f_0}} \tag{6.8.2}$$

式中，$f_0=\dfrac{1}{2\pi RC}$ 为特征频率；$A_{up}=1+\dfrac{R_f}{R_1}$ 为通带增益；$Q=\dfrac{1}{3-A_{up}}$ 为品质因数（下同）。

由图 6.8.1（b）所示的电路可推出高通滤波器的传递函数为

$$A_u=\frac{A_{up}}{1-\left(\dfrac{f_0}{f}\right)^2-\mathrm{j}\dfrac{1}{Q}\dfrac{f_0}{f}} \tag{6.8.3}$$

5．实验内容

（1）二阶压控电压源低通滤波器幅频特性研究。

① 按图 6.8.1（a）连接好线路，检查无误后接通电源，然后对电路进行调零（调零时 u_i 端必须接地）。

② 在输入端加入正弦信号 u_i，信号的幅值应保证输出电压在整个频带内不失真。调节信号发生器，改变输入信号的频率。测量相应频率点时的输出电压值 u_o，并计算各频率点 A_u，将测量和计算结果记入表 6.8.1，并根据测量数据绘出 f-u_o 幅频特性曲线。

表 6.8.1　二阶压控电压源低通滤波器幅频特性测量数据

	$0.4f_o$	$0.8f_o$	f_o	$1.2f_o$	$1.6f_o$	$3f_o$
f 计算值/Hz						

续表

	$0.4f_o$	$0.8f_o$	f_o	$1.2f_o$	$1.6f_o$	$3f_o$
u_o理论值/V						
u_o测量值/V						
$\lvert A_u \rvert$理论值						
$\lvert A_u \rvert$测量值						

（2）二阶压控电压源高通滤波器幅频特性研究。

① 按图 6.8.1（b）连接好线路，检查无误后接通电源，然后对电路进行调零（调零时 u_i 端必须接地）。

② 测试步骤和内容要求与二阶低通滤波器完全相同。将测量和测算结果记入表 6.8.2 中，并根据测量数据绘出 f-u_o 幅频特性曲线。

表 6.8.2　二阶压控电压源高通滤波器幅频特性测量数据

	$0.4f_o$	$0.8f_o$	f_o	$1.2f_o$	$1.6f_o$	$3f_o$
f计算值/Hz						
u_o理论值/V						
u_o测量值/V						
$\lvert A_u \rvert$理论值						
$\lvert A_u \rvert$测量值						

6. 实验报告

（1）请画出一阶低通滤波电路图，说明它与二阶低通滤波电路有什么不同？

（2）试说明品质因数的改变对滤波电路频率特性的影响。

（3）整理实验数据，根据数据和绘制的幅频特性曲线，计算通带电压放大倍数（$f = f_0$）和 Q 值。

6.9　功率放大电路

1. 实验目的

（1）了解功功率放大电路的工作原理和性能特点。

（2）掌握功率放大电路的调试和主要性能测试方法。

2. 实验预习

（1）复习功率放大器的工作原理和分析方法。

（2）完成实验电路的理论计算，了解电路中每个元器件的作用。

3. 实验设备与仪器

OTL 功率放大实验板（见图 6.9.1）；示波器、信号发生器、晶体管毫伏表、万用表、直流稳压电源、失真度测试仪。

4. 实验原理

（1）实验参考电路。

实验参考电路如图 6.9.1 所示，图 6.9.1（a）为 OTL（无输出变压器）功率放大电路，图 6.9.1（b）为 OCL（无输出电容）功率放大电路［为了分析方便，在图 6.9.1（b）中将正电源命名为 V_P，将负电源命名为 V_N］，实验时可任选其中之一。

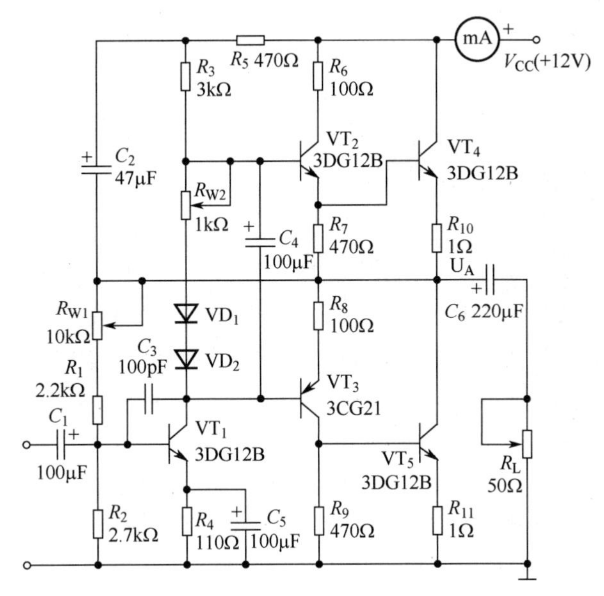

（a）OTL 功率放大电路

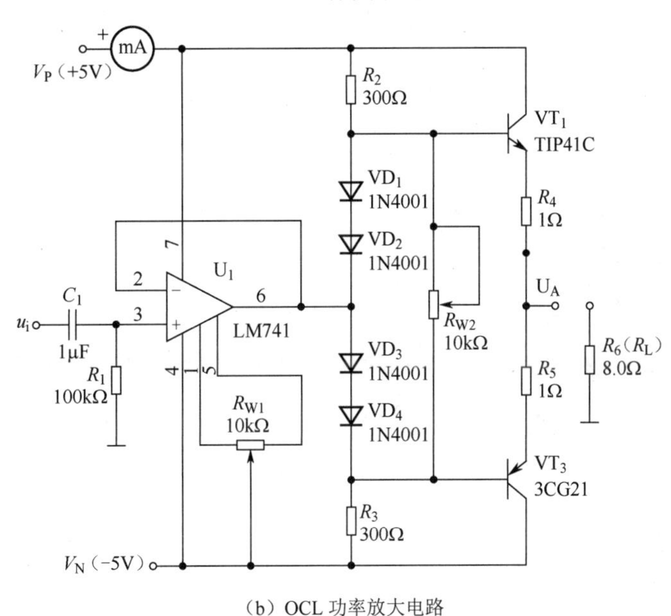

（b）OCL 功率放大电路

图 6.9.1　实验参考电路

（2）功放级电路输出功率 P_o 及理想情况下的最大输出功率 P_{om}。

输出功率表达式为

$$P_o = \frac{u_o^2}{R_L} \tag{6.9.1}$$

式中，u_o 为输出电压有效值。

假设电路的输出振幅为 U_{om}，则输出功率有效值为

$$P_o = \frac{U_{om}}{\sqrt{2}} \cdot \frac{I_{om}}{\sqrt{2}} = \frac{U_{om}^2}{2R_L} \tag{6.9.2}$$

最大输出功率出现在 U_{om} 等于 $U_{om\,max}$ 处，有

$$P_{o\,max} = \frac{U_{om\,max}^2}{2R_L} \tag{6.9.3}$$

如果不考虑 R_E 和 U_{CE} 的影响，电路采用单电源时 $U_{\text{om max}}=\dfrac{V_{CC}}{2}$，有

$$P_{\text{o max}}=\frac{V_{CC}^2}{8R_L} \tag{6.9.4}$$

电路采用双电源且$|V_N|=|V_P|$时 $U_{\text{om max}}=V_P$，有

$$P_{\text{o max}}=\frac{V_N^2}{2R_L}=\frac{V_P^2}{2R_L} \tag{6.9.5}$$

（3）电源提供给功放级的最大平均功率 $P_{\text{av max}}$ 及功率放大器功放级（输出级）效率 η 的极限。

功放级的两个晶体管是轮流导电的，电源给 VT_1 供电的时间只占半个周期，若不考虑功放级静态电流，且采用单电源供电，则输出信号的振幅最大值约等于 $0.5V_{CC}$，电源提供的最大平均电流为

$$I_{\text{av max}}\approx\frac{0.5V_{CC}}{R_L}\frac{1}{2\pi}\int_0^{\pi}\sin\omega t\,\mathrm{d}(\omega t)=\frac{V_{CC}}{2\pi R_L} \tag{6.9.6}$$

双电源供电时输出信号的振幅最大值约等于 V_P，电源提供的最大平均电流为

$$I_{\text{av max}}\approx V_P\frac{1}{R_L}\frac{1}{2\pi}\int_0^{\pi}\sin\omega t\,\mathrm{d}(\omega t)=\frac{V_P}{\pi R_L} \tag{6.9.7}$$

电路采用单电源时功放级电路消耗的电源功率为

$$P_{\text{av max}}=V_{CC}I_{\text{av max}}\approx\frac{V_{CC}^2}{2\pi R_L} \tag{6.9.8}$$

双电源供电且$|V_P|=|V_N|$时功放级电路消耗的电源功率为

$$P_{\text{av max}}=\left(V_P-V_N\right)I_{\text{av max}}\approx\frac{2V_P^2}{\pi R_L} \tag{6.9.9}$$

直流电源提供给功放级（输出级）的效率极限 $\eta_{\max}$ 为

$$\eta_{\max}=\frac{P_{\text{o max}}}{P_{\text{av max}}}\approx 78.5\% \tag{6.9.10}$$

输出最大时晶体管的管耗功率为

$$P_{\text{vt max}}=P_{\text{av max}}-P_{\text{o max}} \tag{6.9.11}$$

以上结论是在理想条件下的分析结果，没有考虑功放级发射极电阻与功放管饱和压降 U_{CES} 的影响，若再考虑前级电路的功耗，则输出电流电压峰值、最大输出功率有效值和平均输出功率、电路效率的计算结果都会小于上述结论。在一般情况下，η 能做到50%就很不错了。

电路的平均电流 I_{av} 可用直流毫安表或万用表的电流挡测量。

5. 实验内容

按图 6.9.1 连接电路，接通直流电源，调节 R_{W1} 使输出端静态电压 $U_A=V_{CC}/2$［使用图 6.9.1（b）时使 $U_A=0$］，调节 R_{W2} 使电源电压提供的电流 I_C=5mA 左右，然后测试功率放大器的主要性能指标。

（1）测量最大不失真输出功率 P_{om}。

将图 6.9.1（a）中的负载电阻调节到 16Ω［若用图 6.9.1（b），则选用 8.2Ω/2W 固定电阻］，在输入端加入频率为 1kHz、幅度适当的信号电压 u_i，用示波器观察输出电压波形。逐渐增大输入信号，使输出电压波形幅度最大且不失真，用晶体管毫伏表（或示波器）测量负载电阻 R_L 两端输出最大电压有效值 u_o（或用示波器测量幅值 U_{om}），计算最大不失真输出功率 P_{om}，将数据填入表 6.9.1。

表 6.9.1　最大不失真输出功率 P_{om} 的测量数据

R_L/Ω	u_o/V	U_{om}/V	P_{om}/W

（2）测量直流电源提供的最大平均功率 P_{av}、功率放大器的最大效率 η_{max} 及晶体管管耗 P_{vt}。

在输出幅度最大且不失真的前提下，用直流毫安表（或万用表的直流电流挡）测出电源提供的平均电流 $I_{av\,max}$，即可利用前面的相应公式计算 $P_{av\,max}$、功率放大器的最大效率 η_{max} 及晶体管管耗 P_{vt}。

将测量和计算结果填入表 6.9.2。

表 6.9.2　最大平均功率、功率放大器的最大效率及晶体管管耗

数据	$I_{av\,max}$/mA	$P_{av\,max}$/W	η_{max}/%	P_{vt}/W
理论值				
实测值				

（3）失真度系数 γ 的测量。

用失真度测试仪测量输出电压的失真度系数 γ。无失真度测量仪时可用示波器观察波形。

（4）观察交越失真和负载变化对输出功率和效率的影响。

① 交越失真。将 R_{W2} 短接（调节 R_{W2} 使其电阻为零），用示波器观察输出波形变化，画出交越失真波形。

② 负载变化对输出功率和效率的影响。改变 R_L 使其值为 25Ω［用图 6.9.1（b）实验时将 8.2Ω 电阻换成 51Ω］，测量功率放大器的最大不失真输出功率和效率，并与 R_L 为 16Ω［图 6.9.1（b）为 8.2Ω］时的测量结果进行比较。

6．实验报告

（1）为了提高电路的效率 η，可以采取哪些措施？

（2）整理实验数据，计算要求的实验结果，与理论计算值进行比较。

（3）画出各要求波形。

（4）交越失真产生的原因是什么？怎样克服交越失真？

6.10　直流稳压电源

1．实验目的

（1）验证三端集成稳压器的工作原理，加深对集成稳压电源原理的理解。

（2）掌握小功率集成稳压电源的设计调试方法。

（3）掌握测量稳压电源的稳压系数、电压调整率、电流调整率和纹波系数等技术指标的方法。

2．实验预习

（1）复习直流稳压电源电路的工作原理。

（2）复习稳压电路技术指标的意义和计算方法，计算有关参数的理论值。

3．实验设备与仪器

模拟电路实验箱；三端稳压电源实验板；万用表、示波器。

4．实验原理

直流稳压电源的框图及各级电路的输出电压波形如图 6.10.1 所示。电路包括变压、整流、滤波和稳压四部分。

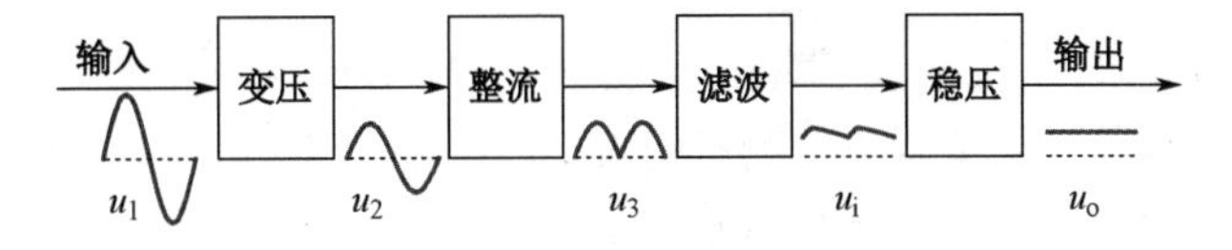

图 6.10.1　直流稳压电源的框图及各级电路的输出电压波形

电源变压器将电网220V的交流电压降低到合适大小后送入整流电路，整流电路将交流电压转换为直流脉动电压，再由滤波电路将直流脉动电压的纹波滤除，得到平滑的直流电压。稳压电路的作用是当电网电压波动、负载和温度变化时，能维持输出直流电压的稳定。

（1）桥式整流电路。

利用二极管的单向导电特性，将交流电压变换成单向脉动直流电压的电路，称为整流电路，如图6.10.2所示。图6.10.2中T为电源变压器，变压器的作用是将220V交流电压降低为后级电路所需的工作电压u_2。VD_1～VD_4为整流元器件，整流电路的作用是将交流电u_2变换成脉动的直流u_o；R_L为整流电路的负载电阻，其两端的电压为整流输出电压。该电路在u_2的正负半周都有整流电流流过负载。因此，该电路又称为全波桥式整流电路。其输出电压的平均值$U_{O(AV)}$可由下式求出：

$$U_{O(AV)}=\frac{2\sqrt{2}}{\pi}U_2\approx 0.9U_2 \tag{6.10.1}$$

式中，U_2为变压器次边输出电压有效值。相应地，二极管的平均电流为

$$I_{D(AV)}=\frac{1}{2}I_{L(AV)}=\frac{U_{O(AV)}}{2R_L}\approx\frac{0.45U_2}{R_L} \tag{6.10.2}$$

每个二极管或桥堆所承受的最大反向电压为$U_{RM}=\sqrt{2}U_2$。

桥式整流电路输出波形如图6.10.3所示。

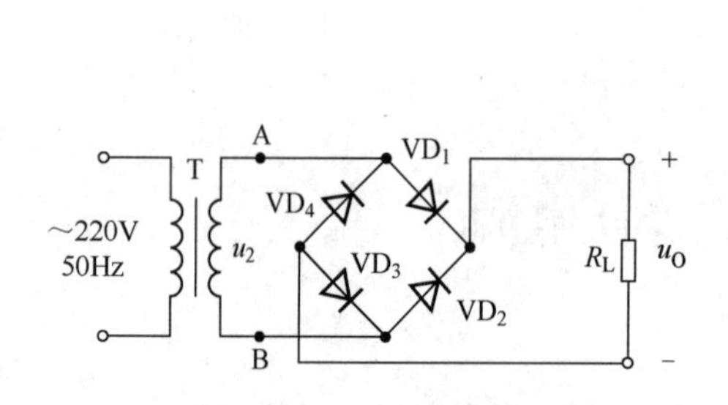

图6.10.2 变压和桥式整流电路

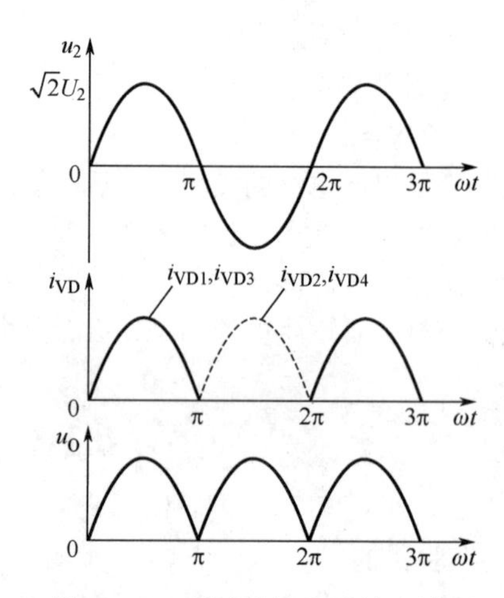

图6.10.3 桥式整流电路输出波形

（2）滤波电路。

一般采用电容滤波电路，如图6.10.4（a）所示，其输出波形如图6.10.4（b）、（c）所示。输出电压波形反映的是电路稳态的结果。

从图6.10.4（b）（c）中可以看出，要保持输出电压一定或输出较小纹波，其放电时间常数应足够大，应满足关系式

$$R_L C\geqslant(3\sim5)\frac{T}{2}=(3\sim5)\frac{1}{2f} \tag{6.10.3}$$

式中，T和f分别为电网电压的周期和频率，频率通常为50Hz。输出电压与输入电压一般可取$U_{O(AV)}\approx 1.2U_2$。

（3）集成三端稳压器。

① 固定式三端稳压电路。固定式三端稳压电路主要有7800系列（输出正电压）和7900系列（输出负电压），后两位数字通常表示输出电压的大小。图6.10.5所示为7800系列基本应用电路，具体型号应根据输出电压大小和极性选择。u_i和u_o间的压差，即$|u_i-u_o|\approx3\sim5V$。图中C_1用于抑制芯片自激，应尽量靠近稳压器的引脚，C_2用于限制芯片高频带宽，减少高频噪声。如果对输出要

求高，还应接 10μF 以上的电解电容作滤波用。

② 可调式三端稳压电路。在图 6.10.6 所示的 LM317 典型应用电路中，电阻元器件应根据元器件手册进行设计。$R_1=\dfrac{U_{\text{REF,max}}}{I_{\text{O min}}}=\dfrac{1.3}{0.01}=130\Omega$，可取 $R_1=120\sim240\Omega$，R_P 使用可调多圈电位器，电路输出电压为

$$U_O=\left(1+\frac{R_P}{R_1}\right)\cdot U_{\text{REF}} \tag{6.10.4}$$

LM317 的 U_{REF} 典型值为 1.25V。确定最大输出电压 U_O 后，即可确定 R_P。

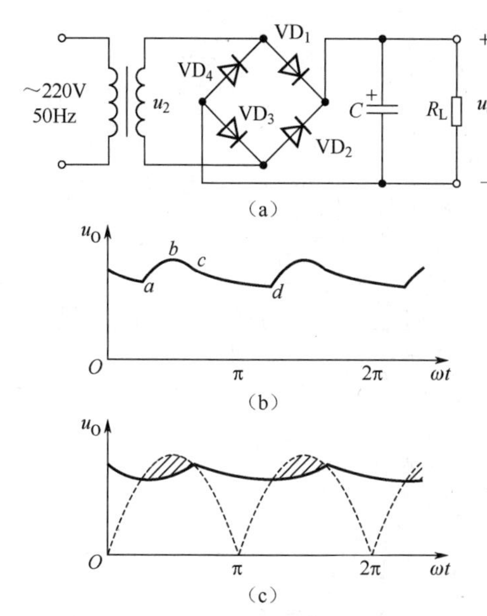

图 6.10.4　电容滤波电路及输出波形

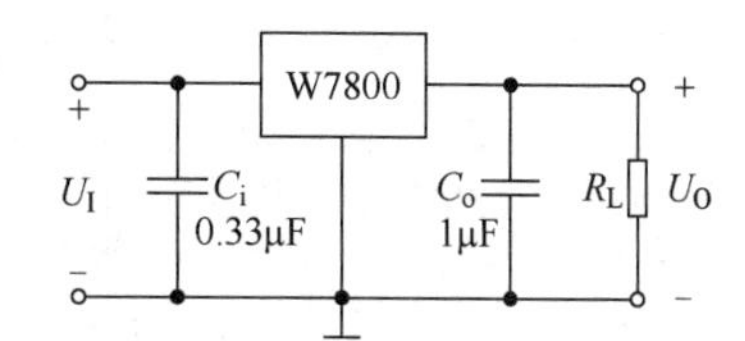

图 6.10.5　7800 系列基本应用电路

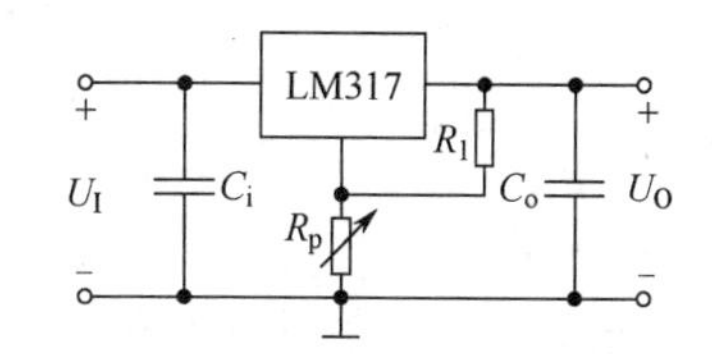

图 6.10.6　LM317 典型应用电路

③ 需要注意的是，不同规格集成稳压器的引脚及排列可能不同，使用时需查询元器件手册，认真核对。

（4）稳压器主要性能指标。

在稳压电源实验中，除需要掌握电路原理之外，更重要的是要对电源的技术指标进行测量。稳压电路的技术指标主要有以下几项。

① 稳压系数 S_r：当负载不变时，输出电压的相对变化量与输入电压的相对变化量之比称为稳压系数。

$$S_r=\left.\frac{\Delta U_o/U_o}{\Delta U_i/U_i}\right|_{R_L=C} \tag{6.10.5}$$

式中，ΔU_i 为输入电压变化量；ΔU_o 为输出电压变化量；C 为常数（下同）。

② 电压调整率 S_u：工程上把电网电压波动 10%作为极限条件，将输出电压的相对变化作为衡量指标，称为电压调整率。

$$S_u=\left.\frac{\Delta U_o}{U_o}\right|_{R_L=C} \tag{6.10.6}$$

③ 输出电阻 R_o：输入电压不变而负载变化时，稳压电路输出电压有保持稳定的能力。

$$R_o=\frac{\Delta U_o}{\Delta I_o}=\left.\frac{\Delta U_o^2}{R_L}\right|_{U_i=C} \tag{6.10.7}$$

④ 电流调整率 S_i：工程上把输出电流 I_o 从零变到额定输出值时，输出电压的相对变化称为电流调整率。

$$S_i = \left.\frac{\Delta U_o}{U_o}\right|_{U_i=C} \tag{6.10.8}$$

⑤ 纹波系数：稳压电路输入电压 u_i 中的交流分量 u_{di} 和输出电压 u_o 中的交流分量 u_{do} 之比称为纹波系数 γ。

$$\gamma = \frac{u_{di}}{u_{do}} \tag{6.10.9}$$

5. 实验内容

设计稳压电源，技术要求为：输出电压 u_o 在+12V 左右连续可调，输出电流 $I_O \geqslant 0.5A$。（选用 LM317 等元器件）电路连接图如图 6.10.7 所示。

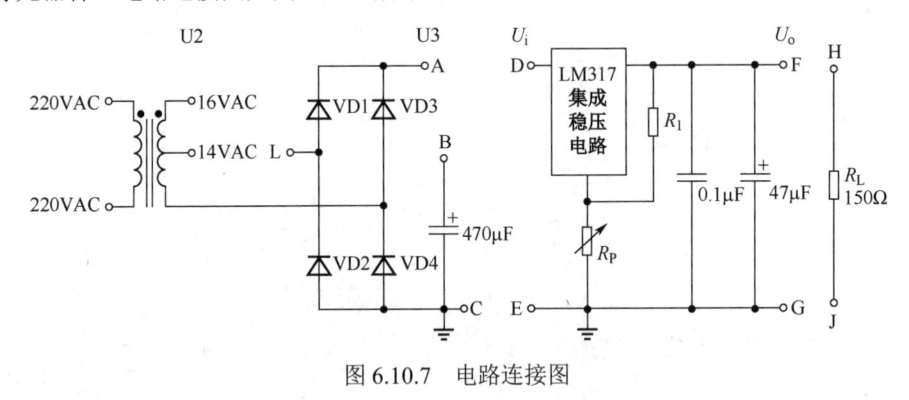

图 6.10.7 电路连接图

（1）整流滤波电路测试。将变压器 u_2=14VAC 输出端接到 L 点。

① 全波整流实验。断开滤波和稳压电路，直接连接整流输出和负载电阻（A 接 H、C 接 J），用万用表交流电压挡（量程≥20V 即可）测量变压器次级电压 u_2 的有效值，用万用表直流电压挡测量 u_o 的平均值，用示波器观察整流部分输出到负载 R_L 两端的波形，将实验数据和波形记入表 6.10.1，并与理论值比较，计算相对误差。

② 电容滤波实验。断开稳压电路，直接连接滤波输出和负载电阻（A 接 B 和 H，C 接 J），用万用表交流电压挡（量程≥20V 即可）测量变压器次级电压 u_2 的有效值，用万用表直流电压挡测量 u_o 的平均值，用示波器观察负载 R_L 两端滤波后的电压波形，将实验数据和波形记入表 6.10.1，并与理论值比较，计算相对误差。

表 6.10.1 整流滤波测试数据

实验项目	u_2/V（有效值）	u_O/V（平均值）			
		理论值	测量值	相对误差/%	波形
全波整流实验					CH1: CH2: 时间:

续表

实验项目	u_2/V（有效值）	u_O/V（平均值）			
		理论值	测量值	相对误差/%	波形
整流滤波实验					CH1:　CH2:　时间:

（2）稳压电路测试。在整流滤波电路的输出端接入稳压电路（将 A、B、D 三点相连接，C 接 E、F 接 H、G 接 J）。

① 测量输出电压的范围：调节 R_P，测量稳压输出电压 u_o 的变化范围。

② 测量直流电源输出指标。保持 R_L 不变（150Ω），L 点连接变压器 u_2=16V AC 输出端，用万用表交流电压挡测量 u_2 实际值，调节 R_P，使稳压输出电压 u_o 为+12V，测量稳压电路的输入电压 u_i，再将 L 点连接到 u_2=14V AC 输出端，再次测量稳压电路的输入电压 u_i 和输出电压 u_o，根据测量数据计算稳压系数 S_r 及电压调整率 S_u，结果记入表 6.10.2。

表 6.10.2　稳压系数及电压调整率测试数据（计算 S_r 和 S_u 时 U_i 和 U_o 均取中间值）

变压器次级输出（有效值）	u_2=16V AC	u_2=14V AC
稳压电路输入 U_i/V		
稳压电路输出 U_o/V	12	
两次测定的 U_i 之差 ΔU_i/V		
两次测定的 U_o 之差 ΔU_o/V		
S_r		
S_u		

保持 R_L 不变（150Ω），L 点连接变压器 u_2=16V AC 输出端，调节 R_P，使稳压输出电压 u_o 为+12V，然后断开 R_L，测量输出电压的变化，计算输出电阻及电流调整率，结果记入表 6.10.3。

表 6.10.3　输出电阻及电流调整率测试数据（计算 S_i 时 U_o 取连接 R_L 时的值）

R_L/Ω	150	∞（R_L 开路）
稳压电路输出 U_o/V	12	
ΔU_o/V		
R_o/Ω		
S_i		

6. 实验注意事项

在连接滤波电解电容器时，要注意将电容器的正极连接电源的正极，将电容器的负极连接电源的负极，严禁将极性接反，否则电容会发生爆炸。

7. 思考题

（1）整流桥输入端和输出端接反有什么现象？请分析。

（2）如何判断直流稳压电源的带负载能力？

8. 实验报告

（1）回答思考题。

（2）给出稳压电源设计过程，画出完整电路图。

（3）写出调试报告，并给出各点波形及电压值。

第 7 章　数字电子技术实验

7.1　集成门电路参数的测试

1．实验目的

（1）掌握集成门电路参数的测试方法。

（2）熟悉数字集成电路手册的使用方法。

（3）掌握 TTL 元器件和 CMOS 元器件的使用规则。

2．实验设备与仪器

数字式万用表；74LS00、74HC00。

3．实验预习

（1）查阅数字集成电路如 74LS00、74HC00 的数据手册，熟悉各参数的意义。

（2）说明 TTL 集成电路与 COMS 集成电路的差异。

4．实验原理

在数字电路设计中，经常用到一些门电路，对门电路参数的了解，有助于电路设计更加正确可靠。以 74LS00 为例，学习门电路的主要参数和测试方法。

（1）与非门的逻辑功能。

与非门的逻辑功能为：当输入端中有一个或一个以上是低电平时，输出端为高电平；只有当输入端全部为高电平时，输出端才是低电平。与非门的逻辑符号如图 7.1.1 所示，逻辑表达式为

$$Y = (AB)'$$

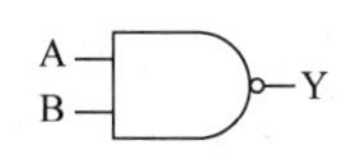

图 7.1.1　与非门的逻辑符号

（2）TTL 和 CMOS 逻辑电平。

TTL 和 CMOS 逻辑电平是数字电路设计中最常见的两种逻辑电平，受到广泛应用。TTL（Transistor-Transistor Logic gate，晶体管-晶体管逻辑门）由于晶体管是流控元器件，且输入电阻较小，因此电平速度快，但功耗较大；CMOS（Complementary Metal Oxide Semiconductor，互补金属氧化物半导体）也就是 MOS 管，由于 MOS 管是压控元器件，且输入电阻极大，因此 CMOS 电平的元器件速度较慢，但功耗较小。同时，CMOS 元器件输入阻抗很大，外界微小的干扰就可能引起电平的翻转，因此 CMOS 元器件上使用的输入引脚应做上下拉处理，不能悬空。

CMOS 的逻辑电平范围比较大（5～15V），TTL 只能在 5V 下工作。每种逻辑都定义了 4 个阈值：输出高电平 V_{OH} 和输出低电平 V_{OL}、输入高电平 V_{IH} 和输入低电平 V_{IL}。TTL 电平：输出高电平>2.4V，输出低电平<0.4V。输入高电平和低电平：输入高电平 ≥ 2.0V，输入低电平 ≤ 0.8V，噪声容限是 0.4V。CMOS 电平：逻辑电平电压接近于电源电压，0 逻辑电平接近于 0V，而且具有很宽的噪声容限。

（3）TTL 门电路主要参数。

① 低电平输入电流 I_{IL}。低电平输入电流 I_{IL} 是指被测输入端接低电平，其余输入端悬空，输出端空载时，流出被测输入端的电流值。在多级门电路中，I_{IL} 相当于前级门输出低电平时，后级向前级门灌入的电流，因此它关系到前级门的灌电流负载能力，即直接影响前级门电路带负载的个数，因此希望 I_{IL} 小些。I_{IL} 测试电路如图 7.1.2 所示。

② 高电平输入电流 I_{IH}。高电平输入电流 I_{IH} 又称为输入漏电流，是指被测输入端接高电平，其余输入端接地，输出端空载，流入被测输入端的电流值。在多级门电路中，它相当于前级门输出高电平时，流出前级门的电流，称为前级门的拉电流负载，其大小关系到前级门的拉电流负载能力，因此希望 I_{IH} 小些。由于 I_{IH} 较小，难以测量，一般免于测试。I_{IH} 测试电路如图 7.1.3 所示。

③ 电压传输特性。门电路的输出电压 V_o 随输入电压 V_i 变化的曲线 $V_o=f(V_i)$ 称为门电路的电压传输特性，通过它可读得门电路的一些重要参数，如输出高电平、输出低电平、关门电平、开门电平、阈值电平等。

④ 扇出系数 N_o。扇出系数 N_o 是指门电路能驱动同类门的个数，它是衡量门电路负载能力的一个参数。TTL 与非门有两种不同性质的负载，即灌电流负载和拉电流负载，因此有两种扇出系数，即低电平扇出系数 N_{OL} 和高电平扇出系数 N_{OH}。通常 $I_{IH}<I_{IL}$，则 $N_{OH}>N_{OL}$，故常以 N_{OL} 作为门的扇出系数。

N_{OL} 测试电路如图 7.1.4 所示。图中门的输入端全部悬空，输出端接灌电流负载 R_L，调节 R_L 使 I_{OL} 增大，V_{OL} 随之增高，当 V_{OL} 达到 V_{OLM}（手册中规定低电平规范值 0.4V）时的 I_{OL} 就是允许灌入的最大负载电流，则

$$N_{OL}=\frac{I_{OL}}{I_{IL}}$$

通常 $N_{OL}\geqslant 8$。

5．实验内容

（1）TTL 与非门 74LS00 及 CMOS 与非门 74HC00 的逻辑功能、输出电压测试。

利用实验装置上已有的 LED 指示灯及电平拨码开关所提供的“0”和“1”电平，如图 7.1.5 所示，测量与非门逻辑功能。测量表格如表 7.1.1 所示。

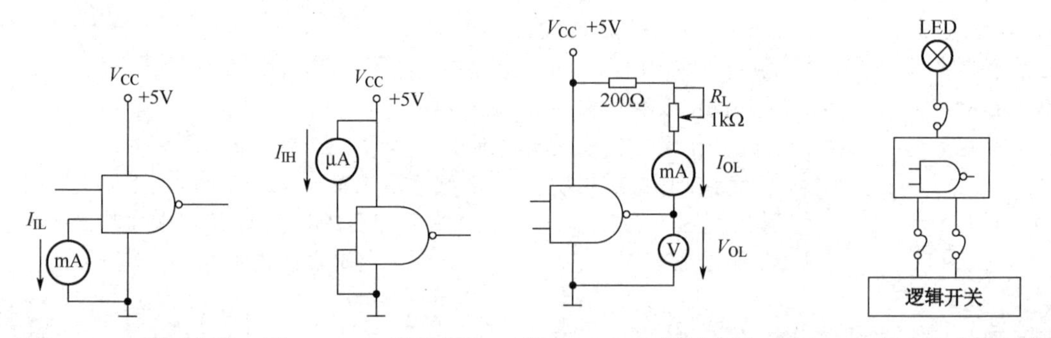

图 7.1.2　I_{IL} 测试电路　图 7.1.3　I_{IH} 测试电路　图 7.1.4　N_{OL} 测试电路　图 7.1.5　与非门电路实验接线图

表 7.1.1　与非门的逻辑功能测量表

输入		74LS00 输出		74HC00	
A	B	Y_1	电压/V	Y_2	电压/V
0	0				
0	1				
1	0				
1	1				

（2）测量电压传输特性曲线。

74LS00 电压传输特性测试电路如图 7.1.6 所示。调节电位器 R_W，使 V_i 从 0V 向高电平变化，逐点测量 V_i 和 V_o 的对应值，记录在表 7.1.2 中。

（3）74LS00 主要参数测试。

分别按图 7.1.2～图 7.1.4 连接电路，实验测量低电平输入电流 I_{IL}、高电平输入电流 I_{IH}，并通过测量低电平输出电流 I_{OL} 和高电平输出电流 I_{OH}，计算出扇出系数 N_{OL}，将结果记录在表 7.1.3 中。

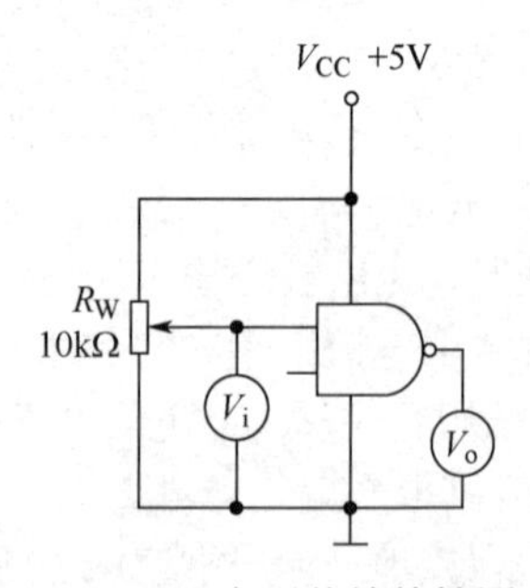

图 7.1.6　74LS00 电压传输特性测试电路

表 7.1.2　测量记录表

V_i/V	0	0.3	0.6	1.0	1.3	1.5	2.0	2.5	3	3.5	4
V_o/V											

表 7.1.3　测量记录表

I_{IL}	I_{IH}	I_{OL}	N_{OL}

6. 实验报告

（1）完成预习内容。

（2）整理实验测试数据，填写表格。

（3）分析实验结果，与理论值是否相符。

（4）总结实验结论和收获。

7.2　门电路逻辑功能测试

1. 实验目的

（1）掌握常用门电路的逻辑功能及其应用。

（2）掌握三态门的应用和特点。

2. 实验设备与仪器

数字万用表；74LS00、74LS32、74LS86、74LS125 等。

3. 实验预习

复习与非门、或门、异或门、三态门的逻辑功能，画出实验用逻辑门电路的逻辑符号，并写出逻辑表达式。

4. 实验内容

（1）验证与非门、或门、异或门的逻辑。

按图 7.2.1 所示的 TTL 与非门电路实验接线图接线。注意，必须接上电源正、负极，输入端接逻辑开关，输出端接发光二极管 LED，即可进行验证。观察输出结果，并记录在表 7.2.1 中。

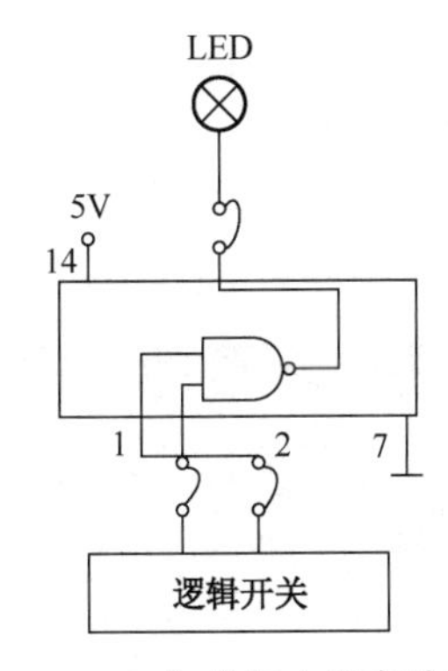

图 7.2.1　TTL 与非门电路实验接线图

表 7.2.1　测量记录表

输入		输出		
		与非门	或门	异或门
B(K2)	A(K1)	Q=(AB)′	Q=A+B	Q=A ⊕ B
0	0			
0	1			
1	0			
1	1			

用同样的方法验证或门 74LS32、异或门 74LS86 的逻辑功能（各集成电路的芯片引脚参见附录 A）。

（2）与非门的应用一。

① 选择 74LS00 集成电路芯片中的另一个与非门，将两个输入端短接，当成一个输入端，参考如图 7.2.2 所示的连接图（注意，按实验操作规范要求，严禁带电操作）。

② 电路通电运行，使用逻辑开关输入、LED灯逻辑电平显示输出资源进行功能验证，观察输出信号逻辑状态随输入的变化，并将实验数据填入表7.2.2。分析实验现象，归纳总结实验测试结果。

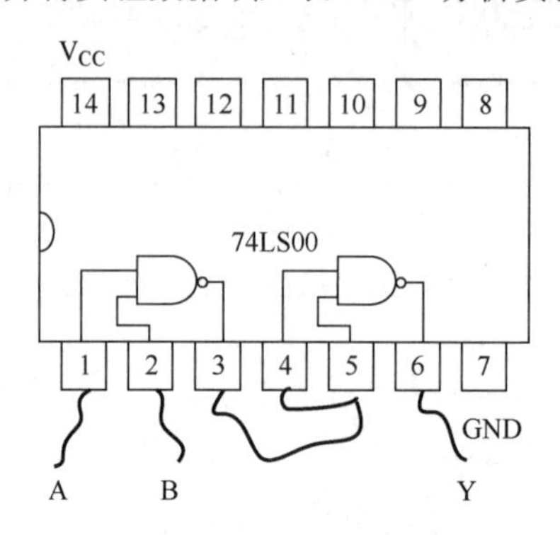

图7.2.2 与非门的应用连接图

表7.2.2 与非门实现反相器（非门）电路逻辑功能测试表

输入	反相器输出 Q=(A)′		逻辑功能
A=B	LED灯（D1）状态	逻辑值（0或1）	
0			
1			

（3）与非门的应用二。

将上两步实验电路中的第一个与非门输出端与第二个反相器的输入端相连接，将实验数据记录在表7.2.3中。

表7.2.3 与非门应用二电路逻辑功能测试表

输入		输出 Q=((AB)′)′=AB		逻辑功能
A（S1）	B（S2）	LED灯显示状态	逻辑值（0或1）	
0	0			
0	1			
1	0			
1	1			

（4）74LS125三态门应用测试。

利用74LS125三态门并联连接，实验电路如图7.2.3所示。3个三态门的输入分别接高电平、地、连续脉冲。根据3个不同状态，观察指示灯的变化，体会三态门的功能。将结果记录在表7.2.4中。

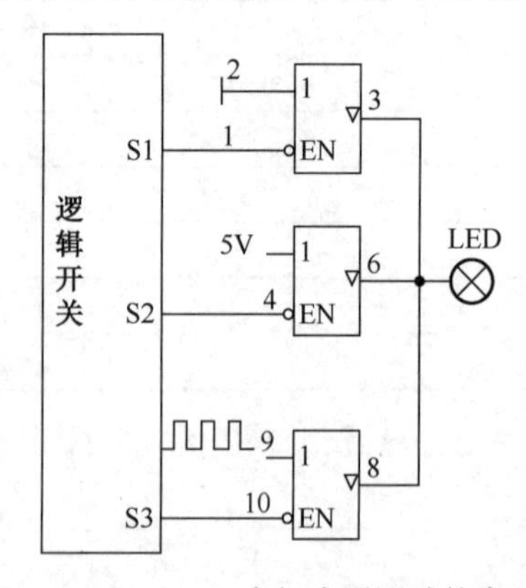

图7.2.3 74LS125三态门应用测试的实验电路

表 7.2.4　三态门测量记录表

逻辑开关			输出
S1	S2	S3	Y
0	1	1	
1	0	1	
1	1	0	

5. 实验注意事项

（1）所有集成电路芯片均需接电源。

（2）查看核对集成电路芯片引脚顺序。

6. 思考题

（1）简述对于 TTL 门电路多余端的处理方法。

（2）要使一个异或门实现非逻辑，电路将如何连接？为什么说异或门是可控反相器？

7. 实验报告

（1）完成预习内容并回答思考题。

（2）整理并记录实验表格和实验结果。

（3）总结三态门的功能及正确的使用方法。

（4）总结实验结论和收获。

7.3　组合逻辑电路的设计

1. 实验目的

（1）掌握组合逻辑电路设计的概念和一般设计方法。

（2）掌握集成组合逻辑电路的使用和设计方法。

2. 实验设备与仪器

74LS10、74LS20、74LS151。

3. 实验预习

（1）选择所用元器件名称、数量，熟悉元器件引脚，熟悉实验原理知识点的内容。

（2）完成实验内容中组合逻辑电路的设计，画出原理电路。

4. 实验原理

组合逻辑电路的设计方法：根据给出的实际逻辑问题，求出实现这一逻辑功能的最简单逻辑电路，这就是设计组合逻辑电路时要完成的工作。使用中、小规模集成电路来设计组合逻辑电路是最常见的设计方法。

组合逻辑电路的设计工作通常可按图 7.3.1 所示的设计步骤进行。

图 7.3.1　组合逻辑电路的设计步骤

根据设计任务的要求建立输入、输出变量，并列出真值表。然后用逻辑代数或卡诺图化简法求出简化的逻辑表达式，并按实际选用逻辑门的类型修改逻辑表达式。根据简化后的逻辑表达式，画出逻辑图，用标准元器件构成逻辑电路。最后用实验来验证设计的正确性。

5. 实验内容

题目 A：4 人表决电路

设计一个 4 人表决电路，多数通过（当 4 个输入端中有 3 个或 4 个为“1”时，输出端才能为

"1"），用发光二极管显示（要求选用与非门电路实现，如 74LS10 和 74LS20）。

题目 B：大月指示器电路

设计一个大月指示器，电路输入表示月份，若该月份天数为 31，则发光二极管亮，其他情况发光二极管不亮（注意任意项的处理）。（要求选用与非门电路实现或选用数据选择器 74LS151）

6．实验注意事项

（1）从实验内容所列的题目中选择一个题目进行设计，使用限定集成电路芯片完成设计，具体方案不限。要求确保电路可以完成题目功能，并使用尽可能少的元器件。

（2）写出设计过程，包括真值表、逻辑表达式（化简形式根据采用的元器件逻辑功能自行决定）、逻辑图。

（3）在数字实验装置中完成实际操作，利用开关电路获得所需的逻辑电平输入，LED 指示灯电路完成结果显示。

（4）自行设计测试表格，完成实际电路的测试。

7．实验报告

（1）完成预习内容。

（2）写出完整的设计过程，用要求的元器件设计出电路，画出电路图。

（3）写出实验结果及实验总结。

7.4　触发器的应用设计

1．实验目的

（1）了解并掌握各种触发器的功能及特点。

（2）掌握 JK 触发器的逻辑功能及应用。

（3）了解分频的概念并掌握使用触发器设计分频器的方法。

2．实验设备与仪器

数字示波器、信号发生器；74LS112。

3．实验预习

复习 JK 触发器的电路结构和动作特点。

4．实验原理

74LS112 是一个双 JK 触发器芯片，其逻辑图如图 7.4.1 所示。

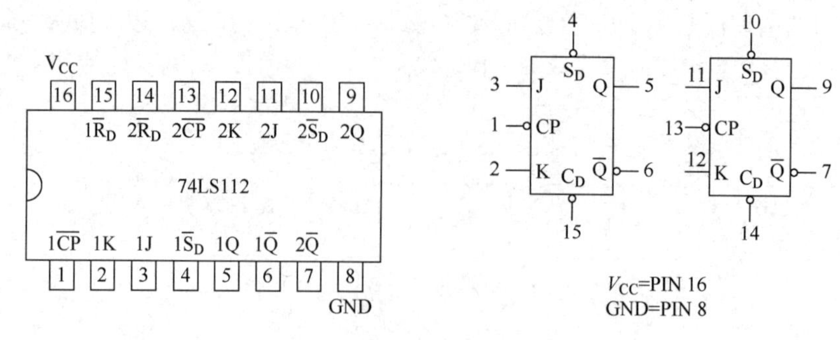

图 7.4.1　74LS112 的逻辑图

注意，有些书或资料对芯片引脚的标注并不统一，芯片型号相同，同一引脚对应的功能相同。例如，第 1 号引脚，标注为 CP 或 1CLK，二者都表示时钟输入，功能并无差异，在使用时注意。

74LS112 中的 JK 触发器为下降沿触发器。其功能表如表 7.4.1 所示。

表 7.4.1　JK 触发器的功能表

输入					输出	
PR	CLR	CLK	J	K	Q	$\bar{Q}$
L	H	×	×	×	H	L
H	L	×	×	×	L	H
L	L	×	×	×	H^*	H^*
H	H	↓	L	L	Q_0	$\bar{Q}_0$
H	H	↓	H	L	H	L
H	H	↓	L	H	L	H
H	H	↓	H	H	Toggle	
H	H	H	×	×	Q_0	$\bar{Q}_0$

5．实验内容

（1）测试双 JK 触发器 74LS112 的逻辑功能。

① 测试 $\bar{R}_D$、$\bar{S}_D$ 的复位、置位功能。

a．任取一只 JK 触发器，$\bar{R}_D$、$\bar{S}_D$、J、K 端接逻辑开关，CP 端接单次脉冲源，Q 端接电平指示器。

b．改变 $\bar{R}_D$、$\bar{S}_D$、（J、K、CP 处于任意状态），并在 $\bar{R}_D$=0（$\bar{S}_D$=1）或 $\bar{S}_D$=0（$\bar{R}_D$=1）作用期间任意改变 J、K 及 CP 的状态，观察 Q 的状态，填写表 7.4.2。

表 7.4.2　复位、置位功能测量记录表

$\bar{S}_D$	$\bar{R}_D$	Q	$\bar{Q}$
1	1→0		
1	0→1		
1→0	1		
0→1	1		
0	0		

② 测试 JK 触发器的逻辑功能。

改变 J、K、CP 端状态，观察 Q 的状态变化，观察触发器状态更新是否发生在 CP 脉冲的下降沿（CP 由 1→0）（此时 $\bar{R}_D$ 和 $\bar{S}_D$ 接高电平），并在表 7.4.3 记录 J、K 端状态。

表 7.4.3　JK 触发器的逻辑功能（$\bar{R}_D = \bar{S}_D = 1$）

J	K	CLK	Q	$\bar{Q}$
0	0	0→1		
		1→0		
0	1	0→1		
		1→0		
1	0	0→1		
		1→0		
1	1	0→1		
		1→0		

（2）图 7.4.2 所示为 JK 触发器构成的 T 触发器，处于计数状态，CP 端输入连续脉冲 1kHz，分别令 T=0 和 T=1，用示波器观察输入与输出 Q 的波形，并记录之。

（3）使用 JK 触发器设计实现 4 分频电路的功能，记录输出波形。

6．思考题

（1）如何用触发器实现分频电路？请画出使用 JK 触发器实现的 4 分频电路及输出波形。

（2）如何用 JK 触发器转换成 D、T 触发器？

7．实验报告

（1）预习并回答思考题。

（2）整理实验测试记录，分析测试结果。

（3）总结实验结果及收获。

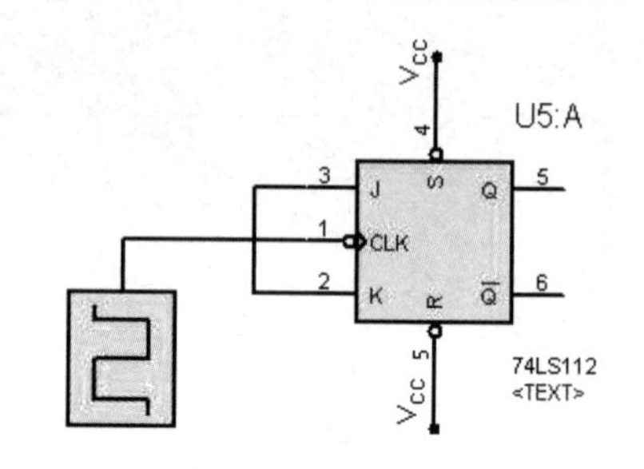

图 7.4.2　JK 触发器构成的 T 触发器

7.5　计数、译码、显示电路的设计

1．实验目的

（1）掌握使用集成计数器构成任意进制计数器的方法。

（2）了解并掌握译码器的原理及使用方法。

（3）了解并掌握数码显示电路的设计方法。

（4）运用电路图法设计计数、译码电路。

2．实验设备与仪器

74LS160/74HC160、74LS48 等。

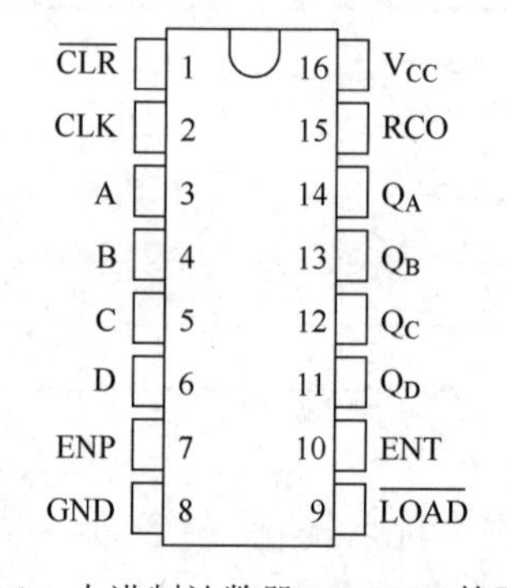

图 7.5.1　十进制计数器 74LS160 的引脚图

3．实验预习

（1）熟悉计数器元器件引脚，完成实验原理知识点的内容并填写。

（2）完成实验内容中计数器电路的设计，画出原理电路。

4．实验原理

（1）计数器芯片 74LS160 简介。

计数器是一个用以实现计数功能的时序逻辑元器件。它不仅可用来计脉冲数，还常用作数字系统的定时、分频和数字运算的逻辑功能。计数器种类很多，按工作方式来分，有同步计数器和异步计数器；根据计数制的不同，又分为二进制计数器、十进制计数器和 *N* 进制计数器。十进制计数器 74LS160 的引脚图如图 7.5.1 所示。74LS160 的功能表如表 7.5.1 所示。

表 7.5.1　74LS160 的功能表

功能	时钟	置零	置数	控制信号		预置数输入	输出
	CLK	$\overline{CLR}$	$\overline{LOAD}$	ENP	ENT	$D_3\,D_2\,D_1\,D_0$	$Q_D\,Q_C\,Q_B\,Q_A$
置零	×	0	×	×	×	××××	0 0 0 0
预置数	↑	1	0	×	×	d_3 d_2 d_1 d_0	$d_3\,d_2\,d_1\,d_0$
计数	↑	1	1	1	1	××××	计　数
保持	×	1	1	0	×	××××	保　持
保持	×	1	1	×	0	××××	保持（C=0）

请查找资料填写表 7.5.2。

表 7.5.2　74LS160 的引脚功能说明

引脚号	引脚	功能说明
1	$\overline{CLR}$	
2	CLK	
3～6	A～D	
7	ENP	
9	$\overline{LOAD}$	
10	ENT	
11～14	Q_A～Q_D	
15	RCO	

（2）计数器使用的两种常用方法：置数法和清零法。

① 清零法：利用清零端 $\overline{CLR}$ 构成电路。若需要实现 0～8（0000～1000）循环计数的功能，当计数输出为 $Q_DQ_CQ_BQ_A$=1001 时，通过反馈逻辑使 $\overline{CLR}$ =0，强制计数器输出清零，由于 $Q_DQ_CQ_BQ_A$=0101 状态只是瞬间出现，因此可实现 0000～1000 循环计数的效果。但是也正是由于 $Q_DQ_CQ_BQ_A$= 0101 状态只是瞬间出现，在一些应用中会导致电路工作不可靠。

②置数法：利用预置数端 $\overline{LOAD}$ 构成电路。若需要实现 0～8（0000～1000）循环计数的功能，把计数器输入端 DCBA 预接一个数据，如 $Q_DQ_CQ_BQ_A$=0000。当计数器计到 1000 时，通过反馈逻辑使 $\overline{LOAD}$ =0，则当下一个脉冲到来时，计数器输出端会置数为 $Q_DQ_CQ_BQ_A$=0000，实现九进制功能。

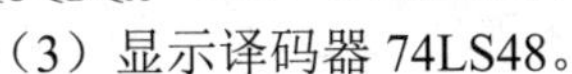

（3）显示译码器 74LS48。

74LS48 是 BCD/7 段数码管译码器/驱动器，图 7.5.2 所示为 74LS48 的引脚排列。请查找相关引脚资料，填写表 7.5.3。

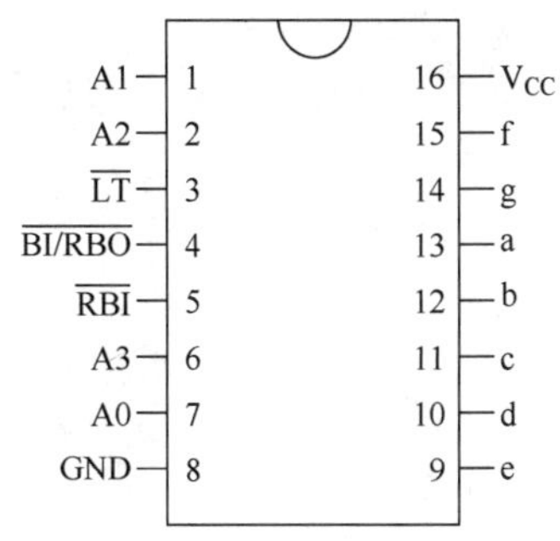

图 7.5.2　74LS48 的引脚排列

表 7.5.3　74LS48 引脚功能说明

引脚号	引脚	功能说明
1、2、6、7	A0～A3	
3	$\overline{LT}$	
4	$\overline{BI/RBO}$	
5	$\overline{RBI}$	
9～15	a～g	

（4）七段显示器。

七段显示器又称为数码管，有共阳、共阴之分。图 7.5.3（a）是共阴式 LED 数码管的原理图，图 7.5.3（b）是其表示符号。在使用时，数码管公共阴极接地，7 个阳极 a～g 段由相应的 BCD 七段译码器来驱动（控制）。共阴数码管显示电路如图 7.5.4 所示。

5．实验内容

（1）*N* 进制计数电路的设计。

设计一个 *N* 进制计数、译码、显示电路，实现 0～*N*-1 循环计数功能。

说明：*N* 为本人学号后两位（学号后两位小于 10，则学号加 31，如序号为 3 的同学应设计 0～33 循环的电路），要求画出电路图、分析原理。

（2）*N* 进制计数、译码、显示电路的实现。

设计完成译码显示电路，按自己所设计电路连接实际电路，测试电路结果，要求可以实现数码管从 0 到 N-1 循环计数显示。

观察并记录测试结果（状态转换图或测试表格）。

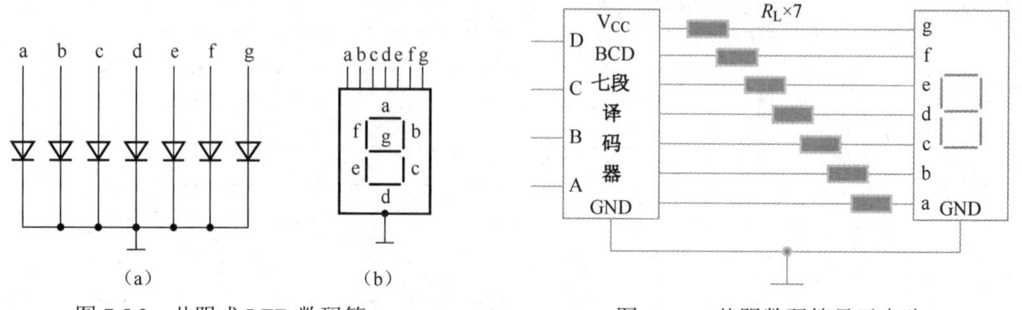

图 7.5.3 共阴式 LED 数码管

图 7.5.4 共阴数码管显示电路

6. 思考题

（1）数码管在实际使用当中是否需要接限流电阻？为什么？

（2）查阅数据手册简单说明 74LS47 与 74LS48 芯片的区别。

7. 实验报告

（1）完成预习内容与思考题。

（2）写出设计过程，画出设计电路图。

（3）记录实验测试结果。

（4）进行实验总结。

7.6 基于 FPGA 的分频器设计

1. 实验目的

（1）掌握中规模集成计数器的使用方法。

（2）学习 Quartus II 开发软件的基本使用方法。

（3）运用图形输入法设计分频器电路，并进行电路仿真。

2. 实验设备与仪器

Quartus II 开发软件；74LS160。

3. 实验预习

（1）熟悉计数器引脚。

（2）预先学习 Quartus II 软件的使用方法，参考第 10 章。

4. 知识要点

Quartus II 是 Intel FPGA（Altera）的第四代可编程逻辑元器件集成开发环境，提供从设计输入到元器件编程的全部功能。利用 Quartus II 软件的开发流程可概括为以下几步：设计输入、设计编译、布局布线、设计仿真和元器件编程。用户通过开发软件提供的设计工具实现自己的电路设计以及相应的配置，当用户通过仿真验证结论后，便可把设计下载至 FPGA 中，实现设定功能。

Quartus II 设计步骤如下。

（1）建立工程文件夹。

（2）建立工程：File/New Project Wizard，指定工作目录，指定工程实体名称，加入工程文件，选择元器件，设定 EDA 工具。

（3）建立原理图文件：File/New/Block Diagram_Schematic File，放置元器件、导线、端口，更改端口名称。

（4）设置顶层实体：Project/Set as Top-Level Entity。

（5）编译原理图：Processing/Start Compilation。

（6）建立仿真激励文件：File/New/Other Files/Vector Waveform。Insert Node or Bus，输入变量赋值；设置时钟、输入变量、保存。

（7）波形仿真：Simulation。

选择 Simulation mode：Functional 功能仿真模式；Report：查看仿真结果。

（8）元器件引脚定义：Assignments/Pin。

（9）下载：Tools/Programmer。

5．实验内容

本次实验使用软件 Quartus II。设计一个分频电路（使用 74LS160）。时钟输入频率为 100MHz，分别得到 10MHz、1MHz、100kHz、10kHz、1kHz、100Hz、10Hz 的脉冲频率输出，如图 7.6.1 所示。

Quartus II 中的 74LS160 引脚图如图 7.6.2 所示。

CLK：时钟信号。

ENT、ENP：使能信号，高电平有效。

CLRN：异步清零端，当为高电平时，计数器清零；当为低电平时，允许计数。

Q_D～Q_A：计数器输出端。

RCO：进位输出端。

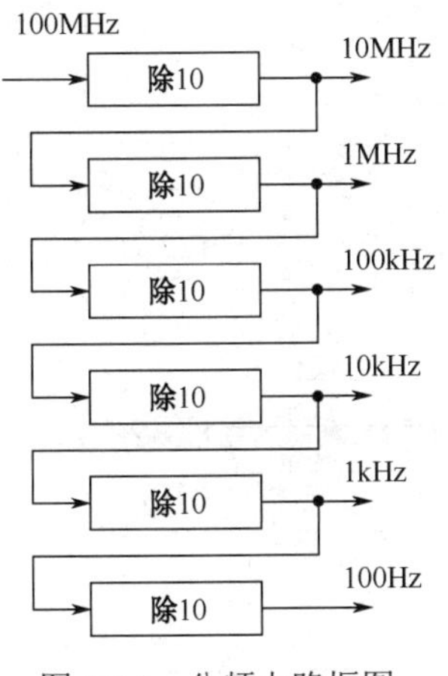

图 7.6.1　分频电路框图

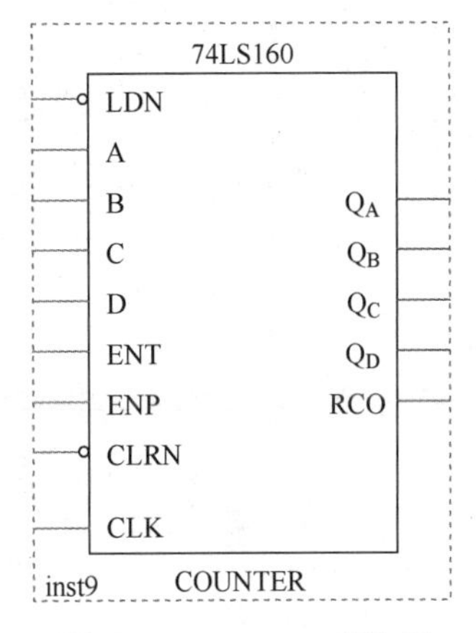

图 7.6.2　74LS160 引脚图

74LS160 是一个对输入时钟进行十分频的元器件。当计数器从 0 计数到 9 时，RCO 从低电平跳到高电平，在下一个脉冲到来时，RCO 再回到低电平。每 10 个计数脉冲 RCO 翻转一次，利用 RCO 特性，将前一级的 RCO 输出端接到下一级的输入控制端，就完成了连续分频的目的。调用 7 次 74LS160，即可完成设计电路功能要求。分频电路如图 7.6.3 所示。

为了使电路层次清楚，形式简洁，将图 7.6.3 创建符号文件，顶层图如图 7.6.4 所示。

将待分频的时钟信号输入到 CLK，分频后输出的信号连接到实验装置 LED 指示灯电路，即可观察指示灯的变化。

对顶层电路进行功能仿真，波形如图 7.6.5 所示。

从仿真波形图中可以看到各频率之间的关系，完成了十分频设计的工作。

6．实验要求

（1）画出电路图。

（2）记录仿真波形，并对实验结果进行说明。

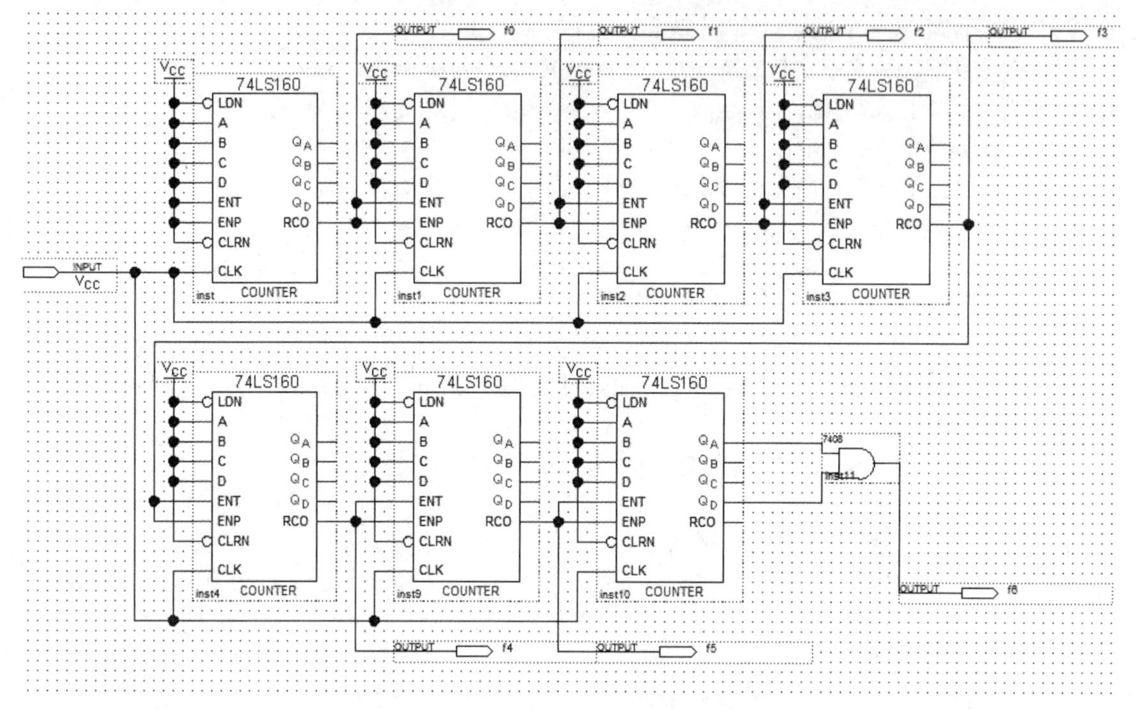

图 7.6.3 分频电路

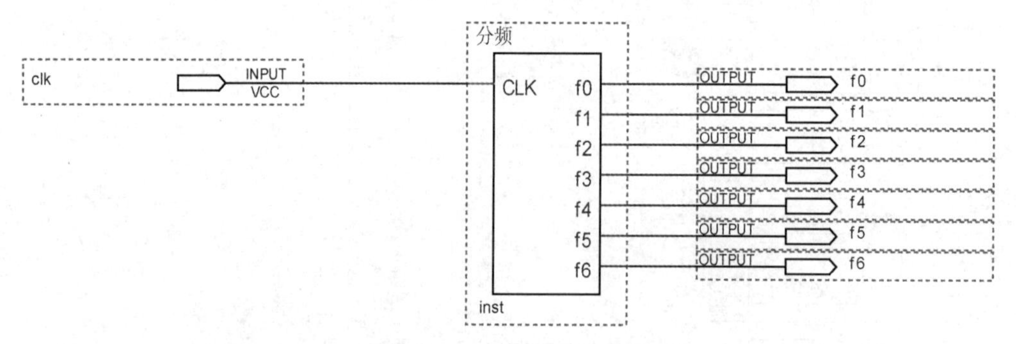

图 7.6.4 分频电路顶层图

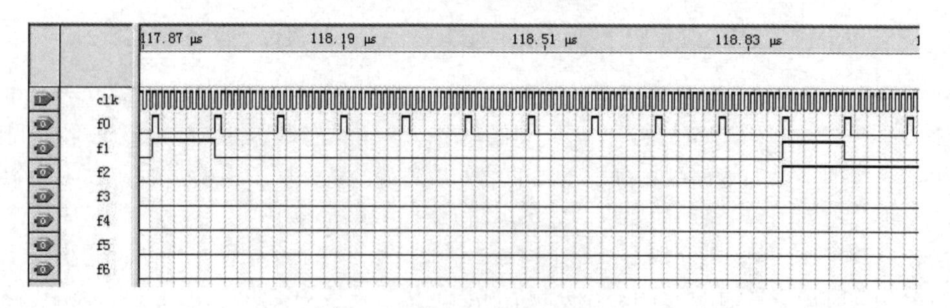

图 7.6.5 分频电路仿真波形图

7. 实验报告

（1）完成预习内容。

（2）写出电路设计原理。

（3）给出电路图、仿真波形，并对实验结果进行说明。

（4）总结使用 Quartus II 软件的设计过程。

7.7　基于 FPGA 的跑马灯电路设计

1．实验目的

（1）了解 EDA 软件在电子电路设计中的重要应用。

（2）熟悉并掌握 Quartus II 开发软件的基本使用方法。

（3）运用电路图法设计跑马灯电路，并进行电路仿真、测试。

2．实验设备与仪器

Quartus II 开发软件；74LS194、74LS160、74LS161。

3．实验预习

设计跑马灯电路，写出电路的设计思路。

4．实验内容

设计实现一个自动变化的跑马灯电路。设计基本要求如下。

（1）能自动进行周期循环的彩灯明暗变化。

（2）完成 8 路彩灯左移或右移功能，彩灯花型如表 7.7.1 所示。

表 7.7.1　彩灯花型

节拍	花型							
1	1	0	0	0	0	0	0	0
2	1	1	0	0	0	0	0	0
3	1	1	1	0	0	0	0	0
4	1	1	1	1	0	0	0	0
5	1	1	1	1	1	0	0	0
6	1	1	1	1	1	1	0	0
7	1	1	1	1	1	1	1	0
8	1	1	1	1	1	1	1	1
9	1	1	1	1	1	1	1	0
10	1	1	1	1	1	1	0	0
11	1	1	1	1	1	0	0	0
12	1	1	1	1	0	0	0	0
13	1	1	1	0	0	0	0	0
14	1	1	0	0	0	0	0	0
15	1	0	0	0	0	0	0	0
16	0	0	0	0	0	0	0	0

5．设计提示

彩灯控制电路可以自动控制多路 LED 彩灯按不同的节拍循环显示各种灯光变换花型，用高低电平来控制彩灯的亮灭。彩灯花型变换比较简单时，可以用移位寄存器实现。

74LS194 功能表如表 7.7.2 所示。彩灯控制器电路可采用 74LS194 为核心控制彩灯左移、右移及闪烁功能，围绕 74LS194 的 S1S0 工作的控制方式，S1S0 需要自动周期性的变化，为了实现自动模式转换，设计一个状态计数器，控制彩灯模式转换，周期性地进行读取。

表 7.7.2　74LS194 功能表

CLK	R'_D	S_1	S_0	工作状态
↑	0	X	X	置零
↑	1	0	0	保持
↑	1	0	1	右移
↑	1	1	0	左移
↑	1	1	1	并行输入

在电路中，利用计数器 74LS160 或 74LS161 完成脉冲计数和状态计数工作，利用 74LS194 完成左移或右移等功能。彩灯控制电路原理框图如图 7.7.1 所示。

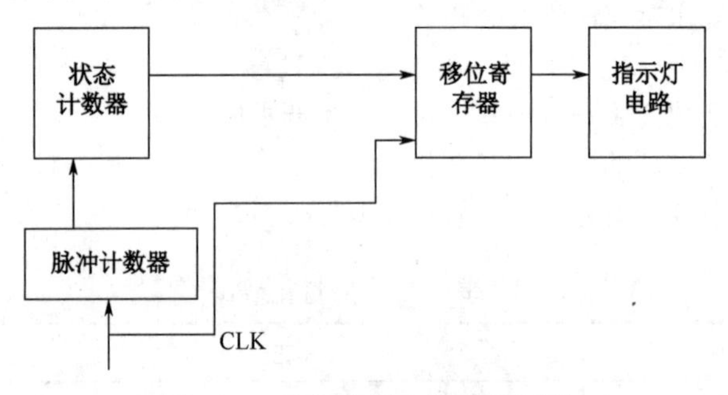

图 7.7.1　彩灯控制电路原理框图

跑马灯控制电路仿真图如图 7.7.2 所示。从电路仿真波形中可以看出，实现 8 路信号输出依次左移、右移功能，完成了电路设计要求。

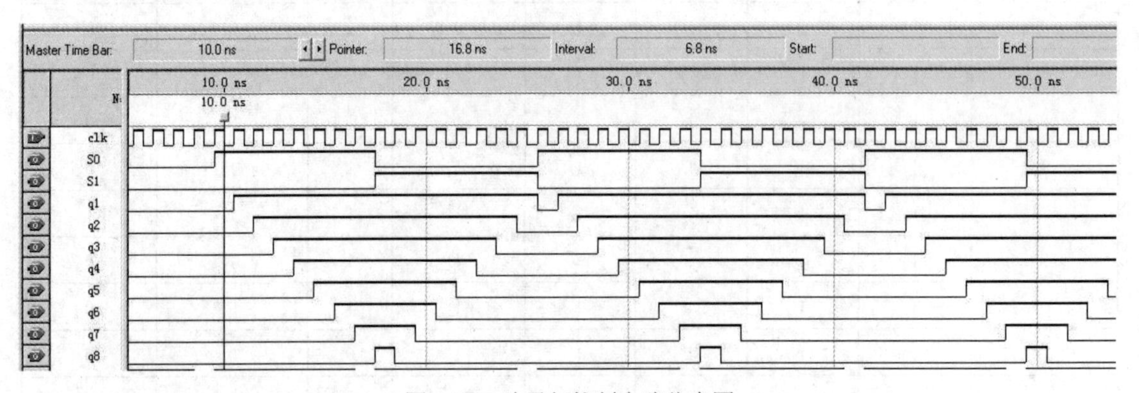

图 7.7.2　跑马灯控制电路仿真图

6．实验要求

（1）画出设计电路图。

（2）记录仿真波形，并对实验结果进行说明。

7．实验报告

（1）完成预习内容。

（2）列出元器件清单，绘出电路图和仿真图，说明电路的工作原理。

（3）写出实验结果及实验总结。

7.8　555 定时器电路设计

1．实验目的

（1）熟悉集成定时器 555 的工作原理及应用。

（2）熟悉时钟信号产生电路的设计方法。

（3）掌握使用 555 定时器设计多谐振荡器的方法。

2．实验预习

（1）复习 555 定时器的电路结构与工作原理，熟悉元器件引脚。

（2）计算 R、C 参数值，完成实验内容中电路的设计，画出电路图。

3．实验设备与仪器

示波器、万用表；电阻、电容、555 定时器。

4．知识要点

时钟信号在电子电路中有着非常重要的作用，而生成周期时钟信号的方法也有多种，比较常用的方法就是使用 555 定时器构成多谐振荡器，此电路广泛应用于仪器仪表、家用电器、电子测量及自动控制等方面。

555 定时器是一种模拟和数字功能相结合的中规模集成元器件，如图 7.8.1 所示。一般用双极性工艺制作的称为 555，用 CMOS 工艺制作的称为 7555。555 定时器的电源电压范围宽，可在 4.5～16V 工作，7555 可在 3～18V 工作，输出驱动电流约为 200mA，因而其输出可与 TTL、CMOS 或模拟电路电平兼容。555 定时器成本低，性能可靠，只需要外接几个电阻、电容就可以实现多谐振荡器、单稳态触发器及施密特触发器等脉冲产生与变换电路。

1 脚——GND，接地脚。

2 脚——u_{i2}（$\overline{\mathrm{TR}}$），低电平触发端。

3 脚——u_{o}（OUT），输出端。

4 脚——$\overline{\mathrm{R}}_{\mathrm{D}}$（RESET），复位端，低电平有效。

5 脚——u_{iC}（CO），电压控制端。

6 脚——u_{i1}（TH），阈值输入端。

7 脚——u_{o}（DISC），放电端。

8 脚——V_{CC}，电源端。

5．实验内容

题目：时钟信号发生电路设计

设计一个电路，能够产生时钟信号，要求信号频率在 100Hz～1kHz 范围内可调，占空比为 50%，充电电容的容量固定为 0.1μF。测量实际电路的输出信号频率范围和占空比。

参考电路如图 7.8.2 所示，即占空比与频率均可调的多谐振荡器。

在图 7.8.2 中，对 C 充电时，充电电流通过 R_1、VD_1 和 R_{W1}；放电时通过 R_{W1}、VD_2、R_2。当 R_1=R_2 时，因充放电时间基本相同，其占空比约为 50%，此时调节 R_{W1} 仅改变频率，占空比不变。

完成实验要求电路设计及测试，并自行列表记录，测试内容如下。

（1）当输出信号频率为 500Hz 时，测量信号占空比。

（2）所设计电路输出频率范围。

（3）当输出信号频率分别为 100Hz 和 1kHz 时，测量对应 R_{W1} 的值。

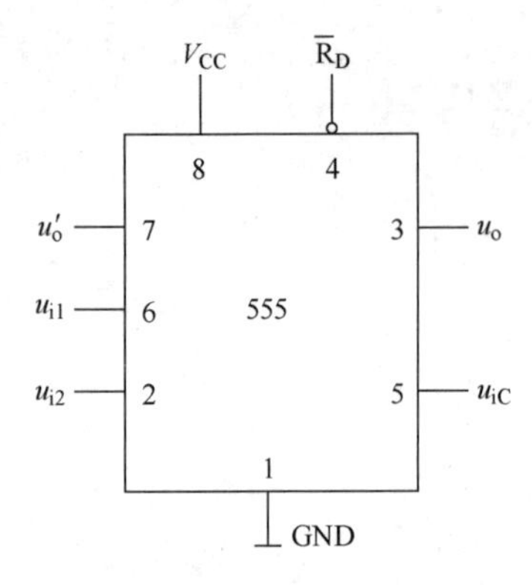

图 7.8.1　555 定时器引脚分布图

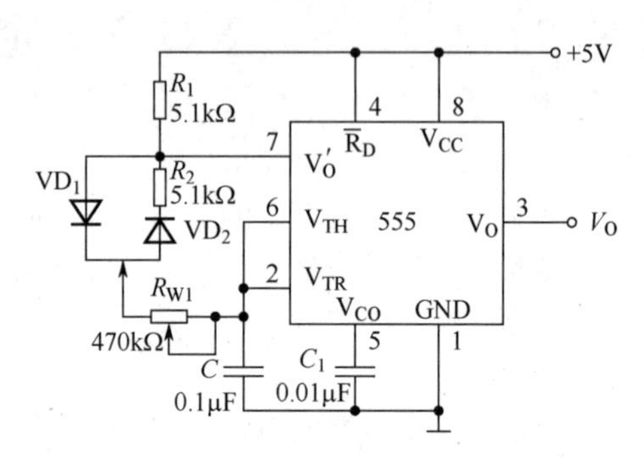

图 7.8.2　占空比与频率均可调的多谐振荡器

6．实验要求

按题目内容进行设计，设计方法和方案不限。完成实际操作，自行设计测试表格，完成实际电路的测试。

选作：可先进行计算机仿真（使用 Multisim），实现题目功能。

7．实验报告

（1）完成预习内容，写出设计过程。

（2）理论计算选用电阻参数值范围。

（3）整理测试数据，分析、总结实验结果。

（4）写出实验总结。

7.9　倒计时计数器设计

1．实验目的

（1）掌握中规模集成计数器的功能特点及使用方法。

（2）掌握使用可逆计数器构成任意进制减计数方式计数器的方法。

（3）了解并掌握译码器的原理及使用方法。

（4）了解并掌握数码显示电路的设计方法。

2．实验预习

（1）预习实验原理和实验内容，查阅元器件资料完成元器件功能及引脚内容填写。

（2）选择实验元器件（型号、数量），完成实验电路设计，说明设计过程，画出真值表和电路图，电路图标明元器件引脚，自拟数据记录表格。

3．实验设备与仪器

Multisim 软件等；74LS190、CD4511BE。

4．实验原理

（1）计数器芯片简介：74LS190 计数器是一个用以实现计数功能的时序部件。计数器种类很多，根据计数的增减趋势，可分为加法计数器、减法计数器和可逆计数器。

74LS190 和 74LS191 是 4 位同步可逆计数器，特点是边沿触发，异步置数；区别是 74LS190 为模 10（BCD）计数器，74LS191 为模 16（二进制）计数器。74LS190 和 74LS191 的引脚图如图 7.9.1 所示，74LS190 逻辑功能表如表 7.9.1 所示。

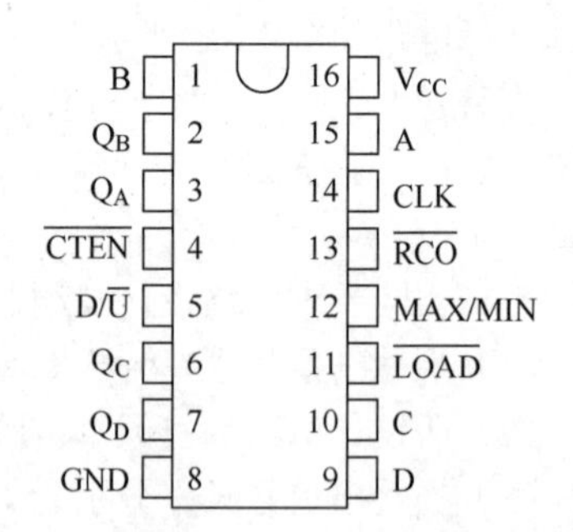

图 7.9.1　74LS190 和 74LS191 的引脚图

表 7.9.1　74LS190 逻辑功能表

输　入								输　出					
$\overline{CTEN}$	$\overline{LOAD}$	CLK	$D/\overline{U}$	D	C	B	A	Q_D	Q_C	Q_B	Q_A	MAX/MIN	$\overline{RCO}$
1	×	×	×	×	×	×	×	不变				不变	1
0	0	×	×	d	c	b	a	d	c	b	a	正常	正常
0	1	↑	0	×	×	×	×	加计数				常 0/1	常 1/0
0	1	↑	0	×	×	×	×	1	0	0	1	1	1/0
0	1	↑	1	×	×	×	×	减计数				常 0/1	常 1/0
0	1	↑	1	×	×	×	×	0	0	0	0	1	1/0

请查找资料填写表 7.9.2。

表 7.9.2　74LS190 和 74LS191 的引脚功能说明

引脚号	引脚	功能说明
15、1、10、9	A～D	
3、2、6、7	Q_A～Q_D	
4	$\overline{CTEN}$	
5	$D/\overline{U}$	
11	$\overline{LOAD}$	
12	MAX/MIN	
13	$\overline{RCO}$	
14	CLK	

（2）74LS190 计数器使用的方法：异步置数法。

① 利用预置数端 $\overline{LOAD}$ 构成加计数电路。

例如，若需要实现 0～8（0000～1000）循环计数的功能，把计数器输入端 DCBA 预置数据 0，即 DCBA=0000。当计数输出为 $Q_DQ_CQ_BQ_A$ =1001 时，通过反馈逻辑使 $\overline{LOAD}$ =0，强制计数器输出异步清零。

② 利用预置数端 $\overline{LOAD}$ 构成减计数电路。

例如，若需要实现 8～1（1000～0001）循环计数的功能，把计数器输入端 DCBA 预置数据 8，即 DCBA=1000。当计数器计到 0000 时，通过反馈逻辑使 $\overline{LOAD}$ =0，则计数器输出端会异步置数为 $Q_DQ_CQ_BQ_A$ =1000。

由于 $Q_DQ_CQ_BQ_A$ =0000 状态只是瞬间出现，因此可实现 1000～0001 循环计数的效果。但是也正是由于 $Q_DQ_CQ_BQ_A$ =0000 状态只是瞬间出现，在一些应用中会导致电路工作不可靠，因此设计时需注意。可选用同步置数的计数器进行设计。

（3）译码器 CD4511BE。

CD4511BE 是 BCD/7 段共阴极数码管译码器/驱动器，请查找相关资料，填写表 7.9.3。

表 7.9.3　CD4511BE 引脚功能说明

引脚号	引脚	功能说明
7、1、2、6	A～D	
3	$\overline{LT}$	
4	$\overline{BL}$	
5	$LE/\overline{STROBE}$	
9～15	a～g	

（4）七段显示器。

七段显示器又称为数码管，分为共阳极数码管和共阴极数码管两种，如图 7.9.2 所示。

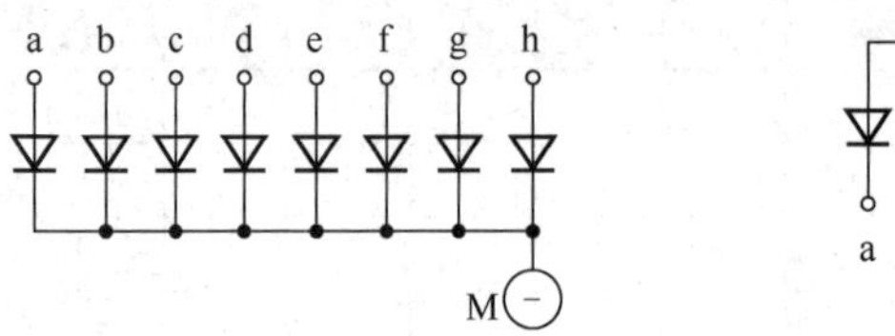

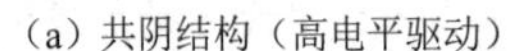
（a）共阴结构（高电平驱动）

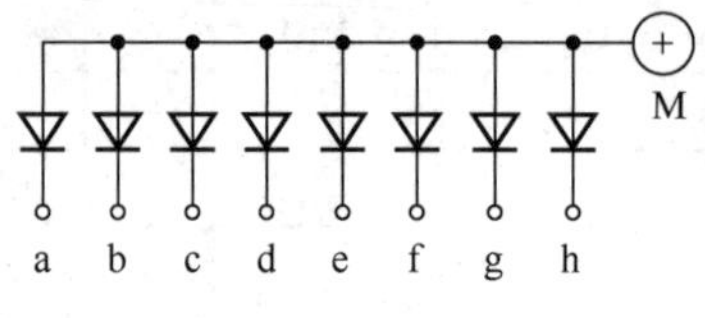

（b）共阳结构（低电平驱动）

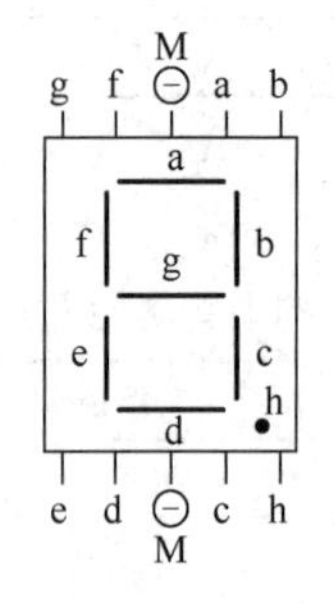

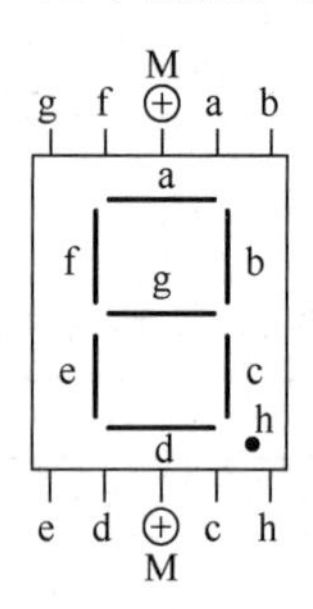

（c）引脚图

图 7.9.2 数码管

5. 实验内容

（1）*N* 进制减计数、译码、显示电路的设计。

采用置数法设计一个 *N* 进制减计数、译码、显示电路，并使用 Multisim 软件进行仿真，实现 *N*～1 循环计数和数码管显示。

（2）设计要求。

① *N* 为本人学号后两位，学号后两位小于 10 则为学号加 20，如学号后两位为 03 的同学应设计 23 进制的减计数电路，即为 23～1 循环。

② 按自己所设计的电路完成 *N* 进制减计数、译码、显示电路的设计和仿真，观察并记录测试结果。

6. 实验报告

（1）完成预习内容。

（2）写出设计思路和设计过程，画出设计电路图，并说明测试结果。

（3）写出实验总结。

7.10 交通信号控制电路设计

1. 实验目的

（1）熟悉并掌握 Multisim 仿真软件的基本使用方法。

（2）设计交通信号控制电路，并进行电路仿真。

2. 实验预习

（1）预习实验原理和实验内容。

（2）查阅元器件资料并选择实验元器件（型号、数量），熟悉元器件功能及引脚，完成实验电路设计，说明设计过程，画出真值表和电路图。

3. 实验设备与仪器

Multisim 软件；74LS190、74LS161 等。

4．实验内容

（1）基本要求。

① 设计一个十字路口的交通灯控制器。两个方向上各设一组红、绿、黄灯，显示顺序为其中一方向（东西方向）是绿灯、黄灯、红灯；另一方向（南北方向）是红灯、绿灯、黄灯。其中绿灯、黄灯、红灯的持续时间分别为 5s、3s 和 8s。

② 设置数码管，以倒计时的方式显示其中一个方向上允许通行或禁止通行的时间（绿灯、黄灯、红灯的持续时间）。

（2）提高要求。

① 用两组数码管实现双向倒计时显示。

② 当消防车、救护车或其他优先放行的车辆通过时，各个方向上均是红灯亮，倒计时停止。特殊运行状态结束后，恢复原来状态，继续正常运行。

5．设计提示

交通信号控制电路可由定时器、控制器、显示器等部分组成。定时器向控制器发出 3 种交通灯的定时信号。控制器根据定时器的信号，进行状态间的转换，经过译码改变交通灯信号。同时根据定时器定时时间，同步显示 3 种信号灯倒计时时间。交通信号控制电路按照预设时序循环工作，需提供状态及定时信号，此功能由时钟分频器对输入时钟信号进行分频，得到 1Hz 时钟信号。

各路交通灯工作状态由控制器进行切换，采用 74LS161 生成状态信号，实现交通灯显示状态的自动、周期性转换。采用译码电路完成状态译码，实现绿灯、黄灯和红灯亮灭控制功能。系统可以采用可逆计数器 74LS190 完成倒计时时间计数功能，实现倒计时时间显示。

交通信号控制系统原理框图如图 7.10.1 所示。

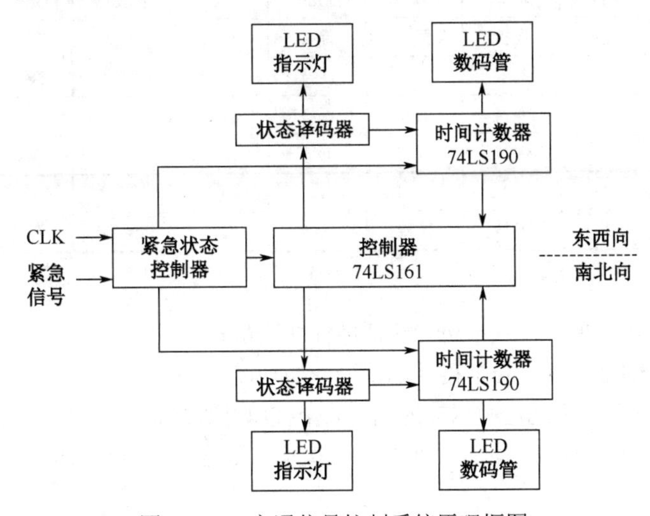

图 7.10.1　交通信号控制系统原理框图

6．实验要求

（1）本次实验使用软件 Multisim 进行仿真。

（2）画出逻辑电路图，记录仿真结果。

7．实验报告

（1）在实验报告中写出详细的设计思路和设计过程。

（2）画出设计电路图，说明仿真结果，并对电路中使用元器件的功能及作用加以说明。

（3）写出实验总结。

第8章 EDA技术实验

8.1 基础实验

8.1.1 组合逻辑电路设计

1．实验目的

（1）熟悉Quartus II开发环境和流程。

（2）熟悉DE2开发平台的使用方法。

（3）掌握组合逻辑电路的设计方法。

2．实验内容

设计一个数据分配器，其电路框图如图8.1.1所示。图中A为数据地址输入端，Dout7、Dout6、…、Dout0为数据输出端，EN为使能信号输入端。数据分配器功能表如表8.1.1所示。

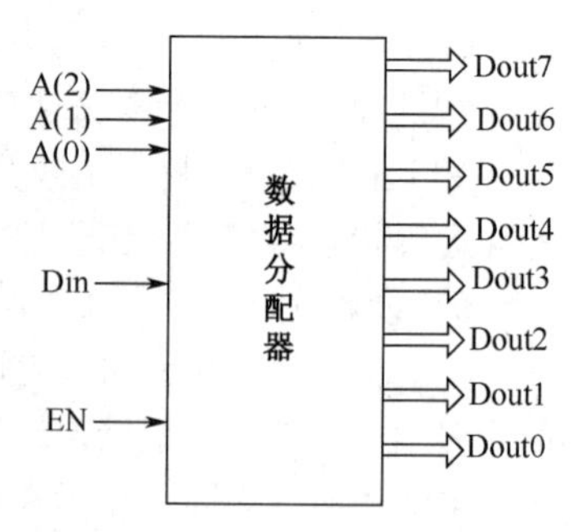

图8.1.1 数据分配器电路框图

表8.1.1 数据分配器功能表

输入			输出							
A(2)A(1)A(0)	Din	EN	Dout7	Dout6	Dout5	Dout4	Dout3	Dout2	Dout1	Dout0
×××	×××	0	保持	保持	保持	保持	保持	保持	保持	保持
000	Din	1	Din	保持	保持	保持	保持	保持	保持	保持
001	Din	1	保持	Din	保持	保持	保持	保持	保持	保持
010	Din	1	保持	保持	Din	保持	保持	保持	保持	保持
⋮	⋮	⋮	⋮	⋮	⋮	⋮	⋮	⋮	⋮	⋮
111	Din	1	保持	保持	保持	保持	保持	保持	保持	Din

3．实验要求

（1）利用VHDL语言编程，利用仿真软件进行功能仿真。

（2）编程下载到DE2开发平台，硬件测试设计的功能。

注意，3个拨码开关作为地址数据输入端，1个拨码开关或低频时钟信号作为二进制数据输入端，1个拨码开关作为使能控制键，高电平允许修改输入数据，低电平对数据锁存，LED指示灯作为输出。

8.1.2 分频电路设计

1．实验目的

（1）熟悉Quartus II开发环境和流程。

（2）熟悉DE2开发平台的使用方法。

（3）掌握分频电路的设计方法。

2．实验内容

利用VHDL语言设计一个输入50MHz脉冲，分频后能产生500kHz、5kHz、50Hz、1Hz时钟脉冲的电路。分频电路框图如图8.1.2所示。

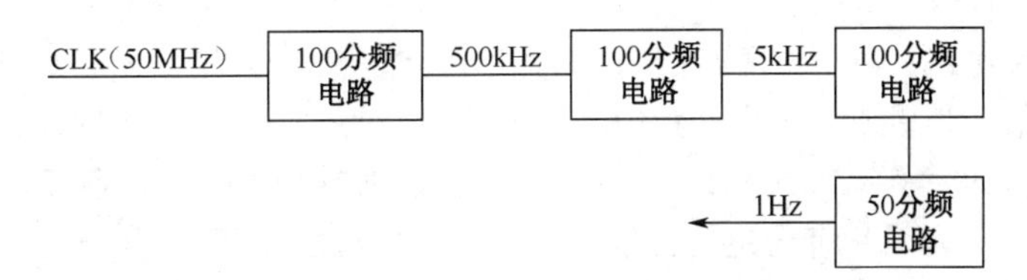

图 8.1.2　分频电路框图

3．实验要求

（1）利用 VHDL 语言编程。

（2）利用仿真软件进行功能仿真。

（3）编程下载到 DE2 开发平台，利用示波器及开发平台外围电路进行验证。

（4）采用图形层次化设计，将 100 分频器和 50 分频器分别做成元器件，利用元器件重用实现调用。

8.1.3　动态显示模块设计

1．实验目的

（1）熟悉 Quartus II 开发环境和流程。

（2）熟悉 DE2 开发平台的使用方法。

（3）掌握动态显示电路的设计方法。

2．实验内容

（1）动态显示时钟设置为 10Hz，完成在 8 位数码管输出 8 组数值的显示电路设计，一个 4 位的 BCD 码（或二进制码）经过七段译码电路后，可以在 8 位数码管上显示出 0～9 的数字。

（2）编程下载到 DE2 开发平台，利用开发平台及动态显示模块电路进行验证。

3．实验要求

（1）数码管显示电路硬件连接关系，如图 8.1.3 所示。

设计一个动态显示驱动模块，完成在 8 位数码管显示数据的功能，显示的数据通过输入端口送入。其中输入时钟信号为 clock，待显示的数据通过 k1、k2、k3、k4 输入实现，输出位选信号有 Y0～Y7，七段译码信号输出为 a、b、c、d、e、f、g、dp。FPGA 实现动态显示接口电路如图 8.1.3 所示。

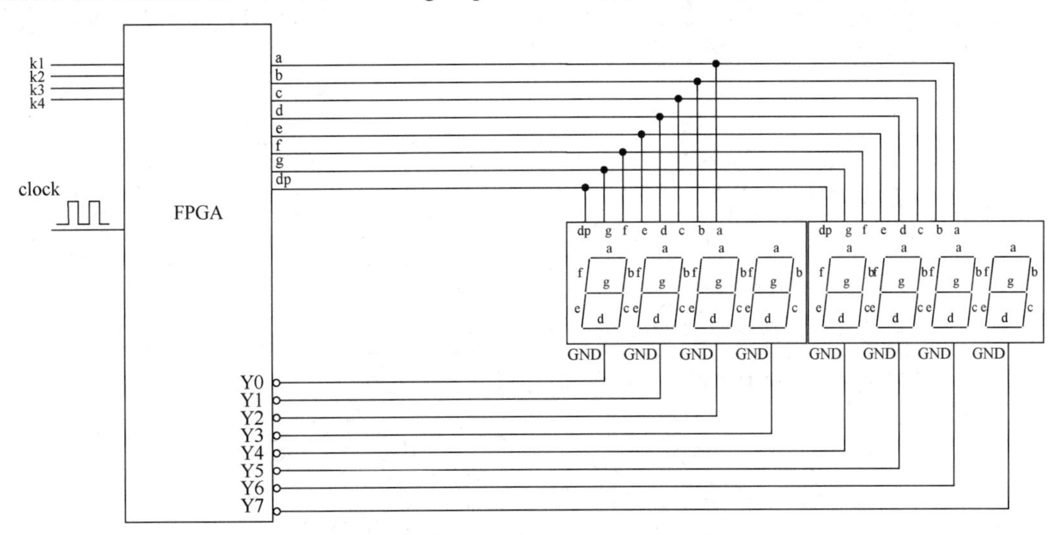

图 8.1.3　数码管显示电路

（2）动态显示电路的工作原理。

多位七段数码管可以显示多位十进制（或十六进制）数字，在多位七段数码管显示驱动电路设计时，为了简化硬件电路，通常将所有位的各个相同段选线对应并接在一起，形成段选线的多路复用。而各位数码管的共阳极或共阴极分别由各自独立的位选信号控制，顺序循环地选通（点亮）每位数码管，这样的数码管驱动方式就称为“动态扫描”。在这种方式中，虽然每一短暂时间段只选通一位数码管，但由于人眼具有一定的“视觉残留”，只要延时时间设置恰当，实际感觉到的会是多位数码管同时被点亮。

8位七段数码管（另有一段dp为小数点段）动态显示器原理图如图8.1.4所示。

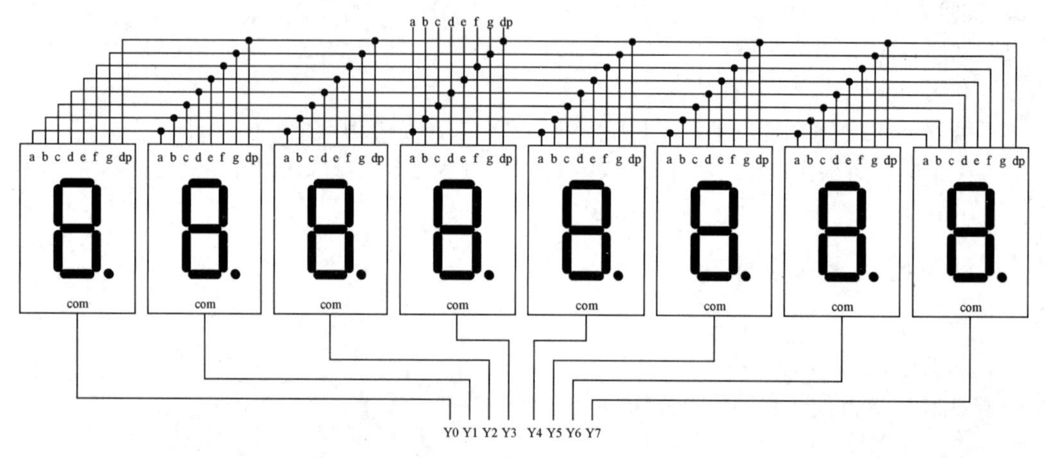

图8.1.4　8位七段数码管动态显示器原理图

其中段选线（a～g，dp）占用8位I/O口，位选线（Y0～Y7）占用8位I/O口。由于各位的段选线并联，段选码的输出对各位来说都是相同的。因此，同一时刻，如果各位位选线都处于选通状态，那么8位数码管将显示相同的字符。若要各位数码管能够显示出与本位相对应的字符，就必须采用扫描显示方式，即在某一位的位选线处于选通状态时，其他各位的位选线处于关闭状态，这样8位数码管中只有选通的那一位显示出字符，而其他位则是熄灭的。同样，在下一时刻，只让下一位的位选线处于选通状态，而其他的位选线处于关闭状态。如此循环下去，就可以使各位“同时”显示出将要显示的字符。由于人眼有视觉暂留现象，只要每位显示间隔足够短，可造成多位同时亮的“景”象，达到完整显示的目的。

（3）程序设计框图。根据动态显示电路的原理分析，结构框图及信号连接关系如图8.1.5所示。在FPGA中需要完成以下模块电路。

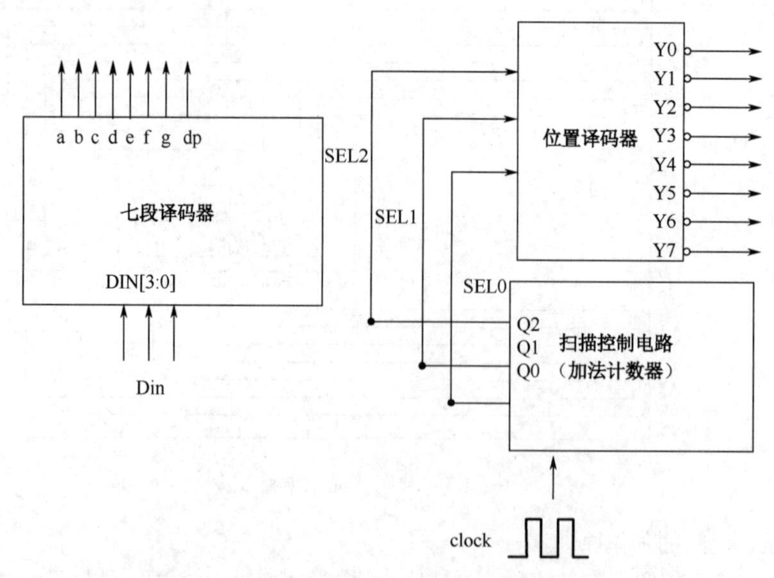

图8.1.5　结构框图及信号连接关系

① 扫描控制电路（加法计数器）。给位选电路提供控制信号，用模 8 加法计数器实现。

② 位置译码器。通过扫描控制电路传输来的信号，输出位选择信号，输出信号低电平有效，用于位选控制。

③ 七段译码器。将数据选择器传送给七段译码器的输入信号进行七段译码，输出高电平有效。

8.1.4 阵列键盘扫描模块设计

1. 实验目的

（1）熟悉 Quartus II 开发环境和流程。

（2）熟悉 DE2 开发平台的使用方法。

（3）掌握阵列键盘扫描电路的设计方法。

2. 实验内容

4×4 键盘电路如图 8.1.6 所示。利用 4×4 键盘电路及数码管显示电路，连接 DE2 开发平台的 GPIO 口，构成键盘输入及显示硬件电路。当每按下一个数字键，就输入一个数值，并在七段数码管显示器上显示该数值。按下*键清零；按下#键表明该组数据输入结束，且数据在数码管上完整显示。

编程下载到 DE2 开发平台，利用开发平台及外围电路进行验证。

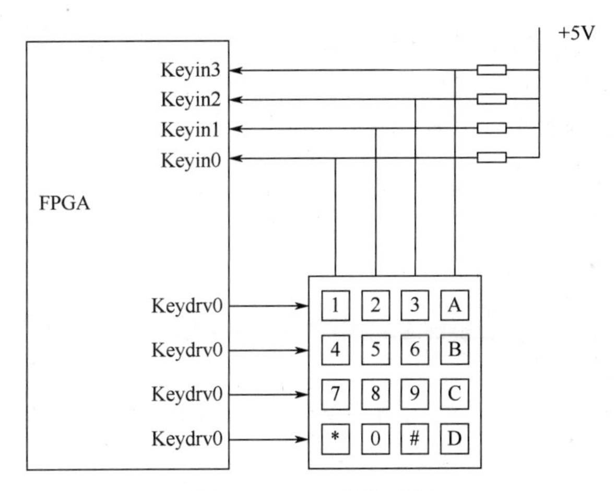

图 8.1.6 4×4 键盘电路

3. 设计提示

实验中要用到 4×4 键盘工作原理（见图 8.1.7），系统需要完成 4×4 键盘的扫描，确定有键按下后需要获取其键值，根据预先存放的键值表，逐个进行对比，从而进行按键的识别，并将相应的按键值进行显示。键盘扫描的实现过程如下：对于 4×4 键盘，通常连接为 4 行、4 列，因此要识别按键，只需要知道是哪一行和哪一列即可，为了完成这一识别过程，首先输出 4 列中的第一列为低电平，其他列为高电平，然后读取行值；其次输出 4 列中的第二列为低电平，读取行值，以此类推，不断循环。系统在读取行值的时候会自动判断，如果读进来的行值全部为高电平，就说明没有按键按下；如果读进来的行值发现不全为高电平，就说明键盘整列中必定有至少一个按键按下，读取此时的行值和当前的列值，即可判断出当前的按键位置。获取到行值和列值以后，组合成一个 8 位的数据，根据实现不同的编码再对每个按键进行匹配，找到键值后在七段数码管显示。

DE2 引脚说明参见附录 A。

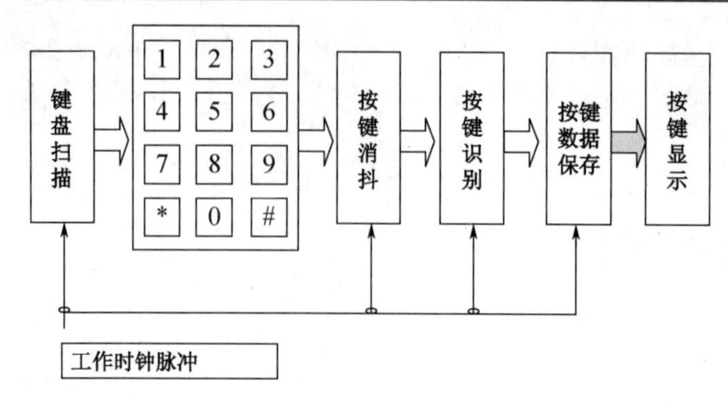

图 8.1.7　4×4 键盘工作原理

8.1.5　状态机电路设计

1．实验目的

（1）熟悉 Quartus II 开发环境和流程。

（2）熟悉 DE2 开发平台的使用方法。

（3）掌握状态机电路的设计方法。

2．实验内容

利用 DE2 平台完成如下功能：当 RESET 输入信号为高电平时，全部指示灯灭；当 RESET 输入信号为低电平时，4 个指示灯依次点亮 1s、3s、5s、10s，且循环工作。利用数码管显示数据计时状况。状态机电路功能表如表 8.1.2 所示。

表 8.1.2　状态机电路功能表

时间/s	指示灯 0	指示灯 1	指示灯 2	指示灯 3
1	1	0	0	0
3	0	1	0	0
5	0	0	1	0
10	0	0	0	1
1	1	0	0	0

3．实验要求

依据实验要求，画出状态转换图，并编程、仿真，且下载到实验平台。

8.2　综合设计应用实验

8.2.1　计时秒表设计

1．实验目的

（1）具备用 VHDL 设计数字系统的初步能力。

（2）熟悉 Quartus II 开发环境和流程。

（3）掌握计数器的用法。

2．实验内容和要求

（1）设计一个计时秒表，用数码管显示计时值，具有启停开关，用于开始/结束计时操作。

（2）秒表计时长度为 59 分 59.99 秒，超过计时长度，有溢出则报警。

（3）设置复位开关，秒表无条件进行复位清零操作。

8.2.2　数字频率计设计

1．实验目的

（1）具备用 VHDL 设计数字系统的初步能力。

（2）熟悉 Quartus II 开发环境和流程。

（3）掌握频率计的设计方法。

2．实验内容和要求

根据频率计的测频原理，即在闸门时间内，对输入信号等进行计数。

（1）设计一个 4 位数字显示的频率计，用数码管显示频率值。

（2）测量范围为 1～9999Hz，超过时，有溢出则报警。

（3）设置复位开关，无条件进行复位清零操作。

3．扩展要求

增大频率的测量范围到 1MHz，量程分为 10kHz、100kHz 和 1MHz 3 挡，并且量程能够自动转换。

4．设计说明

参考如图 8.2.1 所示的数字频率计系统框图，主要分为 3 个部分，控制部分（控制信号主要有闸门信号、锁存信号、清零信号）、计数部分、锁存器及显示部分。

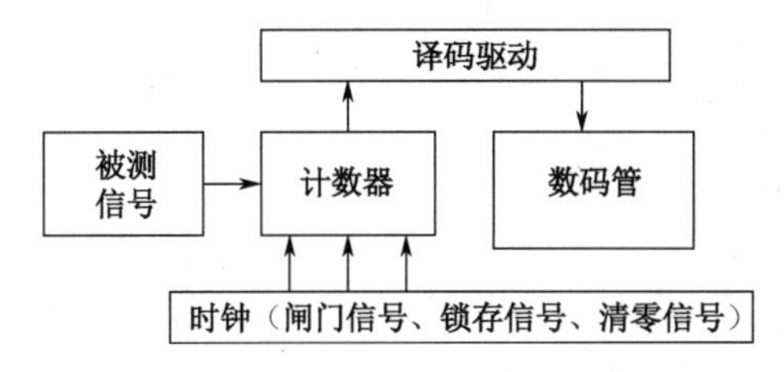

图 8.2.1　数字频率计系统框图

8.2.3　交通灯控制器设计

1．实验目的

（1）具备用 VHDL 设计数字系统的初步能力。

（2）熟悉 Quartus II 开发环境和流程。

（3）掌握交通灯控制器的设计方法。

2．实验内容和要求

（1）设计一个十字路口的交通管理系统，并用 VHDL 进行描述。两个方向上各设一组红、绿、黄灯，显示顺序为其中一方向（东西方向）是绿灯、黄灯、红灯；另一方向（南北方向）是红灯、绿灯、黄灯。

（2）设置一组数码管，以倒计时的方式显示允许通行或禁止通行的时间，其中绿灯、黄灯、红灯的持续时间分别为 20s、5s 和 25s。

（3）当各条路上出现特殊情况时，如消防车、救护车或其他优先放行的车辆通过时，各个方向上均是红灯亮，倒计时停止，且显示数字在闪烁。特殊运行状态结束后，恢复原来的状态，继续正常运行。

（4）用两组数码管实现双向倒计时显示。

3．设计说明

参考如图 8.2.2 所示的交通灯控制器系统框图。

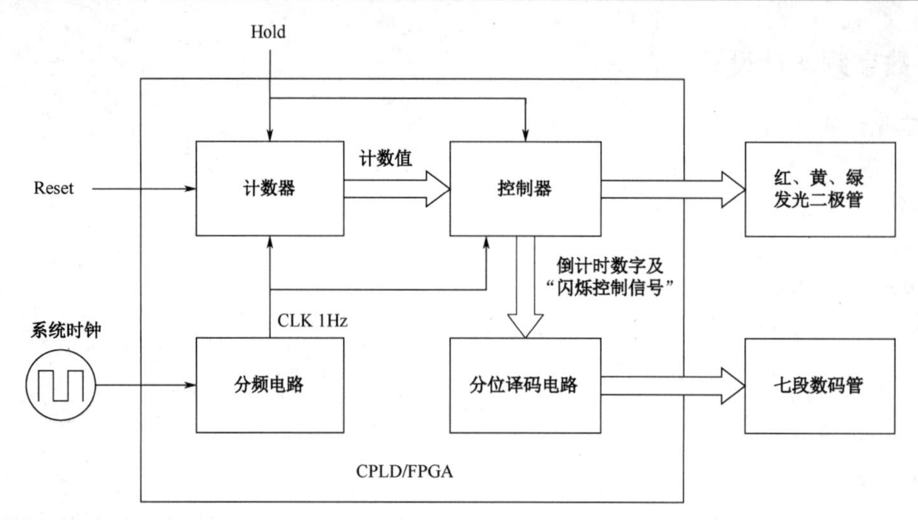

图 8.2.2　交通灯控制器系统框图

8.2.4　自动打铃系统设计

1．实验目的

（1）具备用 VHDL 设计数字系统的初步能力。

（2）熟悉 Quartus II 开发环境和流程。

（3）掌握多功能数字钟的设计方法。

2．实验内容和要求

（1）基本计时和显示功能：包括时、分、秒的 12 小时制计时并用数码管显示。

（2）能非常方便地对小时、分钟和秒进行手动设置。

（3）基本打铃功能。根据设定的打铃时刻，产生打铃指示（铃声可以用 LED 显示）。

上午起床铃：06:00，打铃 5s，停 2s，再打铃 5s。

晚上熄灯铃：10:00，打铃 5s，停 2s，再打铃 5s。

3．扩展要求

（1）增加整点报时功能。

（2）增加调整打铃时间长短的功能。

4．设计说明

参考如图 8.2.3 所示的自动打铃系统框图。

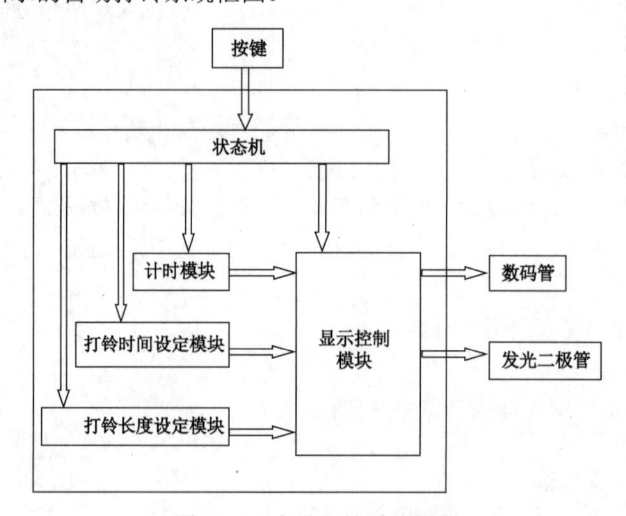

图 8.2.3　自动打铃系统框图

8.2.5　数控脉宽脉冲信号发生器设计

1．实验目的

（1）具备用 VHDL 设计数字系统的初步能力。

（2）使用 FPGA 产生脉冲调制（PWM）信号，且信号的周期和占空比可通过按键调节。

（3）通过此实验学习“按键消抖”的基本方法。

2．实验内容和要求

（1）FPGA 产生脉冲调制（PWM）信号。

（2）PWM 信号的周期和占空比可通过按键调节。

（3）通过“按键消抖”的基本方法准确识别按键操作。

在初始状态时，PWM 信号的周期、频率、占空比分别为 5μs、200kHz 和 70%。

3．设计提示

PWM 信号可用于控制步进电机的工作，PWM 信号的示意图如图 8.2.4 所示。这个脉冲的周期为 Period，宽度为 1 的那段时间称为脉冲宽度，占空比（Duty）定义为高电平信号占整个脉冲周期的百分比，即

$$\text{占空比（Duty）}=\frac{\text{脉冲宽度}}{\text{周期（Period）}}\times 100\%$$

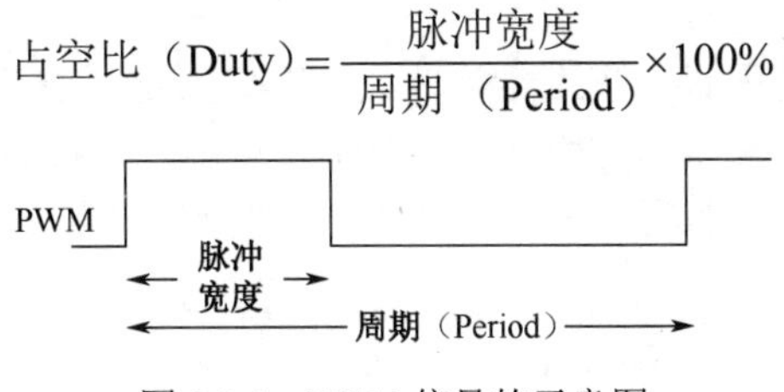

图 8.2.4　PWM 信号的示意图

PWM 信号的产生，基本思想就是使用一个计数器，当计数值 Cnt1 小于脉冲宽度时，让 PWM 信号为 1；当 Cnt1 大于等于脉冲宽度时，让 PWM 信号为 0；当 Cnt1 的值等于 Period-1 时，计数器复位，Cnt1 变为 0。循环往复，便产生了一个连续的 PWM 信号。

PWM 信号发生器系统由占空比、周期调整模块，以及 PWM 信号产生模块和数码管显示模块组成。图 8.2.5 所示为 PWM 信号发生器的示意图。

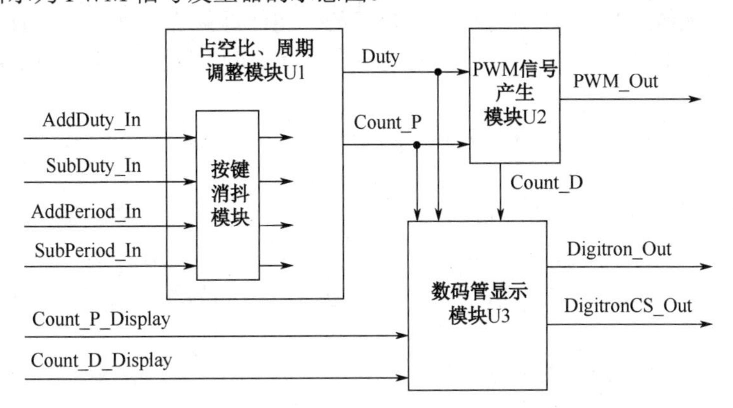

图 8.2.5　PWM 信号发生器的示意图

占空比、周期调整模块用于调整 PWM 信号的占空比（Duty）和周期（Period），设置 4 个按键开关，分别控制占空比的增加、占空比的减少、周期的增加和周期的减少。输出信号 Duty 用于控制 PWM 波的占空比，取值范围为 0～100；Count_P 内存储了一个数值，用于表征周期（Period）。需要注意的是，当按下一次按键开关时，FPGA 可能识别到多次操作或未识别到操作，所以，U1 模块内增加“按键消抖模块”用于准确识别按键操作。

PWM 信号产生模块用于产生 PWM 信号。Count_D 内存储了一个数值，用于表征脉冲宽度，

计算公式为

$$\text{Count\_D} = (\text{Duty} * \text{Count\_P}) / 100$$

U2 模块内有一个计数器 Cnt1，按照前文提到的基本思想，比较 Cnt1 和 Count_P、Count_D 的数值，即可产生所需的 PWM 波。

数码管显示模块用于显示当前 PWM 信号的 Duty、Count_P 和 Count_D，便于观察验证实验结果。

8.2.6 呼吸灯控制电路设计

1．实验目的

（1）具备用 VHDL 设计数字系统的初步能力。

（2）掌握使用 PWM 方式控制 LED 灯亮度变化的原理。

（3）通过此实验学习呼吸灯控制电路的设计方法。

2．实验内容和要求

设计呼吸灯控制电路，通过 FPGA 元器件 LED 灯的亮度由暗到亮、由亮到暗逐级变化。

（1）基本要求。

① 控制 1 路 LED 灯由熄灭状态开始逐渐变为全亮状态，变化等级和时间自定。

② 控制 1 路 LED 灯由全亮状态开始逐渐变为熄灭状态，变化等级和时间自定。

③ 控制 1 路 LED 灯由熄灭状态逐渐变为全亮，再由全亮状态逐渐变为熄灭，变化等级和时间自定。

（2）提高要求。

① 能够通过按键调节 LED 灯亮度变化的时间并显示。

② 能够通过按键调节 LED 灯亮度变化的等级并显示。

3．设计提示

（1）实验基本原理。呼吸灯是指灯光在控制下完成由亮到暗、由暗到亮的逐渐变化，感觉好像是人在呼吸。其广泛应用在手机、计算机等电子产品上，起到一个通知提醒的作用。

LED 灯的亮度与流过的电流的大小成正比，当 PWM 信号驱动 LED 灯时，如果占空比是 0，那么 LED 灯不亮；如果 PWM 占空比是 100%，那么 LED 灯最亮；如果占空比正好是 50%，那么 LED 灯亮度适中；当占空比从 0%到 100%变化，再从 100%到 0%不断变化，就可以实现 LED 灯一呼一吸的效果。

（2）设计思路。如果以 1s 内让 LED 灯逐渐点亮为例，可以选择 PWM 信号的频率为 1kHz，则 PWM 信号的周期为

$$T_{\text{PWM}} = \frac{1}{1000} = 1\text{ms}$$

选择 LED 灯的亮度等级为 100 级，每个亮度等级持续时间相同，则持续时间为

$$T_{\text{D}} = 10\text{ms}$$

即 PWM 信号占空比从 0 开始每隔 10ms 增加 1%，最大到 99%，高电平每隔 10ms 增加的时间为

$$T_{\text{H}} = \frac{1\text{ms}}{100} 10\mu\text{s}$$

设计过程中可以采用 3 个计数器 cnt_10μs、cnt_1ms、cnt_10ms，其中 cnt_10μs 对 10μs（频率为 100kHz）的时钟信号计数，计数范围为 0～99，产生的进位信号送到计数器 cnt_1ms 使其加 1；cnt_1ms 计数范围为 0～9，产生的进位信号再送到计数器 cnt_10μs 使其加 1；cnt_10ms 计数范围为 0～99，实现 1s 内 LED 灯逐渐点亮周期，计数过程如图 8.2.6 所示。

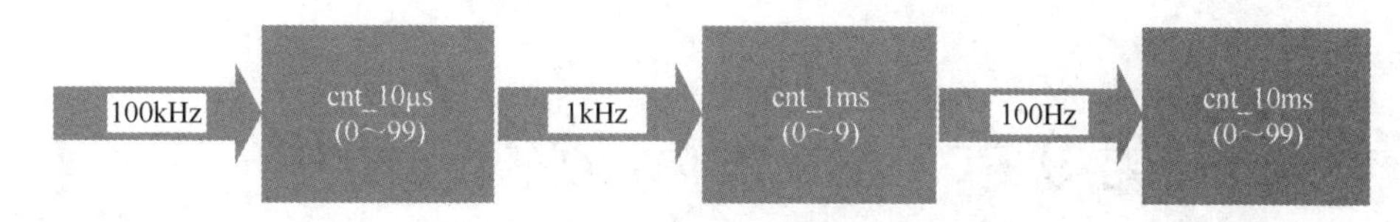

图 8.2.6　计数过程

PWM 信号的产生可以通过比较 cnt_10μs 和 cnt_10ms 的计数值来确定其高低电平，当 cnt_10μs<cnt_10ms 时，输出高电平，LED 灯点亮；当 cnt_10μs≥cnt_10ms 时，输出低电平，LED 灯熄灭；使得 PWM 信号的占空比逐渐增大，PWM 信号产生过程如图 8.2.7 所示。此时 cnt_10ms 值为 3，高电平时间为 30μs，信号周期为 1ms，占空比为 30%，输出 10 个相同的信号，当前的亮度等级保持 10ms；当 cnt_10ms 值为 4，输出 10 个周期 1ms、高电平时间为 40μs、占空比为 40% 的信号，以此类推，从而达到 LED 灯逐渐点亮的效果。而对于逐渐熄灭的过程，将上面 PWM 高低电平的判断条件颠倒即可实现。

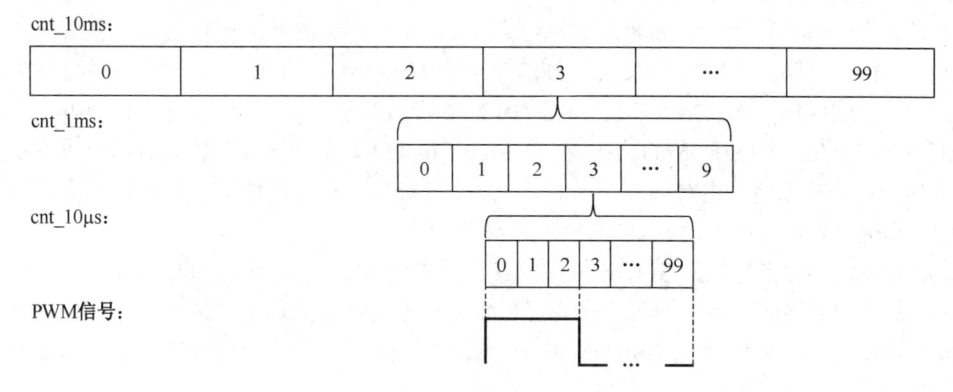

图 8.2.7　PWM 信号产生过程

根据上述设计思路，系统可以划分为按键消抖模块、译码显示模块、PWM 信号产生模块等，系统框图如图 8.2.8 所示。

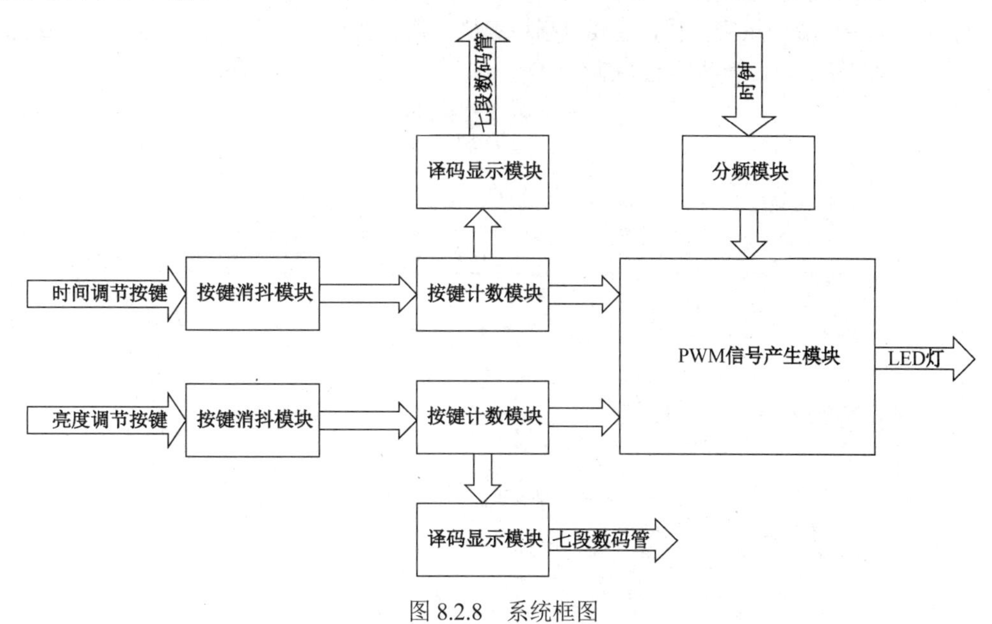

图 8.2.8　系统框图

第9章　Multisim软件的使用

9.1　Multisim电路仿真软件简介

Multisim的前身是EWB（Electrical Workbench，虚拟电子工作台），是加拿大Interactive Image Technology公司（IIT公司）20世纪80年代推出的以Windows系统为基础的仿真工具，适用于模拟、数字、数/模混合电路的仿真设计工作，克服了传统电子设计的实验室条件限制，具有界面形象直观、操作简便、分析功能强大、简单易用等特点，得到迅速推广。IIT公司后续推出了EWB4.0、EWB5.0版本，从EWB6.0开始，IIT对EWB进行较大变动，名称改为Multisim（多功能仿真软件），后续推出了Multisim 7.0、Multisim 8.0版本，增加了万用表、示波器等虚拟仪表，极大地扩充了元器件数据库，仿真电路实用性大大增强。2005年美国National Instruments公司（NI公司）收购了IIT公司，并于2005年、2007年、2010年、2012年、2013年、2015年分别推出了Multisim 9.0、Multisim 10.0、Multisim 11.0、Multisim 12.0、Multisim 13.0、Multisim 14.0，仿真技术逐步强大。Multisim 14.0不局限于电子电路的虚拟仿真，其中在LabVIEW虚拟仪器、单片机仿真等技术方面有许多创新和提高，属于EDA技术的高层次范畴。

Multisim集成了业界标准的SPICE仿真以及交互式电路图环境，能够即时可视化和分析电子电路的行为。其直观的界面可帮助教育工作者强化学生对电路理论的理解，高效地记忆工程课程的理论。研究人员和设计人员可借助Multisim减少PCB的原型迭代，并为设计流程添加功能强大的电路仿真和分析，以节省开发成本。

9.1.1　基本操作界面

启动Multisim 14.0，出现软件启动界面，完成初始化后，便可进入主窗口，如图9.1.1所示。主窗口与Windows的界面风格类似，主要包括标题栏、菜单栏、工具栏、工作区域、电子表格视图（信息窗口）、状态栏及项目管理器七大部分。

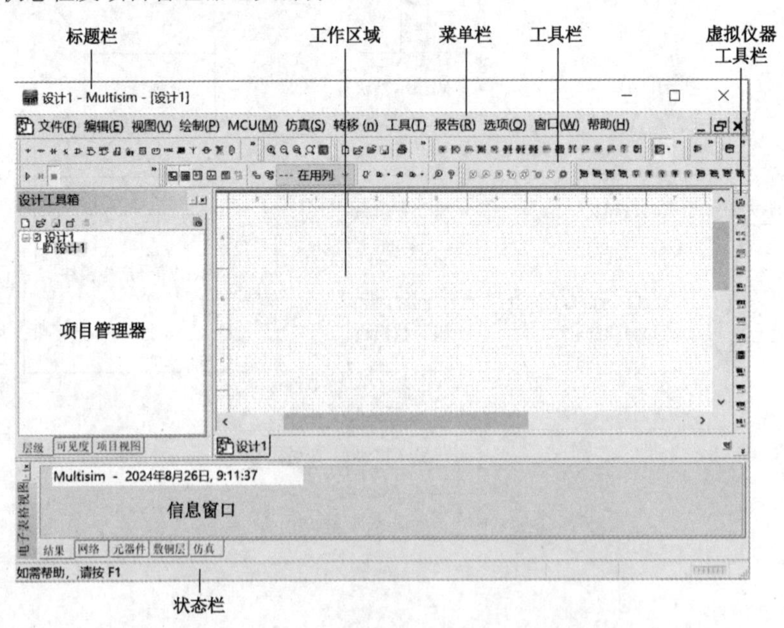

图9.1.1　Multisim 14.0的主窗口

1. 菜单栏

Multisim 14.0 菜单栏位于界面上方、标题栏下方，通过菜单栏的相应命令可以完成对原理图的各种编辑操作。主菜单中包括文件（F）、编辑（E）、视图（V）、绘制（P）、MCU（M）、仿真（S）、转移（n）、工具（T）、报告（R）、选项（O）、窗口（W）和帮助（H）12 项（见图 9.1.2）。每项主菜单下还包含一级菜单和二级菜单。

图 9.1.2　菜单栏

2. 工具栏

在设计界面中，Multisim 14.0 提供了丰富的工具栏，共有 22 种。选择菜单栏中的“选项”→“自定义界面”命令，弹出“自定义”对话框，选择“工具栏”选项卡（见图 9.1.3），可对工具栏的功能按钮进行个性化设置。

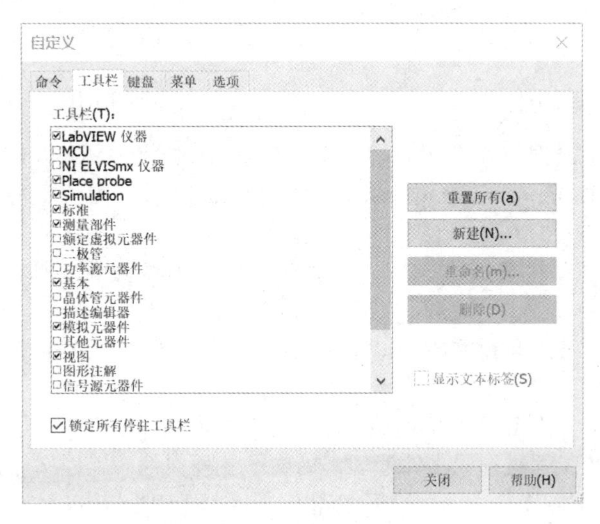

图 9.1.3　“自定义”对话框

在绘制原理图时，将光标悬停在某个工具栏按钮图标上，在图标下方会显示该按钮的功能描述，便于用户操作。常用工具栏介绍如下。

标准（Standard）工具栏和视图（View）工具栏（见图 9.1.4）： 标准工具栏提供常用的文件操作快捷方式，如新建、打开、打印、复制、粘贴等。视图工具栏提供放大、缩小、缩放区域、缩放页面、全屏等视图显示的操作方法，可以方便调整所编辑电路的视图大小。

主（Main）工具栏（见图 9.1.5）： 主工具栏是 Multisim 的核心，可以进行电路的建立、仿真及分析，并最终输出设计数据等。

图 9.1.4　标准工具栏和视图工具栏

图 9.1.5　主工具栏

元器件（Components）工具栏（见图 9.1.6）： Multisim 将元器件模型分门别类地放到 18 个元器件库中，加上“层次块来自文件”和“总线”，共同组成元器件工具栏。单击某个元器件图标，即可打开该元器件库。元器件库的功能和使用方法将在后面介绍。

仿真（Simulation）工具栏（见图 9.1.7）： 仿真工具栏快捷键可运行、暂停、停止仿真，显示当前仿真分析方法，并可单击进入对话框进行仿真分析设置。

放置探针（Place Probe）工具栏（见图 9.1.8）：可以放置电压、电流、功率、差分电压、电压与电流、电压参考点、数字探针，还可以进行设置。

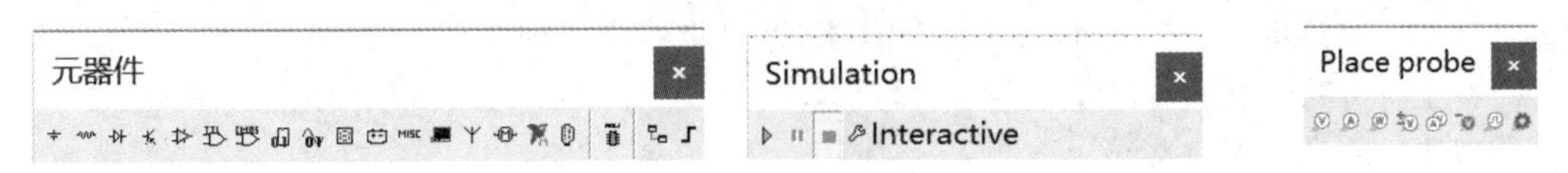

图 9.1.6　元器件工具栏　　图 9.1.7　仿真工具栏　　图 9.1.8　放置探针工具栏

虚拟（Virtual）工具栏（见图 9.1.9）：9 个按钮可以显示/隐藏系列，依次为模拟、基本、二极管、晶体管、测量、其他、功率源、额定、信号发生器。显示系列后，可以直接单击图标放置相应元器件到电路图中。

仪器（Instruments）工具栏（见图 9.1.10）：为了便于使用，通常将仪器工具栏拖至窗口的右边。单击图标即可添加。

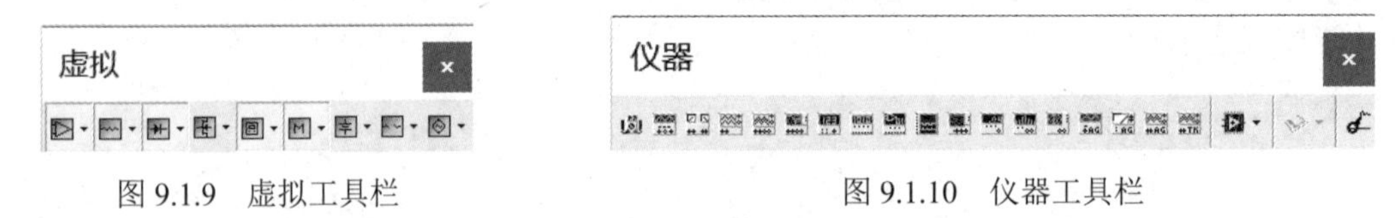

图 9.1.9　虚拟工具栏　　图 9.1.10　仪器工具栏

除以上介绍的工具栏之外，用户可以尝试操作其他工具栏，如图形注解（Graphic Annotation）工具栏、测量部件（Measurement Components）工具栏等。此外，在“视图”（View）→“工具栏”子菜单中列出了所有工具栏，在工具栏名称左侧有“√”标记则标识该工具栏已经被打开了。软件操作便捷，用户也可在工具栏空白处右击，在弹出的快捷菜单中设置工具栏。

3．项目管理器

在原理图设计中，工作面板主要有“设计工具箱”面板、“SPEICE 网表查看器”面板及“LabVIEW 协同仿真终端”面板，基本位于工作界面左侧。

最常用到的是“设计工具箱”面板，该面板有 3 个选项卡，依次为“层级”“可见度”“项目视图”。Multisim 14.0 支持工程级别的文件管理，提供了 3 种文件：工程文件、图页文件（设计时生成的）、支电路文件，如图 9.1.11 所示。一个工程文件类似于 Windows 系统中的文件夹，可以执行对文件的各种操作；图页文件是指实际包含的原理图，保存在工程中；支电路是由用户自己定义的电路模块，可存储在自定义元器件库中，在设计电路时可反复调用。启动软件后，默认打开后缀为“.ms14”的工程文件“设计 1”（Design 1），并自动添加同名的图页文件“设计 1”，以分层的形式显示出来。可通过“绘制”下拉菜单中的“多页”“新建支电路”选项增加新的图页文件和支电路。

4．电子表格视图（信息窗口）

“电子表格视图”位于工作界面下方，在检验电路是否存在错误时显示电路检验结果，以及显示当前电路文件中所有元器件属性的统计窗口。该面板包括 5 个选项卡：结果、网络、元器件、敷铜层、仿真（见图 9.1.12），可分别显示原理图中不同属性对象的信息，并且可以设置改变部分或全部属性。

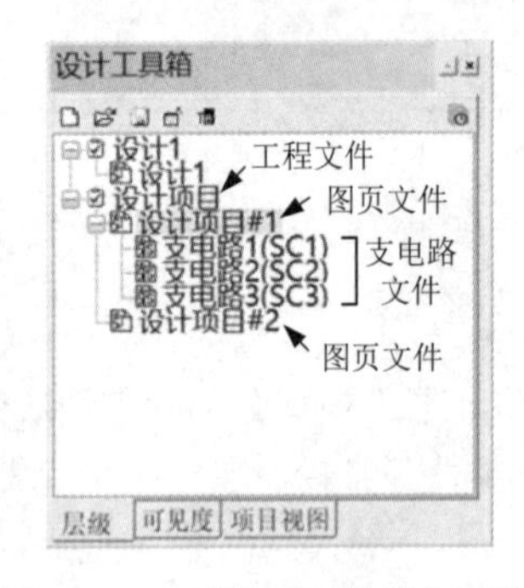

图 9.1.11　“设计工具箱”面板

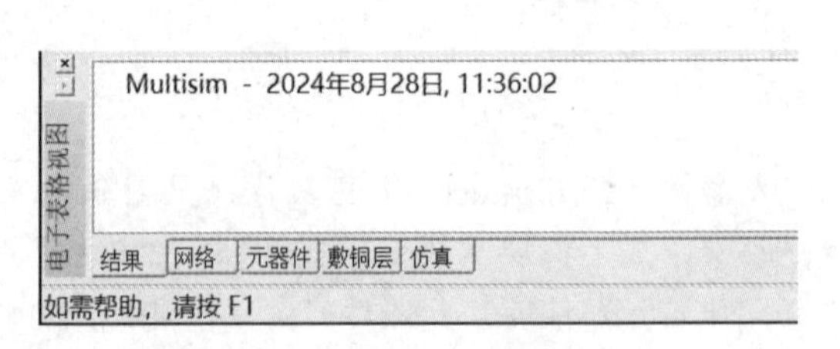

图 9.1.12　“电子表格视图”面板

在电路设计与仿真过程中，基本操作界面中最常用到的是元器件库和虚拟仪器，下面将分别详细介绍。

9.1.2　元器件库

Multisim 14.0 作为一款专业的电子电路计算机辅助设计软件，涵盖了常用的电子元器件，用户只需要在元器件库中查找所需的元器件符号，并将其放置在图纸中的适当位置，然后连线绘制电路原理图。

元器件是电路组成的基本元素，Multisim 14.0 提供了丰富的元器件库。在元器件工具栏中提供了多个库，相应的含义如下。

电源/信号发生器库（Source）：包含多种电源和信号发生器，如直流电源、交流电源、三相电源、接地端、电压信号发生器、电流信号发生器等。

基本元器件库（Basic）：包含现实的电阻、电容、电感、变压器、继电器、电位器、接插件开关、插座等系列，以及基本虚拟元器件、3D 虚拟元器件。

二极管库（Diodes）：包含现实的普通二极管、齐纳二极管、发光二极管、晶闸管等系列，以及虚拟二极管等。

晶体管库（Transistors）：包含现实的双极型三极管、MOSFET、结型场效应管等系列，以及虚拟的三极管、MOSFET、结型场效应管。

模拟元器件库（Analog）：包含各种现实的运算放大器、比较器，以及虚拟放大器等。

TTL 数字集成电路库（TTL）：包含 74TD 和 74LS 系列数字电路元器件。

CMOS 数字集成电路库（CMOS）：包含 40 系列和 74HC 系列多种 CMOS 数字集成电路元器件。

MCU 元器件库（MCU）：包含 805X、PIC、RAM、ROM 等多种射频元器件。

高级的外设元器件库（Advanced_Peripherals）：包含键盘、LCD 等多种元器件。

其他数字元器件库（Misc Digital）：包含 DSP、FPGA、CPLD、VHDL 等多种元器件。

数模混合元器件库（Mixd）：包含各种现实的定时器、模/数转换器、数/模转换器、模拟开关等系列，以及虚拟混合元器件。

指示器库（Indicators）：包含电压表、电流表、蜂鸣器、指示灯，以及虚拟探针、虚拟指示灯、十六进制显示器、柱状图标等。

电源元器件库（Power）：包含各种电源控制模块、开关、稳压模块、脉宽调制控制模块、电机驱动、继电器驱动、保险丝等。

混合项元器件库（Misc）：包含各种光耦、石英晶体、Buck、Boost、Buck_Boost 变换器、滤波器等，以及虚拟元器件。

射频元器件库（RF）：包含射频晶体管、射频 FET、微带线等多种射频元器件。

机电类元器件库（Electro_Mechanical）：包含各种现实的开关、传感器、线圈继电器、保护器等。

连接器库（Connectors）：包含各种信号接口。

NI 元器件库（NI Components）：包含 NI 的 DAQ 等元器件。

元器件库中虚拟元器件的参数是可以任意设置的；非虚拟元器件的参数是固定的，但是可以选择。如果需要添加虚拟元器件，可以在上述元器件库中查找选用，更方便的是使用虚拟工具栏进行查找。

Multisim 14.0 软件操作简便，存在多种打开元器件库对话框的方法，用户可以根据习惯自行选用。方法 1：选择菜单栏中的“绘制”→“元器件”命令，弹出“选择一个元器件”对话框，显示全部元器件；方法 2：单击“元器件”工具栏中的任一按钮，弹出“选择一个元器件”对话框，显示该类元器件库；方法 3：在工作区域右击，在弹出的快捷菜单中选择“放置元器件”命令，同样弹出“选择一个元器件”对话框，如图 9.1.13 所示。

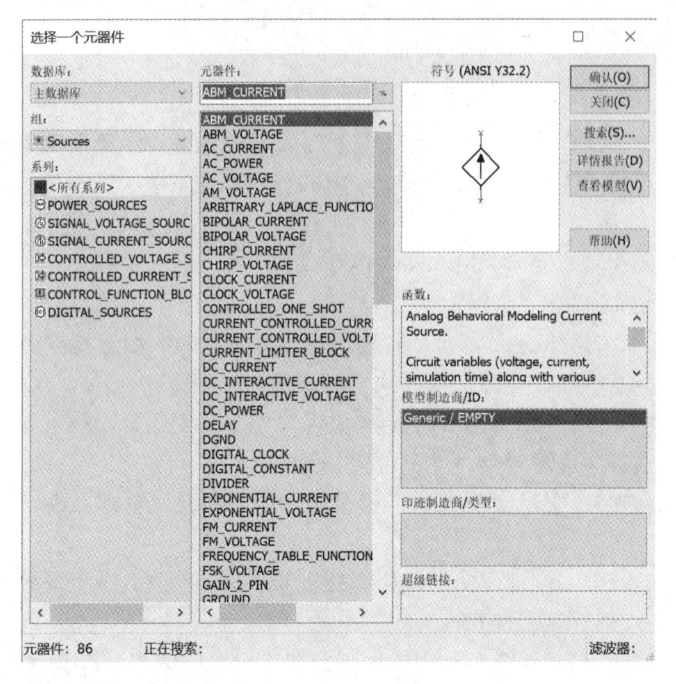

图 9.1.13 “选择一个元器件”对话框

9.1.3 虚拟仪器

Multisim 14.0 提供了种类繁多、方便使用的虚拟仪器仪表。虚拟仪器只需单击仪表栏中的图标即可放置，连接操作与实验室的实际仪器相似。合理取用虚拟仪器，适当连接在设计电路中，不再受物理设备种类、数量的限制，可以极大地提高工作效率。

万用表（Multimeter）：可以测量交直流电压、交直流电流、电阻，以及电路中两点之间的分贝损耗，可以自动调整量程并数字显示，是电子设计中常用的仪器。万用表图标及面板如图 9.1.14 所示。

函数发生器（Function Generator）：可提供正弦波、三角波、方波 3 种不同波形信号的电压信号发生器，频率范围为 1Hz～999THz，占空比调整范围为 1%～99%，幅度设置范围为 1μV～999kV，偏移设置范围为-999～999kV。3 个输出引脚，分别为：“+”电压信号的正极性输出端；“-”电压信号的负极性输出端；“COM”公共接地端。函数发生器图标及面板如图 9.1.15 所示。

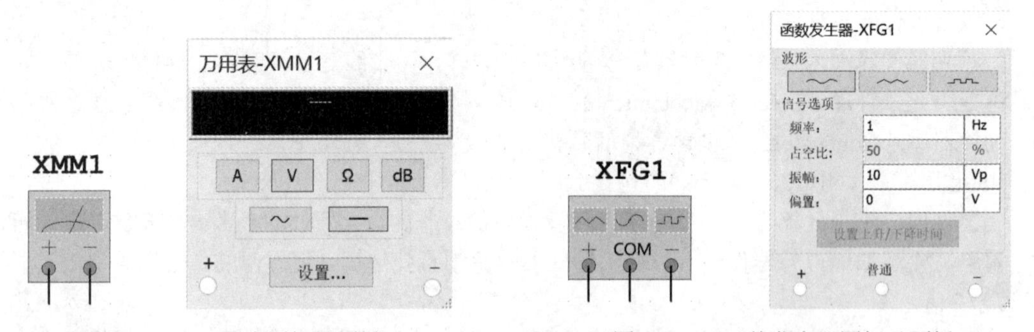

图 9.1.14 万用表图标及面板　　　　图 9.1.15 函数发生器图标及面板

瓦特计（Wattmeter）：用来测量电路的功率，交流直流均可测量。其中，电压输入端与测量电路并联，电流输入端与测量电路串联。瓦特计图标及面板如图 9.1.16 所示。

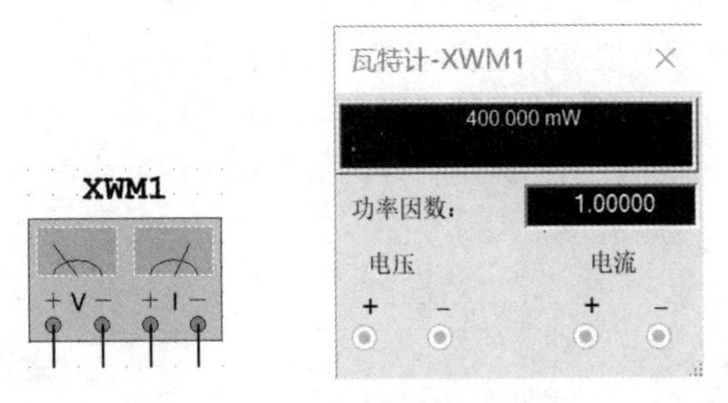

图 9.1.16　瓦特计图标及面板

示波器（Oscilloscope）：用来显示电信号波形的形状、大小、频率等参数的仪器，双通道示波器图标及面板如图 9.1.17 所示。示波器面板各按键的作用、调整及参数的设置类似于实际示波器，显示区显示测试波形，并可以通过光标进行测量；时基用于确定 X 轴的时间基准以及波形显示方式；通道 A 和通道 B 用于确定 Y 轴的电压刻度，触发用于选择触发信号、触发沿、触发电平等。其中，按下反向（Reverse）按钮，可以将示波器显示区域背景在黑色和白色之间切换。

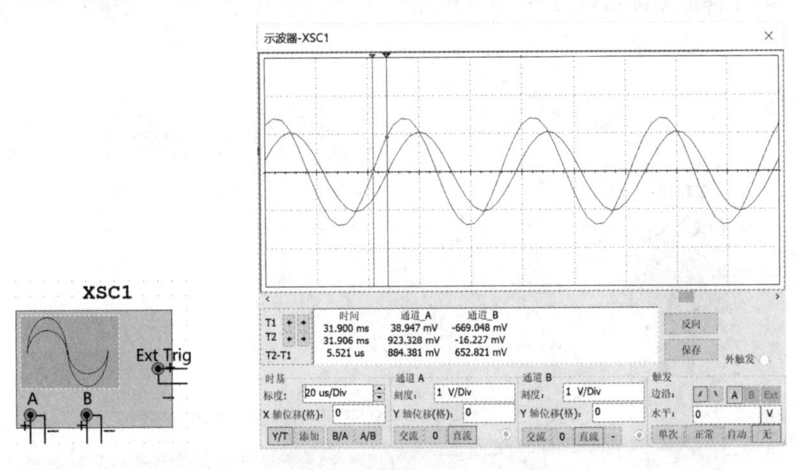

图 9.1.17　双通道示波器图标及面板

4 通道示波器（Four Channel Oscilloscope）：可以同时观察 4 路信号的示波器，要求测试信号具有公共参考地。4 通道示波器面板与示波器面板参数显示略有不同，时基依然用于确定 X 轴的时间基准以及波形显示方式；需要通过旋钮选择 A、B、C、D 4 个通道，分别进行设置；触发选项基本相同。4 通道示波器图标及面板如图 9.1.18 所示。

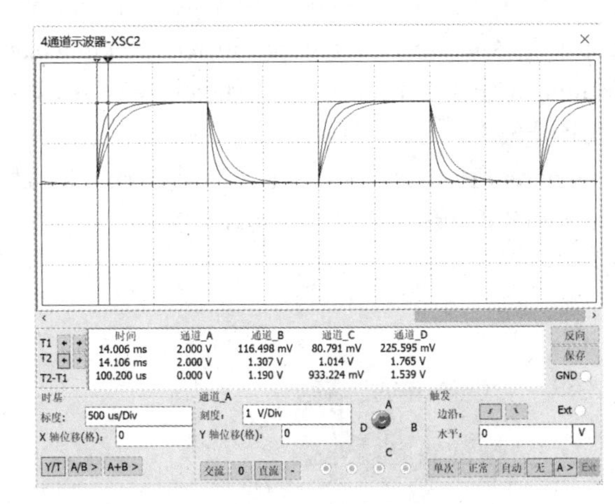

图 9.1.18　4 通道示波器图标及面板

波特测试仪（Bode Plotter）：又称为频率特性测试仪（见图 9.1.19），可以用于测量和显示电路的幅频特性与相频特性。显示面板可以选择幅值、相位，仅能二选一。水平和垂直坐标轴可以设置 *F* 最大值、*I* 最小值，并且设置对数/线性显示格式。控件选项组中反向按钮可以更改显示屏背景为黑色或白色，保存按钮可以保存显示的频率特性曲线及相关的参数配置，设置按钮可以设置扫描的分辨率。

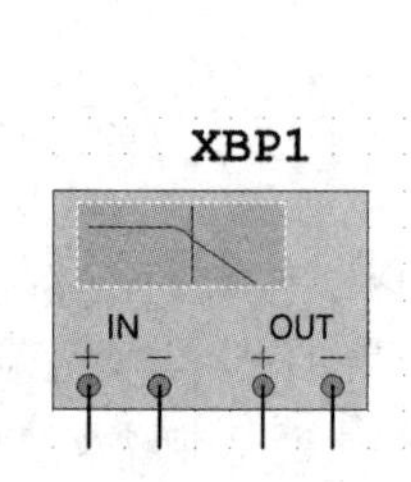

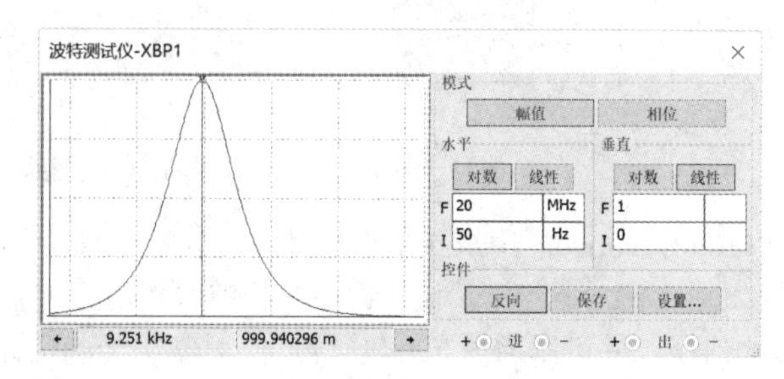

图 9.1.19　波特测试仪图标及面板

逻辑分析仪（Logic Analyzer）：在数字电路中可以对逻辑信号进行高速采集和时序分析，能够同步记录和显示 16 路数字信号。逻辑分析仪图标及面板如图 9.1.20 所示。

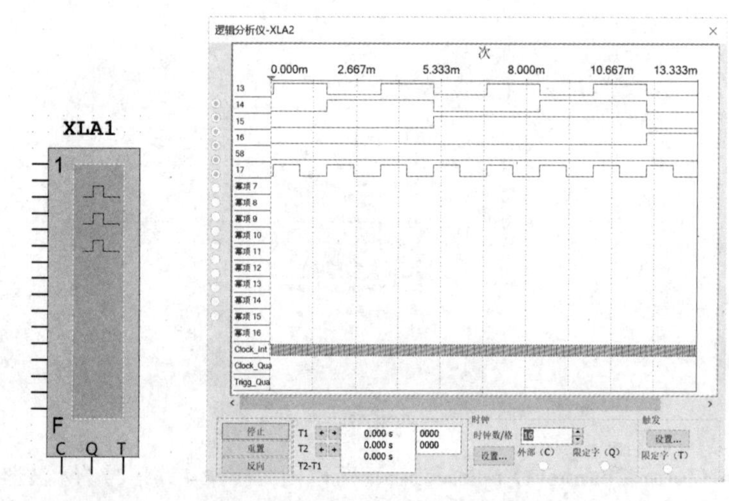

图 9.1.20　逻辑分析仪图标及面板

LabVIEW 仪器（LabVIEW Instruments）：Multisim 14.0 中导入 LabVIEW 仪器（见图 9.1.21）完美演示了电器软件的真实性，使得测量仪器与计算机的界限更加模糊。LabVIEW 仪器共包括 7 种命令，分别是 BJT Analyzer、Impedance meter、Microphone、Speaker、Signal Analyzer、Signal Generator、Streaming Signal Generator，其中 Microphone 可以利用计算机的麦克风采样声音，Speaker 利用计算机的扬声器发声。

电流探针（Current Probe）（见图 9.1.22）：电流探针将导线内的电流转换为能够在示波器或其他测量仪器上显示和分析的线性电压。在实际工作中，电流探头可以在线带电进行测量，但电流探针不可单独使用。

图 9.1.21　LabVIEW 仪器选项

XCP1

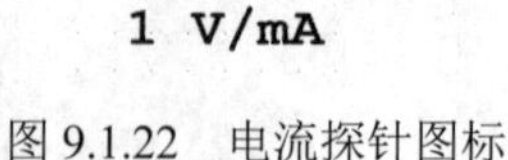

图 9.1.22　电流探针图标

除上述介绍的虚拟仪器之外，仪器工具栏还显示了其他仪器，如 Frequency Counter（频率计数器）、字发生器（Word Generator）、逻辑变换器（Logic Converter）、IV 特性分析仪（IV Analyzer）、失真分析仪（Distortion Analyzer）、光谱分析仪（Spectrum Analyzer）、网络分析仪（Network Analyzer）、Agilent 信号发生器（Agilent Function Generator）、Agilent 万用表（Agilent Multimeter）、Agilent 示波器（Agilent Oscilloscope）、Tektronix 示波器（Tektronix Oscilloscope）、NI ELVISmx 仪器（NI ELVISmx Instruments）等，用户可以按需选用。

9.2　Multisim 电路仿真软件使用

9.2.1　原理图绘制及仿真

原理图绘制是电路仿真的基础，在 Multisim 14.0 中，电路原理图基本设计流程如图 9.2.1 所示。

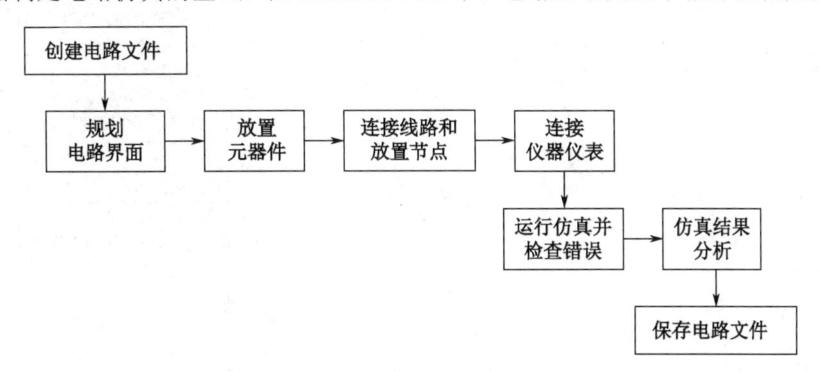

图 9.2.1　电路原理图基本设计流程

第 1 步是创建电路文件，在启动运行 Multisim 14.0 后，会自动创建默认标题为“设计 1”的新电路文件，在保存时可以重新命名。

第 2 步是规划电路界面，可以通过选择菜单栏中的“编辑”→“属性”选项或“选项”→“电路图属性”选项两种方式，打开“电路图属性”对话框，如图 9.2.2 所示。在“电路图可见性”选项卡中，主要设置元器件、网络名称、连接器和总线入口的显示方式。其中在“网络名称”选项区域中包含 3 个选项，如果选中“全部显示”单选按钮，将显示所有节点的网络标号名称。在“颜色”选项卡中可以设置颜色方案。在“工作区”选项卡中可以设置图纸尺寸，可以是标准风格，也可以是自定义风格，用户可以根据设计需要进行选择。此外，还可以设置布线宽度、字体属性、PCB 信息和图层信息等。

第 3 步是放置元器件。在绘制电路原理图时，通过 Multisim 14.0 元器件库查找所需的元器件符号，并将其放置在图纸中的适当位置。选中元器件，单击鼠标右键，在弹出的快捷菜单中，可以对元器件进行剪切、复制、删除、翻转、旋转、改变颜色、编辑参数等操作，如图 9.2.3 所示。在放置元器件的过程中，也可以使用快捷方式进行操作，如“Alt+X”可以进行左右对称翻转，“Alt+Y”可以进行上下对称翻转，“Ctrl+R”可以顺时针旋转 90° 等。

如果所需元器件为类似于 74LS00、LM358 的复合封装元器件，在一个芯片中有多个相同的单元元器件，Multisim 14.0 会显示子单元元器件（见图 9.2.4），选定后即可放在电路工作区中。需要注意的是，模拟复合封装元器件需要供电，在任何一个单元元器件中连接电源引脚均可。

第 4 步是连接线路和放置节点。连接线路只需将鼠标光标放在元器件引脚旁边，鼠标光标变为十字形，然后单击鼠标左键并移动鼠标光标到目标元器件引脚，当出现红色圆点再单击鼠标左键，即可实现自动连线。Multisim 14.0 中自动连线是由软件选择引脚间最好的路径自动完成连线操作，可以避免连线通过元器件时与元器件重叠。此外，还可以手动连线，用户控制线路走向，在需要拐弯处单击固定拐点，以确定路径转向来完成连线。在实际操作时，可以将自动连线与手动连线结合使用。在删除导线时，仅需要选中导线，按“Delete”键即可。滚动鼠标滚轮，可以对工作区域进行放大或缩小，也可以通过“视图”菜单进行设置。需要特别注意的是，为了方便自己和他人阅读仿真文件，原理图的规范性、可读性、美观性十分重要。

图 9.2.2 “电路图属性”对话框

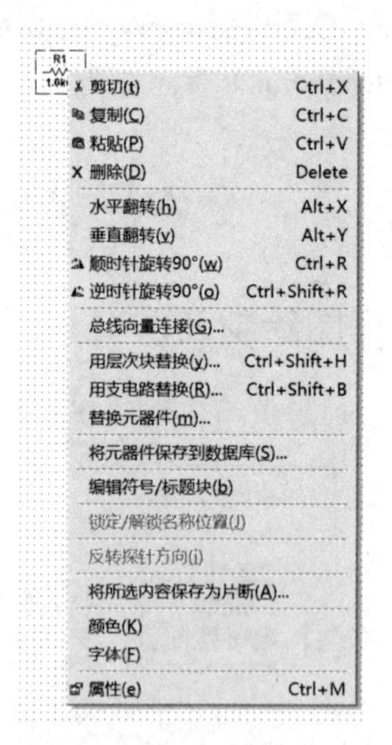

图 9.2.3 元器件操作命令

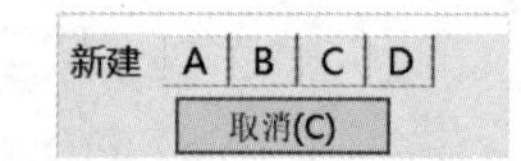

图 9.2.4 单元元器件对话框

第 5 步是连接仪器仪表。用户根据需求放置虚拟仪器，与待测电路连接在一起，并且设定参数。

第 6 步是运行仿真并检查错误。电路图绘制完毕后，按下仿真运行按钮，如果电路没有错误将开始仿真，在状态栏显示运行速度等数据；若电路中存在错误将弹出对话框，需要根据对话框中的提示内容修正错误，直至可以运行仿真。系统默认的仿真方式为交互式仿真（Interactive Simulation）。

第 7 步是仿真结果分析。查看虚拟仪器显示结果是否正确，调整电路原件及参数，直至达到仿真设计目的。

第 8 步是保存电路文件。根据用户需要，可以对图纸的标题栏进行填写编辑后再保存。为了防止意外导致电路图丢失，可以在电路绘制、仿真过程中主动随时保存文件，也可以设置特定时间间隔自动保存。

9.2.2 基本分析方法

Multisim 14.0 默认选用交互式仿真（Interactive Simulation）方式（见图 9.2.5），Multisim 14.0 提供了 19 种仿真分析方法，适用于不同的目标功能。用户可以通过选择菜单栏中的“仿真”（Simulation）→“Analyses and simulation”（仿真分析）选项进行选择，分别为：直流工作点（DC Operating Point）、交流分析（AC Analysis）、瞬态分析（Transient Analysis）、直流扫描（DC Sweep）、单频交流分析（Single Frequency AC Analysis）、参数扫描（Parameter Sweep）、噪声分析（Noise Analysis）、蒙特卡罗（Monte Carlo）、傅里叶分析（Fourier Analysis）、温度扫描（Temperature Sweep）、失真分析（Distortion Analysis）、灵敏度（Sensitivity）、最坏情况（Worst Case）、噪声因数分析（Noise Figure Analysis）、极-零（Pole Zero）、传递函数（Transfer Function）、光迹宽度分析（Trace Width Analysis）、Batched（批处理）、用户自定义分析（User-Defined Analysis），如图 9.2.6 所示。受篇幅限制，下面仅对常用的几种仿真方式进行简要介绍。

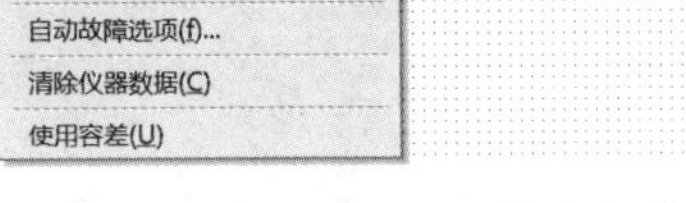

图 9.2.5 Multisim 14.0 仿真方式

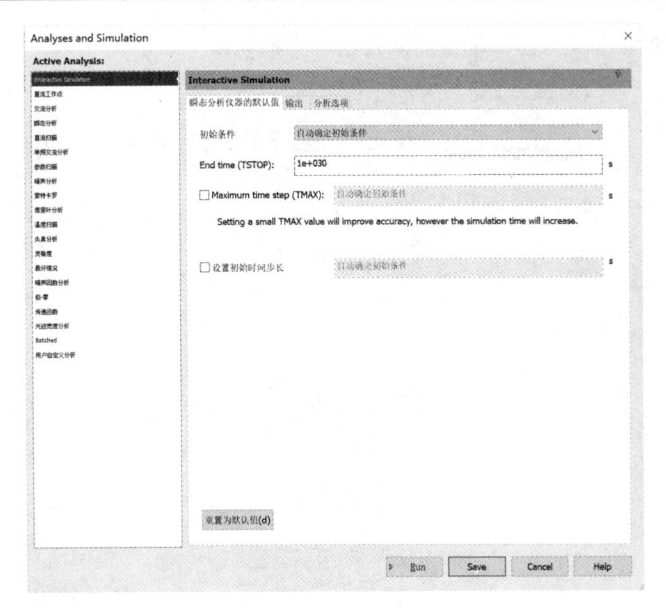

图 9.2.6 交互式仿真

1．直流工作点（DC Operating Point）

直流工作点分析也称为静态工作点分析，电路的直流分析是在电路中电容开路、电感短路时，计算电路的直流工作点，即在恒定激励条件下求电路的稳态值。

在电路工作时，无论是大信号还是小信号，都必须给半导体元器件以正确的偏置，以便使其工作在所需的区域，这就是直流分析要解决的问题。了解电路的直流工作点，才能进一步分析电路在交流信号作用下电路能否正常工作。在测定瞬态初始化条件时，直流工作点分析是至关重要的，将优先于瞬态分析和傅里叶分析。为保证测定的线性化，电路中所有非线性的小信号模型在直流静态工作点分析中将不考虑任何交流源的干扰因素。

执行“仿真”（Simulate）→“Analyses and simulation”→“直流工作点”（DC Operating Point）命令，则出现“直流工作点”对话框，包含输出（Output）、分析选项（Analysis Options）、求和（Summary）3 个选项卡，如图 9.2.7 所示。其中，“输出”选项卡用于选定需要分析的节点，左边是“电路中的变量”（Variables in Circuit）栏，列出了电路中各节点电压变量和流过电源的电流变量；右边是“已选定用于分析的变量”（Selected Variables for Analysis）栏，用于存放需要分析的节点。具体做法是：先在左边栏内选中需要分析的变量（可以通过鼠标拖拉进行全选），再单击“添加”（Add）按钮，相应变量则会出现在右边栏中。如果右边栏中的某个变量不需要分析，就先选中它，然后单击“移除”（Remove）按钮，该变量将会回到左边栏中。“分析选项”（Analysis Options）选项卡用于分析的参数设置和显示仿真分析方式名称。求和（Summary）选项卡显示所有设置和参数结果，用户通过检查可以确认这些参数的设置。

单击“运行”（Run）按钮，测试结果给出所选择的电压、电流值。根据这些值的大小，可以确定该电路的静态工作点是否合理。如果不合理，那么可以改变电路中的某个参数，利用这种方法可以观察电路中某个元器件参数的改变对电路直流工作点的影响。

2．交流分析（AC Analysis）

交流分析是在一定的频率范围内计算电路的幅频特性和相频特性，是一种线性分析方法。如果电路中包含非线性元器件，在进行交流频率分析之前就应该分析电路的直流工作点，并在直流工作点处对各个非线性元器件做线性化处理，得到线性化的交流小信号等效电路，并用交流小信号等效电路计算电路输出交流信号的变化。

执行交流分析要求电路原理图中必须包含至少一个信号发生器元器件，用这个信号发生器元器件去替代仿真期间的正弦波发生器。用于扫描的正弦波的幅值和相位需要在仿真设置中指定，而电路工作区中自行设置的输入信号将被忽略。

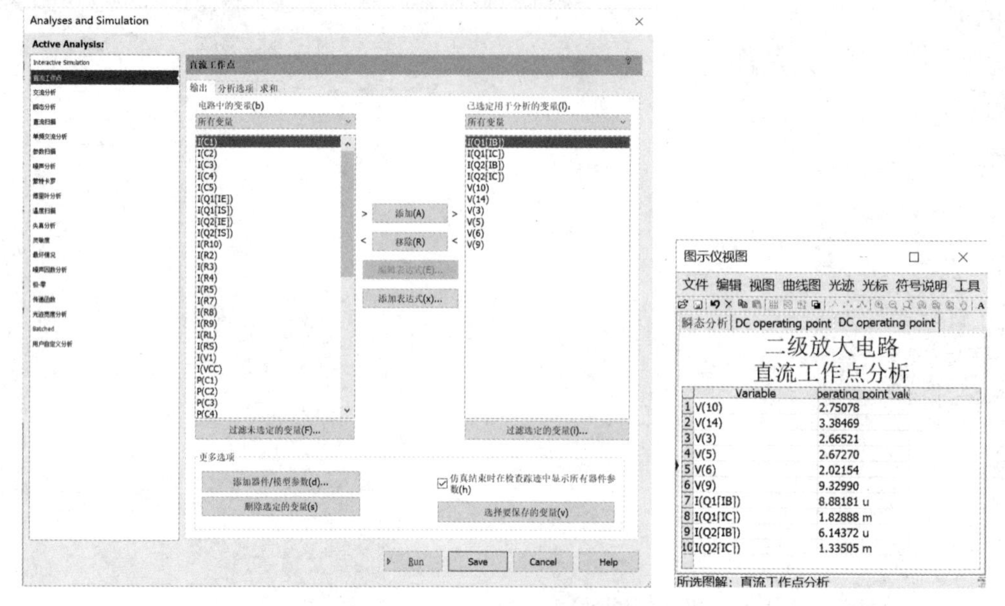

图 9.2.7　直流工作点分析及结果示例

执行“仿真”（Simulate）→“Analyses and simulation”→“交流分析”（AC Analysis）命令，则出现“交流分析”对话框，有频率参数（Frequency Parameters）、输出（Output）、分析选项（Analysis options）、求和（Summary）4 个选项卡，如图 9.2.8 所示。在“频率参数”选项卡中可以设置起始频率（Start Frequency）、停止频率（Stop Frequency）、扫描类型（Sweep Type）、每十倍频程点数（Number of Points Per Decade）、垂直刻度（Vertical Scale）。在“输出”选项卡中选择需要测量的参数，运行仿真（Simulate）后弹出结果，可单击菜单栏的图标对结果显示进行设置。

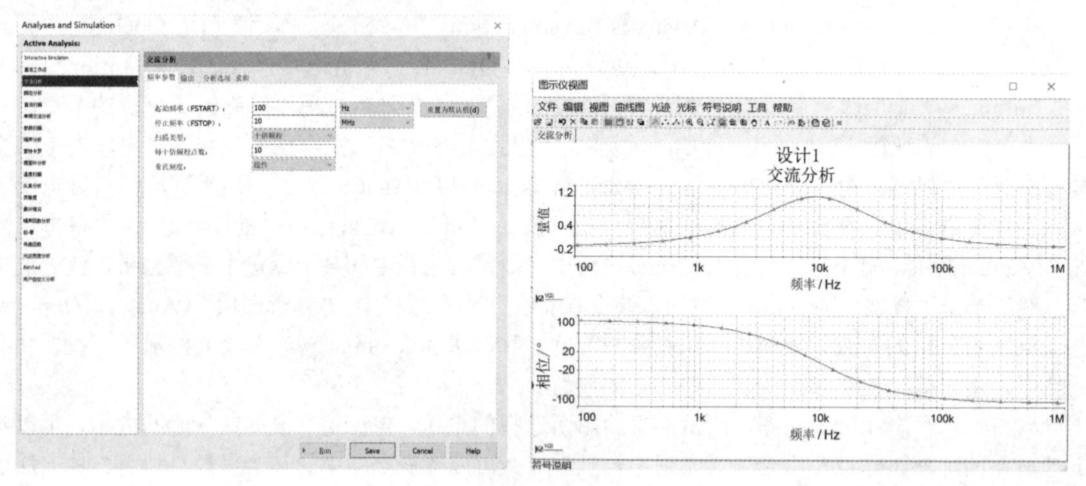

图 9.2.8　交流分析及结果示例

在实际应用中，交流分析与波特测试仪功能相同，展示结果的方式有所不同，用户可以根据偏好自行选用。

3. 瞬态分析（Transient Analysis）

瞬态分析是在给定输入激励信号时，分析电路输出端的时域瞬态响应。电容和电感的初始值被看成电路的一部分。在启动瞬态分析时，只要定义起始时间和终止时间，Multisim 可以自动调节合理的时间步进值，以兼顾分析精度和计算时需要的时间。用户也可以自行定义时间步长，以满足一些特殊要求。

执行“仿真”（Simulate）→“Analyses and simulation”→“瞬态分析”（Transient analysis）命令，出现“瞬态分析”对话框，如图 9.2.9 所示。“初始条件”（Initial Conditions）可以选择为：设为零（Set to Zero）、用户自定义（User-Defined）、计算静态工作点（Calculate DC Operating Point）、系统自动确定初始条件（Automatically Determine Initial Conditions）中任意一项。在对话框中还可以设置起始时间（Start Time）、结束时间（End Time）、最大时间步长（TMAX）、设置初始时间步长（TSTEP）。

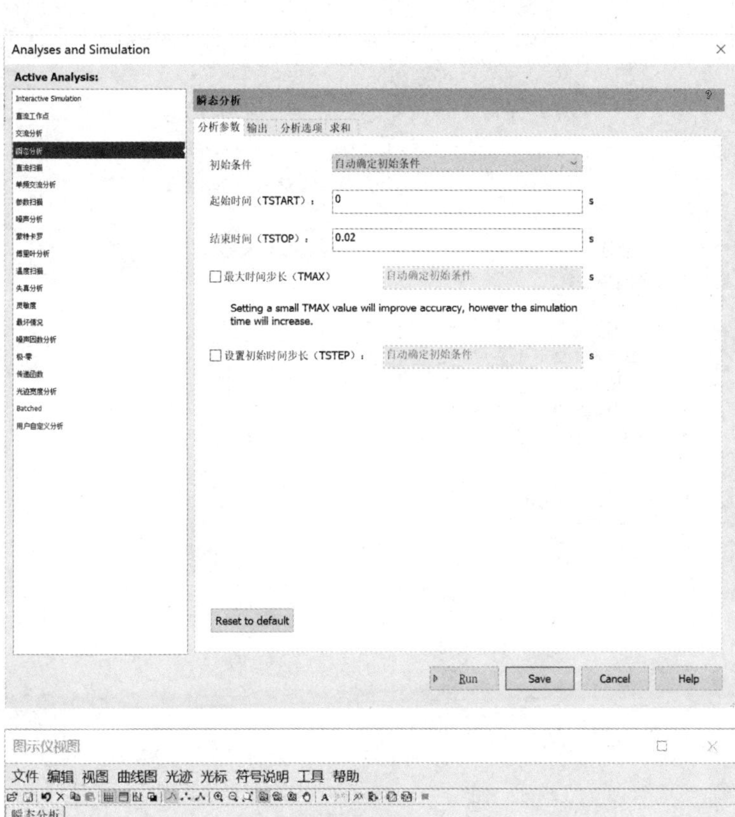

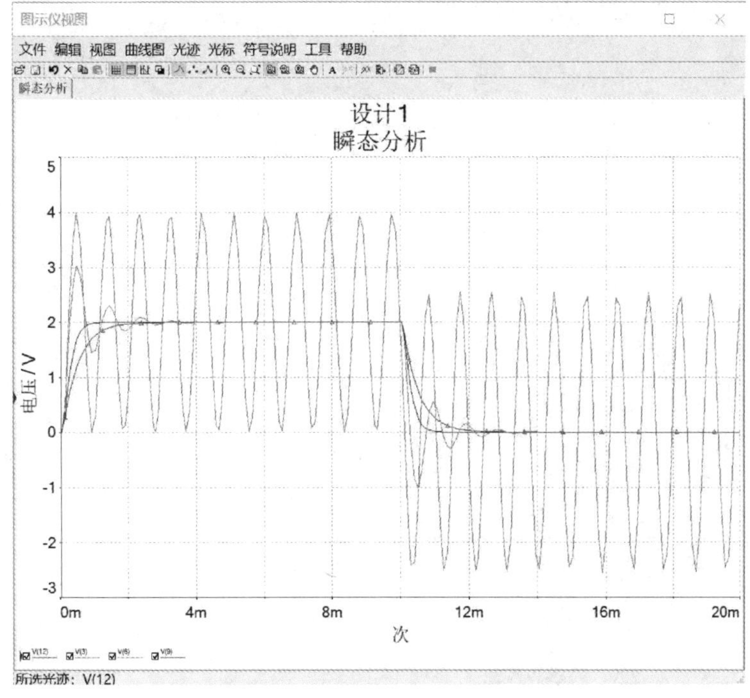

图 9.2.9　瞬态分析及结果示例

在实际应用中，对于电路波形或直流电压、电流等参数的观测，更多地会使用示波器、万用表等仪器仪表，与实际仪器仪表的观测是相似的，相对于瞬态分析而言更加灵活，用户可以根据偏好自行选用。

4．参数扫描分析（Parameter Sweep Analysis）

参数扫描分析是研究电路参数变化对电路特性的影响，可以设置扫描电路参数或元器件的值，分析结果产生一个数据列表或一组曲线图。用户还可以设置第二个参数扫描分析，但是所收集的数据不包括子电路中的元器件。在“更多选项”中，可以设置第二个扫描点的分析方式，可以观察到不同参数值所画出来的不一样的曲线，曲线之间偏离的大小表明此参数对电路性能影响的程度，如图9.2.10所示。

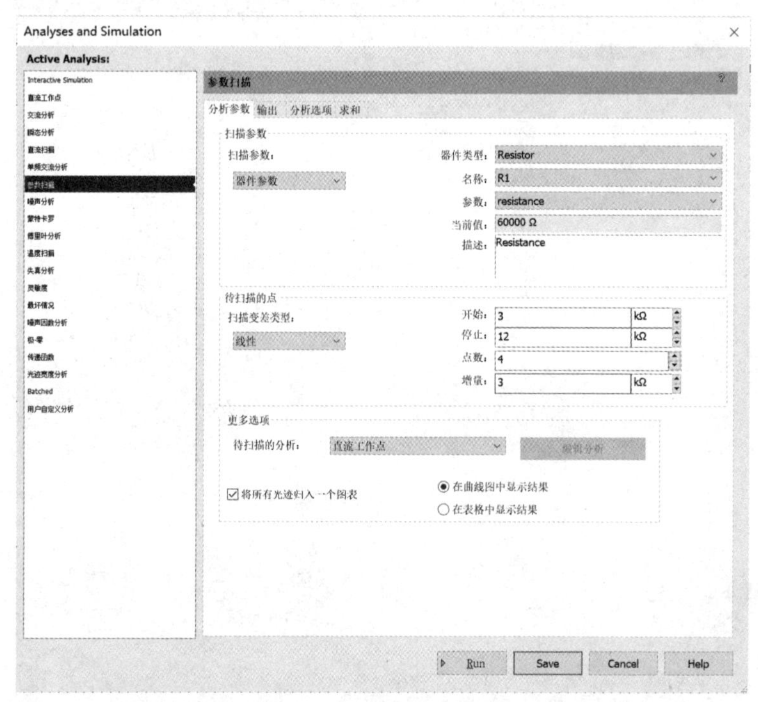

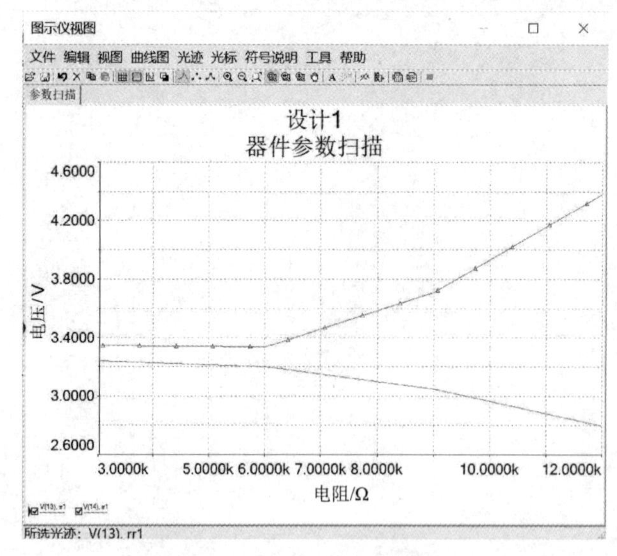

图9.2.10　参数扫描分析及结果示例

5．傅里叶分析（Fourier Analysis）

傅里叶分析是一种分析复杂周期性信号的方法。它将非正弦周期信号分解为一系列正弦波、余

弦波和直流分量之和。根据傅里叶级数的数学原理，周期函数$f(t)$可以写为

$$f(t)=A_0+A_1\cos\omega t+A_2\cos 2\omega t+\cdots+B_1\sin\omega t+B_2\sin 2\omega t+\cdots$$

傅里叶分析以图表或图形方式给出信号电压分量的幅值频谱和相位频谱。傅里叶分析同时计算了信号的总谐波失真（THD），THD 定义为信号的各次谐波幅度平方和的平方根再除以信号的基波幅度，并以百分数表示为

$$\text{THD}=\frac{\sqrt{\sum_{i=2}U_i^2}}{U_1}\times 100\%$$

一个电路设计的傅里叶分析是基于瞬态法分析中最后一个周期的数据完成的。在执行傅里叶分析后，系统自动创建的数据文件中包含了关于每个谐波的幅度和相位详细的信息。如图 9.2.11 所示，选中“傅里叶分析”选项，即可在右侧显示傅里叶分析仿真参数的设置。

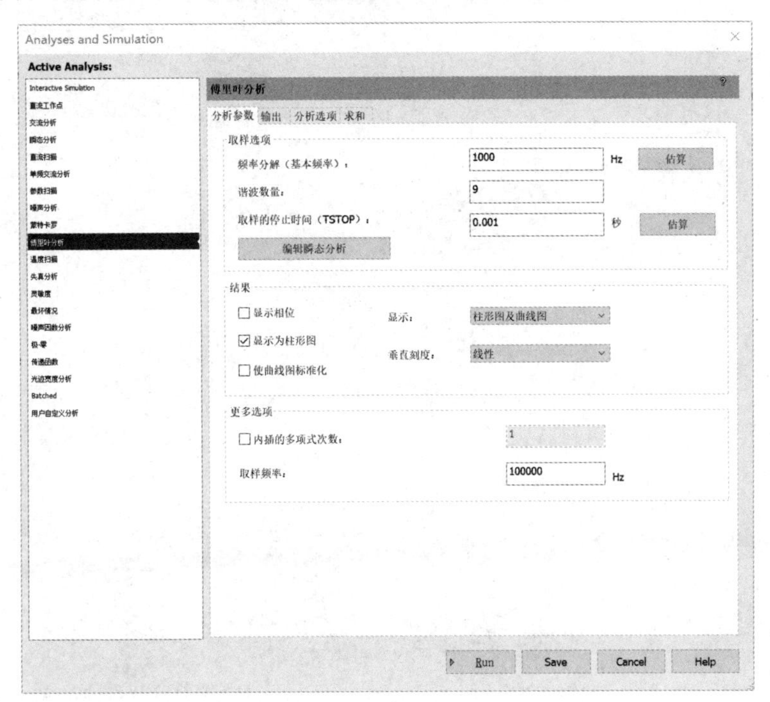

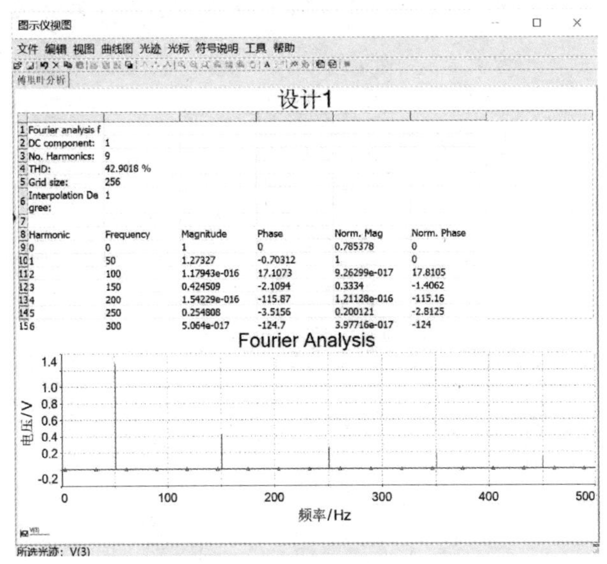
图示仪视图

文件 编辑 视图 曲线图 光迹 光标 符号说明 工具 帮助

傅里叶分析

设计1

1	Fourier analysis f					
2	DC component:	1				
3	No. Harmonics:	9				
4	THD:	42.9018 %				
5	Grid size:	256				
6	Interpolation Degree:	1				
7						
8	Harmonic	Frequency	Magnitude	Phase	Norm. Mag	Norm. Phase
9	0	0	1	0	0.785378	0
10	1	50	1.27327	-0.70312	1	0
11	2	100	1.17943e-016	17.1073	9.26299e-017	17.8105
12	3	150	0.424509	-2.1094	0.3334	-1.4062
13	4	200	1.54229e-016	-115.87	1.21128e-016	-115.16
14	5	250	0.254808	-3.5156	0.200121	-2.8125
15	6	300	5.064e-017	-124.7	3.97716e-017	-124

图 9.2.11　傅里叶分析及结果示例

6．失真分析（Distortion Analysis）

失真分析用于分析电子电路中的谐波失真和内部调制失真（互调失真）。放大电路输出信号的失真通常是由电路增益的非线性与相位不一致造成的，增益的非线性将会导致谐波失真，而相位偏移会导致互调失真。Multisim 失真分析通常用于分析那些采用瞬态分析不易察觉的微小失真。

如图 9.2.12 所示，选中“失真分析”选项，即可在右侧显示失真分析参数的设置。如果电路有一个交流信号，需要设置交流信号的失真频率 1 的幅值和相位、失真频率 2 的幅值和相位，Multisim 的失真分析将计算每点的二次谐波和三次谐波的幅相值；如果电路有两个不同频率的交流信号，假设 $f_1>f_2$，则该分析将寻找电路变量在这 3 个频率（f_1+f_2）、（f_1-f_2）、（$2f_1-f_2$）的谐波失真。

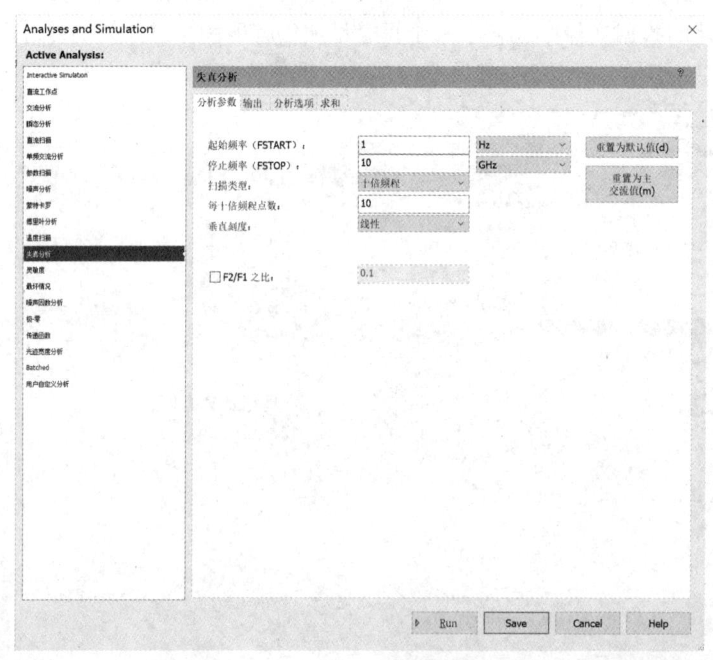

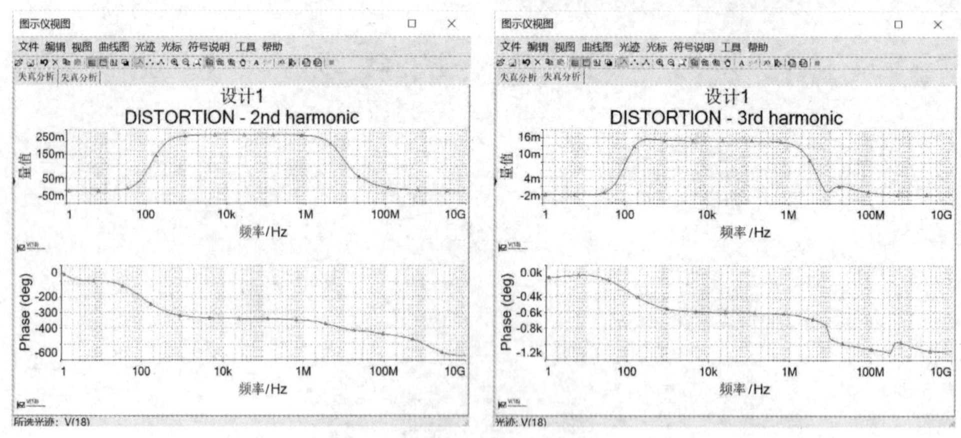

图 9.2.12 失真分析及结果示例

9.3 Multisim 电路仿真示例

9.3.1 Multisim 仪器仪表的使用实验

1．实验目的

（1）熟悉 Multisim 软件的使用方法。

（2）掌握常用测量仪表的使用方法。

（3）学习常用电路参数的测量方法。

2．实验设备与仪器

Multisim 14.0 软件、PC。

3．实验原理

（1）各种实验仪器与实验电路之间的连接关系如图 9.3.1 所示。

（2）虚拟万用表的使用方法。

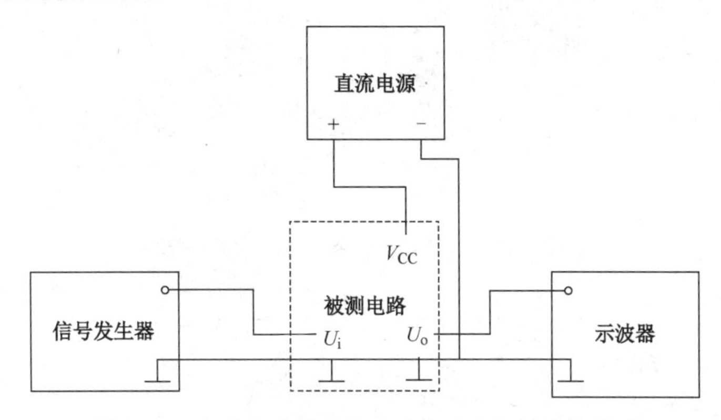

图 9.3.1　各种实验仪器与实验电路之间的连接关系

在 Multisim 软件中，虚拟万用表的图标及测量窗口如图 9.3.2 所示。

虚拟万用表可以用于测量交直流电压、交直流电流、电阻和交直流电平，并且可以调整工作参数的设置。

虚拟万用表有“+”“-”两个输入端，用于连接被测电路，连接方法与实际万用表一致，测试数值可以从测量窗口的显示屏读取。

（3）虚拟电压表、虚拟电流表的使用方法。

在 Multisim 软件中，虚拟电压表和虚拟电流表的图标如图 9.3.3 所示。

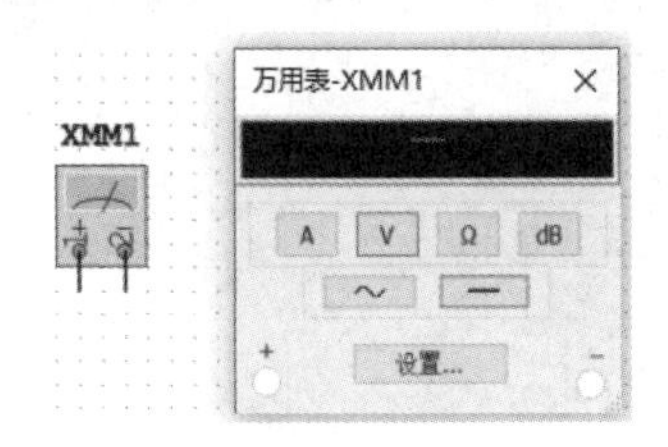

图 9.3.2　虚拟万用表的图标及测量窗口　　图 9.3.3　虚拟电压表和虚拟电流表的图标

虚拟电压表可测量交直流电压，虚拟电流表可测量交直流电流，通过属性对话框可调整设置参数。

虚拟电压表和虚拟电流表有“+”“-”两个输入端，用于连接被测电路，连接方法与实际电压表和电流表一致，测试数值可以直接从仪表图标的显示屏读取。

（4）虚拟信号发生器的使用方法。

在 Multisim 软件中，虚拟信号发生器的图标及测量窗口如图 9.3.4 所示。

虚拟信号发生器可以产生正弦波、三角波和方波信号，并且可以对信号参数进行设置。

虚拟信号发生器有“+”“-”两个输出端和一个接地端，用于连接被测电路，连接方法与实际信号发生器一致。

（5）虚拟示波器的使用方法。

在 Multisim 软件中，虚拟示波器的图标及测量窗口如图 9.3.5 所示。

虚拟示波器可以用于测量交流信号波形的幅值、周期和频率，也可以测量直流信号的幅值，并且可以调整工作参数的设置。

虚拟示波器有“A”“B”两个输入通道，可同时对两路输入信号进行测试，连接方法与实际示波器一致，信号波形可以从测量窗口的显示屏观察和测量。

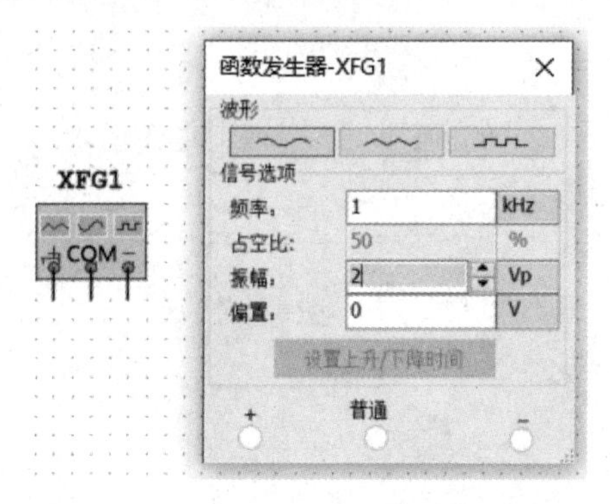

图 9.3.4　虚拟信号发生器的图标及测量窗口

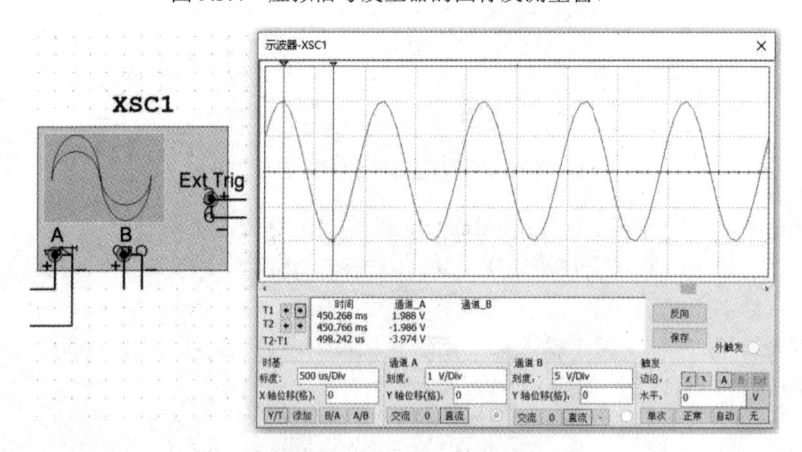

图 9.3.5　虚拟示波器的图标及测量窗口

（6）虚拟电源的使用方法。

在 Multisim 软件中，常用虚拟电源的图标如图 9.3.6 所示。

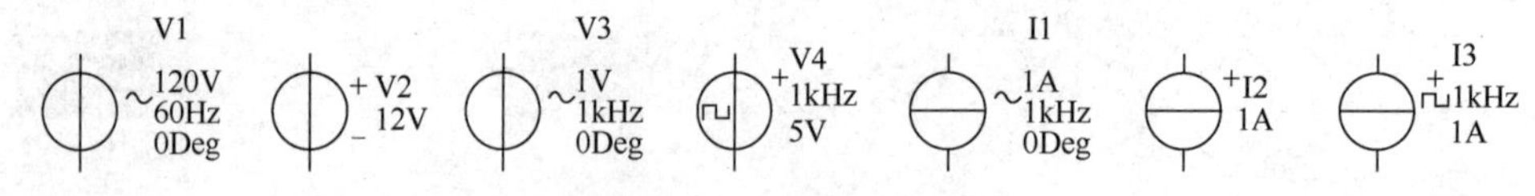

图 9.3.6　常用虚拟电源的图标

在图 9.3.6 中，V1 为交流功率电压源，V2 为直流功率电压源，V3 为交流信号电压源，V4 为时钟信号电压源，I1 为交流信号电流源，I2 为直流信号电流源，I3 为时钟信号电流源，双击电源的图标可打开属性对话框，对电源的参数进行设置。

4．实验内容

（1）电压表、电流表测定电阻伏安特性。

测定电阻的伏安特性是指测量电阻两端的电压与流过的电流的关系。在 Multisim 中，既可以使用电压表和电流表进行逐点测量，也可以利用 DC Sweep 分析法直接形成伏安关系曲线。

电阻的伏安特性实验电路如图 9.3.7 所示。

说明：

① 元器件方向的调整：可右击该元器件，在弹出的快捷菜单中选择相应操作。

② 元器件参数的调整：可双击该元器件，打开元器件属性对话框，修改相应设置。

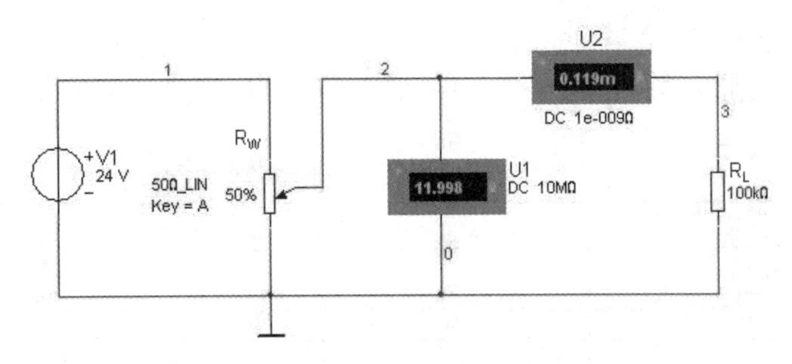

图 9.3.7　电阻的伏安特性实验电路

③ 在进行仿真时，按键盘中的“A”键，可增大电位器 R_w 电阻百分比，即电位器滑动触点向上移动；按“Shift+A”组合键，可减小电位器 R_w 电阻百分比，即电位器滑动触点向下移动。

④ 在工作区绘制电路图，并将电位器 R_w 电阻百分比调至 0%，使 R_L 上电压为最小值 0V。

⑤ 按下仿真开关，进行电路仿真。调整电位器 R_w 电阻百分比，按表 9.3.1 中的要求设置电阻 R_L 上的电压，测试 6 组数据。

⑥ 将每个测试点的电压、电流数据填入表 9.3.1。

表 9.3.1　伏安特性测试数据

U_{RL}/V	0	4.8	9.6	14.4	19.2	24
电压表读数/V						
电流表读数/mA						

（2）信号发生器示波器测量交流信号幅度和周期。

测量交流信号幅度和周期的实验电路如图 9.3.8 所示。用信号发生器分别产生正弦波、三角波和方波信号，用万用表测量信号有效值 V_{rms}，用示波器测量信号峰值 V_p 和周期 T。

其中，信号发生器频率设置为 1kHz，幅度设置为 $5V_{p\text{-}p}$（峰-峰值），偏移设置为 0V。

① 测量信号幅度。在工作区绘制电路图，应注意共地连接，即把信号发生器输出端的正极和示波器输入端的正极接在一起，信号发生器输出端的地线和示波器输入端的负极接在一起。

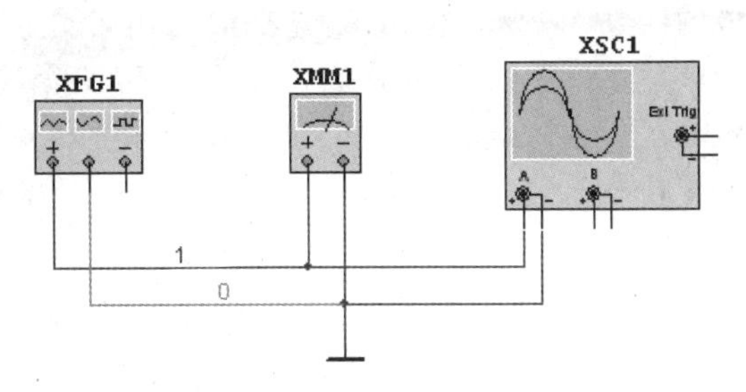

图 9.3.8　测量交流信号幅度和周期的实验电路

连接好电路以后，按表 9.3.2 中的要求调整信号发生器输出信号的类型，分别用万用表和示波器测量不同输入时的输出电压（万用表用交流电压挡测量），把测量数据填入表 9.3.2。

表 9.3.2　信号幅度测量数据

信号类型	正弦波	方波
万用表读数（V_{rms}）		
示波器纵轴灵敏度（V/div）		
信号峰值所占格数（div）		
信号峰值测量值（V_p）		
有效值/峰值比例系数计算		

注：万用表测得的是交流有效值（Vrms），示波器测得的是信号峰-峰值（$V_{p\text{-}p}$），要求从表 9.3.2 中找出峰值 V_p 和有效值 V_{rms} 之间的关系。

② 测量信号周期。将信号发生器设置为正弦信号输出，改变信号发生器输出频率，调整虚拟示波器横轴灵敏度（ms/div）和纵轴灵敏度（V/div）设置，将测量结果记入表9.3.3。

表9.3.3 信号周期测量数据

信号频率/kHz	1	3	5
横轴灵敏度/（ms/div）			
一周期所占水平格数（大格）			
信号周期 T/ms			

5．实验要求

安装并预习Multisim仿真软件的使用。

6．思考题

（1）方波、三角波是否能用万用表测量？

（2）在使用示波器观察波形时，为实现下列要求，应调节哪些部分？

① 移动波形位置。

② 改变周期个数。

③ 改变显示幅度。

④ 测量直流电压。

7．实验报告

（1）回答思考题，填写表格实验数据。

（2）根据实验数据画出电阻伏安特性。

9.3.2 流水灯仿真电路示例

流水灯仿真电路主要由三部分组成，即555定时器构成的振荡电路、CD4017十进制计数器构成的计数译码驱动电路、发光LED灯组成的显示电路。流水灯仿真电路示例如图9.3.9所示，电路简单，性能稳定，性价比高。此外，流水灯循环控制的方案多种多样。例如，流水灯还可以用555定时器、同步4位二进制计数器74HC163和4线-16线译码器74HC154实现，可自行设计电路进行仿真验证。

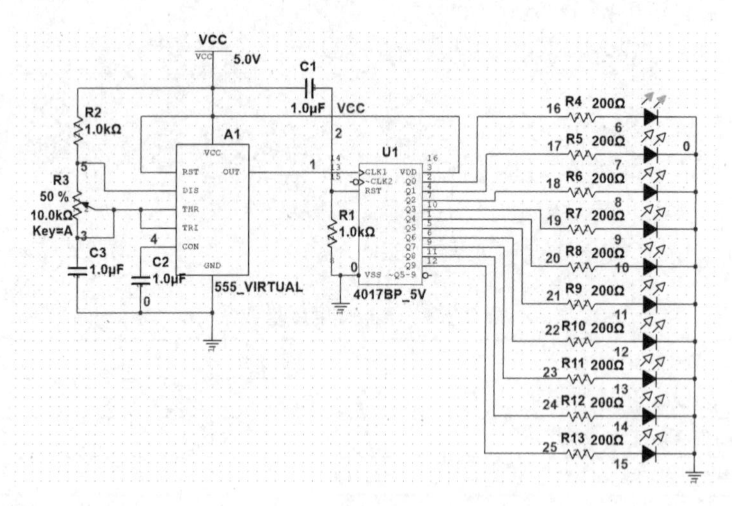

图9.3.9 流水灯仿真电路示例

9.3.3 波形发生仿真电路示例

同相输入滞回比较器与积分运算电路组成三角波发生电路如图9.3.10所示。同相输入滞回比较

器的输出电压 U_Z 为±5.6V，三角波的幅值 U_T 为 $\pm U_Z R_1/R_2$，振荡周期为 $T=4R_1R_3C_1/R_2$。分别令 R_1=20kΩ、R_2=20kΩ、R_3=20kΩ，R_1=20kΩ、R_2=20kΩ、R_3=10kΩ，R_1=10kΩ、R_2=20kΩ、R_3=10kΩ，仿真波形如图 9.3.11 所示。通过示波器显示结果可以测量方波、三角波的输出幅度及周期，从而可以验证参数变化对波形输出幅度及频率的影响。

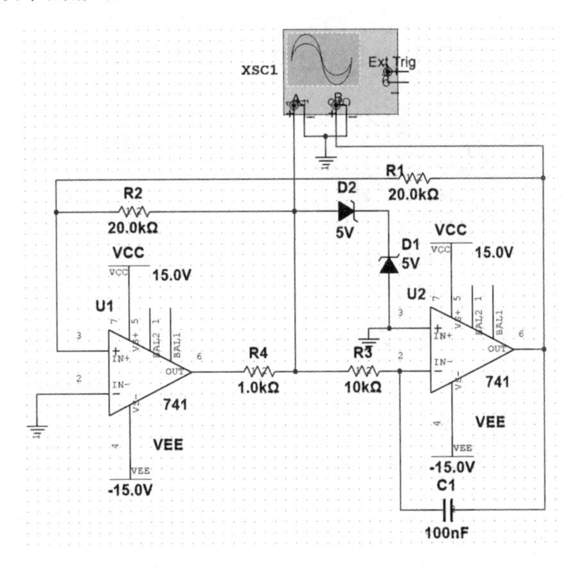

图 9.3.10 三角波发生电路

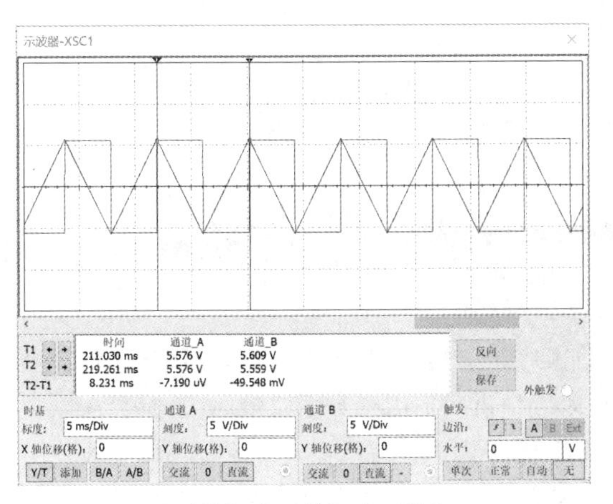

R_1=20kΩ、R_2=20kΩ、R_3=20kΩ

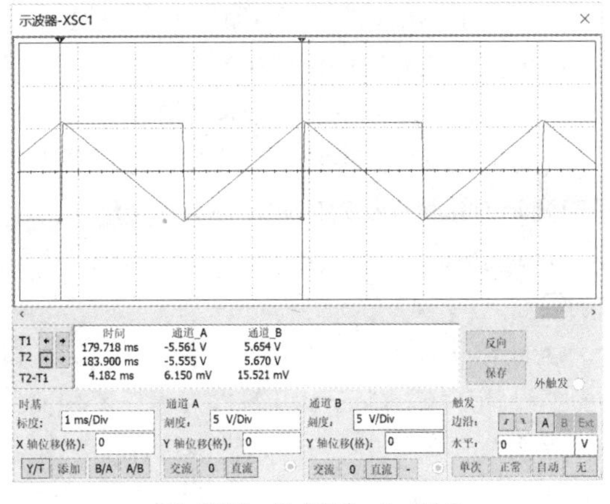

R_1=20kΩ、R_2=20kΩ、R_3=10kΩ

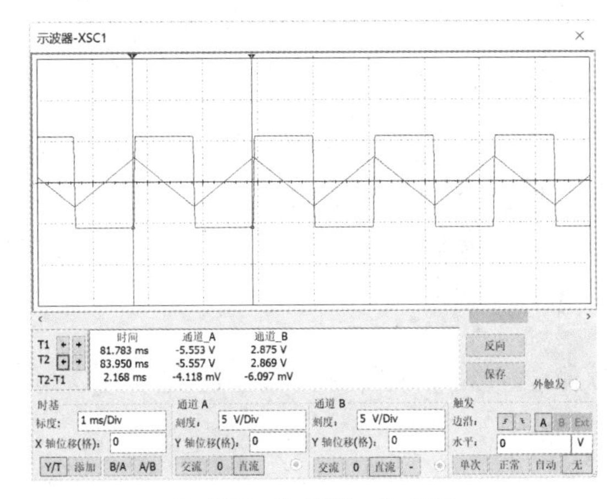

R_1=10kΩ、R_2=20kΩ、R_3=10kΩ

图 9.3.11 仿真波形

第10章 Quartus II 软件的使用

10.1 Quartus II 软件

10.1.1 Quartus II 软件简介

Quartus II 是 Intel FPGA（Altera）在21世纪推出的 FPGA/CPLD 开发软件，是 Altera 前一代 FPGA/CPLD 集成开发环境 MAX+Plus II 的更新换代产品，其功能强大，界面友好，使用便捷。Quartus II 软件集成了 Altera 公司的 FPGA/CPLD 开发流程中所涉及的所有工具和第三方软件接口。通过使用此开发工具，设计者可以创建、组织和管理自己的设计。

Quartus II 具有以下特点。

（1）支持多时钟定时分析、LogicLockTM 基于块的设计、SOPC（可编程片上系统）、内嵌 SignalTap II 逻辑分析器和功率估计器等高级工具。

（2）易于引脚分配和时序约束。

（3）具有强大的 HDL 综合能力。

（4）包含 Maxplus II 的 GUI，且容易使 Maxplus II 的工程平稳过渡到 Quartus II 开发环境。

（5）对于 Fmax 的设计具有很好的效果。

（6）支持的元器件种类众多。

（7）支持 Windows、Solaris、HP-UX 和 Linux 等多种操作系统。

（8）提供第三方工具，如综合、仿真等的链接。

Quartus II 软件支持的元器件一是 FPGA，主要是高档的 Stratix 系列、中档的 Arria 系列、低档的 Cyclone 系列，二是 CPLD，主要是 MAX II 系列、MAX3000A 系列、MAX7000 系列和 MAX9000 系列等。

Quartus II 软件提供了完整的多平台设计环境，能够直接满足设计要求，为可编程元器件提供了全面的设计环境。Quartus II 软件为设计流程的每个阶段提供图形用户界面、EDA 工具界面以及命令行界面。在整个设计流程过程中，可只使用其中的一个界面，也可以在设计流程不同阶段使用不同界面，使用 Quartus II 软件可以完成设计流程的所有阶段，它是一个全面的易于使用的独立解决方案。

10.1.2 Quartus II 软件的安装

（1）下载并解压完成以后，进入"Quartus-web-13.0.1.232-windows"文件夹，打开"components"文件夹，如图 10.1.1 所示。在"components"文件夹内包括元器件包和3个安装包，双击"QuartusSetupWeb-13.0.1.232"进入安装过程。

（2）安装目录选择 C:\altera\13.0sp1 或其他盘符下，如图 10.1.2 所示。目录不要修改，否则自带内嵌的仿真工具会出现闪退现象。

（3）安装过程如一般软件进行选择，到如图 10.1.3 所示选项时，至少需要把图中选中的选项选中，其余选项视个人需要安装。

图 10.1.1　Quartus-web-13.0.1.232-windows 文件夹

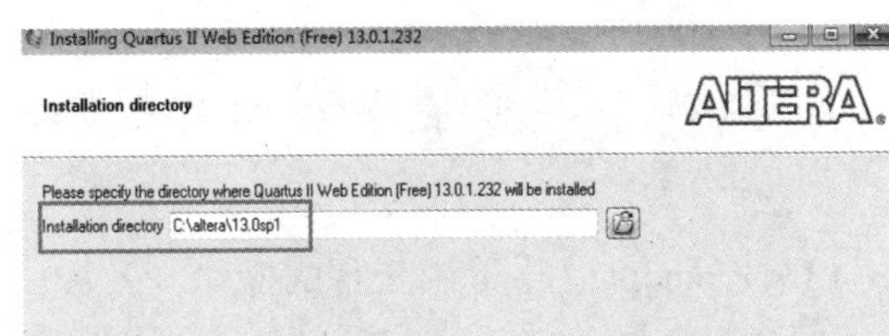

图 10.1.2　安装目录

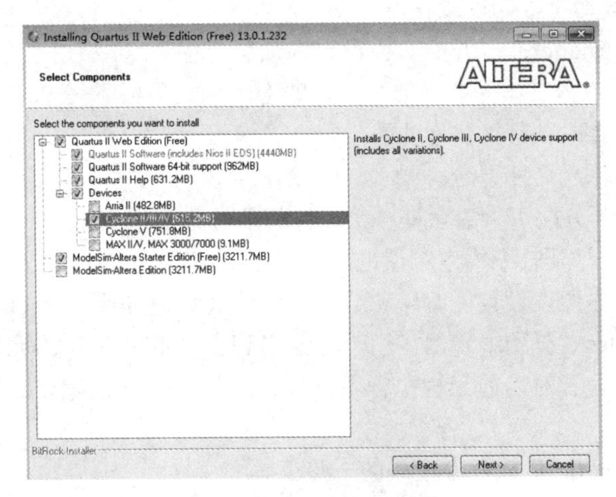

图 10.1.3　安装组件选择

10.1.3　Quartus II 界面功能和操作

启动 Quartus II 软件，出现 Quartus II 基本界面，由标题栏、菜单栏、工程导航栏、输入编辑区、任务栏、信息提示窗口等组成，如图 10.1.4 所示。

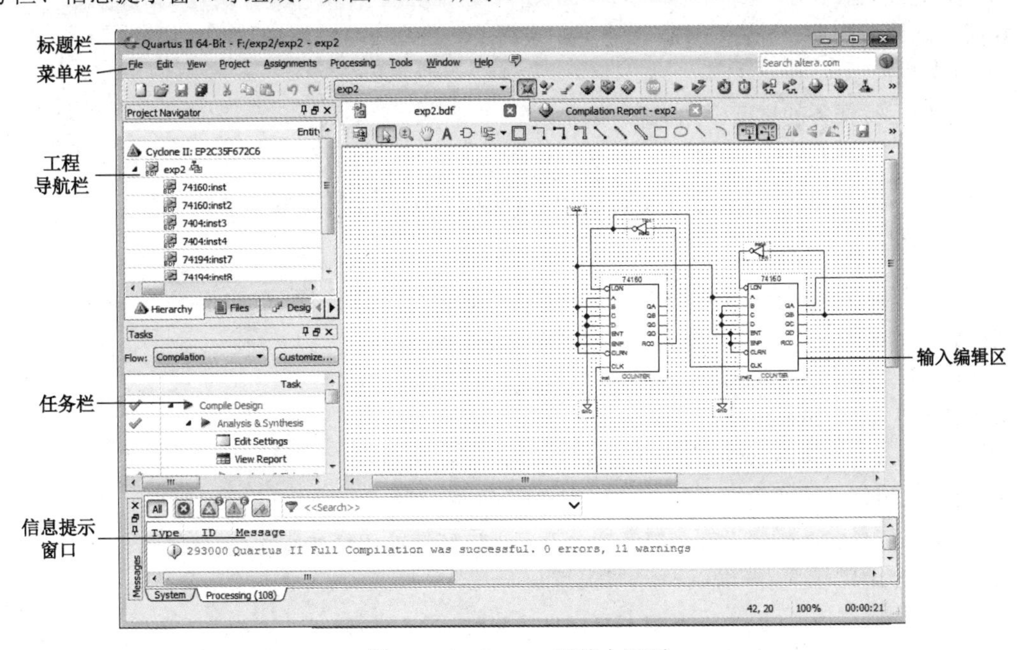

图 10.1.4　Quartus II 基本界面

1．菜单栏

Project、Assignments、Processing、Tools 集中了 Quartus II 软件较为核心的全部操作命令，

如图 10.1.5 所示。

File Edit View Project Assignments Processing Tools Window Help

图 10.1.5 菜单栏

（1）Project：主要是对工程的操作。

① Add/Remove Files in Project：添加或新建文件。

② Revisions：创建或删除工程。

③ Archive Project：为工程归档或备份。

④ Set as Top_level Enditor：打开的文件设定为顶层文件。

⑤ Hierarchy：打开工程工作区显示的源文件的上一层文件或下一层的源文件以及顶层文件。

（2）Assignments：引脚分配及参数设置。

① Device：设置目标元器件型号。

② Assing Pins：打开分配引脚对话框，给设计的信号分配引脚。

③ Timing Settings：打开时序约束对话框。

④ Wizard：启动时序约束设置、编译参数设置、仿真参数设置、Software build 参数设置。

⑤ Assignments Editor：分配编辑器，用于分配引脚、设定引脚电平标准、设定时序约束等。

（3）Processing：包含了对当前工程执行各种设计流程，如开始综合、开始布局布线、开始时序分析等。

（4）Tools：调用 Quartus II 软件中集成的一些工具。

2. 工程导航栏

显示工程实体层次、设计文件及设计单元。

3. 输入编辑区

设计输入的窗口，无论是原理图还是 HDL 代码都显示在这里。

4. 信息提示窗口

实时显示系统消息、警告和错误等消息。

5. 任务栏

显示系统运行任务的进度。

10.2 Quartus II 的设计实例

软件开发环境为 Quartus II v13.0；FPGA 主要采用 Altera 公司的 Cyclone IV 系列 FPGA 芯片 EP4CE6E22C8N。

Quartus II 一般设计步骤如下。

（1）建立工程文件夹（不要用中文）。

（2）建立工程：File/New Project Wizard。

① 目标元器件选择实验板上的 FPGA 芯片 Cyclone IV 系列 EP4CE6E22C8N。

② 指定工作目录，指定工程实体名称，加入工程文件，选择元器件，设定 EDA 工具。

（3）建立 VHDL 文件：File/New/ VHDL File。

（4）设置顶层实体：Project/Set as Top-Level Entity。

（5）编译原理图：Processing/Start Compilation。

（6）建立仿真激励文件：File/New/ University Program VWF。

Insert Node or Bus，输入变量赋值；设置时钟、输入变量；保存。

（7）波形仿真：Simulation。

（8）元器件引脚定义：Assignments/Pin。

（9）下载：Tools/Programmer。

典型的 Quartus II 设计流程主要包括设计输入、综合、仿真、编程配置。本节以分频电路为例，要求分频器输出信号分别为 $f_{clk}/10$、$f_{clk}/100$。

10.2.1　设计流程

1．设计输入

（1）创建工程。

在计算机上创建文件夹，要求用英文或数字命名，不能用中文命名。使用“New Project Wizard”命令创建一个新工程。

① 在 Quartus II 软件界面下，选择“File”→“New Project Wizard”命令，如图 10.2.1 所示。

② 弹出创建工程指南窗口，如图 10.2.2 所示，单击“Next”按钮。

③ 弹出工程命名窗口，如图 10.2.3 所示。在该对话框中，指定工作目录、工程名、顶层文件名。需要注意的是，工程名必须与设计的顶层实体名一致，且工程名和实体名应为字母开头的数字串，否则会报错。这里创建一个工程名为 exp1，顶层文件名也为 exp1，大小写不敏感。单击“Next”按钮。

④ 弹出设计文件选择页面，如图 10.2.4 所示。在该对话框中，可空白，也可将已设计好的文件加入项目中。通常，添加的源文件已经复制到工程的文件夹中。本范例此处空白，单击“Next”按钮。

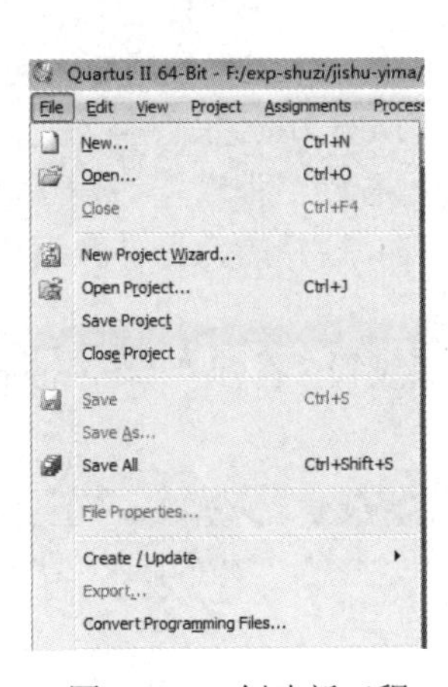

图 10.2.1　创建新工程

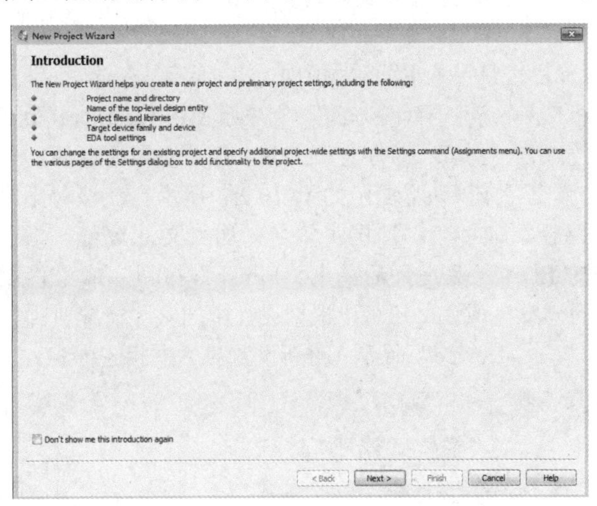

图 10.2.2　创建工程指南窗口

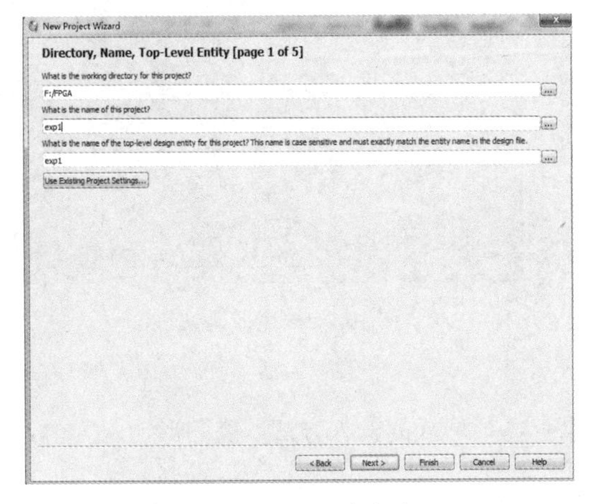

图 10.2.3　工程命名窗口

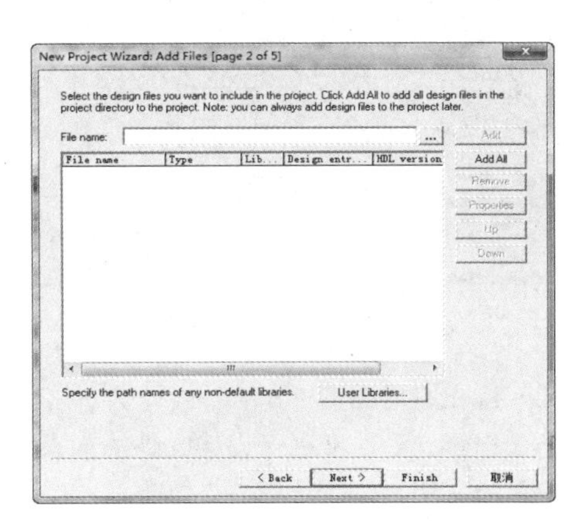

图 10.2.4　设计文件选择页面

⑤ 进入元器件族类型选择页面，如图 10.2.5 所示。在该对话框中，指定目标芯片，在“Device family”下拉列表框中选择元器件系列，相应地，在“Available devices”列表中会列出该系列的器件型号。这里目标元器件选择 Cyclone IVE 系列 EP4CE6E22C8N，单击“Next”按钮。

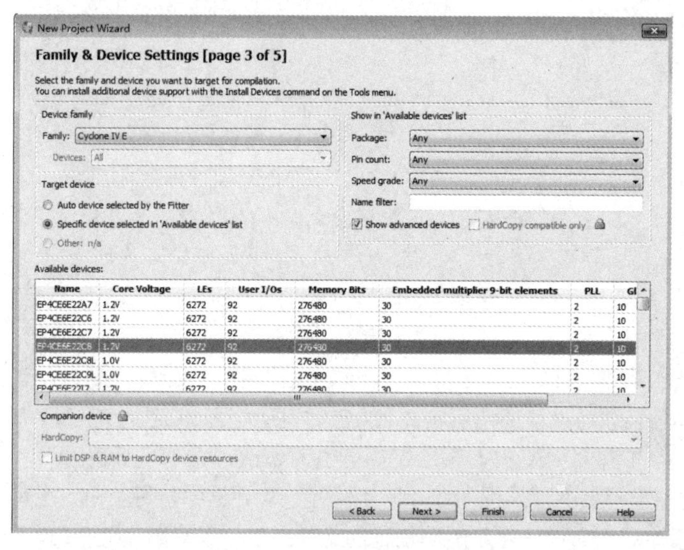

图 10.2.5 元器件族类型选择页面

⑥ 弹出工具设置页面，如图 10.2.6 所示。在该对话框中，可以指定第三方 EDA 综合、仿真、时序分析工具。若选择“None”，则表示使用 Quartus II 软件集成的工具。本工程使用 Quartus II 软件自带的综合、仿真、时序分析工具，因此不需要选择。最后单击“Next”按钮。

⑦ 弹出完成确认界面，如图 10.2.7 所示。在该对话框中，可以看到工程设置的信息，依次为项目路径、项目名、顶层实体名、加入文件数目、指定的库数目、选择的元器件及调用了哪些第三方 EDA 工具。最后单击“Finish”按钮完成工程设计。

项目建立完成后，还可以根据设计中的实际情况对项目进行重新设置，执行“Assignment”→“Setting”→“Device”命令，重新设置对话框相关内容。

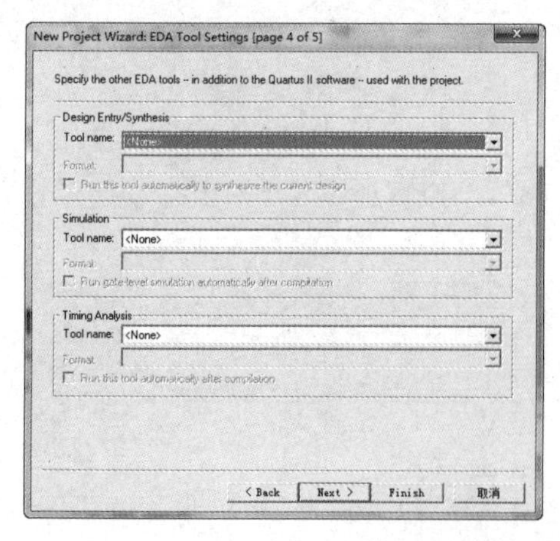

图 10.2.6 工具设置页面

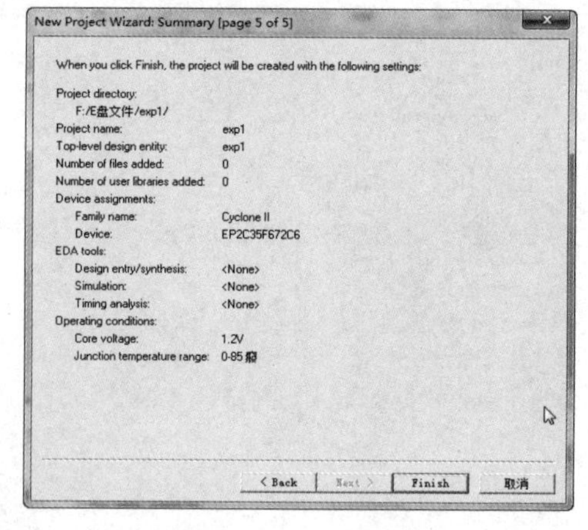

图 10.2.7 完成确认界面

（2）建立原理图文件。

当工程建立后，可进行设计文件的输入。可以有多种形式的输入方法。以图形输入为例，讲解文本输入的方法与具体步骤。

① 执行“File”→“New”命令，如图 10.2.8 所示，在设计文件中选择“Block Diagram/ Schematic File”原理图输入形式。

② 放置元器件。在原理图的空白图纸上双击，弹出“Sysmbol”对话框。也可在原理图的空白图纸上右击，在弹出的快捷菜单中选择“Insert”→“Sysmbol”选项，弹出“Sysmbol”对话框。

a．在“Name”栏中输入元器件名“74160”，即可放置 74160 元器件，如图 10.2.9 所示。

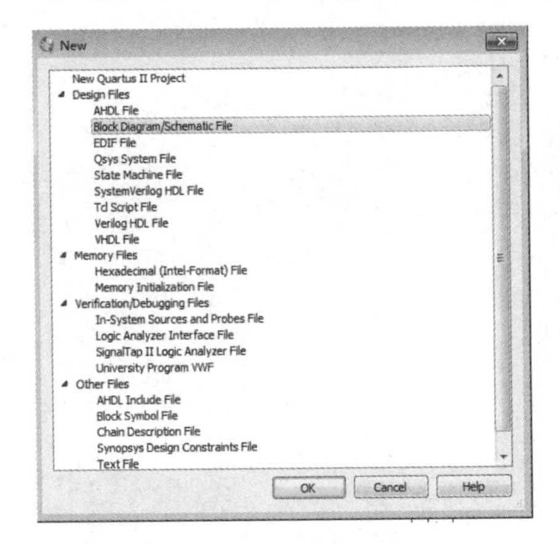

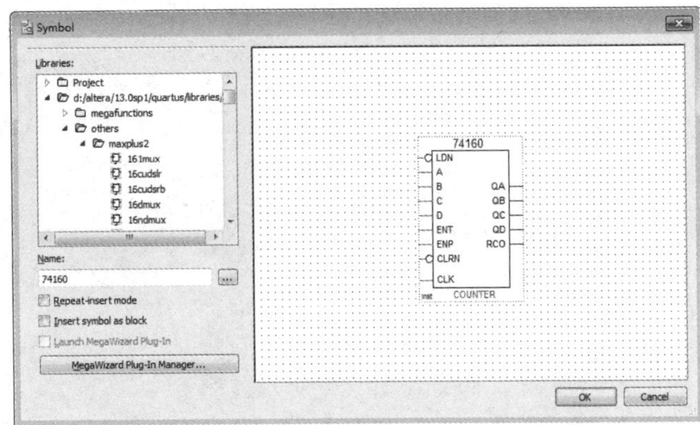

图 10.2.8　设计文件输入选择　　　　图 10.2.9　在“Sysmbol”对话框中输入元器件

b．在“Name”栏中分别输入元器件名 input、output 和 GND。

c．导线连接：当需要连接两个端口时，只需将鼠标指针移动到其中一个端口上，当鼠标指针变为十字形时，一直按下鼠标左键，并拖动到另一端口松开即可。十分频电路连接结束后，显示如图 10.2.10 所示。

③ 端口的命名：编辑输入、输出端口 input、output。在 input 或 output 图标上双击，出现“Pin Properities”对话框，在“Pin name(s)”输入框中输入更改的名称，如图 10.2.11 所示。

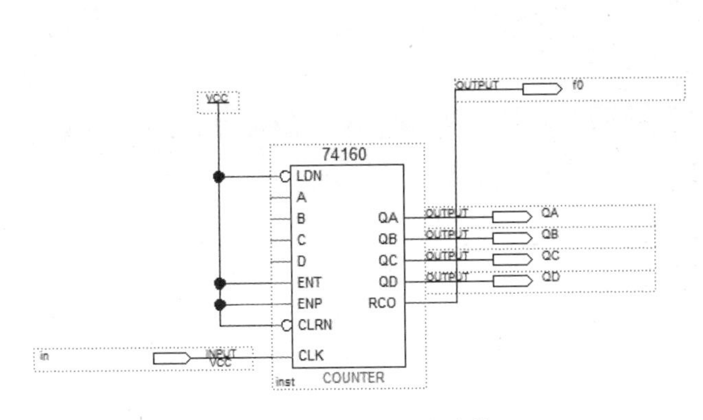

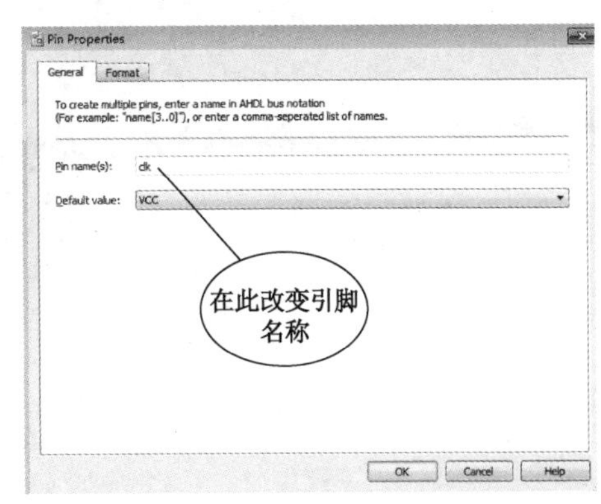

图 10.2.10　导线连接　　　　图 10.2.11　编辑 input 及 output 引脚名称

④ 保存原理图，完成原理图输入过程。

⑤ 如果需要创建子模块，执行下列流程。选择“File”→“Create/Updata”→“Create Symbol Files for Current File”选项，弹出“Created Block Symbol File exp1”窗口，单击“确定”按钮，如图 10.2.12 所示。

所创建的子模块系统自动存放在当前的工程文件夹下，如图 10.2.13 所示。

注意，在创建顶层图形文件后，其名称一定不要与某个子模块同名；将新创建的模块符号放入顶层图形文件中，再将顶层图形文件另命名保存。

⑥ 描绘顶层图形文件，若将该图形文件设置为顶层实体：执行“Project”→“Set as Top-Level Entity”命令，或者在“Project Navigator”中右击该文件名，选择“Set as Top-Level Entity”选项；调用子模块 exp1，连接两个子模块电路，完成对输入时钟的 100 分频。分频电路如图 10.2.14 所示。

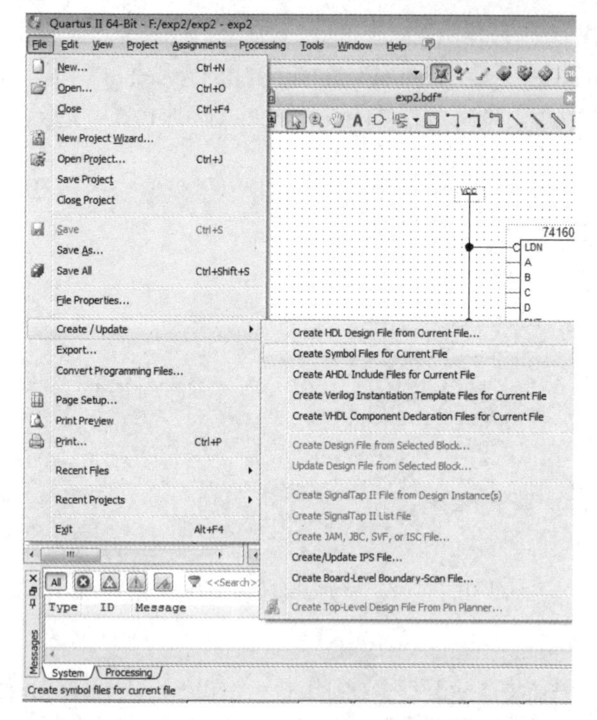

图 10.2.12　创建子模块对话框

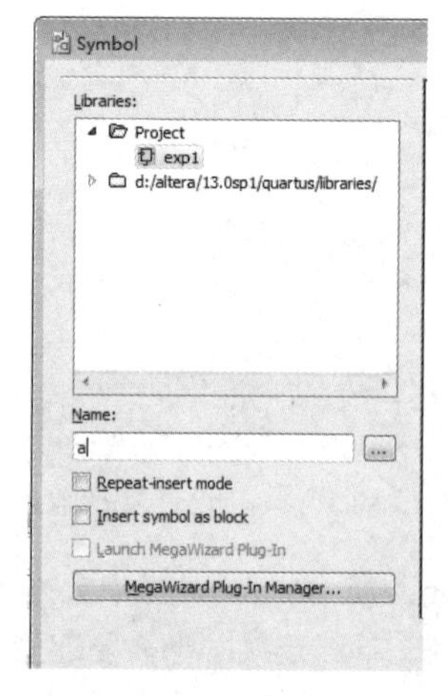

图 10.2.13　子模块保存路径

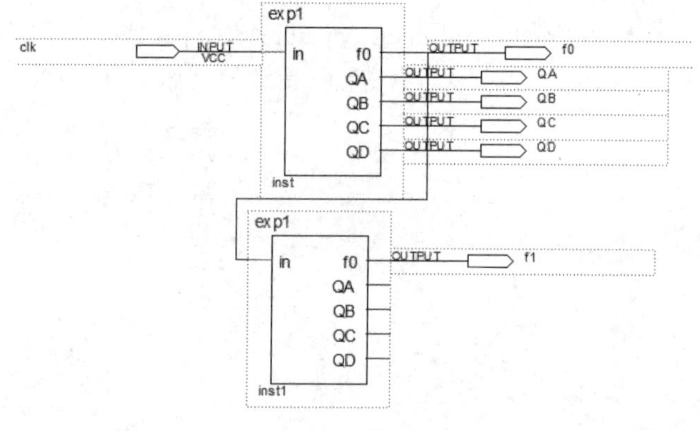

图 10.2.14　分频电路

2．综合

Quartus II 软件全编译主要完成项目分析、综合、适配、布局布线，最后生成下载文件，并生成用于仿真的文件。

（1）编译。编译器选项设置，包含分析、综合、时序选项设置等，本范例均采用系统默认设置。

执行“Processing”→“Start Compilation”命令，进行全编译，出现图 10.2.15 所示窗口。该窗口包含了分析、综合、适配、布局布线、时序分析、EDA 标准网表的生成。

编译开始，在编译窗口显示编译进度。

编译结束后，显示窗口如图 10.2.16 所示，有警告信息或错误信息提示。如果出现错误信息提示，查找错误，重新进行编译操作，直到无错误信息报告。

编译结束后，文件编译错误类型的在软件信息栏中有提示，双击错误提示，可找到与错误相关的位置及相关的代码。

（2）引脚分配。编译完成，进行引脚分配。

工程中添加设计输入文件后，需要给设计分配引脚和时序约束。分配引脚是将设计文件的输入、输出信号指定到元器件的某个引脚，设置此引脚的电平标准、电流强度等。元器件下载之前要对输入、输出引脚指定具体元器件引脚号，这个过程称为锁定引脚，或者引脚约束。

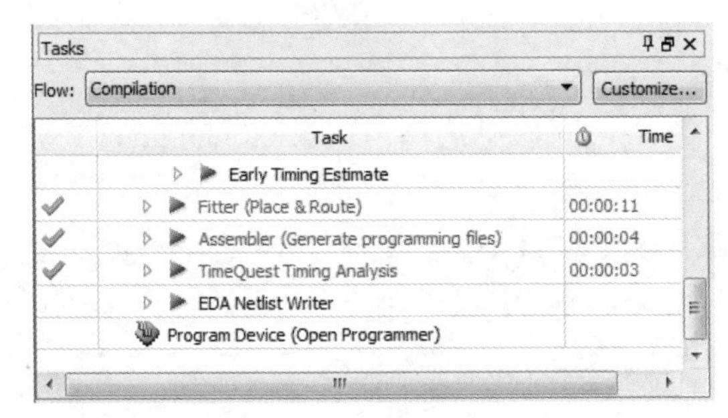

图 10.2.15 编译窗口

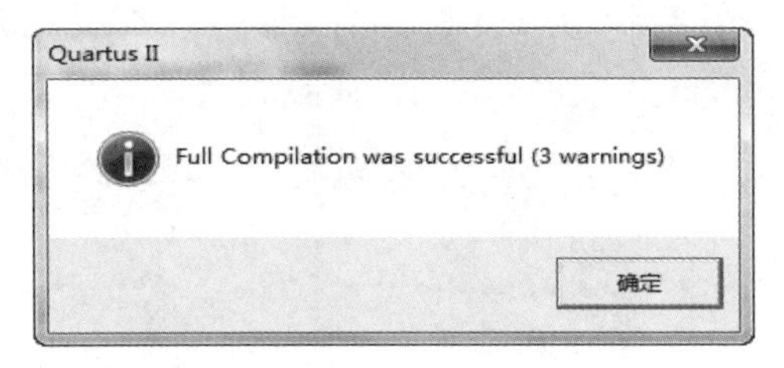

图 10.2.16 编译结束显示窗口

① 引脚设置。执行“Assignments”→“Pin planner”命令，弹出如图 10.2.17 所示窗口。

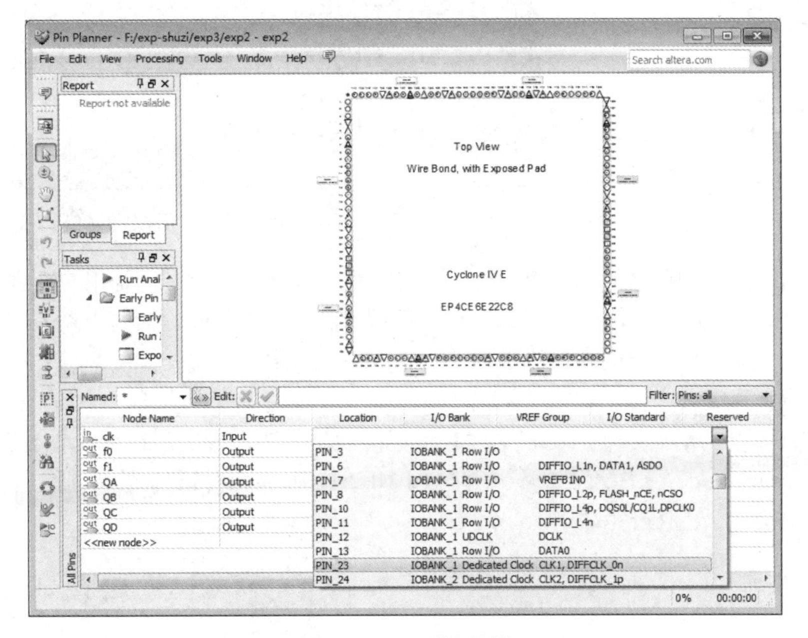

图 10.2.17 引脚设置

② 选择引脚。项目综合后，工程中的各输入、输出端口会出现在下方的窗口，在各引脚对应的 Location 空白处双击鼠标，弹出目标芯片的未使用引脚，按照要求选择其中的一个引脚，这样就完成了一个信号的引脚锁定，也可以直接在该栏输入引脚号。重复上述过程，将输入信号 clk 锁定在 pin_n2 引脚，输出信号 f1 锁定在 pin_j22 引脚。

本范例中引脚号的锁定取决于 DE2 实验板，参考实验板使用说明完成对各个信号的锁定。

所有引脚锁定完成后要重新进行一遍编译，执行“Processing”→“Start Compilation”命令。

编译成功后下载到芯片。如果元器件引脚锁定有错，重复上述操作，再编译。

（3）实现与报告分析。全编译通过后，会生成程序下载文件.SOF 和.POF，供硬件下载与验证使用，同时会生成输出全编译报告（Flow Summary）。在该报告中可以看到设计实体名、芯片型号、芯片中使用了多少资源等。

编译结束后，可继续进行实验的仿真以验证其逻辑上的可行性，也可将工程直接下载到芯片。

3. 仿真

完成设计项目的输入、综合以及布局布线等步骤后，需要使用 Quartus II 软件对设计的功能和时序进行仿真，以验证设计的正确性。通常有 3 步过程，首先绘制激励波形或编写 testbench，为待测设计添加激励；然后对仿真器相关参数进行设置并执行仿真；最后是观察和分析仿真结果。

（1）创建矢量波形文件。

首先要建立一个矢量源文件，即激励文件，利用软件的波形发生器可建立和编辑用于波形格式仿真的输入矢量。较常用的激励文件是矢量波形文件（.vwf）。

在当前工程下建立一个波形文件，执行“File”→“New”命令，选择“University Program VWF”选项，单击“OK”按钮，如图 10.2.18 所示，则可以打开如图 10.2.19 所示的波形编辑窗口。

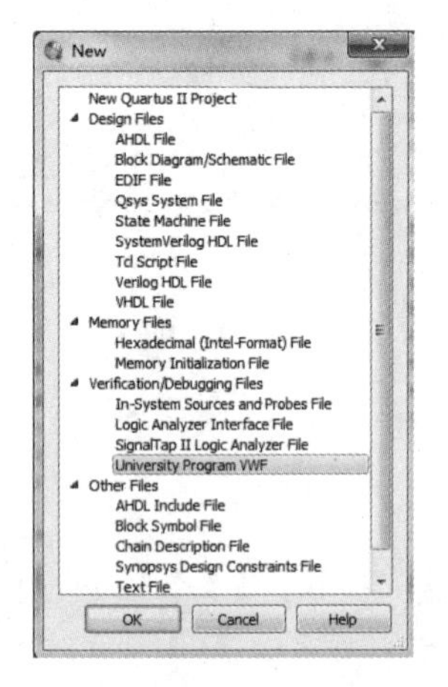

图 10.2.18　建立一个波形文件

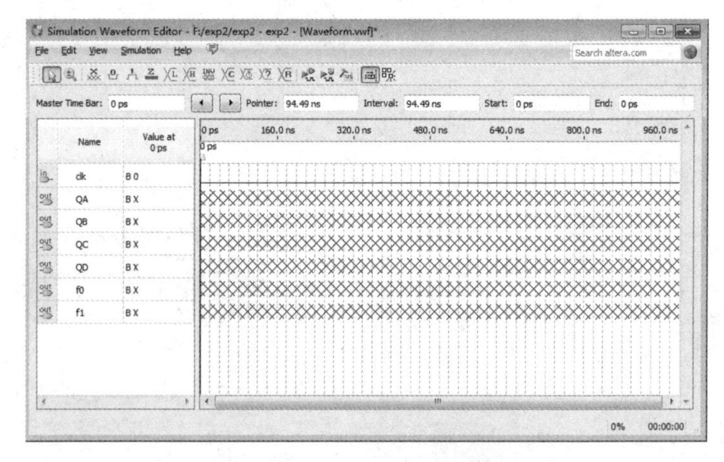

图 10.2.19　波形编辑窗口

波形编辑窗口默认的仿真时间长度为 1μs，有时候仿真时间长度不满足用户要求，用户可以选择“Edit”→“End Time”选项，弹出图 10.2.20 所示的对话框，在该对话框中输入用户希望的仿真时间长度。本范例修改仿真时间长度为 2μs，单击“OK”按钮。

（2）在矢量波形文件中插入输入、输出节点。

① 如图 10.2.19 所示窗口，在左边“Name”列的空白处右击，在弹出的快捷菜单中选择“Insert”→“Insert Node or Bus”选项，弹出图 10.2.21 所示的对话框，该过程也可以通过在左边“Name”列的空白处双击完成。

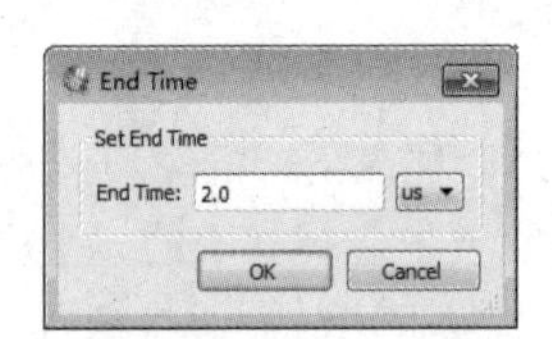

图 10.2.20　设置仿真时间域对话框

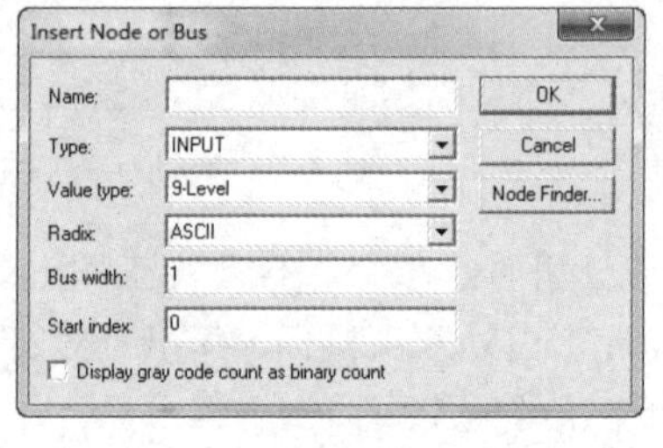

图 10.2.21　“Insert Node or Bus”对话框

② 在图 10.2.21 所示对话框中，单击“Node Finder”按钮，则弹出图 10.2.22 所示对话框。在“Filter”下拉列表框中选择“Pins:all”选项，单击“List”按钮，设计电路的输入输出信号将在“Nodes Found”栏下面显示出来，从该栏所列信号中选择需要仿真的信号加入“Selected Nodes”栏中，如果要加入全部波形节点，直接单击“>>”按钮。

在“Node Finder”对话框中单击“OK”按钮，且在“Insert Node or Bus”对话框继续单击“OK”按钮完成了信号的添加。

（3）编辑输入信号波形。

单击选取的信号，将待仿真的信号依照控制逻辑对信号赋逻辑电平或二进制代码。在图 10.2.23 中对仿真工具赋值常用符号进行了说明。

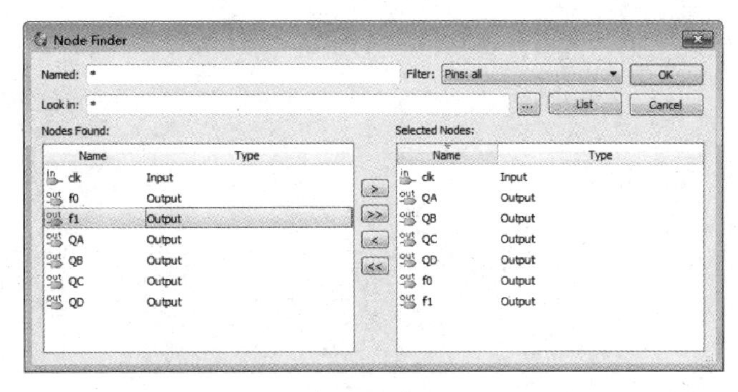

图 10.2.22　“Node Finder”对话框

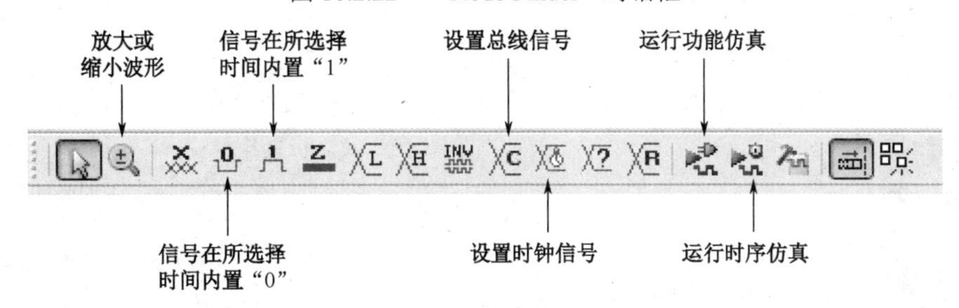

图 10.2.23　赋值常用符号说明

在图 10.2.19 所示窗口中的“Name”栏下，选中“clk”输入时钟信号，此时被选中的信号改变底色，选择仿真工具按钮栏的时钟信号，单击“ ”图标，弹出图 10.2.24 所示对话框。在该对话框中，指定输入时钟周期、相位和占空比。选择 clk 时钟信号周期为 10ns，初始相位为 0，占空比为 50%。

设定时钟后，仿真输入波形如图 10.2.25 所示，保存该波形文件，文件后缀名为*.vwf。建议保存的文件名与文件实体名一致。

（4）设置仿真器。

在进行仿真之前，要对仿真器进行一些设置，执行“Simulation”命令，会出现图 10.2.26 所示的菜单项，Quartus II 软件提供了两个层次的仿真：功能仿真与时序仿真。

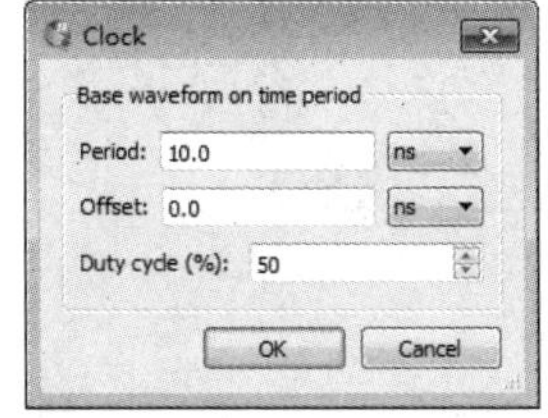

图 10.2.24　“Clock”对话框

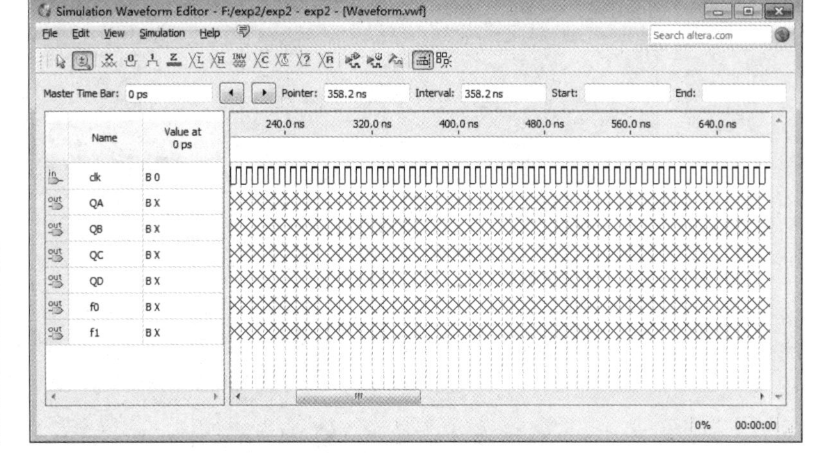

图 10.2.25　仿真输入波形

本范例采用功能仿真，仿真输出波形如图 10.2.27 所示。

观察仿真结果，验证程序或电路原理图逻辑正误，确认无误就可下载到元器件上了。从图 10.2.22 中可以看到，计数器十分频的功能已经实现。

需要注意的是，每当输入的源程序文件修改后，都需要重新进行编译，对功能仿真而言，都要重新生成新的仿真网络表文件，再进行仿真。

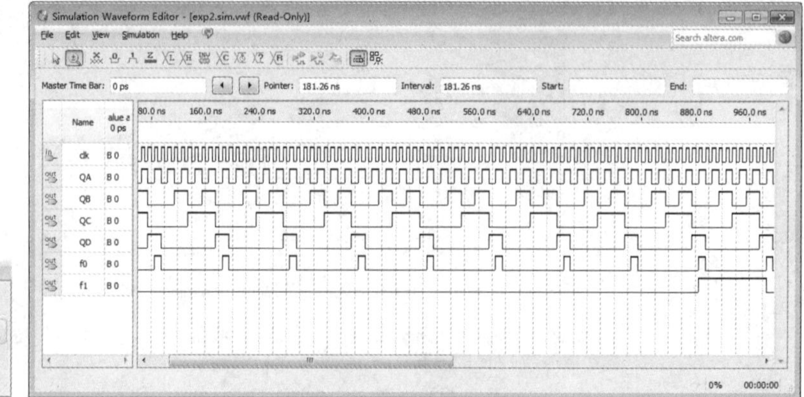

图 10.2.26 菜单项　　　　图 10.2.27 仿真输出波形

4．编程配置

使用 Quartus Ⅱ成功编译工程且功能、时序均满足设计要求后，可对元器件进行编程和配置。

在一般情况下，设计初期，采用 JTAG 模式下载。采用该下载方式，是将程序直接下载到 FPGA 的 SRAM 中，虽然掉电后程序易丢失，但此方式下载速度快，便于调试。当设计完成后，多采用 AS 模式，该方式将程序下载到 FPGA 的配置芯片，掉电后程序不会丢失。

下面给出元器件编程步骤。

① 执行“Tools”→“Programmer”命令，进入元器件编程和配置对话框，如图 10.2.28 所示。此时在“Hardware Setup”按钮右边文本框中显示“No Hardware”，说明目前还没有硬件，不能进行下载。

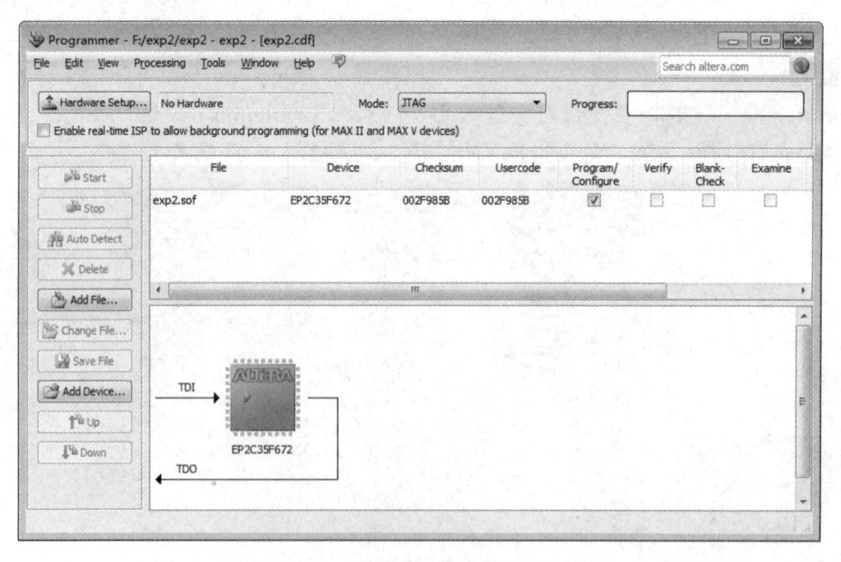

图 10.2.28 元器件编程和配置对话框

② 连接 DE2 实验板 USB 下载线，且给 DE2 加电，单击“Hardware Setup”按钮，弹出硬件安装对话框，如图 10.2.29 所示。在“Currently selected hardware”下拉列表框中，列出了已安装好的可以使用的编程电缆，对 DE2 实验板选择“USB-Blaster”选项，双击此选项，关闭此对话框，完成硬件设置。

如果在“Currently selected hardware”下拉列表框中，没有显示 USB-Blaster, 需要安装 USB-Blaster 驱动程序，安装过程如下：我的电脑（右击）→属性→硬件→设备管理器→通用串行总线控制器→

USB-Blaste（右击）选择更新驱动程序→从列表或指定位置安装→选择在搜索中包含这个位置，给出驱动程序所在文件夹*:\altera\13.0sp1\quartus\drivers \usb-blaster，完成安装。

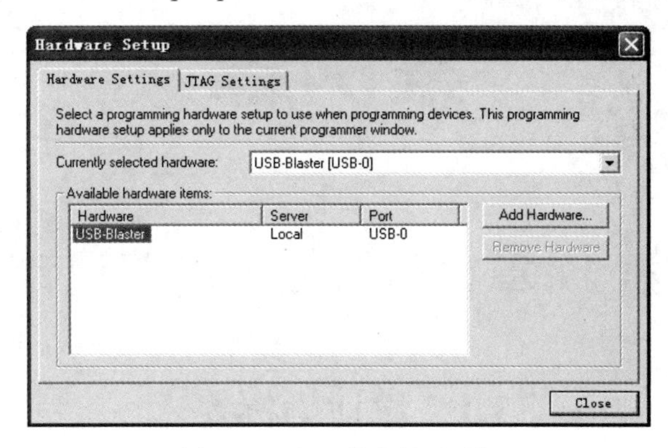

图 10.2.29　硬件安装对话框

重新单击“Hardware Setup”按钮，在下拉列表框中可看到“USB-Blaster”选项。

在“Mode”下拉列表框中，选择下载方式，单击“Start”按钮，便可将生成的文件下载到指定的芯片中。

在本范例中，选择 JTAG 下载模式，在 Program/Configure 选项中进行选择，单击“Start”按钮，观察 Progress 进程，当下载完成时，Progress 进程显示 100%。

利用示波器观察输出信号，可实现对输入时钟的十分频功能。

注意，选择 JTAG 下载，添加下载文件名的后缀为.Sof 文件；元器件型号是否与目标元器件一致，实验板的 FPGA 元器件为 EP4CE6E22C8N。

10.2.2　Quartus II 使用常见问题

（1）文件目录、文件命名等不要使用中文。

（2）某个窗口找不到了，在“View”菜单里找一下需要显示的窗口。

（3）设计文件每次修改后，都要重新编译。

（4）找不到报错或看不懂报错的内容。报错在信息提示窗口可以找到。双击错误信息它会跳转到对应的错误位置，方便检查。另外，如果看不懂报错信息，可以在百度搜索。

（5）下载到开发板上以后所有灯都亮了，与预期结果不符合。可能是没有进行引脚屏蔽，或者是屏蔽了之后没有重新编译。

第 11 章　多级放大电路设计

11.1　设计指标要求

（1）电压放大倍数 A_u：≥200（绝对值）。
（2）输入电阻 R_i：≥20kΩ。
（3）输出电阻 R_o：≤2kΩ。
（4）通频带宽 BW：优于 100Hz～1MHz。
（5）电源电压 Vcc：+9V。
（6）负载电阻 R_L：3kΩ。
（7）输出最小不失真电压：2 V_{P-P}（带负载，输入信号 10 mV_{P-P}）。
（8）电路要求：无自激、负反馈任选。

11.2　设计要求分析

1. 电路结构分析

在设计实际的放大电路时，通常需要满足多方面的设计条件，如较大的放大倍数、较大的输入电阻和较小的输出电阻等。此时，单级放大电路很难满足要求，其电压放大倍数通常只能达到几十倍，输入、输出电阻等性能也受到限制。因此，实际应用需要将多个基本放大电路连接到一起，构成多级放大电路。

构成多级放大电路的每个基本放大电路称为一级，每级之间的连接称为级间耦合。常见的耦合方式有直接耦合、阻容耦合、变压器耦合和光电耦合。

阻容耦合方式是将前级放大电路的输出端通过电容连接到后级放大电路的输入端。由于电容对直流电压的电抗为无穷大，因此阻容耦合放大电路各级之间的直流通路各不相通，各级的静态工作点相互独立，在求解或调试工作点时可分别按单级处理，所以阻容耦合放大电路的分析、设计和调试简单易行。本设计可采用阻容耦合方式的两级放大电路。

两级放大电路的组成框图如图 11.2.1 所示。

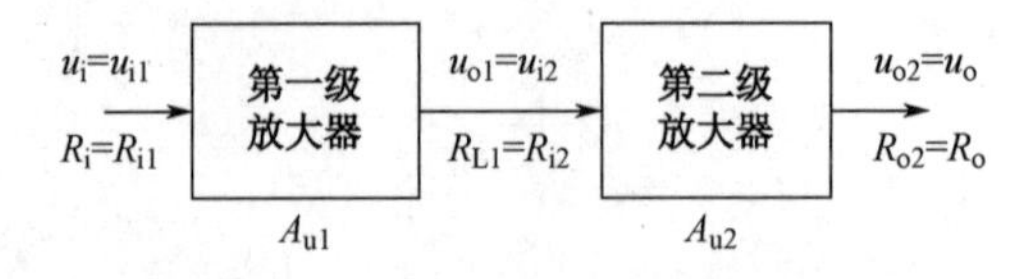

图 11.2.1　两级放大电路的组成框图

2. 电压放大倍数分析

多级放大电路的电压放大倍数等于组成它的各级放大电路电压放大倍数之积，即

$$A_u = \frac{U_{o1}}{U_{i1}} \cdot \frac{U_{o2}}{U_{i2}} \cdots \frac{U_{oN}}{U_{iN}} = A_{u1} \cdot A_{u2} \cdots A_{uN} = \prod_{j=1}^{N} A_{uj}$$

对于两级放大电路，放大倍数为

$$A_u = A_{u1} \cdot A_{u2} = \frac{U_{o1}}{U_{i1}} \cdot \frac{U_{o2}}{U_{i2}} = \frac{U_{o1}}{U_i} \cdot \frac{U_o}{U_{o1}} = \frac{U_o}{U_i}$$

式中，U_i、U_o分别为多级放大电路输入、输出信号幅度；U_{i1}、U_{o1}分别为第一级放大电路输入、输出信号幅度；U_{i2}、U_{o2}分别为第二级放大电路输入信号幅度，而且有$U_{i1} = U_i$、$U_{i2} = U_{o1}$、$U_{o2} = U_o$。

3．输入电阻分析

对于多级放大电路来说，电路的输入电阻由第一级放大电路的输入电阻决定，即

$$R_i = R_{i1} \geqslant 20\text{k}\Omega$$

式中，R_i为多级放大电路输入电阻；R_{i1}为第一级放大电路输入电阻。

4．输出电阻分析

对于多级放大电路来说，电路的输出电阻由最后一级放大电路的输出电阻决定，对于两级放大电路，

$$R_o = R_{o2} \leqslant 2\text{k}\Omega$$

式中，R_o为多级放大电路输出电阻；R_{o2}为第二级放大电路输出电阻。

5．通频带分析

电路的通频带宽 BW 要求为 100Hz～1MHz，基本为中低频范围，应选择电流增益带宽积 f_T 为几十兆赫兹的中小功率三极管进行设计，以满足对 1MHz 的输入信号能够有几十倍的电流放大能力。

6．输出信号分析

当电路输入信号幅度为 10mV（峰-峰值）时，为满足放大倍数不小于 200，要求输出信号不失真电压大于 2V（峰-峰值，带负载）。

11.3　电路结构设计

三极管组成的基本放大电路有共射、共基、共集 3 种基本接法，3 种电路的特点如表 11.3.1 所示。

表 11.3.1　3 种电路的特点

参数	类型		
	共射	共基	共集
电压放大倍数 A_u	大	大	≈1
电流放大倍数 A_i	大	≈1	大
输入电阻 R_i	适中	小	最大
输出电阻 R_o	适中	适中	最小
频率特性	低频	高频	

根据 3 种接法的特点分析，有以下结论。

（1）共集放大电路不具有电压放大能力，不能作为本设计的第一级或第二级放大电路。

（2）共基放大电路输入电阻小，不适合作为本设计的第一级放大电路；电流驱动能力弱，不适合作为第二级放大电路。

（3）共射放大电路各项性能适中，符合设计所需要求，既可以作为本设计的第一级放大电路，也可以作为第二级放大电路。

因此两级基本放大电路均选择共射放大电路进行设计。其中，第一级选择固定偏置式共射放大

电路，第二级选择分压偏置式共射放大电路。每级放大电路均带有直流负反馈和交流负反馈设计，以稳定直流工作点，展宽工作频带，避免自激。两级放大电路如图 11.3.1 所示。

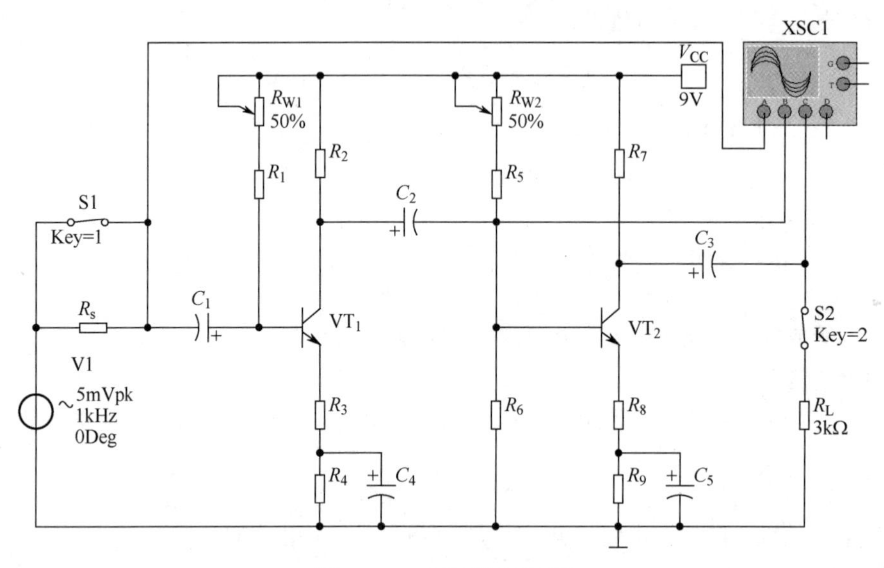

图 11.3.1 两级放大电路

在图 11.3.1 中，S1 和 R_s 用于测量输入电阻，S2 用于测量输出电阻。

根据设计要求，设定第一级放大电路的放大倍数为 10，第二级放大电路的放大倍数为 20，总放大倍数为 200，即 $A_{u1}=10$，$A_{u2}=20$，$A_u=200$。

第一级放大电路的放大倍数过大可能降低输入电阻，因此应根据设计要求合理确定。

11.4 元器件参数计算

1. 第一级放大电路直流通路计算

第一级放大电路的直流通路如图 11.4.1 所示。

直流通路的计算，其主要目标是确定电路的直流工作点及相应元器件参数，包括集电极静态电流 I_{CQ1}、发射极电阻 R_3 及 R_4、集电极电阻 R_2、基极偏置电阻 R_{W1} 及 R_1。

（1）集电极静态电流 I_{CQ1} 确定。

集电极静态电流 I_{CQ1} 与三极管的静态功耗、直流电流增益和特征频率（电流增益带宽积）有关，需要查阅三极管数据手册进行确定。

三极管集电极静态电流 I_{CQ1} 影响集电极耗散功率，当晶体管功耗过大时会导致工作温度升高，使其工作特性明显变坏，甚至烧毁。三极管集电极最大耗散功率 $P_{CM}=i_C u_{CE}$，对于特定型号的晶体管，P_{CM} 是一个确定值。设计放大电路时应选择合适的 I_{CQ1} 以避免功耗过高。

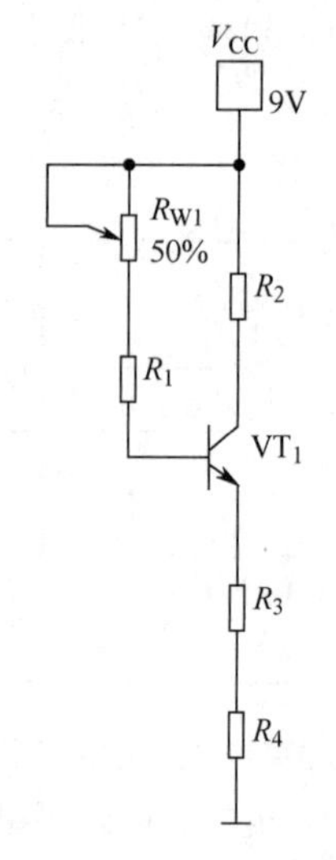

图 11.4.1 第一级放大电路的直流通路

对于晶体管而言，电流增益带宽积被称为 f_T 或特征频率。它是根据指定测试条件下的低频（几千赫兹）电流增益和电流增益下降 3dB（70%幅度）时的截止频率计算的。这两个值的乘积可以被认为是电流增益下降到 1 的信号频率，并且可以通过将 f_T 除以频率来估计截止频率和跃迁频率之间的晶体管电流增益。

通常晶体管用作放大器和振荡器时，必须施加远低于 f_T 的信号频率。在双极型晶体管中，由于 PN 结内部电容的存在，使信号的频率响应下降。特征频率随集电极电流变化，在电流达到某一点处特征频率达到最大值，而对于更大或更小的集电极电流则特征频率下降。

设计放大电路时应根据工作频率范围选择合适的 I_{CQ}，以便在工作频段内获得足够的信号增益。

本级放大电路选择小功率三极管 2N2222A 进行电路设计，查阅其数据手册，其 P_{CM} 为 0.625W，直流电流增益曲线和电流增益带宽积曲线分别如图 11.4.2 和图 11.4.3 所示。

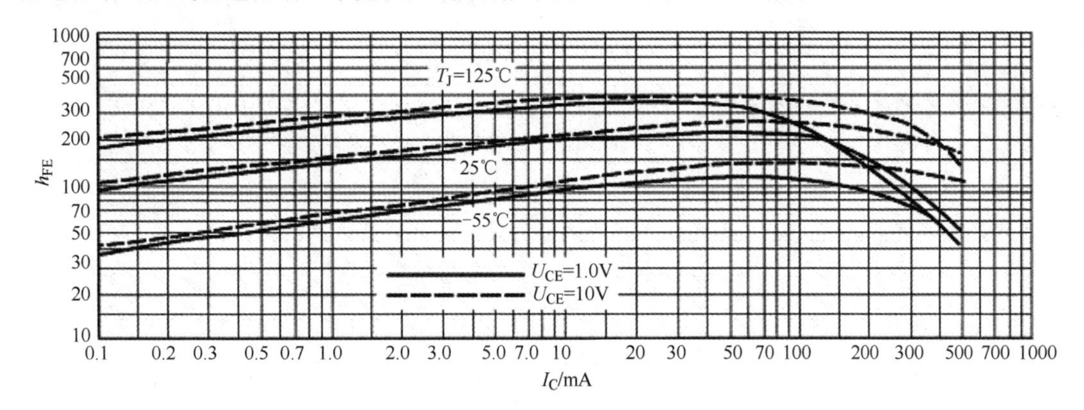

图 11.4.2　直流电流增益曲线

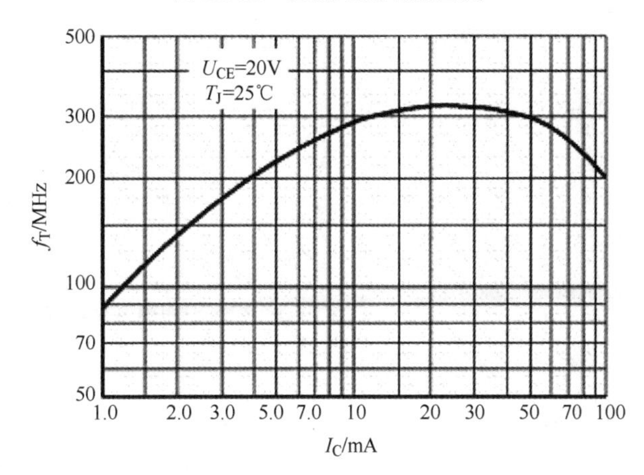

图 11.4.3　电流增益带宽积曲线

选定 $I_{CQ1}=1\text{mA}$，此时三极管直流电流增益 $\overline{\beta}_1$ 约为 150，特征频率 f_{T1} 约为 90MHz，对于 1MHz 工作频率上限信号，电流增益 β_1 约为 90。

此时 $P_C=U_{CEQ1}I_{CQ1}\leqslant\dfrac{V_{CC}}{2}I_{CQ1}=4.5\text{mW}$，远小于最大集电极耗散功率 P_{CM}。

（2）发射极电阻计算。

发射极电阻由发射极静态电流 I_{EQ1} 和发射极静态电压 U_{EQ1} 确定。

晶体管的发射结电压 U_{BE} 具有 –2.5mV/℃ 的温度特性，为了吸收 U_{BE} 随温度的变化效应，降低 U_{BE} 随温度变化引起的发射极静态电流 I_{EQ1} 变化率，保持静态工作点稳定，U_{EQ1} 不能太小，应设定为 1V 以上。

此处将 U_{EQ} 设定为 1V，则有

$$R_3+R_4=\frac{U_{EQ1}}{I_{EQ1}}\approx\frac{U_{EQ1}}{I_{CQ1}}=1\text{k}\Omega$$

（3）集电极电阻计算。

为得到信号的最大双向输出裕度，U_{CQ1} 应处于输出电压变化范围［近似为 $V_{CC}\sim(U_{EQ1}+U_{CES})$］

的中点，即

$$V_{CC}-U_{CQ1}=U_{CEQ1}=\frac{V_{CC}-U_{EQ1}-U_{CES}}{2}=3.7\text{V}$$

其中，饱和电压$U_{CES}=0.6\text{V}$。

可得

$$R_2=\frac{V_{CC}-U_{CQ1}}{I_{CQ1}}=3.7\text{k}\Omega\text{，取标称阻值为 }3.9\text{k}\Omega\text{。}$$

（4）基极偏置电阻计算。

对于基极偏置电路，可得到如下等式。

$$\begin{cases} U_{BQ1}=U_{BEQ1}+U_{EQ1} \\ U_{BQ1}=V_{CC}-I_{BQ1}(R_{W1}+R_1) \\ I_{BQ1}=\dfrac{I_{EQ1}}{\overline{\beta}_1+1} \end{cases}$$

由此可得

$$R_{W1}+R_1=\frac{(V_{CC}-U_{BEQ1}-U_{EQ1})(\overline{\beta}_1+1)}{I_{EQ1}}=1102.3\text{k}\Omega$$

取$R_1=100\text{k}\Omega$，$R_{W1}=2\text{M}\Omega$。

2．第一级放大电路交流参数计算

第一级放大电路的交流通路如图11.4.4所示。

第一级放大电路的交流等效电路如图11.4.5所示。

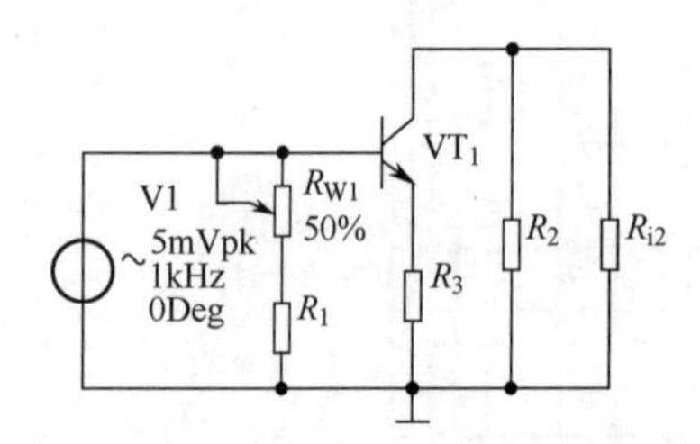

图11.4.4　第一级放大电路的交流通路

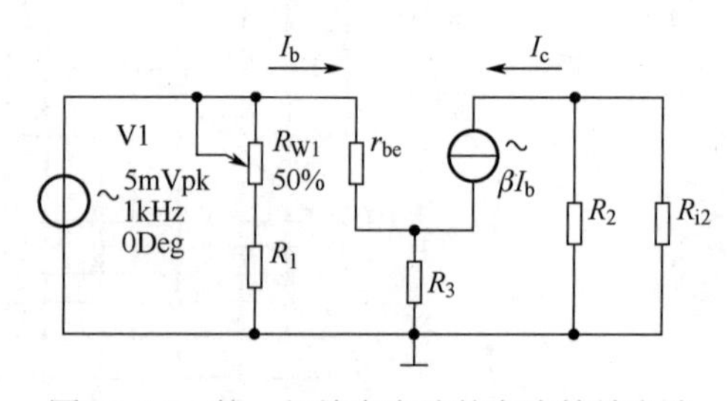

图11.4.5　第一级放大电路的交流等效电路

（1）输入电阻R_i相关计算。

根据第一级放大电路交流等效电路，可列出如下等式。

$$R_i=(R_{W1}+R_1)//\left[r_{be1}+(\beta_1+1)R_3\right]$$

式中，r_{be1}为三极管b-e间动态电阻，$r_{be1}\approx r_{bb'}+\beta_1\dfrac{U_T}{I_{CQ1}}$，$r_{bb'}$设定为200Ω，可计算得$r_{be1}=2.54\text{k}\Omega$。

由此可得

$$R_3=\frac{\dfrac{R_i\left(R_{W1}+R_1\right)}{R_{W1}+R_1-R_i}-r_{be1}}{\beta_1+1}\approx 196\Omega\text{，取标称阻值为 }200\Omega\text{。}$$

则有

$$R_4=1\text{k}\Omega-R_3=800\Omega\text{，取标称阻值为 }820\Omega\text{。}$$

（2）交流放大倍数A_{u1}相关计算。

根据第一级放大电路交流等效电路，可列出如下等式。

$$A_{u1}=\frac{\dot{U}_{o1}}{\dot{U}_{i1}}=-\frac{\beta_1 R'_{L1}}{r_{be1}+(\beta_1+1)R_3}=-\frac{\beta_1(R_2//R_{i2})}{r_{be1}+(\beta_1+1)R_3}$$

式中，R_{i2} 为第二级放大电路输入电阻。

由此可得

$$R_{i2}=\frac{R_2A_{u1}\left[r_{be1}+\left(\beta_1+1\right)R_3\right]}{\beta_1R_2-A_{u1}\left[r_{be1}+\left(\beta_1+1\right)R_3\right]}\approx 5.6\text{k}\Omega$$

（3）耦合电容与旁路电容计算。

电路中存在耦合电容 C_1、C_2 和旁路电容 C_4，其共同决定了第一级放大电路的下限截止频率 f_L，按照设计指标要求，$f_L=100\text{Hz}$，根据经验，实际中可根据以下公式估算各电容值。

$$C_1\geqslant(3\sim10)\frac{1}{2\pi f_L\left[R_s+r_{be1}+\left(\beta_1+1\right)R_3\right]}$$

$$C_2\geqslant(3\sim10)\frac{1}{2\pi f_L\left(R_2+R_{i2}\right)}$$

$$C_4\geqslant(1\sim3)\frac{1}{2\pi f_L\left[\left(\dfrac{R_s+r_{be1}}{\beta_1+1}+R_3\right)//R_4\right]}$$

式中，$R_s=50\Omega$，为信号发生器内阻。

通过计算，可设定 $C_1=1\mu\text{F}$，$C_2=2.2\mu\text{F}$，$C_4=33\mu\text{F}$。

3．第二级放大电路元器件参数计算

第二级放大电路的直流通路如图 11.4.6 所示。

直流通路的计算，其主要目标是确定电路的直流工作点及相应元器件参数，包括集电极静态电流 I_{CQ2}、发射极电阻 R_8 及 R_9、集电极电阻 R_7、基极偏置电阻 R_{W2} 及 R_5、R_6。

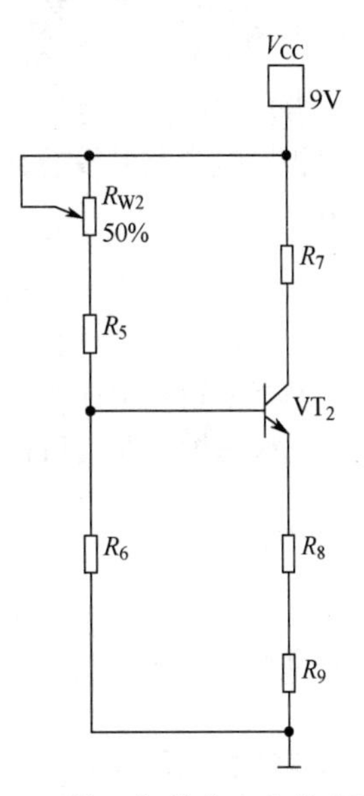

图 11.4.6　第二级放大电路的直流通路

第二级放大电路的交流通路如图 11.4.7 所示。

第二级放大电路的交流等效电路如图 11.4.8 所示。

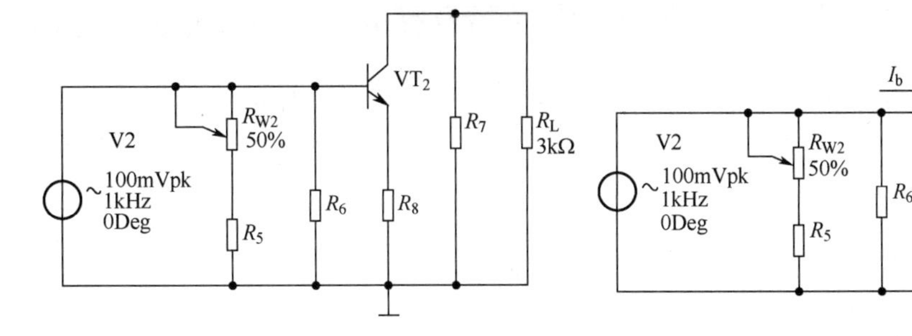

图 11.4.7　第二级放大电路的交流通路

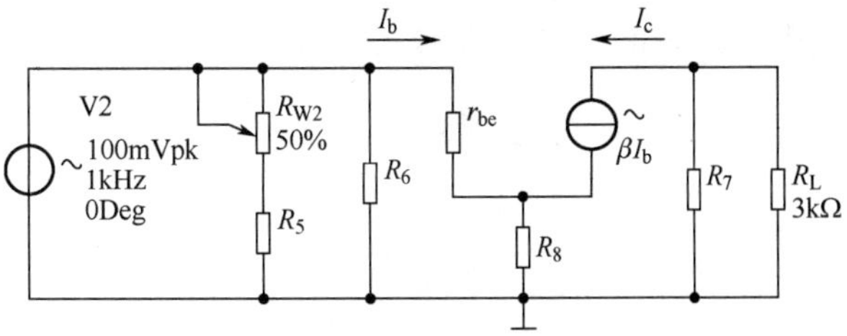

图 11.4.8　第二级放大电路的交流等效电路

（1）输出电阻 R_o 计算及集电极电阻确定。

根据第二级放大电路交流等效电路，可列出如下等式。

$$R_o=R_7$$

根据电路设计指标要求，输出电阻 $R_o\leqslant 2\text{k}\Omega$，因此设定 $R_7=2\text{k}\Omega$。

（2）发射极电压 U_{EQ2} 确定。

为保持静态工作点稳定，将 U_{EQ2} 设定为 1V。

（3）集电极静态电流 I_{CQ2} 确定。

为得到信号的最大双向输出裕度，U_{CQ2} 应处于输出电压变化范围[近似为 $V_{CC}\sim(U_{EQ2}+U_{CES})$]的中点，即

$$V_{CC}-U_{CQ2}=U_{CEQ2}=\frac{V_{CC}-U_{EQ2}-U_{CES}}{2}=3.7\text{V}$$

其中，饱和电压$U_{CES}=0.6V$。

可得

$$I_{CQ2}=\frac{V_{CC}-U_{CQ2}}{R_7}=1.85mA$$

本级放大电路同样选择小功率三极管2N2222A进行电路设计。

此时，三极管直流电流增益$\bar{\beta}_2$约为150，特征频率f_{T2}约为130MHz，对于1MHz工作频率上限信号，电流增益β_2约为130。

此时$P_C=U_{CEQ2}I_{CQ2}\leqslant\frac{V_{CC}}{2}I_{CQ2}=8.3mW$，远小于最大集电极耗散功率$P_{CM}$。

（4）发射极电阻计算。

发射极电阻由发射极静态电流I_{EQ2}和发射极静态电压U_{EQ2}确定。

则有

$$R_8+R_9=\frac{U_{EQ2}}{I_{EQ2}}\approx\frac{U_{EQ2}}{I_{CQ2}}=540\Omega$$

（5）基极偏置电阻计算。

对于基极偏置电路，可得到如下等式。

$$\begin{cases}U_{BQ2}=U_{BEQ2}+U_{EQ2}\\ U_{BQ2}\approx V_{CC}\dfrac{R_6}{R_{W2}+R_5+R_6}\end{cases}$$

由此可得

$$R_{W2}+R_5=4.3R_6$$

（6）交流放大倍数A_{u2}相关计算。

根据第二级放大电路交流等效电路，可列出如下等式。

$$A_{u2}=\frac{\dot{U}_{o2}}{\dot{U}_{i2}}=-\frac{\beta_2R'_{L2}}{r_{be2}+(\beta_2+1)R_8}=-\frac{\beta_2(R_7//R_L)}{r_{be2}+(\beta_2+1)R_8}$$

式中，$R_L=3k\Omega$，为多级放大电路负载电阻；r_{be2}为三极管b-e间动态电阻，$r_{be2}\approx r_{bb'}+\beta_2\frac{U_T}{I_{CQ2}}$，$r_{bb'}$设定为200Ω，可计算得$r_{be2}=2k\Omega$。

由此可得

$$R_8=\frac{\beta_2(R_7//R_L)}{(\beta_2+1)A_{u2}}-\frac{r_{be2}}{\beta_2+1}\approx44.3\Omega\text{（取标称阻值为}43\Omega\text{）}$$

则有

$$R_9=540\Omega-R_8=497\Omega\text{（取标称阻值为}510\Omega\text{）}$$

（7）输入电阻R_{i2}相关计算。

根据第二级放大电路交流等效电路，可列出如下等式。

$$R_{i2}=(R_{W2}+R_5)//R_6//[r_{be2}+(\beta_2+1)R_8]=5.6k\Omega$$

可得

$$R_6=25.9k\Omega\text{（取标称阻值为}27k\Omega\text{）}$$

则有

$$R_{W2}+R_5=4.3R_6=116.1k\Omega\text{（取}R_5=20k\Omega\text{，}R_{W2}=200k\Omega\text{）}$$

（8）耦合电容与旁路电容计算。

电路中存在耦合电容C_3和旁路电容C_5，其共同决定了第二级放大电路的下限截止频率f_L，按照设计指标要求，$f_L=100Hz$，根据经验，实际中可根据以下公式估算各电容值。

$$C_3 \geqslant (3 \sim 10)\frac{1}{2\pi f_L(R_7 + R_L)}$$

$$C_5 \geqslant (1 \sim 3)\frac{1}{2\pi f_L\left[\left(\dfrac{R_2//R_6//(R_{W2}+R_5)+r_{be2}}{\beta_2+1}+R_8\right)//R_9\right]}$$

通过计算，可设定 $C_3 = 4.7\mu F$，$C_5 = 100\mu F$。

11.5　电路仿真验证

1. 多级放大电路绘制

采用 Multisim 仿真软件完成两级放大电路的绘制，并在输入端接入 $10\,mV_{P-P}/1kHz$ 正弦信号，在输出端用示波器观察和测试信号。

2. 静态工作点测量：直流工作点分析

静态工作点调整：依次调整多级放大电路的基极偏置电位器，按照设计参数调整两级放大电路的发射极静态电流。

使用 Multisim 仿真软件进行放大电路直流工作点分析，将仿真结果记入表 11.5.1。

表 11.5.1　直流工作点分析

放大电路	U_B	U_C	U_E
第一级放大电路 $\beta_1 = 90$	$U_{B1} = 1.65V$	$U_{C1} = 5.13V$	$U_{E1} = 1.02V$
第二级放大电路 $\beta_2 = 130$	$U_{B2} = 1.67V$	$U_{C2} = 5.31V$	$U_{E2} = 1.03V$

3. 电压放大倍数测量：示波器测试

在输入端接入 $10\,mV_{P-P}/1kHz$ 正弦信号，用示波器观测输出信号，记入表 11.5.2。

表 11.5.2　电压放大倍数测量

测试条件	放大电路输出信号/ mV_{P-P}		电压放大倍数		
	第一级	第二级	第一级	第二级	整体
输入正弦信号 $10mV_{P-P}/1kHz$	$u_{O1} = 99.195$	$u_{O2} = 2018$	9.9	20.34	201.8

多级放大电路仿真信号波形如图 11.5.1 所示。

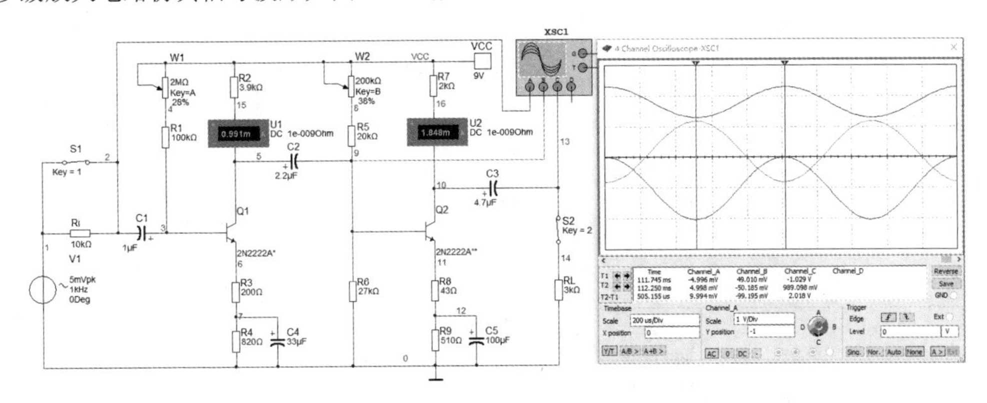

图 11.5.1　多级放大电路仿真信号波形

4. 输入电阻的测量和计算

输入电阻的测量电路如图 11.5.2 所示。

$$R_{\mathrm{i}} = \frac{U_{\mathrm{os}}}{U_{\mathrm{o}} - U_{\mathrm{os}}} R_{\mathrm{t}}$$

式中，U_{o} 为不串接 R_{s} 时的输出电压；U_{os} 为串接 R_{s} 时的输出电压。

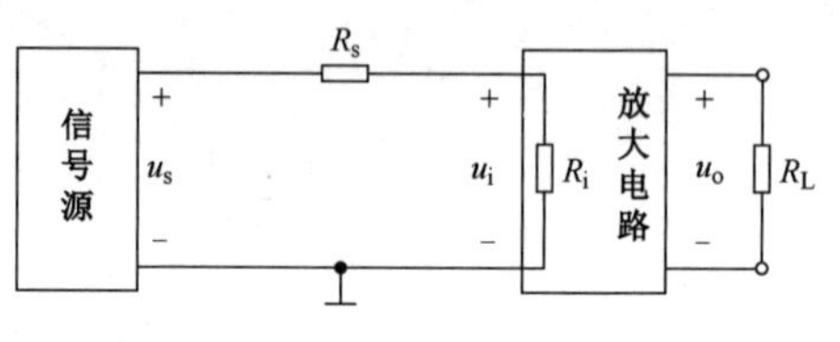

图 11.5.2　输入电阻的测量电路

输入电阻的测量数据如表 11.5.3 所示。

表 11.5.3　输入电阻的测量数据

测试条件	放大电路输入信号/ mV_{P-P}	放大电路输出信号/ mV_{P-P}	计算输入电阻
不串接 R_{s}	10	2018	19.9kΩ
$R_{\mathrm{s}}=10\mathrm{k\Omega}$		1342	

5. 输出电阻的测量和计算

输出电阻的测量电路如图 11.5.3 所示。

$$R_{\mathrm{o}} = \left(\frac{U_{\mathrm{o}}'}{U_{\mathrm{o}}} - 1\right) R_{\mathrm{L}}$$

式中，U_{o} 为带负载 R_{L} 时的输出电压；U_{o}' 为空载时的输出电压。

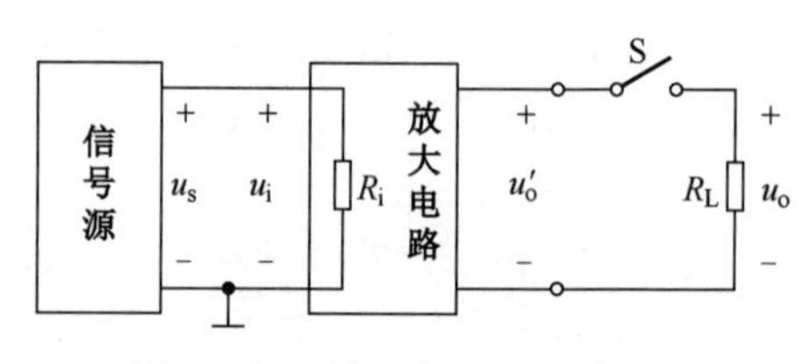

图 11.5.3　输出电阻的测量电路

输出电阻的测量数据如表 11.5.4 所示。

表 11.5.4　输出电阻的测量数据

测试条件	放大电路输入信号/ mV_{P-P}	放大电路输出信号/ mV_{P-P}	计算输出电阻
R_{L} 开路	10	3342	1.97kΩ
$R_{\mathrm{L}}=3\mathrm{k\Omega}$		2018	

6. 幅频特性和相频特性：交流分析

使用 Multisim 软件进行交流分析，频率范围设置为 100Hz～1MHz，观测并记录多级放大电路的幅频特性和相频特性。多级放大电路交流分析结果如图 11.5.4 所示。

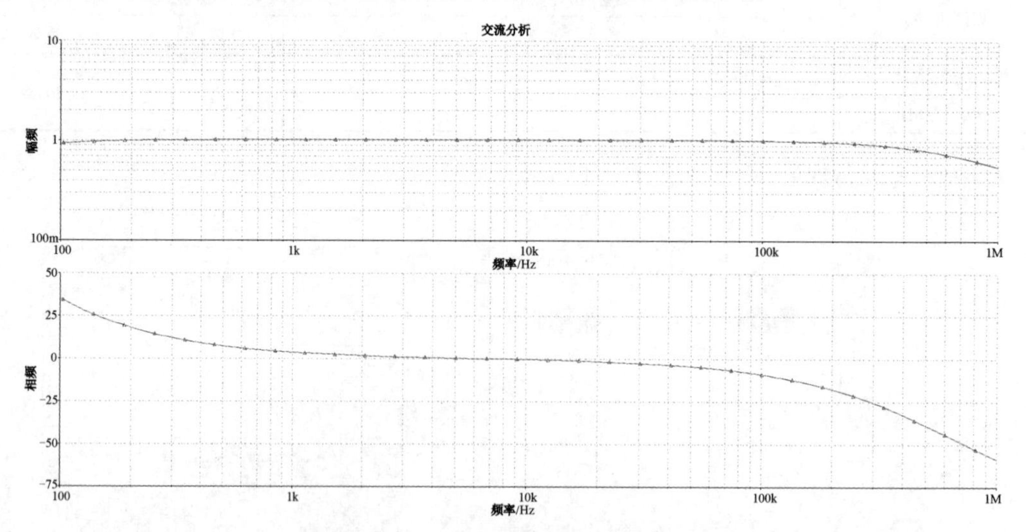

图 11.5.4　多级放大电路交流分析结果

从仿真数据中可以看出，当各级放大电路的集电极静态电流按照设计参数调整好以后，测试数据与计算过程一致，仅电路输入电阻比预期值略微小一些，所有测试数据均符合设计指标要求。

第 12 章　跑马灯电路设计

12.1　设计指标要求

设计一个跑马灯控制电路，使一排 LED（8 只）按要求变化显示模式，显示要求如下。

（1）控制 8 只 LED 灯进行左移、右移、对移和闪烁。

（2）自动改变显示模式。

（3）输入时钟为 50MHz，在时钟控制下自动进行周期循环显示。

12.2　设计要求分析

1．模式控制功能

跑马灯电路对 8 只 LED 灯进行控制，实现左移、右移、对移及闪烁功能，其模式设计如表 12.2.1～表 12.2.4 所示。

（1）左移模式（见表 12.2.1）。

表 12.2.1　跑马灯左移模式

变化序号	灯 1	灯 2	灯 3	灯 4	灯 5	灯 6	灯 7	灯 8	说明
初始状态	○	○	○	○	○	○	○	○	全灭
1	○	○	○	○	○	○	○	●	
2	○	○	○	○	○	○	●	●	
3	○	○	○	○	○	●	●	●	
4	○	○	○	○	●	●	●	●	
5	○	○	○	●	●	●	●	●	
6	○	○	●	●	●	●	●	●	
7	○	●	●	●	●	●	●	●	
8	●	●	●	●	●	●	●	●	全亮

（2）右移模式（见表 12.2.2）。

表 12.2.2　跑马灯右移模式

变化序号	灯 1	灯 2	灯 3	灯 4	灯 5	灯 6	灯 7	灯 8	说明
初始状态	●	●	●	●	●	●	●	●	全亮
1	○	●	●	●	●	●	●	●	
2	○	○	●	●	●	●	●	●	
3	○	○	○	●	●	●	●	●	
4	○	○	○	○	●	●	●	●	
5	○	○	○	○	○	●	●	●	
6	○	○	○	○	○	○	●	●	
7	○	○	○	○	○	○		●	
8	○	○	○	○	○	○	○	○	全灭

（3）对移模式（见表12.2.3）。

表12.2.3 跑马灯对移模式

变化序号	灯1	灯2	灯3	灯4	灯5	灯6	灯7	灯8	说明
初始状态	○	○	○	○	○	○	○	○	全灭
1	●	○	○	○	○	○	○	●	
2	●	●	○	○	○	○	●	●	
3	●	●	●	○	○	●	●	●	
4	●	●	●	●	●	●	●	●	
5	○	●	●	●	●	●	●	○	
6	○	○	●	●	●	●	○	○	
7	○	○	○	●	●	○	○	○	
8	○	○	○	○	○	○	○	○	全灭

（4）闪烁模式（见表12.2.4）。

表12.2.4 跑马灯闪烁模式

变化序号	灯1	灯2	灯3	灯4	灯5	灯6	灯7	灯8	说明
初始状态	○	○	○	○	○	○	○	○	全灭
1	●	●	●	●	●	●	●	●	
2	○	○	○	○	○	○	○	○	
3	●	●	●	●	●	●	●	●	
4	○	○	○	○	○	○	○	○	
5	●	●	●	●	●	●	●	●	
6	○	○	○	○	○	○	○	○	
7	●	●	●	●	●	●	●	●	
8	○	○	○	○	○	○	○	○	全灭

2. 状态控制功能

跑马灯电路具有4种模式，并按照预设时序循环工作，因此需设计状态机电路，以提供必要的状态及定时信号。

3. 模式控制功能

跑马灯电路的4种模式需根据状态机电路的输出进行转换，因此需设计模式译码电路，实现各个显示模式的状态控制。

4. 数据控制功能

在跑马灯电路处于各种模式时，需要提供对应的显示数据，因此需设计数据选通电路。

5. 时钟控制功能

跑马灯电路的各种模式的自动循环进行需在时钟的驱动下完成，并具有适当的频率以方便观察，因此需设计时钟控制电路，输出需要的时钟信号。

12.3 电路单元分析

根据设计要求分析结果，设计跑马灯电路的原理框图，如图12.3.1所示。

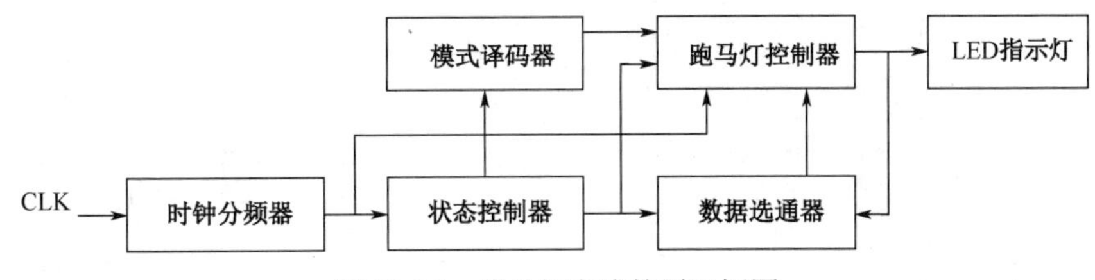

图 12.3.1　跑马灯电路的原理框图

1．跑马灯控制器

跑马灯控制电路对 8 只 LED 灯进行控制，可采用两组四输出移位寄存器作为核心对彩灯进行控制，实现左移、右移、对移及闪烁功能。其中，左移模式为两组四输出移位寄存器同时工作在左移状态；右移模式为两组四输出移位寄存器同时工作在右移状态；对移模式为两组四输出移位寄存器分别工作在左移、右移状态；闪烁模式为两组四输出移位寄存器同时工作在并行置数状态，并且循环置 0/置 1。

2．状态控制器

跑马灯控制电路的 4 种模式循环进行，并且具有相同的工作周期，因此可采用二进制计数器对时钟进行计数来实现状态机，输出两位宽度的状态控制信号。

3．模式译码器

4 种模式的转换需通过改变两组移位寄存器的模式控制引脚来实现，因此需设计模式译码器，在状态控制器的驱动下输出移位寄存器的工作模式控制信号。

4．数据选通器

在移位寄存器处于各种移位状态时，应在其串行移位数据输入端/并行置数数据输入端分别提供需显示的数据，此功能可采用数据选通器设计实现。

5．时钟分频器

跑马灯电路时钟由 EDA/SOPC 实验开发系统提供，此时钟频率较高（50MHz），因此需设计时钟分频器对其进行分频，得到适合观察的时钟信号。

12.4　电路单元设计

在跑马灯电路中，根据电路单元分析结果，可采用 74LS160 十进制计数器完成时钟分频，采用 74LS161 二进制计数器生成状态信号，采用译码器完成模式控制，采用 74LS194 四位移位寄存器完成左移、右移、对移及闪烁功能，采用 74LS153 双四选一数据选通器完成左移、右移和对移的数据输入选通控制。

1．跑马灯控制器设计

使用了两组四位移位寄存器 74LS194，利用其左移、右移和置数功能分别实现了 LED 灯的左移、右移、对移和闪烁，如图 12.4.1 所示。

（1）当跑马灯左移时，A、B 两组移位寄存器 74LS194 均工作在左移状态，在 B 组 74LS194 的左移串行数据输入端 SLSI 输入亮灯数据，并且将 LED5 的控制端数据接到 A 组 74LS194 的左移串行数据输入端 SLSI，实现 8 位 LED 的串行左移控制。

（2）当跑马灯右移时，A、B 两组移位寄存器 74LS194 均工作在右移状态，在 A 组 74LS194 的右移串行数据输入端 SRSI 输入亮灯数据，并且将 LED4 的控制端数据接到 B 组 74LS194 的右移串行数据输入端 SRSI，实现 8 位 LED 的串行右移控制。

（3）当跑马灯对移时，A 组移位寄存器 74LS194 工作在右移状态，B 组移位寄存器 74LS194 工作在左移状态，在 A 组 74LS194 的右移串行数据输入端 SRSI 输入右移亮灯数据，在 B 组 74LS194 的左移串行数据输入端 SLSI 输入左移亮灯数据，实现 8 位 LED 的串行对移控制。

（4）当跑马灯闪烁时，A、B 两组移位寄存器 74LS194 均工作在置数状态，在 A、B 两组 74LS194 的置数数据输入端交替输入 0、1 数据，实现 8 位 LED 的闪烁控制。

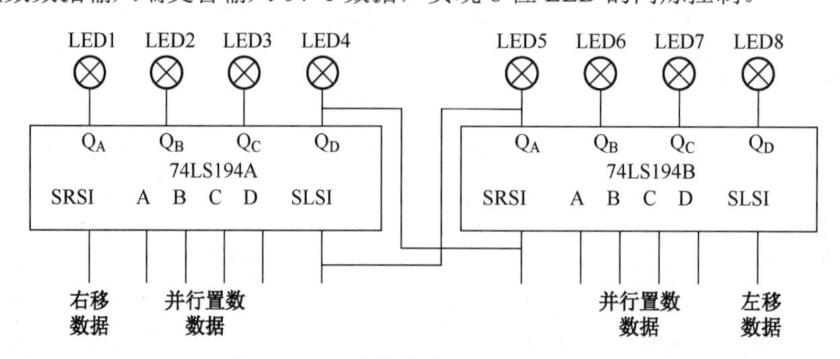

图 12.4.1 移位寄存器驱动 LED 灯

2．状态控制器设计

采用二进制计数器 74LS161 进行设计，分为 4 种工作状态，每种状态均为 8 个时钟周期，共计 32 个时钟周期，因此选择计数器输出的时钟的 16 分频信号 Q16 和 32 分频信号 Q32 作为工作模式控制信号。

状态控制器还为后级电路提供数据信号，具体如下。

（1）提供时钟的 2 分频信号 Q2 作为闪烁模式的数据信号（2 个时钟周期闪烁一次：1 个周期点亮，1 个周期熄灭）。

（2）提供时钟的 8 分频信号 Q8 作为对移模式的数据信号（8 个时钟周期对移一次：4 个周期亮灯对移，4 个周期灭灯对移）。

（3）提供时钟的 16 分频信号 Q16 作为右移或左移模式的数据信号（8 个时钟周期移位一次：8 个周期亮灯移位，8 个周期灭灯移位）。

工作模式的状态转换表如表 12.4.1 所示。

表 12.4.1 工作模式的状态转换表

显示模式	状态控制器输出		数据选通器控制端		左侧移位寄存器 74LS194A 模式控制端		右侧移位寄存器 74LS194B 模式控制端	
	Q32	Q16	B	A	S1	S0	S1	S0
对移	0	0	0	0	0	1	1	0
右移	0	1	0	1	0	1	0	1
左移	1	0	1	0	1	0	1	0
闪烁	1	1	1	1	1	1	1	1

在表 12.4.1 中，Q32 和 Q16 均为状态控制器输出的状态信号。

为简化设计，跑马灯控制器的状态控制器状态编码（右移、左移、闪烁）与数据选通器的通道编码、移位寄存器的工作模式编码（右移、左移、置数）采用相同逻辑值，状态控制器的对移状态编码采用剩余的逻辑值编码（00）。

在每种工作模式下，还有 8 个子状态，并且需要注意工作模式转换时子状态的衔接。

状态控制器的工作过程还可以用状态转换图表示，如图 12.4.2 所示。

图中 LED4 为 A 组 74LS194 的高位输出信号，LED5 为 B 组 74LS194 的低位输出信号；Q2 为对时钟进行 2 分频的状态控制器输出信号，Q8 为对时钟进行 8 分频的状态控制器输出信号，Q16 为对时钟进行 16 分频的状态控制器输出信号。

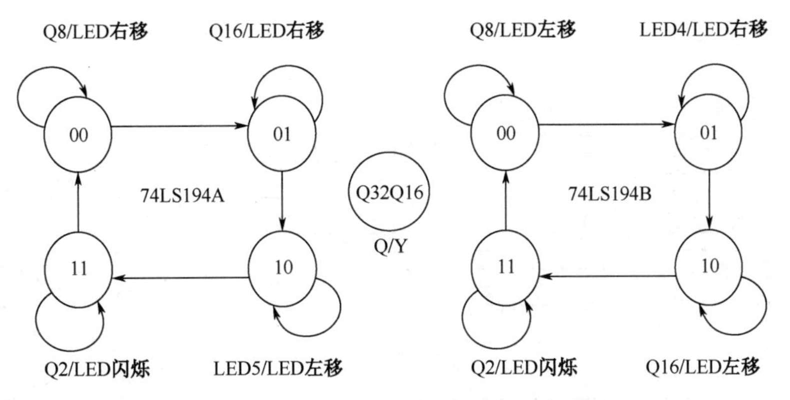

图 12.4.2　工作模式状态转换图

3．数据选通器设计

数据选通器用于在各个跑马灯显示模式，为移位寄存器的串行数据输入端提供显示数据。根据表 12.4.1 或图 12.4.2 可得到数据选通器输入端数据要求，如表 12.4.2 所示。

表 12.4.2　数据选通器输入端数据要求

数据选通器控制端		左侧数据选通器 74LS153			右侧数据选通器 74LS153		
B	A	输入端	通道 1Y（接 74LS194ASLSI）	通道 2Y（接 74LS194ASRSI）	输入端	通道 1Y（接 74LS194BSLSI）	通道 2Y（接 74LS194BSRSI）
0	0	xC0	×	Q8	xC0	Q8	×
0	1	xC1	×	Q16	xC1	×	LED4
1	0	xC2	LED5	×	xC2	Q16	×
1	1	xC3	×	×	xC3	×	×

4．模式译码器设计

根据表 12.4.1，可得到移位寄存器的模式译码器真值表，经逻辑化简可得

$$AS0=\overline{Q32}+Q16=\overline{Q32\cdot\overline{Q16}}$$

$$AS1=Q32$$

$$BS0=Q16$$

$$BS1=Q32+\overline{Q16}=\overline{\overline{Q32}\cdot Q16}$$

5．时钟分频器设计

跑马灯电路的输入时钟频率为 50MHz，为方便观察，输出时钟频率可取为 1～2Hz，因此可进行 4×10^7 分频。

经上述各电路单元设计，可得到跑马灯电路的整体设计电路。

12.5　电路实验验证

在进行电路仿真时，可先不接时钟分频器电路。电路仿真波形如图 12.5.1 所示。通过观察仿真波形，可看到跑马灯的显示模式变化存在衔接问题，跑马灯在完成对移之后，无法看出进行了右移，不能满足设计要求。

原因分析：对移之后，8 只 LED 灯均为点亮状态，此时进入右移状态后，输入的亮灯数据 Q16 为高电平，LED 灯状态不会发生改变，无法表现右移显示模式。

电路修改：将左移和右移模式的数据信号 Q16 改为 $\overline{Q16}$，电路修改后仿真波形如图 12.5.2 所示。通过观察仿真波形，可看到跑马灯电路能够实现 4 种显示模式。

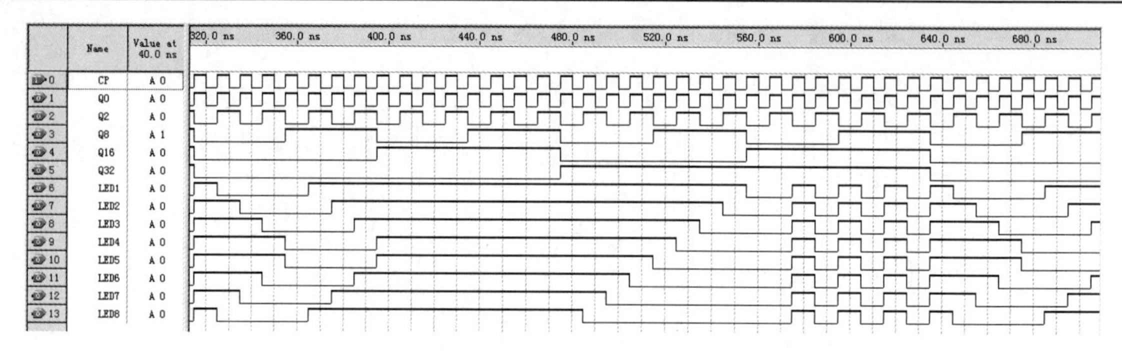

图 12.5.1 电路仿真波形

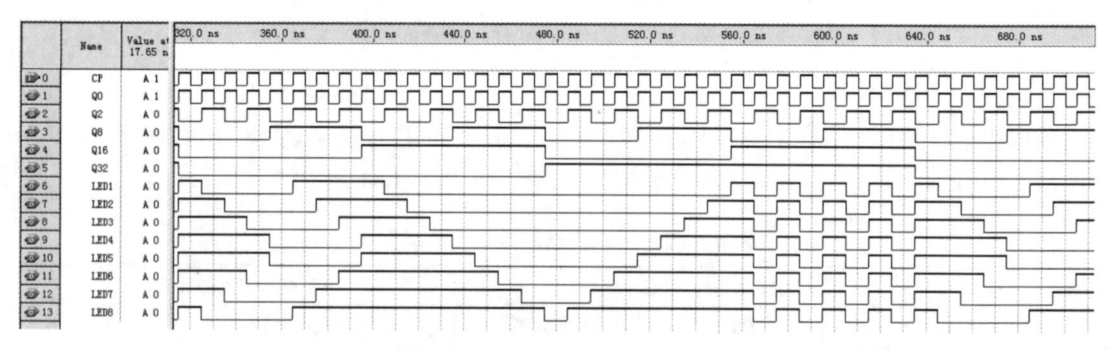

图 12.5.2 电路修改后仿真波形

电路加入分频器后编译下载运行，可看到跑马灯电路功能正常，显示模式变化与仿真一致，满足设计指标要求。

第 13 章　可控增益放大器设计

13.1　设计指标要求

设计一个可控增益的放大器。基本要求如下。

（1）最大增益>40dB，增益调节范围为 10～40dB。

（2）通频带为 100Hz～20kHz，放大器输出电压无明显失真。

发挥部分：进一步扩展通频带，提高增益，提高电压输出幅度，减小增益调节步进间隔。

（3）采用放大器、电阻、电容和相关外接元器件设计实现。

13.2　设计要求分析

1．基本原理

由运放组成的基本放大器电路如图 13.2.1 所示。该放大器的增益 G：$G = -R_f/R_1$，其大小取决于反馈电阻 R_f 和输入电阻 R_1 的阻值。可见，只要合理选择阻值，该放大器的增益可以大于 1 或小于 1。如果用模拟开关、D/A 转换器或数字电位器等元器件来替换输入电阻 R_1 或反馈电阻 R_f，然后通过控制来改变电路增益，此放大器即为可控增益放大器。

2．设计方案论证与比较

方案一：利用模拟开关实现。

最基本的程控放大器是将上述电路中输入电阻或反馈电阻用模拟开关和电阻网络来代替。图 13.2.2 给出了利用模拟开关 CD4051 和一个电阻网络代替输入电阻组成的程控放大器，利用通道选择开关选通 R_i 通道时将获得不同的电路增益，该类电路可以对输入信号进行放大或衰减，因此电路的动态适应范围很大。该电路增益挡位有限，虽然通过级联可以增加增益的级数，但电路会变得比较复杂，影响其工作的稳定性；该放大器的输入阻抗不固定，为减少对前级信号发生器的影响应该加入隔离放大器。另外，放大器的增益会受到模拟开关的导通电阻的影响，所以采用大阻值的反馈电阻 R_f 和输入电阻 R_i 可以尽量减少误差。

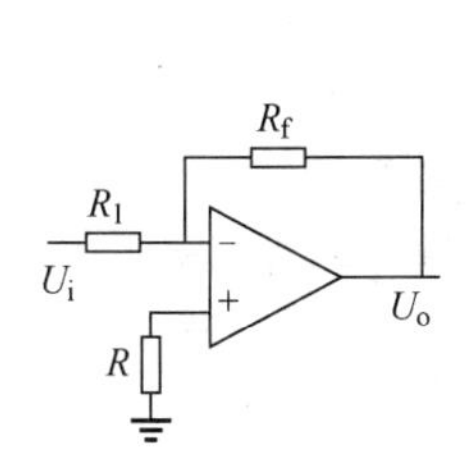

图 13.2.1　由运放组成的基本放大器电路

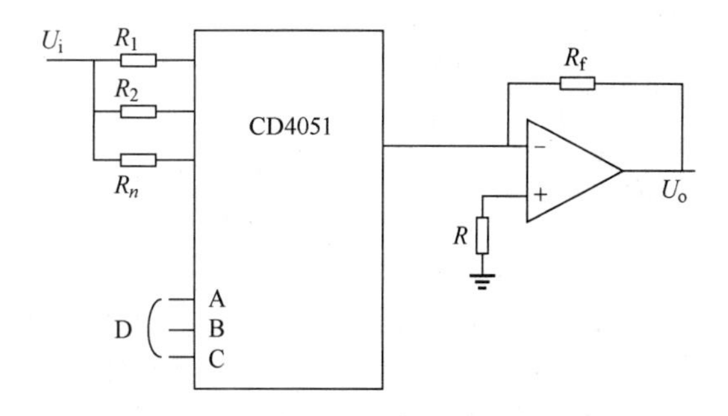

图 13.2.2　模拟开关组成的程控放大器

方案二：采用 D/A 转换器实现。

利用可编程放大器的思想，将输入的交流信号作为 D/A 转换器的基准电压，这时 D/A 转换器作为一个程控衰减器。如果把 D/A 转换器的 R-$2R$ 网络放在运放的反馈回路中，可以得到一个程控增益放大器。从理论上讲，只要 D/A 转换器速度快、精度高就可实现宽范围的精密增益调节。控制的数字量和所需的增益（dB）不成线性关系而是指数关系。采用该方案设计实现。

13.3 电路设计思路

如图 13.3.1 所示，D/A 转换器的核心是一个 R-2R 电阻网络，分析一下当 D/A 转换器和外部运放一起工作时是如何实现衰减器的：选通开关由外部控制，使得 2R 的下端接入 I_{out1}（IN−）或 I_{out2}（IN+），外部运放的 U_{in+}接地。应用运放的“虚短”理论（理想运放工作在线性状态下时，U_{in-}和 U_{in+}的电压相等），这时最右边的两个 2R 相当于并联，阻值等于 R，这个等效电阻 R 会与 R 串联，形成一个 2R 的等效电阻，这个 2R 等效电阻会与右边第三个 2R 并联，以此类推，最后从 U_{REF} 端看进去，整个 R-2R 电阻网络的阻值为恒定的 R。于是，可以得到流入 U_{REF} 端的恒定的总电流为 $I_{TOTAL}=U_{REF}/R$。

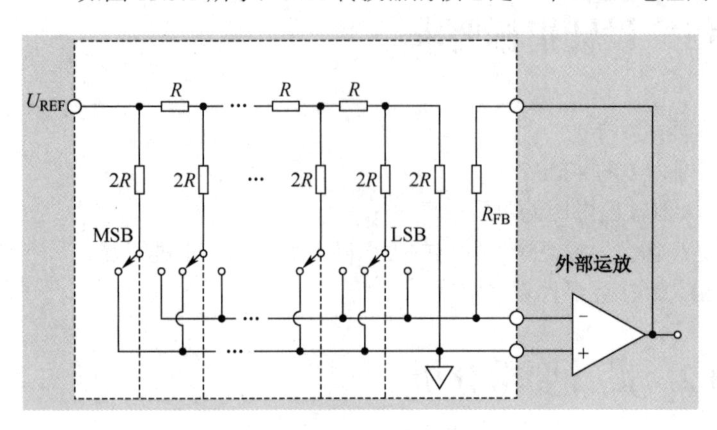

图 13.3.1　R-2R 电阻网络

I_{TOTAL} 在整个 R-2R 电阻网络中的 2R 支路上被分流，流入每个开关的支路电流大小为 $I_{TOTAL}/2^n$，对于 12 位的 D/A 来说，$n=1$～12。MSB 位的开关上流过的电流最大，为 $I_{TOTAL}/2$，以后每个开关上的电流为前一个 2R 的 1/2。每路 2R 上的电流由开关选通，决定是流入 U_{in-}还是 U_{in+}，流入 U_{in-}的电流总和，对于 12 位 D/A 来说，将是 I_{TOTAL}×CODE/4096 =（U_{REF}/R）×（CODE/4096）。这里 CODE 即为写入 D/A 的控制字的值。

记住 U_{in+}是接地的，流入 U_{in+}的电流对输出信号没有贡献。对于流入 U_{in-}的电流，由运放的“虚断”理论（理想运放工作在线性放大状态时，流入 U_{in-}或 U_{in+}的电流总和为 0，即没有电流进入 U_{in-}或 U_{in+}）可知，流入 U_{in-}的电流将等于运放的输出电压 U_{out} 在 R_{FB} 上产生的电流，方向相反，即 $-U_{out}/R_{FB}$ =（U_{REF}/R）×（CODE/4096）；在设计时，R_{FB} 做到和 R 相等，于是最终得到 $U_{out}=U_{REF}$×CODE/4096，这就是一个程控衰减器。

如果把 R-2R 网络放在运放的反馈回路中，如图 13.3.2 所示。

可以得到一个程控增益放大器，推导方法和上面类似，不再赘述，结论如下。

$$\frac{U_{out}}{R}\times\frac{\text{CODE}}{4096}=-\frac{U_{in}}{R_{FB}}，\text{其中} R_{FB}=R$$

所以
$$U_{out}=-U_{in}\times\frac{4096}{\text{CODE}}$$

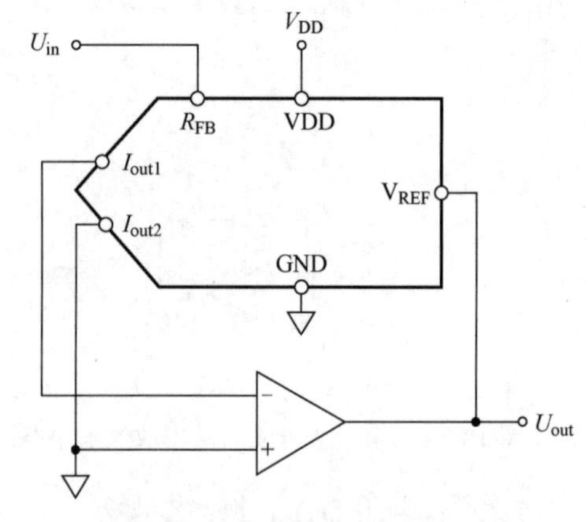

图 13.3.2　R-2R 电阻网络放在运放的反馈回路中

利用 D/A 转换器 AD7520 代替反馈电阻或输入电阻 R_i 构成可控增益放大器或衰减器，如图 13.3.3 所示。在基准输入电压 U_{REF} 固定不变的情况下，当输入的数字量为 D 时，从 I_{out1} 引脚流出的电流为 I_{out1}=(U_{REF}/R)($D/2^n$)，式中 R 为 D/A 转换器的电阻网络中电阻 1R 的值；n 为 D/A 转换器的位数。其电路有两种形式：一种是当模拟输入信号从基准电压输入端引入时，R_{FB} 接运放的输出电压（使用芯片内的反馈电阻），其电路连接如图 13.3.3（a）所示，该电路增益 $G_1=D/2^n$，可见其为增益小于 1 的衰减器；另一种是当模拟输入信号从 D/A 转换器的 R_{FB} 输入，

U_{REF} 接运放的输出［图 13.3.3（b）］时，该电路增益 $G_2=2^n/D$，其实质是增益大于 1 的放大器。

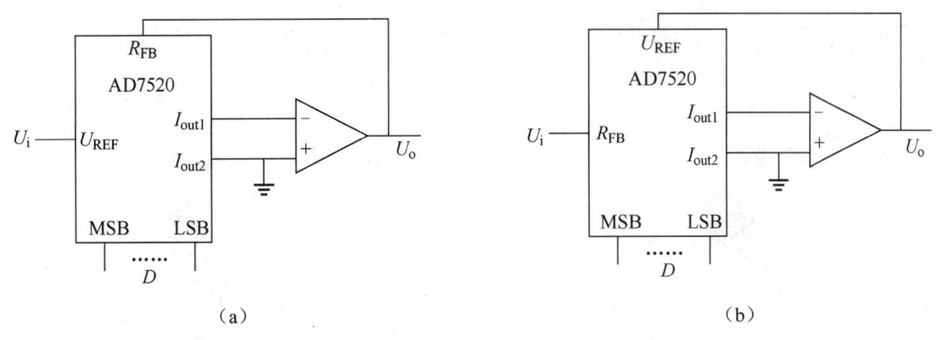

图 13.3.3　AD7520 构成的可控增益放大器

13.4　电路仿真验证

以 4 位 D/A 转换器的 R-2R 电阻网络为例进行仿真验证，为了直观显示结果，输入信号为直流。

1．程控衰减器

程控衰减器仿真图如图 13.4.1 所示。当 CODE 为 0100 时，$U_{out}=U_{REF}\times CODE/16=(-10)\times(4/16)=2.5V$，增益缩小了 1/4。

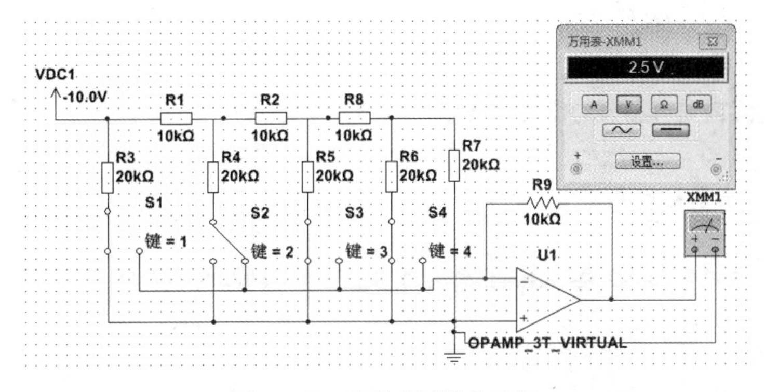

图 13.4.1　程控衰减器仿真图

2．程控放大器

程控放大器仿真图如图 13.4.2 所示。当 CODE 为 0100 时，$U_{out}=-U_{in}\times 16/CODE=(-1)\times(16/4)=4V$，增益放大了 4 倍。

如果选用 10 位 D/A 转换器 AD7520 构成程控放大器，控制数字量可以使放大倍数达到 1000 倍（40dB），满足以上设计指标，读者可自行设计实现。

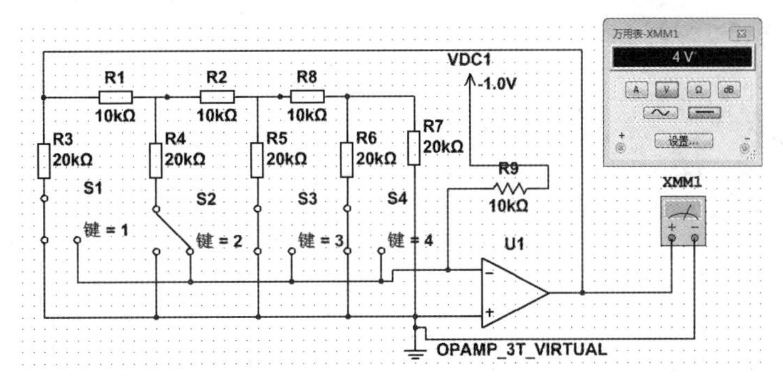

图 13.4.2　程控放大器仿真图

附录A 常用半导体元器件引脚图及部分功能表

9013 NPN 硅三极管

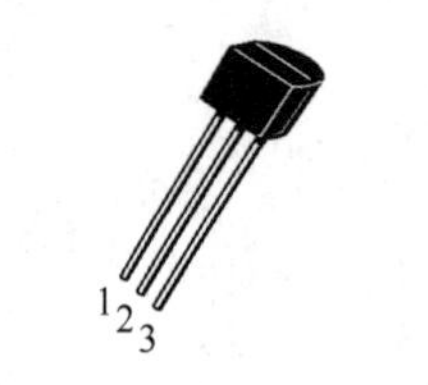

1—发射极；2—基极；3—集电极

TO-92 封装

9014 NPN 硅三极管

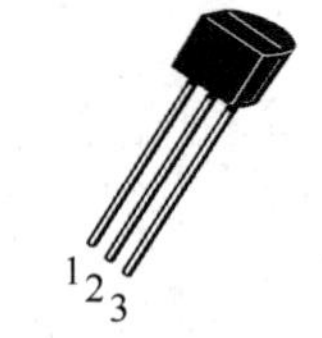

1—发射极；2—基极；3—集电极

TO-92 封装

2N2222 NPN 开关晶体管

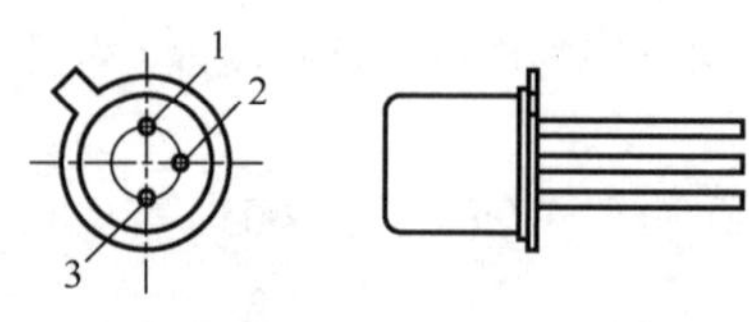

1—发射极；2—基极；3—集电极

TO-18 封装

LD1117 系列固定和可调节的低压降正电压调节器

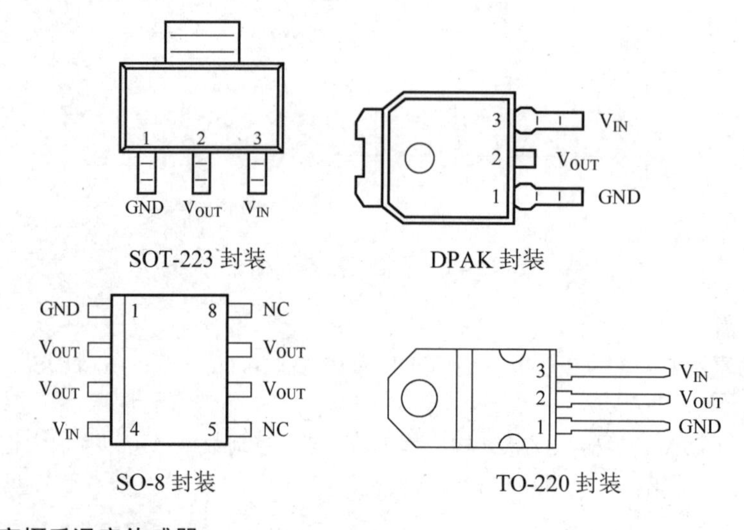

SOT-223 封装　　DPAK 封装

SO-8 封装　　TO-220 封装

LM35 精密摄氏温度传感器

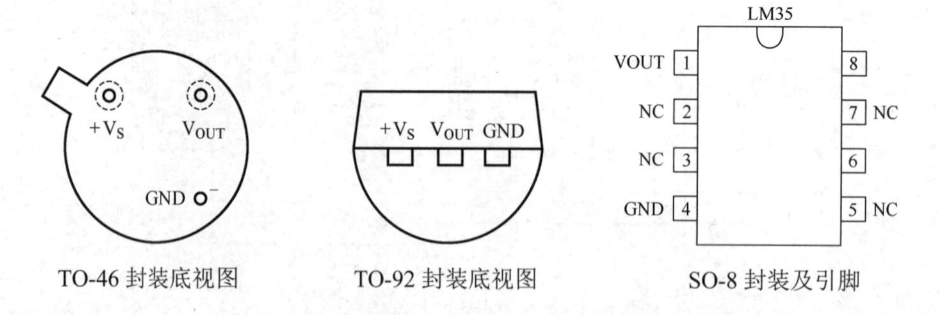

TO-46 封装底视图　　TO-92 封装底视图　　SO-8 封装及引脚

LM358 双路运算放大器

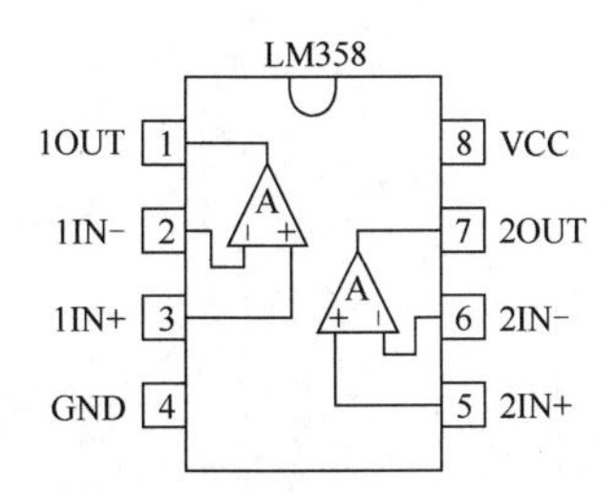

LM324 四路运算放大器

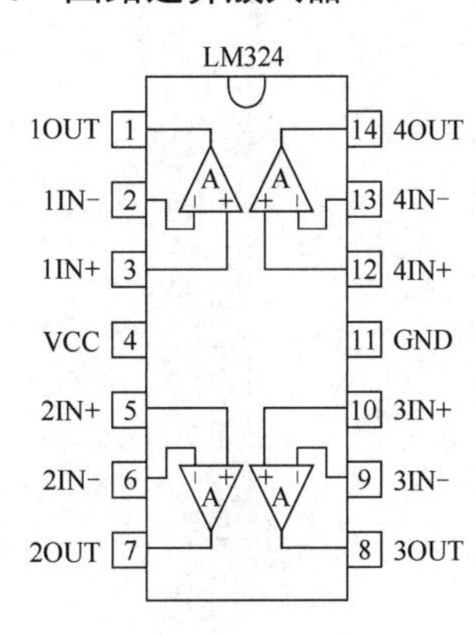

TL431 可设计精密参考源

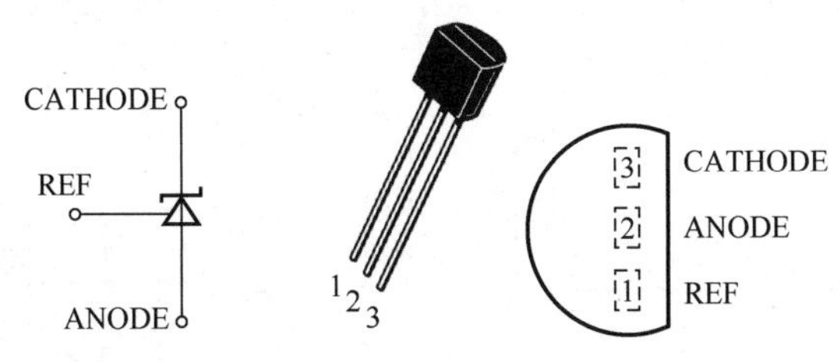

TL431 电路符号　　TO-92/TO-226 封装及引脚

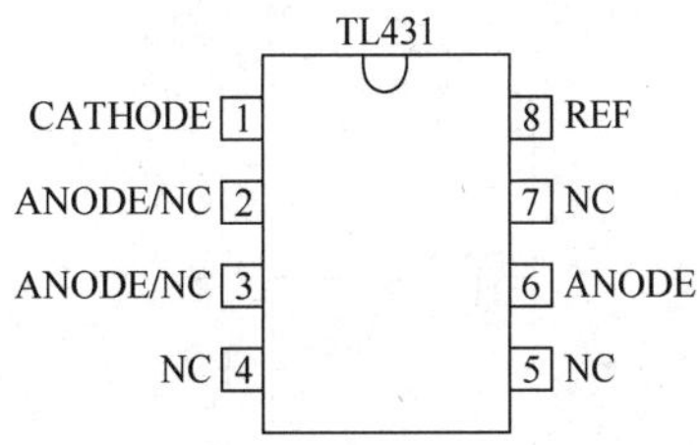

SOIC/ PDIP 封装及引脚

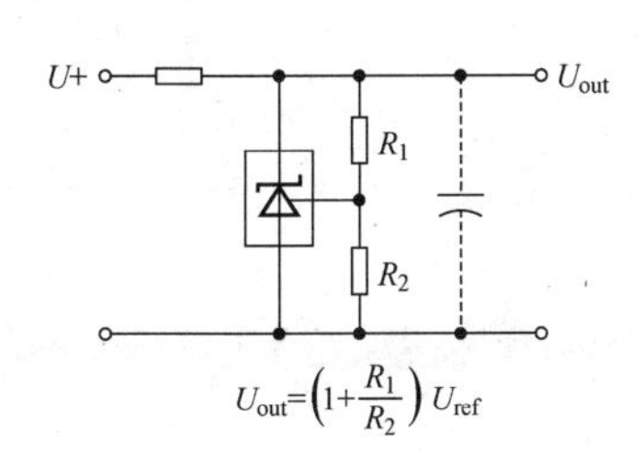

并联稳压器电路图

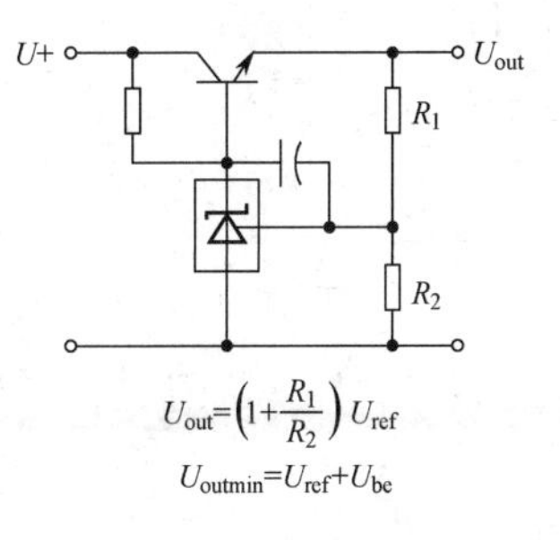

串联通路稳压器电路图

LM393 双路比较器

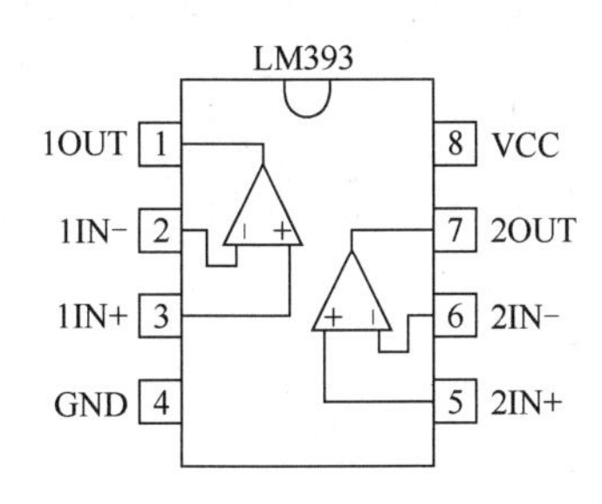

NE555 精密定时器

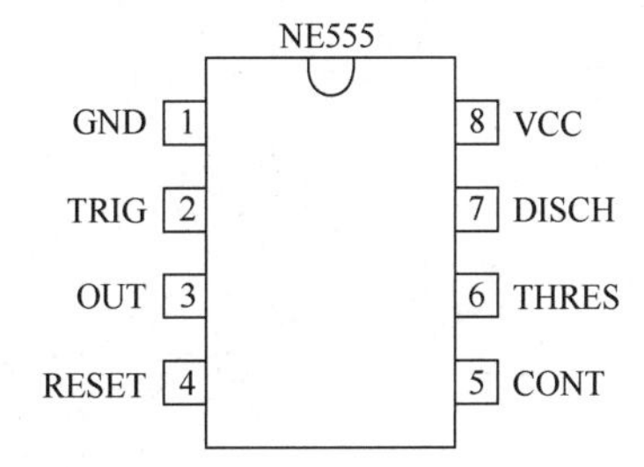

NE555 功能表

复位引脚（RESET）	触发电压（TRIG）	阈值电压（THRES）	输出引脚（OUT）
低	不相关	不相关	低
高	<1/3VCC	不相关	高
高	>1/3VCC	>2/3VCC	低
高	>1/3VCC	<2/3VCC	同前

74HC00 两路二输入与非门

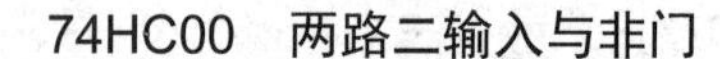

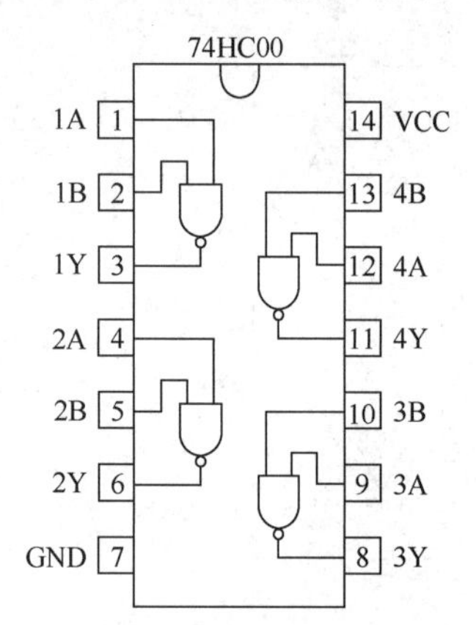

74HC02 两路二输入或非门

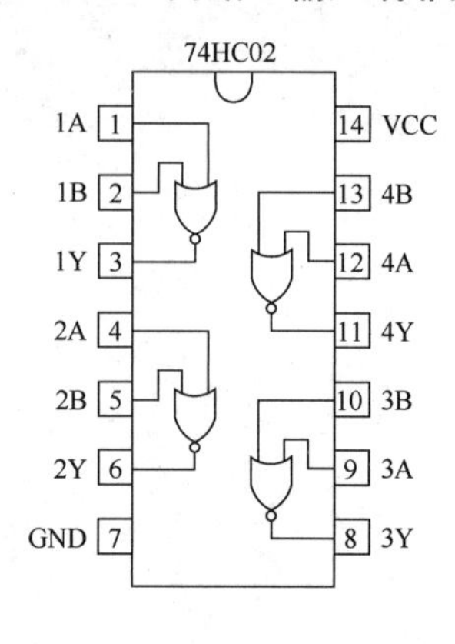

74HC04 六路反相器

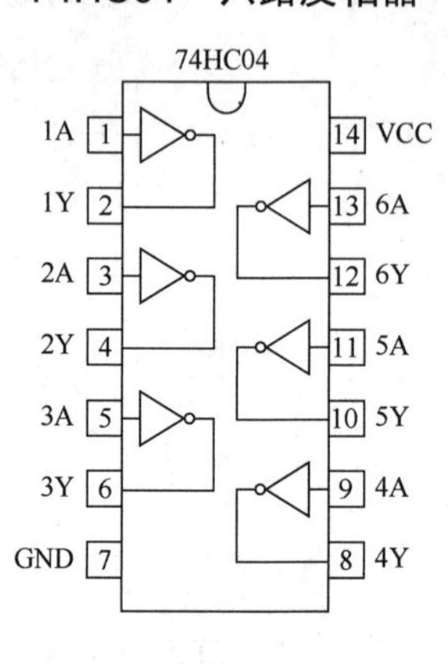

74HC08 四路二输入与门

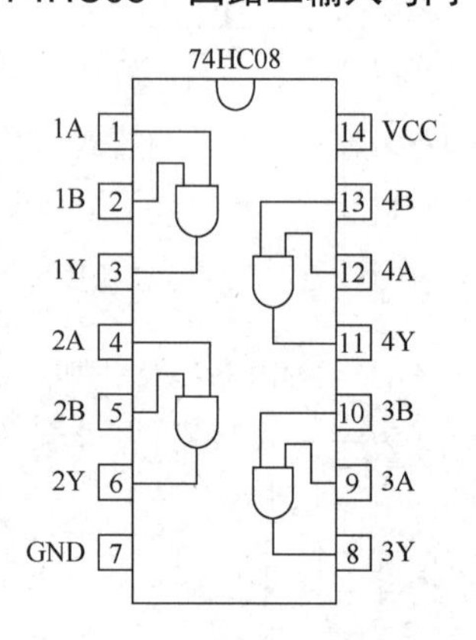

74HC10 三路三输入与非门

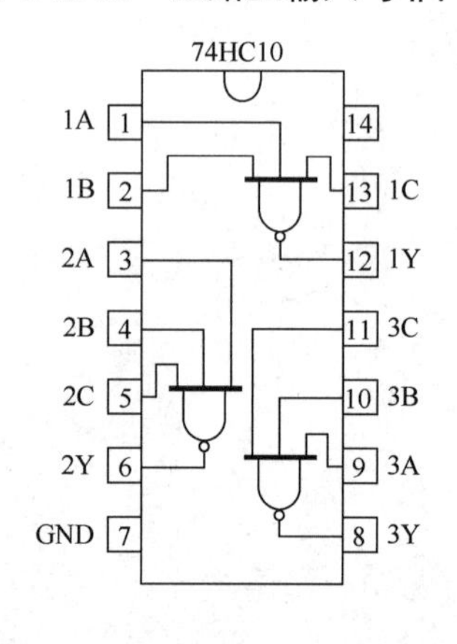

74HC20 两路四输入与非门

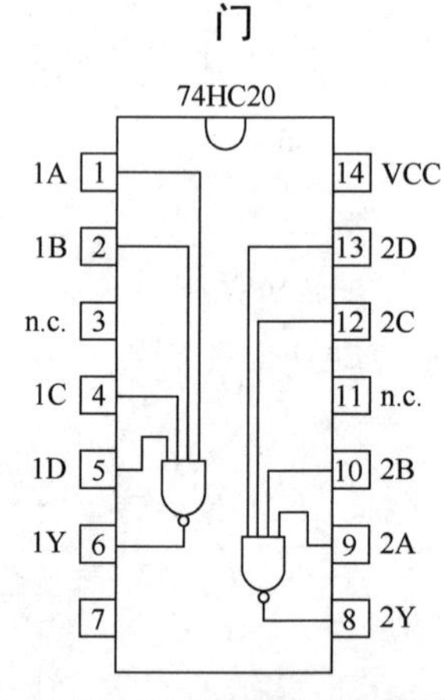

74HC32 四路二输入或门

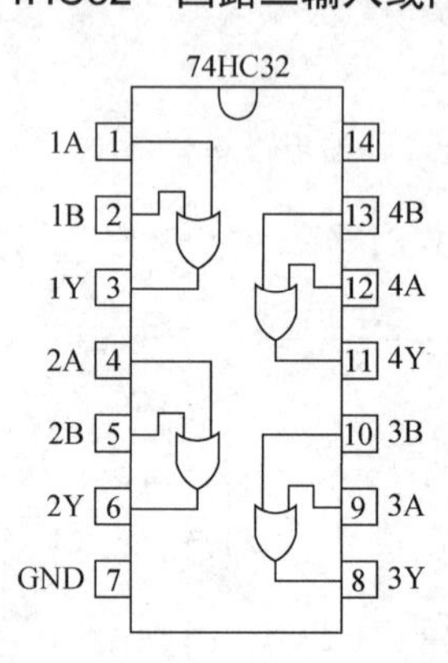

74HC86 四路二输入异或门

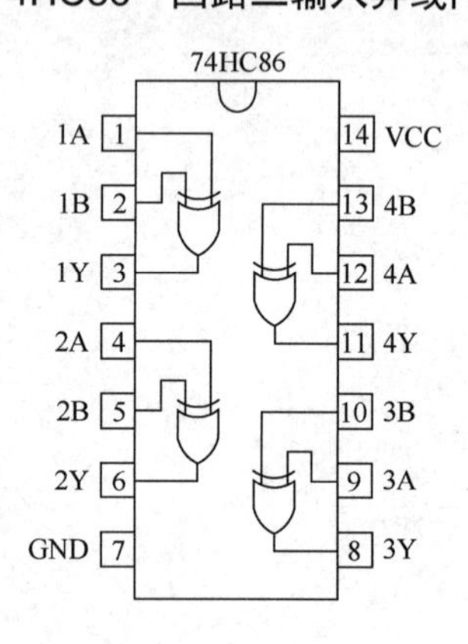

74HC125 四路三态缓冲器

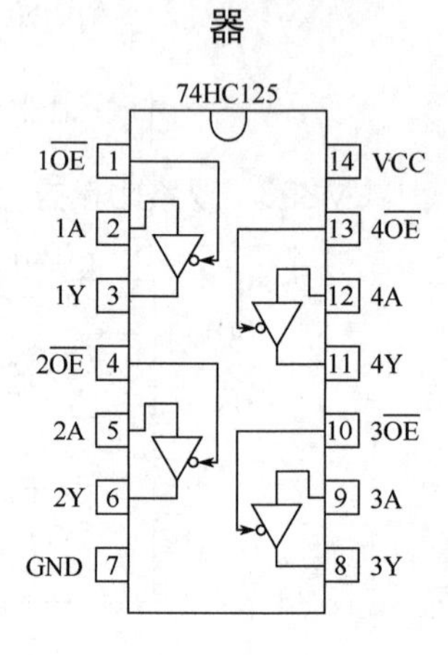

74LS48　4 线-七段译码器/驱动器

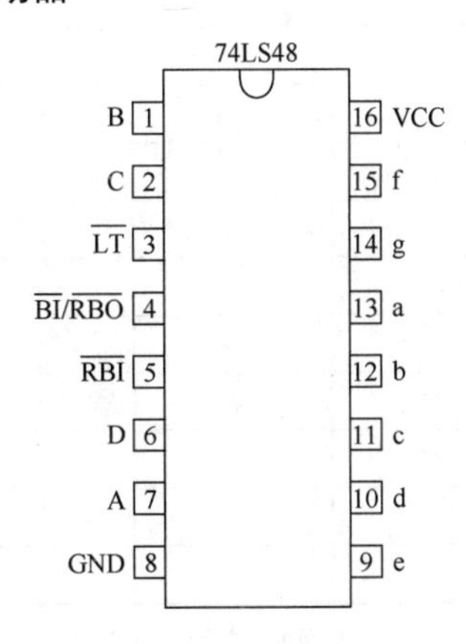

74LS48 功能表

十进制或函数	输入						$\overline{BI}/\overline{RBO}$	输出							备注
	$\overline{LT}$	$\overline{RBI}$	D	C	B	A		a	b	c	d	e	f	g	
0	H	×	L	L	L	L	H	H	H	H	H	H	H	L	1
1	H	×	L	L	L	H	H	L	H	H	L	L	L	L	
2	H	×	L	L	H	L	H	H	H	L	H	H	L	H	
3	H	×	L	L	H	H	H	H	H	H	H	L	L	H	
4	H	×	L	H	L	L	H	L	H	H	L	L	H	H	
5	H	×	L	H	L	L	H	H	L	H	H	L	H	H	
6	H	×	L	H	H	H	H	L	L	H	H	H	H	H	
7	H	×	L	H	H	L	H	H	H	H	L	L	L	L	
8	H	×	H	L	L	L	H	H	H	H	H	H	H	H	
9	H	×	H	L	L	L	H	H	H	H	L	L	H	H	
10	H	×	H	L	H	H	H	L	L	L	H	H	L	H	
11	H	×	H	L	H	L	H	L	L	H	H	L	L	H	
12	H	×	H	H	L	L	H	L	H	L	L	L	H	H	
13	H	×	H	H	L	L	H	H	L	L	H	L	H	H	
14	H	×	H	H	H	H	H	L	L	L	H	H	H	H	
15	H	×	H	H	H	L	H	L	L	L	L	L	L	L	
$\overline{BI}$	×	×	×	×	×	×	L	L	L	L	L	L	L	L	2
$\overline{RBI}$	H	L	L	L	L	L	L	L	L	L	L	L	L	L	3
$\overline{LT}$	L	×	×	×	×	×	H	H	H	H	H	H	H	H	4

注：H 为高电平（High Voltage Level），L 为低电平（Low Voltage Level），×为任意（Don't care）。

74HC112　双 J-K 负边沿触发器

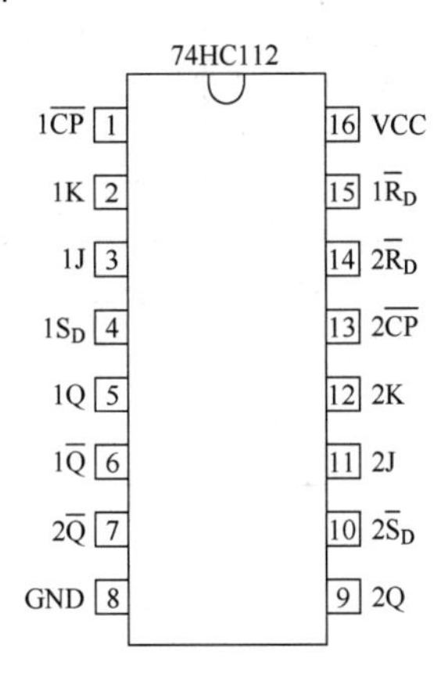

74HC112 功能表

工作模式	输入					输出	
	nS_D	$n\overline{R}_D$	$n\overline{CP}$	nJ	nK	nQ	$n\overline{Q}$
异步置位	L	H	×	×	×	H	L
异步复位	H	L	×	×	×	L	H
不定态	L	L	×	×	×	H*	H*
切换	H	H	↓	H	H	$\overline{q}$	q
装载1 置位	H	H	↓	H	L	H	L
装载0 复位	H	H	↓	L	H	L	H
保持不变	H	H	↓	L	L	q	$\overline{q}$
	H	H	H	×	×		

注：H为高电平（High Voltage Level），L为低电平（Low Voltage Level），×为任意（Don't care），↓为下降沿。*表示如果$\overline{S}_D$和$\overline{R}_D$同时处于低状态后又处于高状态，那么输出状态不可预测。

74HC138 低电平输出3线-8线译码器

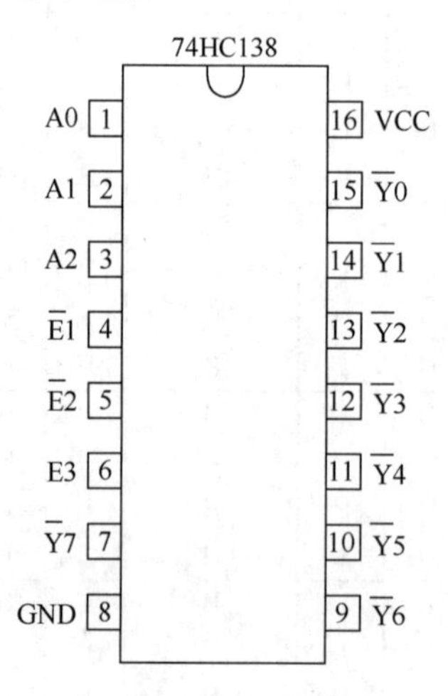

74HC138 功能表

控制			输入			输出							
$\overline{E}$1	$\overline{E}$2	E3	A2	A1	A0	$\overline{Y}$7	$\overline{Y}$6	$\overline{Y}$5	$\overline{Y}$4	$\overline{Y}$3	$\overline{Y}$2	$\overline{Y}$1	$\overline{Y}$0
H	×	×											
×	H	×	×	×	×	H	H	H	H	H	H	H	H
×	×	L											
			L	L	L	H	H	H	H	H	H	H	L
			L	L	H	H	H	H	H	H	H	L	H
			L	H	L	H	H	H	H	H	L	H	H
L	L	H	L	H	H	H	H	H	H	L	H	H	H
			H	L	L	H	H	H	L	H	H	H	H
			H	L	H	H	H	L	H	H	H	H	H
			H	H	L	H	L	H	H	H	H	H	H
			H	H	H	L	H	H	H	H	H	H	H

74HC151　八输入多路复用器

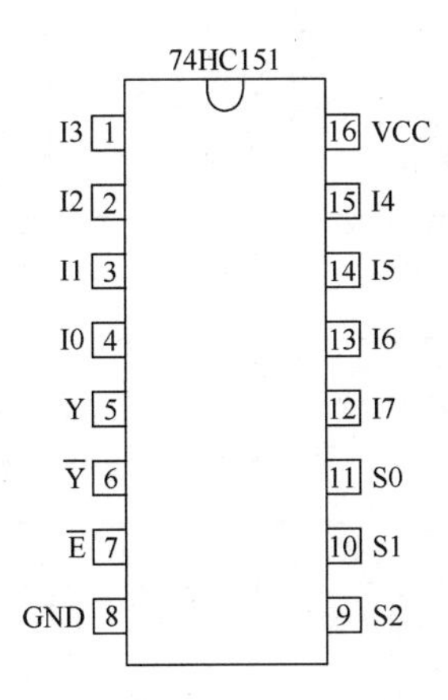

74HC151 功能表

输入												输出	
$\bar{E}$	S2	S1	S0	I0	I1	I2	I3	I4	I5	I6	I7	$\bar{Y}$	Y
H	×	×	×	×	×	×	×	×	×	×	×	H	L
L	L	L	L	L	×	×	×	×	×	×	×	H	L
	L	L	L	H	×	×	×	×	×	×	×	L	H
	L	L	H	×	L	×	×	×	×	×	×	H	L
	L	L	H	×	H	×	×	×	×	×	×	L	H
	L	H	L	×	×	L	×	×	×	×	×	H	L
	L	H	L	×	×	H	×	×	×	×	×	L	H
	L	H	H	×	×	×	L	×	×	×	×	H	L
	L	H	H	×	×	×	H	×	×	×	×	L	H
	H	L	L	×	×	×	×	L	×	×	×	H	L
	H	L	L	×	×	×	×	H	×	×	×	L	H
	H	L	H	×	×	×	×	×	L	×	×	H	L
	H	L	H	×	×	×	×	×	H	×	×	L	H
	H	H	L	×	×	×	×	×	×	L	×	H	L
	H	H	L	×	×	×	×	×	×	H	×	L	H
	H	H	H	×	×	×	×	×	×	×	L	H	L
	H	H	H	×	×	×	×	×	×	×	H	L	H

注：H 为高电平（High Voltage Level），L 为低电平（Low Voltage Level），×为任意（Don't care）。

74HC153　双路四输入多路复用器

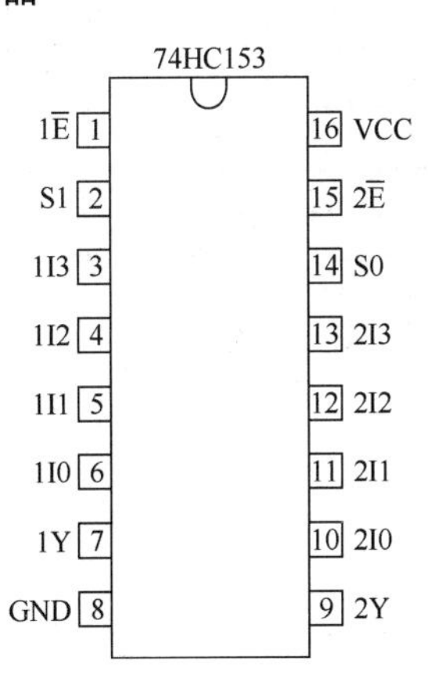

74HC153 功能表

输入选择		输入数据				输出使能	输出
S0	S1	*n*I0	*n*I1	*n*I2	*n*I3	*n* $\overline{E}$	*n*Y
×	×	×	×	×	×	H	L
L	L	L	×	×	×	L	L
L	L	H	×	×	×		H
H	L	×	L	×	×		L
H	L	×	H	×	×		H
L	H	×	×	L	×		L
L	H	×	×	H	×		H
H	H	×	×	×	L		L
H	H	×	×	×	H		H

注：H 为高电平（High Voltage Level），L 为低电平（Low Voltage Level），×为任意（Don’t care）。

74HC160　可同步预置、异步复位 BCD 4 位十进制计数器

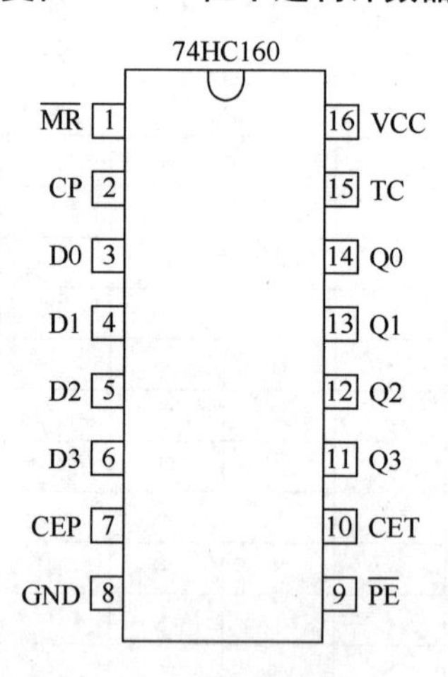

74HC160 功能表

工作模式	输入						输出	
	$\overline{MR}$	CP	CEP	CET	$\overline{PE}$	D*n*	Q*n*	TC
复位	L	×	×	×	×	×	L	L
装载	H	↑	×	×	l	l	L	L
	H	↑	×	×	l	h	H	①
计数	H	↑	h	h	h	×	计数	①
保持	H	×	l	×	h	×	q_n	①
	H	×	×	l	h	×	q_n	L

注：H 为高电平（High Voltage Level），L 为低电平（Low Voltage Level），×为任意（Don’t care），↑为时钟上升沿，h 为在 CP 上升沿前一个设定时间的高电平，l 为在 CP 上升沿前一个设定时间的低电平，q_n 表示 CP 上升沿前一个设定时间的输出参考状态，①表示当 CET 为高且计数器处于端子计数（HLLH）时，TC 输出为高。

74HC161 同步预置、异步复位4位二进制计数器

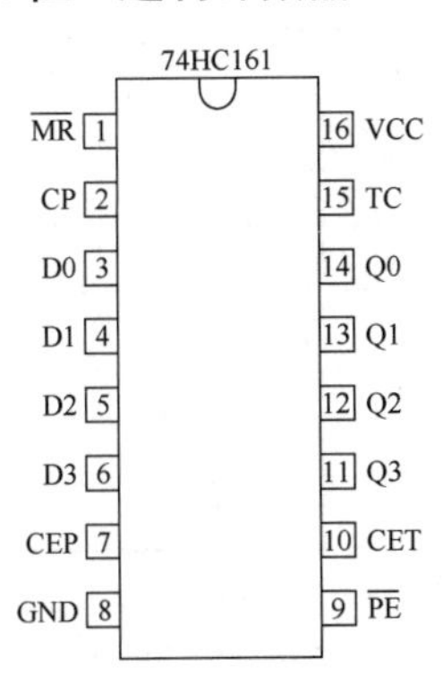

74HC161 功能表

工作模式	输入						输出	
	$\overline{MR}$	CP	CEP	CET	$\overline{PE}$	Dn	Qn	TC
复位	L	×	×	×	×	×	L	L
装载	H	↑	×	×	l	l	L	L
	H	↑	×	×	l	h	H	②
计数	H	↑	h	h	h	×	计数	②
保持	H	×	l	×	h	×	q_n	②
	H	×	×	l	h	×	q_n	L

注：H为高电平（High Voltage Level），L为低电平（Low Voltage Level），×为任意（Don't care），↑为时钟上升沿，h为在CP上升沿前一个设定时间的高电平，l为在CP上升沿前一个设定时间的低电平，q_n小写下标字母表示CP上升沿前一个设定时间的输出参考状态，②表示当CET为高且计数器处于端子计数（HHHH）时，TC输出为高。

74HC190 可预置同步BCD十进位向上/向下计数器

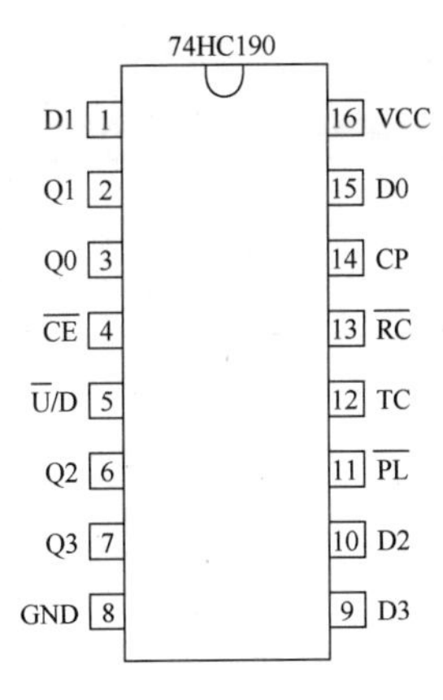

74HC190 功能表

工作模式	输入					输出
	$\overline{PL}$	$\overline{U}$/D	$\overline{CE}$	CP	Dn	Qn
装载	L	×	×	×	L	L
	L	×	×	×	H	H
向上计数	H	L	l	↑	h	向上计数
向下计数	H	H	l	↑	×	向下计数
保持	H	×	H	×	×	无变化

注：H为高电平（High Voltage Level），L为低电平（Low Voltage Level），×为任意（Don't care），↑为CP上升沿，l为在CP上升沿前一个设定时间的低电平，⅂⅃⎾ 表示一个低电平脉冲，⅂⎿ 表示TC在CP上升沿时变为低电平。

TC和RC功能表

输入			终端计数状态				输出	
$\overline{U}$/D	$\overline{CE}$	CP	Q0	Q1	Q2	Q3	TC	$\overline{RC}$
H	H	×	H	×	×	H	L	H
L	H	×	H	×	×	H	H	H
L	L	¯|_|¯	H	×	×	H	¯|_	¯|_|¯
L	H	×	L	L	L	L	L	H
H	H	×	L	L	L	L	H	H
H	L	¯|_|¯	L	L	L	L	¯|_	¯|_|¯

注：H为高电平（High Voltage Level），L为低电平（Low Voltage Level），×为任意（Don't care），↑为CP上升沿，l为在CP上升沿前一个设定时间的低电平，¯|_|¯ 表示一个低电平脉冲，¯|_ 表示TC在CP上升沿时变为低电平。

74HC194　4位双向通用移位寄存器

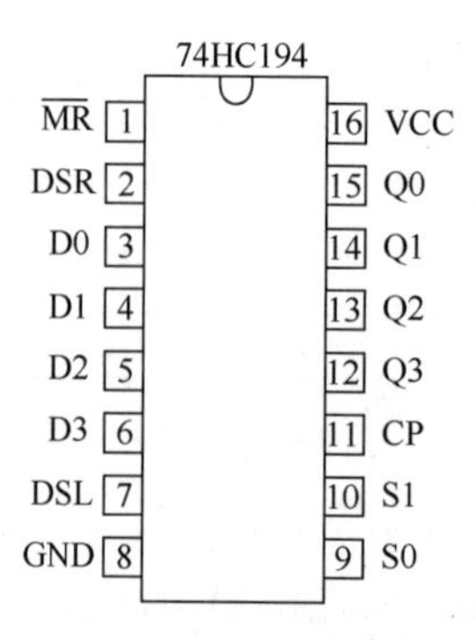

74HC194功能表

工作模式	输入							输出			
	CP	$\overline{MR}$	S1	S0	DSR	DSL	Dn	Q0	Q1	Q2	Q3
复位	×	L	×	×	×	×	×	L	L	L	L
保持	×	H	l	l	×	×	×	q_0	q_1	q_2	q_3
向左移位	↑	H	h	l	×	l	×	q_0	q_1	q_2	L
	↑	H	h	l	×	h	×	q_0	q_1	q_2	H
向右移位	↑	H	l	h	l	×	×	L	q_0	q_1	q_2
	↑	H	l	h	h	×	×	H	q_0	q_1	q_2
装载	↑	H	h	h	×	×	d_n	d_0	d_1	d_2	d_3

注：H为高电平（High Voltage Level），L为低电平（Low Voltage Level），×为任意（Don't care），↑为CP上升沿，h为在CP上升沿前一个设定时间的高电平，l为在CP上升沿前一个设定时间的低电平，q和d的小写下标字母表示CP上升沿前一个设定时间的输入或输出参考状态。

74HC195　4位并行存取移位寄存器

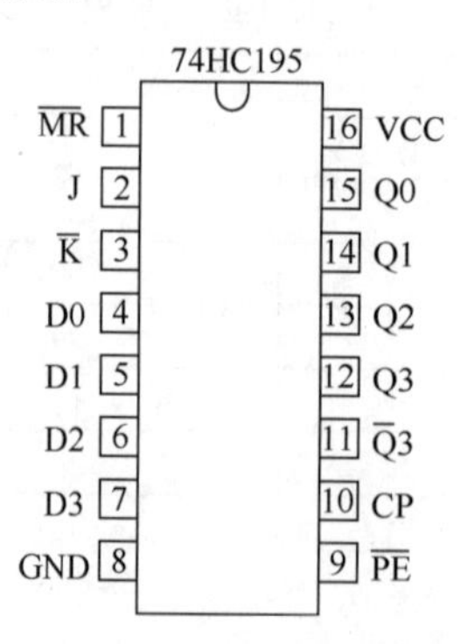

74HC195 功能表

工作模式		输入						输出				
		$\overline{MR}$	CP	$\overline{PE}$	J	K	Dn	Q0	Q1	Q2	Q3	$\overline{Q}_3$
异步复位		L	×	×	×	×	×	L	L	L	L	H
移位	设置	H	↑	h	h	h	×	H	q_0	q_1	q_2	$\overline{q}_2$
	重置				l	h	×	L				
	切换				h	l	×	$\overline{q}_0$				
	保留				l	h	×	q_0				
装载		H	↑	l	×	×	d_n	d_0	d_1	d_2	d_3	$\overline{d}_3$

MC14553　3 位 BCD 计数器

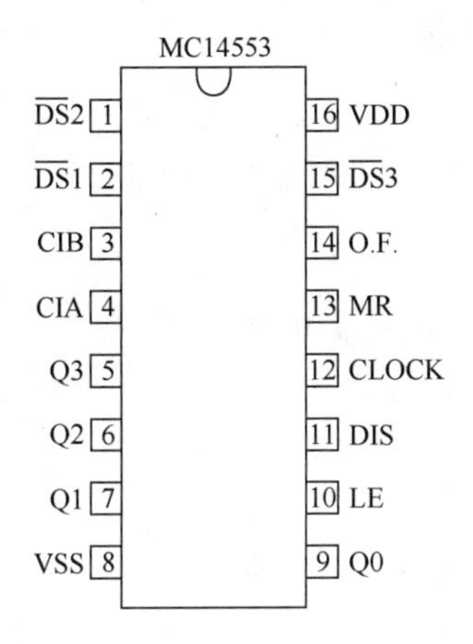

MC14553 功能表

输入				输出
MR	CLOCK	DIS	LE	
0	↑	0	0	无变化
0	↓	0	0	危险
0	×	1	×	无变化
0	1	↑	0	危险
0	1	↓	0	无变化
0	0	×	×	无变化
0	×	×	↑	锁存
0	×	×	1	锁存
1	×	×	0	Q0 = Q1 = Q2 = Q3 = 0

CD4069　反相电路

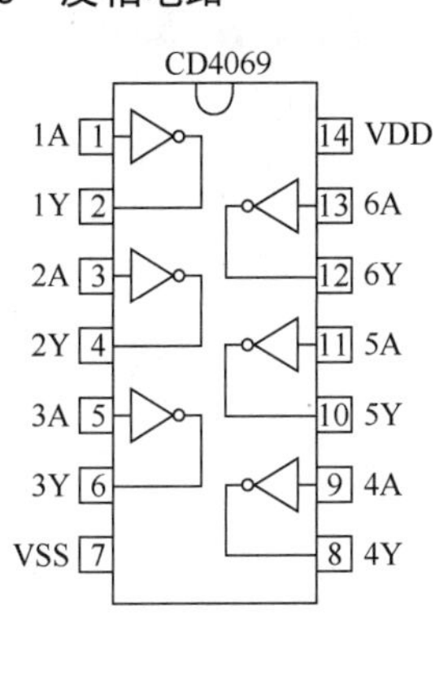

CD4017　十进制计数器

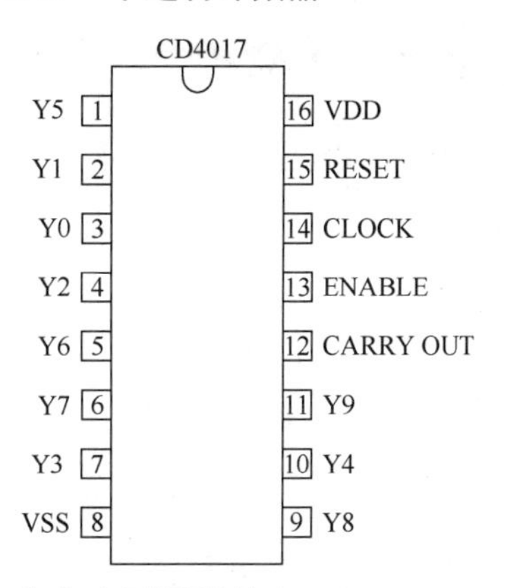

CD4017 是一个 5 阶 Johnson 十进制计数器，具有 10 个高电平译码输出，CLOCK、RESET、CLOCK ENABLE 为输入端。时钟输入端的施密特触发器具有脉冲整形功能，对输入时钟脉冲上升和下降时间无限制。当 CLOCK ENABLE 为低电平时，计数器在时钟上升沿计数；反之，计数功能无效。当 RESET 为高电平时，计数器清零。

CD4053 三路二通道模拟多路复用器/解复用器

CD4053

by 1 | 16 VDD
bx 2 | 15 OUT/IN bx 或 by
cy 3 | 14 OUT/IN ax 或 ay
OUT/IN cx 或 cy 4 | 13 ay
IN/OUT cx 5 | 12 ax
INH 6 | 11 A
VEE 7 | 10 B
VSS 8 | 9 C

CD4053 真值表

禁止（INH）	A 或 B 或 C	导通通道“ON” CHANNEL(S)
0	0	ax 或 bx 或 cx
0	1	ay 或 by 或 cy
1	×	无

注：×为任意（Don't care）。

CD4060 CMOS 14 级纹波进位二进制计数器/分频器和振荡器

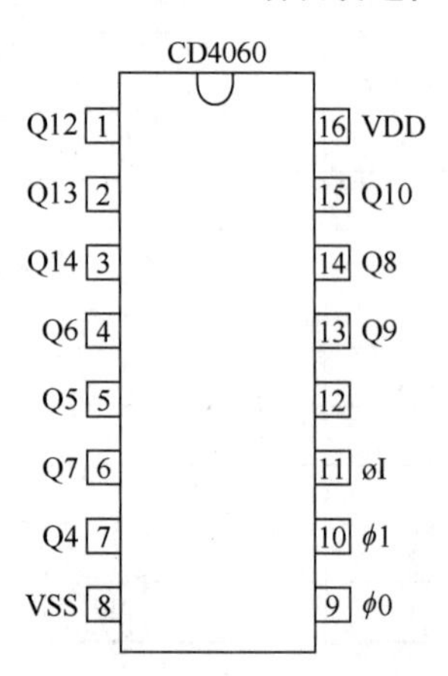

CD4060 是一款 14 级二进制串行计数/分频器，是由一个振荡器和 14 位二进制串行计数器位组成的。振荡器的结构可以是 RC 或晶振电路。当 RESET 为高电平时，计数器复位清零且振荡器无效。所有的计数器均为主从触发器。在 ϕ_1（和 ϕ_0）的下降沿计数器以二进制进行计数。Q4～Q14 分别输出 4～14 分频信号。

CD4511 CMOS BCD 至七段锁存器/解码器/驱动器

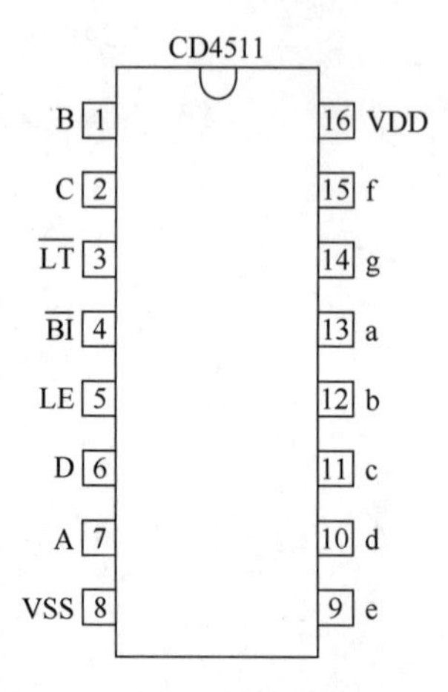

CD4511 真值表

输入							输出							
LE	$\overline{BI}$	$\overline{LT}$	D	C	B	A	a	b	c	d	e	f	g	显示
×	×	0	×	×	×	×	1	1	1	1	1	1	1	B
×	0	1	×	×	×	×	0	0	0	0	0	0	0	
0	1	1	0	0	0	0	1	1	1	1	1	1	0	0
0	1	1	0	0	0	1	0	1	1	0	0	0	0	1
0	1	1	0	0	1	0	1	1	0	1	1	0	1	2
0	1	1	0	0	1	1	1	1	1	1	0	0	1	3

续表

输入							输出							
LE	$\overline{BI}$	$\overline{LT}$	D	C	B	A	a	b	c	d	e	f	g	显示
0	1	1	0	1	0	0	0	1	1	0	0	1	1	4
0	1	1	0	1	0	1	1	0	1	1	0	1	1	5
0	1	1	0	1	1	0	0	0	1	1	1	1	1	6
0	1	1	0	1	1	1	1	1	1	0	0	0	0	7
0	1	1	1	0	0	0	1	1	1	1	1	1	1	8
0	1	1	1	0	0	1	1	1	1	0	0	1	1	9
0	1	1	1	0	1	0	0	0	0	0	0	0	0	
0	1	1	1	0	1	1	0	0	0	0	0	0	0	
0	1	1	1	1	0	0	0	0	0	0	0	0	0	
0	1	1	1	1	0	1	0	0	0	0	0	0	0	
0	1	1	1	1	1	0	0	0	0	0	0	0	0	
0	1	1	1	1	1	1	0	0	0	0	0	0	0	
1	1	1	×	×	×	×				*				*

注：×为任意（Don't care），*取决于在 LE 从 0 转换到 1 期间应用的 BCD 码。

CD4518　CMOS 两路 BCD 递增计数器

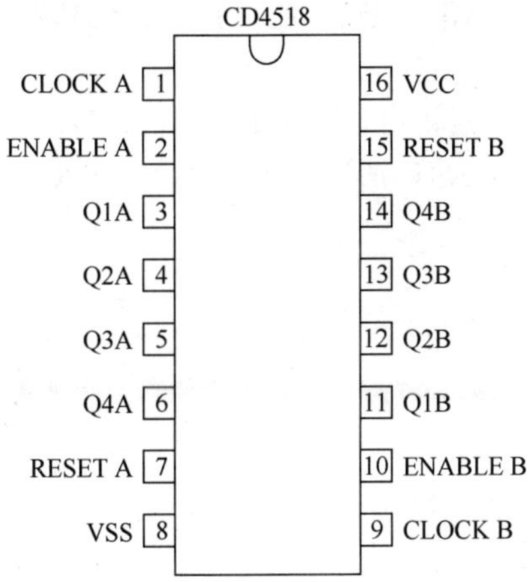

CD4518

引脚	名称	引脚	名称
1	CLOCK A	16	VCC
2	ENABLE A	15	RESET B
3	Q1A	14	Q4B
4	Q2A	13	Q3B
5	Q3A	12	Q2B
6	Q4A	11	Q1B
7	RESET A	10	ENABLE B
8	VSS	9	CLOCK B

CD4518 真值表

CLOCK	ENABLE	RESET	动作
↑	1	0	增量计数器
0	↓	0	增量计数器
↓	×	0	无变化
×	↑	0	无变化
↑	0	0	无变化
1	↓	0	无变化
×	×	1	Q1 thru Q4= 0

CD4518 是一个同步加计数器，在一个封装中含有两路十进制计数器，其功能引脚分别为 1～7 和 9～15。CD4518 计数器是单路系列脉冲输入（1 脚或 2 脚；9 脚或 10 脚），4 路 BCD 码信号输出（3 脚～6 脚；11 脚～14 脚）。

CD4518 是十进制（8421 编码）同步加计数器，每路有两个时钟输入端 CLOCK 和 ENABLE，可用时钟脉冲的上升沿或下降沿触发。如果用 ENABLE 信号下降沿触发，触发信号由 ENABLE 端输入，CLOCK 端置“0”；若用 CLOCK 信号上升沿触发，触发信号由 CLOCK 端输入，ENABLE 端置“1”。RESET 端是清零端，RESET 端置“1”时，计数器各端输出端 Q1～Q4 均为“0”，只有 RESET 端置“0”时，CD4518 才开始计数。

参 考 文 献

[1] 王久和，李春云．电工电子实验教程[M]．3版．北京：电子工业出版社，2013.
[2] 王建花，茆姝．电子工艺实习[M]．北京：清华大学出版社，2010.
[3] 钱卫钧．综合电子设计与实践[M]．北京：北京大学出版社，2011.
[4] 刘宏．电子工艺实习[M]．北京：华南理工大学出版社，2009.
[5] 丁珠玉．电子工艺实习教程[M]．北京：科学出版社，2020.
[6] 汪烈军．电子综合设计与实验（上册）[M]．西安交通大学出版社，2010.
[7] 郭云玲，颜芳．电子工艺实习教程[M]．北京：机械工业出版社，2020.
[8] 程勇．实例讲解 Multisim 10 电路仿真[M]．北京：人民邮电出版社，2010.
[9] 吕波，王敏．Multisim 14 电路设计与仿真[M]．北京：机械工业出版社，2016.
[10] 周春阳．电子工艺实习[M]．北京：北京大学出版社，2019.
[11] 王丽丹，陈跃华，赵庭兵．电工与电路分析实验[M]．重庆：西南大学出版社，2016.
[12] 王庆春，梁俊龙，陈守满．电工电子技术实验教程[M]．北京：科学出版社，2013.
[13] 张芝贤，孙克梅．电子系统设计与实践——模拟部分[M]．北京：北京航空航天大学出版社，2017.
[14] 葛中海，吕秋珍，陈芳．音频功率放大器设计[M]．北京：电子工业出版社，2017.
[15] 陈福彬，王丽霞．EDA 技术与 VHDL 实用教程[M]．北京：清华大学出版社，2020.